彩图 2.2　水稻颖花的构造

彩图 2.6　水稻不育系(左)与保持系(右)颖花花丝、花药的差异

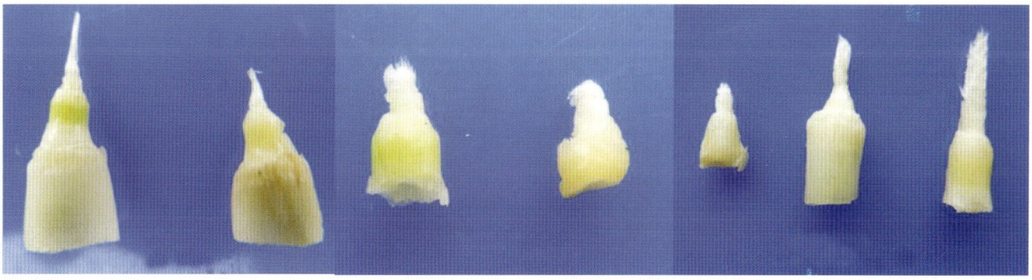

1.一期看不见　　2.二期苞毛现　　3.三期毛茸茸

4.四期粒粒显　　5.五期颖壳分　　6.六期粒半长　　7.七期穗绿色　　8.八期穗将出

(在上图 3、4、5、7 中，自左至右表示幼穗分化的期初、期中、期末)

彩图 2.10　幼穗分化 8 个时期实体外观

1. 花冠　2. 柱头　3. 雄蕊　4. 雄蕊管　5. 苞叶　6. 子房　7. 花柄

彩图 4.2　棉花花器官及纵剖面图

彩图 5.2　甘蓝型油菜形态特征示意图

（引自 Franz Eugen Köhler, *Köhler's Medizinal-Pflanzen*, 1887）

彩图 9.3　黄瓜花的性别

1. 柱头　2. 雌蕊　3. 花药　4. 花瓣　5. 花萼　6. 花梗

彩图 9.5　番茄花器构造图

1. 柱头　2. 花瓣　3. 花药　4. 花萼

彩图 9.6　辣椒花器构造图

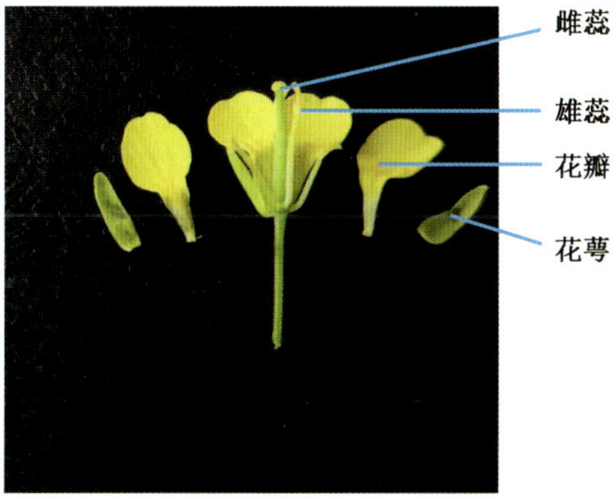

彩图 9.9　大白菜的花器构造图

彩图 9.10　萝卜花器构造图

彩图 9.11　花椰菜花器构造图

彩图 9.12　长豇豆花器构造图

彩图 10.1　一串红花序及花器官构造图
（陈丹维等摄）

彩图 10.2　万寿菊花器官构造图

彩图 10.3　郁金香花器官构造图

彩图 10.4　水仙花器官构造图及种球

种子生产技术

许立奎　赵光武　吴　伟　主编

中国农业大学出版社
·北京·

内容简介

《种子生产技术》是为我国种子相关专业骨干课程编写的教材。本教材的编写以系统性、科学性、先进性和实践性为原则，避免与遗传学、作物育种学和作物栽培学的重复，并考虑与种子相关专业其他骨干课程内容的衔接。全书由理论部分和实践部分构成，理论部分包括绪论在内共12章，实践部分包括10个实验实训内容，各章附有本章小结、应用案例及思考题。内容以主要农作物种子为主，同时兼顾蔬菜、草坪草及牧草、花卉等作物种子生产的内容。在编排方式上，以种子生产的基本理论为基础，重点介绍各作物类型与主要品种以及种子(苗)生产概况、生物学特性、种子(苗)生产与质量控制技术，以及种子(苗)生产领域的主要实践实训内容。

本教材可供种子及农学相关专业的专科生、本科生和研究生学习使用，也可作为种子行业技术培训教材和广大农业科技工作者的参考用书。

图书在版编目(CIP)数据

种子生产技术 / 许立奎，赵光武，吴伟主编. —北京：中国农业大学出版社，2021.8

ISBN 978-7-5655-2574-2

Ⅰ.①种… Ⅱ.①许… ②赵…③吴… Ⅲ.①作物育种-教材 Ⅳ.①S33

中国版本图书馆CIP数据核字(2021)第129450号

书　名	种子生产技术		
作　者	许立奎　赵光武　吴　伟　主编		
策划编辑	张　玉　张　蕊	**责任编辑**	张　玉
封面设计	郑　川		
出版发行	中国农业大学出版社		
社　址	北京市海淀区圆明园西路2号	**邮政编码**	100193
电　话	发行部 010-62733489，1190		读者服务部 010-62732336
	编辑部 010-62732617，2618		出　版　部 010-62733440
网　址	http://www.caupress.cn	**E-mail**	cbsszs @ cau.edu.cn
经　销	新华书店		
印　刷	北京鑫丰华彩印有限公司		
版　次	2021年8月第1版　　2021年8月第1次印刷		
规　格	787×1 092　　16开本　　21.75印张　　540千字　　彩插2		
定　价	63.00元		

种子系列教材编委会

编写人员

主　　编　许立奎　赵光武　吴　伟

副 主 编　罗筱平　潘彬荣　宰文珊　钟泰林

编写人员　（按姓氏笔画为序）

王建红（浙江省农业科学院）
师　祎（甘肃省种子总站）
刘永安（温州科技职业学院）
刘宏波（浙江农林大学）
许立奎（温州科技职业学院）
李洪民（江苏徐州国家甘薯改良中心）
吴　伟（浙江省种子管理总站）
吴建国（浙江农林大学）
汪自强（浙江大学）
汪炳良（浙江大学）
张庆华（湖北省农业科学院）
张保望（青岛市智慧农业发展服务中心）
周　秦（浙江省金华市农业科学研究院）
罗筱平（宜春学院）
赵光武（浙江农林大学）
钟泰林（浙江树人大学）
柴明良（浙江大学）
唐　征（温州科技职业学院）
宰文珊（温州科技职业学院）
黄　新（浙江省农业科学院）
曹栋栋（浙江省农业科学院）
潘彬荣（温州科技职业学院）

总　序

农业发展，种业为基。党中央、国务院历来高度重视种业工作。习近平总书记强调，要下决心把民族种业搞上去，从源头上保障国家粮食安全。李克强总理指出，良种是农业科技的重要载体，是带有根本性的生产要素。

当前我国农业资源约束趋紧，要确保"谷物基本自给、口粮绝对安全"，对现代种业发展、加强种业科技创新、培育和推广高产优质品种提出了更高、更迫切的要求。与此同时，全球经济一体化进程不断加快，生物技术迅猛发展，农作物种业国际竞争日益激烈。要突破资源约束、把饭碗牢牢端在自己手中，做大做强民族种业、提升国际竞争力，必须加快我国现代种业科技创新步伐。

培养大批种子专业技术人才和提升现有种业人才的技术水平是加快我国现代种业科技创新步伐的关键之举。目前我国农作物种业人才培养主要有两个途径：一是通过高等院校开设相关专业培养；二是通过对种子企业科研、生产、检验、营销、管理等人员及种子管理机构的行政管理、技术人员进行定期培训。但由于我国高等农业职业教育办学起步较晚，尚没有种子专业成套的全国通用教材，而种子行业培训也缺乏成套的全国通用技术培训教材。为培养农作物种业优秀人才，加大种业人才继续教育和培训力度，落实《国务院关于加快推进现代农作物种业发展的意见》有关要求，全国农业技术推广服务中心与温州科技职业学院联合组织编写了这套全国高等职业教育种子专业和种子行业技术培训兼用的全国通用系列教材。

该系列教材由种子教学、科研、生产经营与管理经验丰富的专家教授共同编写。在编写过程中坚持"五个相结合"原则，即坚持种子专业基础理论、基本知识与种业生产实际应用相结合；坚持提高种业生产技术与操作技能相结合；坚持经典理论、传统技术与最新理论、现代生物技术在种业上的应用相结合；坚持专业核心课程精与专业基础课程宽相结合；坚持教材实用性与系统性相结合，力争做到教材理论与实践紧密结合，便于学生（员）更好地学习应用。

这套教材系统地介绍了现代种业基础理论与实用技术，包括种子学基础、作物遗传育种、种子生产技术、种子检验技术、种子加工技术、种子贮藏技术、种子行政管理与技术规范、种子经营管理和植物组织培养9本教材。其中，种子行政管理与技术规范、种子生产技术、种子加工技术、种子贮藏技术、种子检验技术等5本教材兼作种子行业技术人员培训教材。希望本系列教材的出版发行能在促进我国高等农业院校、高等职业教育种子专业学生培养和种子行业技术人员培训中发挥重要作用。

全国农业技术推广服务中心主任 陈生斗

2016年3月

前言

《种子生产技术》是为我国种子相关专业骨干课程编写的教材。本教材的编写以系统性、科学性、先进性和实践性为原则，避免与遗传学、作物育种学和作物栽培学的重复，并考虑与种子相关专业其他骨干课程内容的衔接。全书由理论部分和实践部分构成，理论部分包括绪论在内共12章，实践部分包括10个实验实训内容，各章附有本章小结及思考题，部分章节有应用案例。内容以主要农作物种子为主，同时兼顾蔬菜、草坪草及牧草、花卉等作物种子生产的内容。在编排方式上，以种子生产的基本理论为基础，重点介绍各作物类型与主要品种以及种子(苗)生产概况、生物学特性、种子(苗)生产与质量控制技术，以及种子生产领域的主要实践实训内容。

绪论由吴伟编写，第一章由赵光武、许立奎编写，第二章、第四章由罗筱平编写，第三章由潘彬荣、许立奎、师祎、赵光武编写，第五章由刘宏波编写，第六章由刘永安、张保望、许立奎编写，第七章由汪自强编写，第八章由李洪民、师祎、汪炳良编写，第九章由宰文珊、汪炳良、吴建国、唐征、周秦编写，第十章由张庆华、钟泰林编写，第十一章由柴明良、黄新、王建红、钟泰林编写，实验实训由罗筱平、吴建国、刘永安、曹栋栋、宰文珊、唐征、潘彬荣、师祎、张庆华编写，全书最后由赵光武、吴伟、钟泰林统稿。

本教材立足南方、面向全国，同时借鉴国内外种子生产领域的先进技术和实践经验，既有最新科学理论知识，又不乏先进实用技术和培养实践能力操作环节，适用于种子相关专业的专科生、本科生和研究生的教学，也可作为种子行业的培训教材和广大农业科技工作者参考用书。

本书编写始于2013年，砥砺前行七余载，经过反复多次讨论修改才最终定稿。即便如此，随着现代种业的快速发展，加之编者水平有限，编写时间仓促，书中难免存在不足甚至错误之处，敬请读者批评指正，以便我们再版时进行修订和完善。

编　者

2020年7月1日

前言

目　录

绪 论

知识目标

◆ 掌握种子、种子生产、品种、优质种子的概念。

◆ 熟悉种子生产的意义和任务。

◆ 了解种子生产应具备的条件。

能力目标

◆ 掌握种子生产的特点。

◆ 熟悉常规种子、杂交种子和无性繁殖材料的种子生产方式。

◆ 了解机械化、工厂化和 SPT 技术生产种子的主要环节。

种子是生命之源。在某种意义上说，世界万物从种子繁衍而来，也可以说万物都是种子的演化。种子是最基本的不可代替的农业生产资料，是一种有生命力的、时效性很强的特殊商品，是农业科技成果的物质载体，是决定农业产品产量、品质与效益的根本。一粒种子可以改变一个世界，一个品种可以造福一个民族。种子又被称为“农业的芯片”，优良品种必须通过种子的繁殖生产才能够在农业生产上大面积推广应用。

一、种子生产的概念和意义

(一)种子的概念

种子是指能够生产下一代个体的生物组织器官。种子在植物学上是指有性繁殖的植物经授粉、受精，由胚珠发育而成的繁殖器官。在农业生产上，凡可用作播种的任何植物组织、器官或其营养体，能作为繁殖后代的材料均称之为种子；种子属于最基本的不可代替的农业生产资料。农业生产上的种子具有比较广泛的含义，为了区别植物学意义上的种子，亦可称其为“农业种子”。农业种子一般可归纳为三大类型：①真种子：即植物学上所称的种子，它由母株花器中的胚珠发育而来。如豆类(除少数例外)、油菜、棉花、烟草、蓖麻、亚麻、十字花科的各种蔬菜、瓜类、苹果和梨等作物的种子。②植物学上的果实(类似种子的果实)：内含一粒或多粒种子，外部则由子房壁发育的果皮包围。如禾本科作物的小麦、黑麦、玉米、高粱和谷子的种子都属颖果；水稻属假果；荞麦、向日葵、苎麻和大麻等的种子属瘦果；甜菜的种子属坚果等。③作为繁殖材料的植物营养器官:营养器官主要包括根、茎及其变态物的自然无性繁殖器官,如甘薯的块根、马铃薯的块茎、甘蔗的茎节芽、葱和蒜的鳞茎、某些花卉的叶片等。在法律意义上,《中华人民共和国种子法》规定,本法所称种子,是指农作物和林木的种植材料或者繁殖材料,包括籽粒、果实和根、茎、苗、芽、叶、花等。其中农作物包括粮食、棉花、油料、麻类、糖料、蔬菜、果树(核桃、板栗等干果除外)、茶树、花卉(野生珍贵花卉除外)、桑树、烟草、中药材、草类、绿肥、食用菌等作物以及橡胶等热带作物。

(二)品种的概念、特性及类型

1.品种的概念

农作物品种是人类在一定的生态和经济条件下,根据自己的需要培育相对稳定的遗传性和生物学、形态学上的相对一致性,适应一定的自然和栽培条件,有一定的经济价值的某种作物的一种群体。作物品种并不是植物分类学上的单位,而是栽培植物生产的类别,是一种重要的农业生产资源。

2.品种的特性

农作物品种的特性是品种在一定生态条件下表现出的生育期与熟性、丰产性、生产势与抗倒性、病虫害抗性、抗逆性、产品的品质与耐贮(运)性等与其产品经济价值相关的性状。优良品种是人类在一定生态和经济条件下,根据自己的需要而培育的具有地域性和时间性的品种。换句话说,品种的优良性状只能在一定的自然环境和生产条件下表现出来,超过一定的范围就不一定表现优良。因此,不存在永恒不变的优良品种,必须不断地培育出适合当时、当地种植的新品种,替代生产上那些已经退化的老品种,及时组织品种更新换代,才能使优良品种在生产上充分发挥增产作用。

品种具有地区适应性。品种是在一定的生态条件下选育而成的,因此要求品种利用应在特定的生态条件下进行,还需因地制宜、良种结合良法推广应用。不同品种的适应性有广、有窄,但没有任何一个品种能适应所有地区种植。不同的生态类型地区,所种植的品种不同;即使在同一地区,由于地势(海拔)、土壤类别、肥力水平等存在差异,所种植的品种也各不相同。在农业生产上,应根据当地的生态与经济条件来选择和应用相应品种。

品种利用具有时间性。任何品种在生产上利用的年限都是有限的,随着经济、自然和生产条件的变化,原有的品种便不能适应农业生产。因此,必须不断地进行育种研究,选育出新品种接替老品种,以满足农业生产对品种更换的需求。

3.品种的类型

品种根据其来源可分为农家品种与现代品种。一般而言,农家品种是指在当地的自然和栽培条件下,经过长期的自然进化而来或者经农民长期的选择和培育而来的品种。现代品种则是通过人工杂交、转基因(或基因编辑技术)等各种育种方法选育的、符合现代农业生产需要的品种。

生产上推广的品种可分为杂交种和常规种。杂交种是利用杂种优势选育出的 F_1 种子。常规种一般就是指非杂交种。目前我国除玉米、西瓜、高粱等推广应用杂交种外,水稻、小麦、棉花、油菜、甜瓜、不结球(小)白菜等作物均有杂交种和常规种之分。

广义上农作物品种的类型按制(繁)种方式分为常规品种和杂交品种,而针对某种具体作物而言也有不同分类方法，可按播种季节、产品用途、制(繁)种亲本来源与方式等进行细分品种类型。按播种季节进行品种分类，如水稻可分为早稻、中稻和连作晚稻品种，玉米可分为春玉米与秋玉米，大豆可分为春大豆与秋大豆；按产品用途进行品种分类，如玉米可分为普通玉米、鲜食玉米、青贮玉米、爆粒玉米、笋玉米品种，按水稻的黏性分为籼稻、粳稻和糯稻品种；按制(繁)种亲本来源与方式进行分类，如杂交水稻按制种亲本来源可分杂交粳稻、杂交籼稻、籼粳杂交稻品种。

(三)良种的概念

良种是指优良品种的优质种子。优良品种是生产优质种子的前提，一个生产潜力差、品质低劣的品种，繁殖不出优质的种子，不会有生产价值；一个优良品种倘若不能繁殖生产出优质的种子，如种子混杂、成熟度不好、不饱满或感染病虫害等，这个优良品种就无法充分发挥其生产潜力和作用。优质种子应符合真、纯、净、饱、壮、健、干、强等质量要求。符合质量要求的良种才能显著和稳定地提高农作物产量、改善和提高农作物品质、促进种植业结构优化。

从目前我国各地的农业生产及国民经济的发展来看，一个优良品种应具备高产、稳产、优质、抗逆、抗病虫、成熟期适当、适应性广、适合机收等特点。过去我国强调高产的重要性，随着人民生活水平的提高，不仅要求农产品数量多，更要求农产品品质好。此外，良种除应具备稳定遗传的产量、品质优良特性外，还要具备较强的抵抗各种自然灾害(如病虫害，高温热害、低温冻害，旱、涝、盐、碱等)的能力和对当地及不同地区的自然条件(气候条件、土壤条件、耕作制度和栽培条件)的适应能力。品种的抗逆性、适应性以及稳定性是充分发挥良种高产、稳产和优质潜力的必要条件和根本保证。

一般来讲，优良品种和优质种子在农业生产中的贡献率各占一半，只有二者充分结合才能实现真正的增产增效。我国是一个农业大国，良种需求量巨大，目前发达国家良种贡献率在60%以上，而我国仅为43%，主要差异在于我国的种子质量偏低。因此，高质量的种子生产就显得尤为重要。

(四)种子生产的概念

农作物新品种审(认)定或登记后，应根据农业生产需要，不断繁殖生产大田用种。种子生产是指依据植物品种的生物学特性、农艺性状和繁殖方式，采用最新农业和生物技术繁殖优良品种、杂交亲本的原种，保持它们的优良种性，延长品种的使用年限；按照种子生产技术规程，迅速地生产市场需要的、质量合格的、农业生产中大量使用的常规和杂交种子、种苗和无性繁殖材料。所谓质量合格包括三个方面的含义，一是种子的品种遗传质量(包括品种品质、产量、抗性和适应性等)应得到保持；二是种子的内存物理质量达到现行有效约定(如种子质量标准、合同约定、标签标注等)的最低要求；三是种子的外在质量如种子标签与使用说明、计量和包装状况及售后服务等符合要求。种子生产与一般的作物生产不同，要求所生产的品种遗传特性不会改变，产量潜力不会降低，种子质量得以保证，并且繁殖系数较高。因此，种子生产需要在特定的生态环境、特殊的生产条件下，由专业技术人员或在专业技术人员指导下进行。

(五)种子生产的意义

种子生产是前承育种后接推广的重要节点，是连接育种和农业生产的桥梁，是把优良品种转化为优质种子的重要一环。没有种子生产，育成的品种就不可能在生产上大面积推广，其增产作用也就得不到充分发挥；没有种子生产，生产上推广的优良品种会很快发生混杂退化，造成品种短命、良种不良，从而失去增产作用。种子生产既实现了新品种替换老品种，又实现了混杂退化品种的更新。

对种子企业来说，拥有市场需求旺盛、质量优良的种子，有利于降低成本、提高竞争力，获得良好的经济效益和社会效益；对种子使用者来说，拥有优良品种的优质种子，就意味着增产增效；对农业生产来说，生产出量足、质优的种子，是实现持续、稳定增产和调整品种结构或产业结构的先决条件和重要保证。因此，搞好种子生产是当前提高农业效益、增加农民收入、确保国家粮食安全的基础性、战略性措施，对建设我国新型种业体系、加快现代种业发展具有十分重要的现实意义。

二、种子生产的任务和种类

(一)种子生产的任务

种子生产是一项极其复杂和严格的系统工程。广义的种子生产包括从种子生产开始，经过种子加工、贮藏、检验、包装等环节直至生产出质量好(符合质量标准)、数量足、成本低的商品种子的过程。狭义的种子生产的任务主要体现在两个方面，一是迅速生产优良品种的优质种子，加速生产新育成或新引进的、通过审(认)定或登记的优良品种种子，以达到替换原有的老品种、实行品种更换的目的；二是提高品种纯度，防止品种混杂退化，对于生产上已经大量应用推广并且将继续占有一定市场份额的品种，有计划采用原种生产出高纯度的良种更新生产用种，实现品种的定期更新；三是研究总结种子生产技术，随着农业生产条件的改善和提高，种子企业需开展推广品种配套高产种子生产技术试验研究，从理论和实践上探索种子生产的新技术、新经验，增加种子生产科技含量，提高种子生产效率，降低种子生产成本。

在市场经济十分活跃的今天，种子生产行业面临的任务是相当艰巨的，既要预测市场的需求量，生产出种类齐全、数量充足、质量上乘的优质种子，满足农业生产的需要，又要防止生产过剩或市场营销失败而造成种子压库。而由于经济效益在自发拉动着种植业结构的调整，必然影响种子生产的作物类别和品种种类。这种市场的敏感性和种子生产的滞后性，要求种子生产和营销企业需要用现代企业的管理方式进行生产管理。

(二)种子生产的种类

种子生产的种类与播种材料的生物学特性有关。根据目前栽培植物种类划分，播种材料主要有粮棉油作物种子、蔬菜种子、绿肥和牧草种子、花卉种子、中药材种子以及果树、茶树、桑树和林木的种苗。各类播种材料的品种选育水平不同，采取的主要种子生产方式也不同。但是一般的种子生产种类主要分为：常规种的种子生产、杂交种的种子生产和无性繁殖材料的种子生产。

1.常规种的种子生产

(1)育种家种子生产　育种家种子是指由育种家育成品种的原始种子。育种家可以是一个单位，也可以是一个育种家个人。育种家种子的生产是在育种者亲自掌握和指导下进行的一个世代(原原种)或者两个世代(原种)的高纯度的种子生产。育种家种子的一般标准为：性状典型一致，生长整齐一致，纯度高，生长势、抗逆性、丰产性等与品种审(认)定或登记或植物新品种保护时的品种特征特性表现一致，杂交种亲本原种的配合力要保持原有水平，或者略有提高；种子的播种品质要求成熟充分，籽粒(种球)饱满而粒(球)重高，种子健康而无病虫为害，纯度、净度、发芽率和水分等种子质量指标达到国家或行业标准。

(2)原种种子的生产　原种种子是利用育种家种子直接繁殖生产的种子，是育种家种子的后代。原种种子一般是由育种者或者取得授权的种子公司或者其他取得授权的种子生产专业户按照农作物种子原良种生产技术规程生产出质量达到国家或行业标准的原种，其种子的繁殖数量取决于进一步繁殖大田生产用种的数量。

(3)生产用种的生产　大田生产用种的生产由原种种子直接生产，根据市场对所生产种子的需求量按照农作物种子生产技术规程生产足够数量、质量达到国家或行业标准的大田用种。

2.杂交种的种子生产

杂交种的种子生产分为两大类，一类由不同自交系或者品种杂交而成，另一类由不育系与恢复系杂交而成。因此在杂交种子生产中，不仅要生产杂交种，而且要生产自交系或者三系(两系)，即不育系、保持系和恢复系。杂交种子生产是一个复杂的生产系统，不同植物品种的杂交种生产模式也是不同的，如玉米主要以单交种为主，水稻杂交种子生产以三系和两系杂交为主，一些自花授粉植物的杂交种生产往往采用人工去雄和自交不亲和等办法。此外，由于亲本间基因型差异较大，花粉的传播能力和对温度、光照、土壤条件的反应各不相同，因此隔离、雌雄株花期调控等技术环节对于杂交种的种子生产是非常关键的。后面的章节中我们将针对不同的植物进行详细叙述。同时杂交种种子生产是国内外种子公司的主要生产任务，杂交种种子交易在种子的交易中占主导地位。

3.无性繁殖材料的种子生产

无性繁殖材料生产是指以营养体如块根、块茎、芽、茎等作为播种材料的种子种苗(球)生产。一般情况下，马铃薯、草莓以及部分果树苗木和花卉种苗多采用组织培养技术进行生产。营养体带病毒会造成农作物产量和品质降低，在组织培养的过程中往往需要对营养体进行脱毒处理。组织培养生产无性繁殖材料无毒种苗的技术已经在生产上广泛应用。

(三)种子生产管理的内容

种子生产管理的内容：生产过程的组织、生产能力的核定、生产计划的制定与执行、日常的生产准备、种子基地的规模、种子基地的选择、种子基地的建设、设备和工具管理、种子生产成本控制、安全生产及环境保护等。它把种子企业的生产活动全过程作为一个整体和系统，实行全面、有效地计划、组织和控制，以实现种子企业生产的预期目标。种子生产分为：新品种种子生产、原种(亲本)种子生产、杂交制种生产三种类型。

随着农业生产条件的改善和提高，种子企业需开展推广品种配套高产种子生产技术试验研究，从理论和实践上探索种子生产的新技术、新经验，增加种子生产科技含量，提高种子生产效率，降低种子生产成本。

在市场经济快速发展的今天，种子生产行业面临的任务相当艰巨，既要预测市场对种子量的需求，生产出种类齐全、数量充足、质量上乘的优质种子，满足农业生产的需要，又要防止种子生产数量过剩或市场营销失策而造成种子压库。由于农业生产的经济效益正在推动着种植业供给侧改革，其必然会影响种子生产的作物类别和品种种类与品质。这种市场的敏感性和种子生产的滞后性，要求种子生产和营销企业需要用现代企业的管理方式进行种子生产管理。

三、种子生产的特点和应具备条件

（一）种子生产的特点

种子是有生命的商品，种子生产从某种意义上讲是生命的繁衍过程。因此，商品种子生产与一般商品的生产有着明显的区别，具有以下鲜明的特点。

1.繁殖方式多样性

农作物的繁殖方式分为有性繁殖和无性繁殖两大类。有性繁殖根据作物的花器构造、开花习性、传粉情况以及开花与环境条件之间的关系又可分为自花授粉、异花授粉和常异花授粉三类。而异花授粉又可分为雌雄异株、雌雄同株异花、自交不亲和、雌雄不同期成熟或花柱异型等四种类型。作物繁殖方式的多样性，决定了种子生产方式的多样性。

2.自然因素制约性

首先，农作物种子生产因作物种类不同而对光照、温度、水分等要求不同，具有明显的季节性。例如，大麦、小麦、油菜、蚕豆等作物需经过低温春化过程才能开花结实，只能在冬季播种；而玉米、棉花喜温，只能在春、夏季栽培。因此，大多数农作物种子生产只能根据不同作物、不同品种的生理特性安排在其适宜的生长季节组织生产。某些作物可不受自然条件制约，采用组织培养等生物技术手段和利用设施进行的种子种苗生产；水稻、油菜等一些作物可以利用异地（如海南、青海）适宜温光条件加代繁殖，但其生产成本较高，不宜进行商品种子生产。因此，绝大多数作物的种子生产，首先每年只能生产一次，它不可能像工业产品一样实行周年生产；其次，种子生产的产量受自然因素影响很大。我国是一个自然灾害发生频繁的国家，各地往往不是旱灾就是洪涝灾害、不是高温热害就是低温冻害等。因此，不同年份之间，种子生产的单产往往波动很大，如遇灾年极易导致减产，从而给下一年的种子市场有效供给带来困难。

3.种子生产的时效性

种子生产具有非常明显的时效性特点。这里所说的时效性，具有三方面含义：一是种子是有生命的，随着种子贮藏时间的延长，其活力会逐渐下降，直到完全丧失活力。二是农作物种子生产供应方面的时效性。一般而言，当年（或当季）的种子生产都是为下一年的种子销售、使用做准备，不同作物、不同用途、不同地区对种子的时效性要求是有差别的，如我国玉米制种主要集中在西北，西北玉米制种基地一般在 10 月收获种子，而南方春玉米播种则在 3 月下旬就已开始，这期间还需完成玉米种子的脱粒、干燥、精选加工、包装等一系列工作，才能进行销售，时间非常紧。三是种子生产计划的制订具有较长的时效性，这是因为制订种子生产计划时，必须同时考虑原种或亲本种子的生产计划。

4.种子质量鉴定的困难性

种子的质量从外观上很难进行判定，如种子的水分、净度和发芽率等质量状况需采用实验室常规方法进行检测；特别是种子的纯度和真实性鉴定，在现有的技术条件下，难以在很短时间内做出准确的鉴定，即使采用同工酶或 DNA 分子标记技术也不能做出十分准确的鉴别，真正可靠的方法还是进行田间种植鉴定。但是,田间种植鉴定必须服从季节要求,即使像杂交水稻可前往海南省进行异地种植鉴定,但仍需要足够的种植鉴定时间才能完成。如前所述,很多农作物的种子生产从收获到应用于生产,这期间只有短短数月时间,而此时又不是该作物适宜的生产季节,要进行田间种植纯度鉴定以后再供应种子用于生产显然有一定的难度。种子质量鉴定的困难性,给种子生产过程严把质量关提出了更高的要求。

(二)种子生产应具备的条件

种子是有生命的特殊的商品,种子生产、经营行为有专门的法律、法规对其进行规范。因此,种子生产应具备一定的条件,主要有以下五方面。

1.有良好的种子生产基地

种子生产基地应当满足该作物品种种子生产对气候、隔离、土壤肥力、农田基本设施、农机具、干燥、收购、生产人员等自然、社会经济条件的要求。

2.有相应的技术人员和品种

具有与种子生产相适应的生产、加工、贮藏和质量检验等专业技术人员。企业须拥有能自主生产经营种子的相应品种,该品种须具备特异性、稳定性和一致性;国家相关法规规定,推广销售主要农作物品种需通过国家或省级审定(或引种备案);部分非主要农作物推广前需通过登记,生产经营的品种需符合相关规定。

3.有相应的资金和生产加工设备设施

应具有与种子生产相适应的资金,种子生产、检验、加工、干燥和包装仪器设备,以及种子检验、加工与干燥、仓储等房屋设施。

4.应获得种子生产经营许可证

《中华人民共和国种子法》规定,主要农作物和主要林木的商品种子生产经营实行许可制度。因此,要进行主要农作物和主要林木的商品种子生产,必须在种子生产之前获得生产经营许可证。

5.应取得该作物的品种权或该品种的生产授权

商品种子生产不同于农民自繁自用的一般种子生产,它是以赢利为目的的,因此应遵循市场经济的有关法律法规。未经品种权人同意而生产该品种种子是一种侵权行为。尽管我国目前还存在未经授权擅自生产别人育成的作物新品种的现象,但随着人们法治意识的提高和法律法规的不断完善,这种现象必将逐步得到改变。

四、种子生产新技术概述

(一)机械化生产种子

1.杂交水稻机械化制种

马来西亚拥有良好的地理优势,加上其劳动力少、机械化程度较高的社会现状,使得杂交水稻得到迅速的推广应用,目前基本实现了从整地、插秧、施肥、喷药到收获、烘干包装的全程机械化制种。美国实现了制种从田块机械干耕干整、父母本分开机械旱直播、农用飞机喷施农药和赤霉素、小型直升机辅助授粉、机械分收父本和母本、种子干燥，以及配套化学除草等杂交水稻制种全程机械化。

杂交水稻制种全程机械化在我国经过近20年的研究、配套机械研制与生产实践，浙江省宁波市、江苏省扬州市、湖南省长沙市等地的规模化杂交水稻种子生产基地基本实现了杂交水稻制种全程机械化：机插育秧、机械整地、机械插秧、机械割叶、机械喷施农药和赤霉素、半机械辅助授粉、机械分收父本和母本、机械干燥、机械加工精选、机械包装等，从而提高了水稻制种产量，降低了水稻制种成本。籼粳杂交水稻是水稻籼粳亚种间杂交而成的杂交稻组合，籼粳杂交水稻因聚合了籼稻和粳稻的优良基因而具有潜力大、品质优、抗逆性强等优势，但其制种技术难度比杂交籼稻和杂交粳稻大得多，为了提高籼粳杂交水稻机械化制种水平，浙江省宁海县种子公司、宁波市种植业管理总站、宁波市种子有限公司等单位经过多年试验研究，起草了浙江省宁波市地方标准《籼粳杂交水稻机械化制种操作技术规程》(DB 3302/T 168—2016)。

2.杂交玉米机械化制种

我国杂交玉米制种基地主要集中在甘肃、新疆、宁夏等省(自治区)，其中甘肃省的杂交玉米制种量占全国总量的40%，而甘肃省的玉米制种基地主要集中在张掖市，张掖市地处河西走廊绿洲精华地带，光照充足、热量丰富、气候干燥和灌溉便利，具有生产优质玉米种子得天独厚的自然条件，被业界称为国内生产玉米种子的“黄金地带”。

张掖市杂交玉米种子规模化生产基地已基本实现机械化生产，其全程机械化生产模式包括以下10个主要环节。

(1)地块准备，前茬作物收获后利用灭茬机械对制种基地地块的前茬进行处理，灭茬率达到98%，灭茬长度≤10 cm。

(2)秋季耕整地，利用大马力轮式拖拉机悬挂液压翻转犁进行耕地作业，做到翻垡均匀，前茬覆盖严密；利用平土框或刨式平地机进行土地平整作业，做到地表平整细碎。

(3)播前喷洒除草剂，在播前进行机械喷洒除草剂作业，控制杂草，做到不重洒不漏洒。

(4)播前整地，分别使用动力耙和联合整地机进行精细整地作业，做到上虚下实。

(5)播前地表清理，利用搂膜机对试验示范地块进行残膜、残茬清理作业，做到地表8cm耕层基本干净。

(6)铺管、铺膜、播种，根据父母本的行比和全程生育期，采用精量铺膜播种机进行分期播种，精确地将玉米播种由原来的1穴多粒，精确到1穴1～2粒，用种量节省达到30%以上。

(7)机械化中耕与化控，采用高架喷雾植保机械，根据玉米制种方案(父母本错期播种)，在玉米抽穗前可见叶10～11片时，按照农艺要求对母本进行化控处理，父本不喷，从而确保父母本花期相遇正常授粉，母本壮秆抗倒，提高授粉率和结实率。

(8)机械化植保，应用喷杆式、担架式和背负式电动喷雾机等进行杂交玉米制种基病虫害防治，对于连片平原杂交玉米制种基地采用无人植保飞机防治病虫害，效率高、成本低、效果好。

(9)机械去雄与收获，使用去雄机抽穗，去雄系统在红外光电管控制下，抽穗器可根据植株高度不断调整自身高度，具有省工、省力、省钱、省时，降低劳动强度等优势。玉米果穗成熟后采用机械收获，玉米果穗采用机械烘干和脱粒，玉米种子清选后归仓贮存。

(10)捡拾秸秆打捆与残膜捡拾,玉米收获后将机械化捡拾玉米秸秆,并采用机械打捆后运往畜牧场用作饲料;采用残膜捡拾机捡拾制种基地上的残膜,打捆后进行集中无害化处理。

(二)工厂化育苗

从20世纪60年代开始,随着穴盘育苗技术和植物组织培养技术的发展,为实现农作物种苗工厂化生产奠定了基础。由于应用植物组织培养进行种苗的离体繁殖具有繁殖速度快、不受季节和地域条件限制等优点,在种子种苗生产中得到广泛应用。

通过离体快繁可在较短时期内迅速扩大植物种苗的数量,在正常情况下,种苗以几何级数增殖,每年可繁殖出数万倍乃至百万倍的种苗。例如,1个兰花原球茎一年即可繁殖400万个原球茎,一个草莓芽一年可繁殖上亿个芽,一个脱毒种薯苗一年可繁殖上百万个种薯苗。自20世纪90年代以来,草莓、兰花、铁皮石斛、芦荟、金线莲、桉树等经济植物进入了大规模的商业化生产阶段,形成了较为完善的工厂化生产种子、种苗流程。另外,利用植物组织培养技术可以有效除去植物病毒,使植物复壮、恢复种性。目前植物组织培养脱除植物病毒的方法已广泛应用于薯芋、花卉、果树、蔬菜等植物种子、种苗生产,其中草莓、马铃薯、甘薯、百合、甘蔗、生姜等作物的无病毒种苗或种薯实现了工厂化生产。例如,2015年甘肃省马铃薯种植面积为71.6万hm^2,其中脱毒种薯推广应用面积为63.93万hm^2。

(三)雄性核不育制种(SPT)技术

雄性核不育制种(SPT)技术是美国杜邦先锋公司采用转基因方法开发的玉米杂交制种新模式。该技术生产的不育系和用不育系生产的杂交种子均不含转基因成分,于2011年被美国农业部解除转基因管制审批。SPT技术的制种原理如下:在杂合恢复系导入一个与可育基因紧密连锁、与不育基因不连锁的致死基因,产生可育和不育两种花粉,自交后代一半为不育系、另一半为保持系,再利用常规育种将一个红色果皮带荧光基因与可育基因紧密连锁,即保持系籽粒为红果皮带荧光,不育系为普通黄色,可通过色选机将不育系籽粒与保持系完全分开,生产纯合的不育系。该技术既可免除人工或机械去雄程序,又克服了细胞质雄性不育受叶斑病害、雄性核不育自然保持难、育性恢复难等问题,制种成本和风险大幅度降低,种子质量显著提高。

本章小结

本章介绍了植物学、农业生产和法律意义上的种子和品种概念,特性分类,优良品种与良种(包括优质种子)含义,阐述了种子生产的概念和意义,常规种、杂交种的种子和无性繁殖材料等三类种子生产及其生产管理。阐明了繁殖方式多样性、自然因素制约性、种子生产的时效性、种子质量鉴定的困难性等方面的种子生产的特点,以及种子生产应具备的生产基地、技术人员和品种、资金和生产加工设备设施、生产经营许可证和取得植物保护品种的生产授权等条件,还概述了机械化、工厂化、SPT技术等生产种子新技术。

思 考 题

一、名词解释

种子、品种、良种、种子生产。

二、问答题

1. 简述种子生产的意义和任务。
2. 种子生产应具备何条件？简述种子生产的特点。
3. 我国机械化生产杂交水稻和玉米种子主要技术环节是什么？
4. 简述工厂化育苗的主要途径。
5. 简述 SPT 技术的制种原理。

三、论述题

结合优质种子的特征，阐述哪些特征是由种子生产环节所决定的。

第一章　种子生产的基本原理与技术

知识目标

- ◆ 了解种子生产的基本理论及合法性。
- ◆ 理解植物的繁殖方式、品种混杂退化的原因。
- ◆ 掌握品种防杂保纯的措施、不同类型品种种子生产的基本技术。

能力目标

- ◆ 能根据种子生产的基本理论知识，进行植物的繁殖、品种防杂保纯工作。
- ◆ 掌握不同类型作物种子生产技术。
- ◆ 能利用种子生产的理论知识，分析品种混杂退化的原因，综合运用所学知识进行品种防杂保纯的预防，做好种子生产的基地选择及质量控制工作。

第一节　植物的繁殖方式

在长期的进化过程中，植物适应系统发育的环境条件，加上人类对栽培植物的人工选择，形成了各种不同的授粉、繁殖方式来繁衍后代。植物的授粉方式和繁殖方式决定了后代群体的遗传结构，决定了原种和良种的生产程序和防杂保纯的生产技术。特别是在杂种优势广泛应用的现代种子生产中，在很大程度上讲，就是人为控制授粉的技术。深入了解植物的繁殖方式及其后代的遗传特点，分析其与种子生产的关系，采取相应的控制措施，才能使种子生产达到高产、优质、高效。植物的繁殖方式可分为两大类：第一类是有性繁殖，凡由雌雄配子结合，经过受精过程，最后形成种子繁衍后代的，统称为有性繁殖；第二类是无性繁殖，凡不经过两性细胞受精过程繁殖后代的，统称为无性繁殖。

一、有性繁殖

花器的形态构造、雌花和雄花在植株上的位置、开花习性等都会影响授粉的方式。具有完全花的植物，如水稻、小麦等，雌性和雄性器官生长在一朵花内，称为两性花。一般情况下，这种花器的构造有利于自花授粉。一朵只生长雄性器官的花称为雄花，一朵只生长雌性器官的花称为雌花，均为单性花。雌花和雄花分别着生在同一植株的不同部位，称为雌雄同株异花，如玉米、蓖麻、瓜类等。雌花和雄花分别着生在不同的植株上，称为雌雄异株，如大麻、菠菜、木瓜等。雌雄同株异花和雌雄异株都有利于异花授粉，但在程度上有区别。前者虽可能有少量的来自同株雄花的花粉参与授粉而完成受精过程，但仍属于异花授粉。后者则是完全的异花授粉。

开花习性、雌雄蕊的生长发育特点都与授粉方式有关。大麦、豌豆、花生等植株下部的花，在花冠未张开时就已散粉受精，称为闭花受精，是典型的自花授粉。棉花一般是在花冠张开后才散粉，因而增加了异花授粉的机会，属于常异花授粉。有些植物虽然具有完全花，但雌雄蕊异熟，有的是雌蕊先熟，如油菜；有的是雄蕊先熟，如玉米、向日葵等；或者雌雄蕊异长；或着生蜜腺，或有香气，能引诱昆虫传粉；或花粉轻小，寿命短，容易借风力传播。这些开花习性、雌雄蕊的生长发育特点都有利于异花授粉。雄性不育性和自交不亲和性是两种受遗传控制的、特殊的开花授粉习性。具有雄性不育的植株花粉败育，不能产生正常的雄性配子，但能形成正常的雌性配子。自交不亲和的植株，能形成正常的雌雄配子，但自花花粉落在柱头上不能受精，由于具有特殊的遗传生理机制，阻碍自身的雌雄配子结合，所以，在自然条件下只能通过异花授粉繁殖后代。

有性繁殖是植物繁衍后代的基本方式。在有性繁殖中，因雌雄配子是来自同一亲本植株或不同亲本植株，又分为自花授粉、异花授粉和常异花授粉三种授粉方式。此外，还包括两种特殊的有性繁殖方式，即自交不亲和性和雄性不育性。

(一)自花授粉

同一朵花的花粉传播到同一朵花的雌蕊柱头上，或同株的花粉传播到同株的雌蕊柱头上称为自花授粉，同株或同花的雌雄配子相结合的受精过程称为自花授精，通过自花授粉方式繁殖后代的植物称为自花授粉植物，又称自交植物。自花授粉植物有水稻、小麦、大麦、燕麦、大豆、花生、芝麻、马铃薯、亚麻、大麻、烟草、番茄、茄子、辣椒等。

自花授粉植物都是雌雄同花，花器被严密保护，外来花粉不易进入；花冠多无鲜艳色彩，也少有香味，且多在早晨或夜间开放，不利于昆虫传粉；花粉较少，不利于风传；雌雄蕊同期成熟、长度相仿或雄蕊略长，花药开裂部位紧靠柱头，有利于自花授粉，有的甚至在开花前已授粉(闭花授粉)。自花授粉植物的自然异交率一般低于1%，如大麦常闭花授粉，自然异交率为0.04%～0.15%；大豆的自然异交率为0.5%～1%；小麦、水稻的自然异交率通常也低于1%。但因品种的差异和开花时环境条件的影响，自然异交率也有高达1%～4%的。

由于长期自花授粉和人为的定向选择，自花授粉植物具有如下遗传特点：

1.基因型和表型的一致性

通过单株选择或连续自交产生的后代群体内绝大多数个体的基因型是纯合的，且个体间的基因型是同质的，其表型也是整齐一致的，这样的群体一般称为纯系。即使个别植株偶然发生天然杂交或基因突变暂时变得不纯，但经过连续几代的自花授粉后可使其后代群体的遗传组成趋于纯合。

2.遗传行为的相对稳定性

在自花授粉植物群体中通过人工选择产生的纯系的一致性，在其后的各个世代中，不通过人工自交都能较稳定地保持下去，即在一定时间内和一定条件下在遗传行为上表现出相对稳定性，这是自花授粉植物的优良品种得以较长期在生产上推广应用的重要原因。

3.自交不退化或退化缓慢

自花授粉植物具有自交不退化或退化缓慢的特点，这是自花授粉方式在进化过程中得以产生和保存下来的原因。达尔文关于"杂交一般是有利的，自交时常是有害的"的论点，不能解释自交植物的繁殖行为。该论点虽是生物繁殖的普遍规律，但自交有害并不是绝对的，在一定条件下亦可成为有利的方式。

总之，自花授粉植物的"纯"是相对的，"不纯"是绝对的，通过异交产生基因重组，或由于环境的改变等发生基因突变，由微小变异发展成显著变异。人为选择其优良的变异类型进行分离纯化，即为选择育种。纯化的自交群体亦可经人工杂交而产生新的变异，即目前普遍采用的杂交育种。

（二）异花授粉

雌蕊的柱头接受异株花粉授粉的称为异花授粉，由异株的雌雄配子相结合的受精过程称为异花受精，通过异花授粉方式繁殖后代的植物称为异花授粉植物，又称异交植物。异花授粉植物有玉米、黑麦、甘薯、向日葵、白菜型油菜、西瓜、黄瓜、甜菜、蓖麻、大麻、木薯、紫花苜蓿、三叶草、草木樨、啤酒花等。

异花授粉植物的自然异交率因作物种类、品种和开花时环境条件而不同，它们主要是由风力或昆虫传播异花花粉而结实，有些植物的自然异交率可达到95%以上，甚至100%。异花授粉植物又可分为三类：

（1）雌雄异株，即有雄株雌株之分，雌雄花分别长于不同植株上，如大麻、银杏、菠菜、木瓜和石刁柏等，为完全的异花授粉植物。

（2）雌雄同株异花，如玉米、蓖麻、瓜类、桑等。

（3）雌雄同花，但雌雄蕊异熟或花粉异型不能自交，如李子、葱、荞麦和芹菜等；或自交不亲和，如黑麦、向日葵、甜菜和甘薯等。

异花授粉植物的群体是不同来源、不同遗传性的两性细胞融合产生的杂合子形成的后代，自然异交率在50%以上，它具有如下遗传特点：

1.个体内的杂合性和个体间基因型与表型的不一致性

群体内各个体的基因型是杂合的，各个体间的基因型是异质的，没有基因型完全相同的个体。因此，它们的表型多种多样，没有完全相同的个体。

2.植株个体后代性状的多样性

异花授粉植物群体的复杂异质性，从群体中选择的优良个体的后代，总是出现性状分离，表现出多样性，优良性状难以得到稳定遗传。因此，为了获得较稳定的纯合后代和保证选择效果，必须适当控制授粉条件，并进行多次选择。

3.自交易退化

异花授粉植物自交会导致生活力显著衰退。在对异花授粉植物进行改良时，为避免或减轻自交对生活力下降的影响，多采用多次混合选择法。在繁殖和保存优良自交系时，可通过姊妹交提高生活力。通过若干世代自交、选择，得到纯合的自交系，再进行优良自交系间的杂交，会产生强优势的杂种组合(杂交种)。异花授粉植物杂种优势与自交退化现象并存,是杂种优势利用和杂交制种的理论基础。

(三)常异花授粉

同时依靠自花授粉和异花授粉两种方式繁殖后代的称为常异花授粉植物,又称常异交植物。常异花授粉植物是自花授粉植物和异花授粉植物的中间类型,比较典型的有棉花、高粱、蚕豆、苜蓿、粟、甘蓝型和芥菜型油菜等。常异花授粉植物通常仍以自花授粉为主要繁殖方式,又存在一定比例的异交,自然异交率在4%～50%。常异花授粉植物的自然异交率,常因异花植物种类、品种、生长地的环境条件而有较大变化。据测定,陆地棉在美国不同地点种植,其自然异交率的变幅为1%～18%,法国和德国测定的蚕豆自然异交率在17%～49%。甘蓝型油菜的自然异交率一般在10%左右,最高可达30%以上。

常异花授粉植物雌雄同花,但雌雄蕊不等长或不同期成熟。雌蕊外露易接受外来花粉,花冠色彩鲜艳并能分泌蜜汁以引诱昆虫传粉,花朵开花时间长等,它具有如下遗传特点:

1.主要性状多处于同质纯合状态

常异花授粉植物以自花授粉为主,故其主要性状多处于同质纯合状态。

2.近交后代退化现象不显著

在人工控制条件下进行连续自交与异花授粉植物相比较,后代一般不会出现明显的退化现象,如高粱、棉花等。因此,常异花植物的育种方法与自花授粉植物相似,采用选择育种是有效的。但由于具一定的自然异交率,群体中的异质程度依异交的程度而异,在育种中应进行多次选择,亦可进行杂交育种,此期间应对亲本进行必要的自交纯化和选择。种子生产中应注意防止生物学混杂,以保持品种纯度。

(四)自交不亲和性

自交不亲和性广泛存在于被子植物中,是指具有完全花并可形成正常雌雄配子的某些植物,但缺乏自花授粉结实能力的一种自交不育性。具有自交不亲和性的植株通常表现出雌蕊排斥自花授粉的行为,使自花的雄配子在受精时受阻。有的是自花花粉在雌蕊柱头上不能萌发;有的是自花花粉管进入花柱中后生长受阻,不能到达子房,或不能进入珠心;有的是进入胚囊的雄配子不能与卵细胞结合完成受精过程。具有自交不亲和性的植物有甘薯、黑麦、白菜型油菜、向日葵、甜菜、甘蓝、白菜、青花菜、梨、苹果、李子、矮牵牛、肉苁蓉、油茶等。

根据植物花形的不同,自交不亲和性可以分为同形性和异形性两大类。同形性自交不亲和植物所有花形相同,自花授粉能否完成授精取决于雌雄双方的S基因型;而异形性自交不亲和植物个体花形多样(如短花药/长花柱和长花药/短花柱类型),只有等长的花药和花柱之间授粉才能亲和(如长花药的花粉授长花柱才能完成受精)。同形性自交不亲和由1至多个基因座控制,根据花粉自交不亲和性的遗传控制方式,该类自交不亲和性又可分为孢子体型和配子体型两种类型。

自交不亲和植物雌蕊的柱头或花柱可以识别自体或异体花粉,并抑制自体花粉萌发或生长的一种特性,使得自体受精不能实现,只有遗传组成不同的异体花粉才能完成受精。自交不亲和的发生防止了近亲繁殖,促进异花授粉受精,有利于物种多样性。自交不亲和性是一种受遗传控制的、提高植物自然异交率的特殊适应性。在杂种优势利用中可以利用自交不亲和性的植株作母本，通过异花授粉，获得大量的 F_1 代杂交种子，因而是一种有实用价值的繁殖特性。

(五)雄性不育性

植株的花粉败育、不能产生有功能的雄配子的特性称为雄性不育性。雄性不育性广泛存在于植物中，如水稻、玉米、高粱、大麦、粟、小麦、棉花、油菜、向日葵、芥菜、萝卜、甘蓝、青花菜、白菜等都有各种雄性不育性性状/特性，有的已用于配制杂交种。利用雄性不育性有利于避免自交，提高自然异交率，增强植物种子的生活力和适应性。用雄性不育的植株作母本，通过异花授粉可以得到大量的杂交种子，是利用杂种优势极其宝贵的性状和亲本资源，现已在各种植物种子生产中广泛采用。植物受遗传控制的雄性不育性可分为细胞核雄性不育性和细胞质雄性不育性两大类。

1.细胞核雄性不育性

细胞核雄性不育性受核基因控制，多为隐性，但在少数作物(如小麦、粟等)中也发现了显性核基因控制的雄性不育性，在水稻、油菜、小麦、高粱等许多作物中，发现了光、温敏核雄性不育性。

受隐性核基因控制的雄性不育材料，用正常雄性可育材料授粉产生的 F_1，全部雄性可育，F_1 个体的雄花育性按孟德尔方式分离，雄花不育特性不能很好地保持。因此，这类材料利用杂种优势较为困难。受显性核基因控制的雄性不育性，如小麦的太谷显性核不育基因(*Tal*)，用正常雄花可育的小麦品种(系)授粉产生的 F_1 全部为雄花不育，所以不能直接用于作物的杂种优势利用，但可作为特殊的育种材料使用。

石明松发现的湖北光敏感核不育水稻，经研究表明，它的雄性不育性是受 1 对隐性基因控制的，其光敏感性则受 1～2 对基因控制，因而湖北光敏感核不育水稻具有在长日照条件下诱导雄花不育，在短日照条件下诱导雄花可育，而杂交 F_1 又全部可育的特性。同一品系既可能作母本配制杂交种，又可自己繁殖后代，做到一系两用，是一种十分宝贵的雄性不育资源。但由于自然光、温条件的复杂性，不同年度和地区间，光、温条件的变化以及不同遗传背景的影响等，都可能造成育性的波动，所以在育种和种子生产上利用难度较大。

2.细胞质雄性不育性

育性受细胞质的育性基因与细胞核中相对应的育性基因互作决定的，实际上是质核互作控制的雄性不育性。质核互作雄性不育性的遗传有以下三种基本模式：当某种植物的一个品系具有细胞质雄性不育基因(S)和相对应的细胞核隐性雄性不育基因(rfrf)时，其基因型为S(rfrf)，表现型为雄性不育，称之为细胞质雄性不育系。当一个品系具有正常的细胞质基因(N)和雄性不育系相同的隐性核基因(rfrf)时，其基因型为 N(rfrf)，表现型为雄性可育。用它的花粉对雄性不育系的雌花授粉，结果为：S(rfrf)×N(rfrf)→S(rfrf)，所产生的后代仍保持雄性不育性，称之为雄性不育保持系。当一个品系的细胞核具有与细胞质不育基因相对应的育性显性恢复基因(RfRf)，不论它是正常细胞质或是不育细胞质，其基因型为 N(RfRf)或S(RfRf)，表现型均为雄性可育。用它的花粉对雄性不育系授粉，结果是：S(rfrf)×N(RfRf)或 S(RfRf)→S(Rfrf) 所产生的后代恢复雄性可育，称之为雄性不育恢复系。

细胞质雄性不育性在上述三种基因模式的质核互作控制下，因作物种类、细胞质类型和遗传背景的不同以及环境条件的差异，会使其受修饰因子的影响而发生不同程度的育性偏离现象，必须经过连续的定向选择，方能获得育性稳定的雄性不育系、保持系和恢复系，使三系配套，用于繁殖制种，生产出大量的杂交种子，利用 F_1 的杂种优势。利用细胞质雄性不育系配制杂交种，由于不育性较稳定，可以免除人工、化学药物或机械的去雄程序。这样，既节省了劳力和种子生产成本，又能提高种子质量，有利于杂交种的推广利用和充分发挥杂种优势的潜力。因此，当前各种主要作物如水稻、玉米、高粱、油菜等都是以细胞质雄性不育为主，采用三系配套的方法生产杂交种见图 1.1。

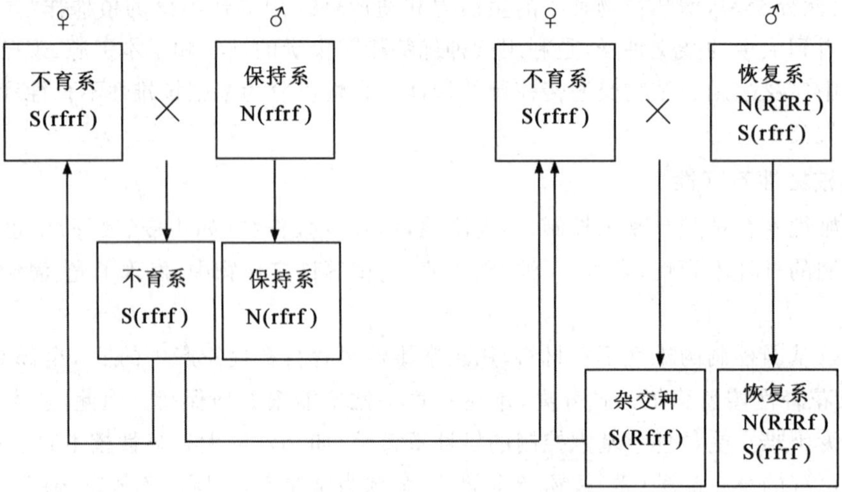

图 1.1　三系制种示意图

(引自王建华《种子生产学》,2006)

二、无性繁殖

无性繁殖方式主要包括植株营养体繁殖和无融合生殖两种类型。随着现代生物技术的发展，组织培养成为无性系繁殖的一个重要途径。

(一)营养体繁殖

许多植物的植株营养体部分都具有再生繁殖的能力，如植株的根、茎、芽、叶等营养器官及其变态部分块根、球茎、鳞茎、匍匐茎、地下茎等，都可利用其再生能力，采取分根、扦插、压条、嫁接等方法繁殖后代。利用营养体繁殖后代的作物主要有甘薯、马铃薯、木薯、蕉芋、甘蔗、苎麻、莲、茭白、荸荠、菱角、慈姑等。大部分的果树和花卉也是采用营养体繁殖后代。

由营养体繁殖的后代称为营养系或无性系，它来自母株的营养体，即由母体的体细胞分裂繁衍而来，没有经过两性受精过程，所以无性系的各个体都能保持其母体的性状而不发生(或极少发生)性状分离。因此，一些不容易进行有性繁殖而又需要保持品种优良性状的作物，可以利用营养体繁殖无性系来保持其种性。

(二)无融合生殖

植物性细胞的雌雄配子，不经过正常受精、两性配子的融合过程而形成种子以繁衍后代的方式，称为无融合生殖。无融合生殖有多种类型：因大孢子母细胞或幼胚囊败育，由胚珠体细胞进行有丝分裂直接形成二倍体胚囊，称为无孢子生殖；由大孢子母细胞不经减数分裂而进行有丝分裂，直接产生二倍体的胚囊，最后形成种子，称之为二倍体孢子生殖；由胚珠或子房壁的二倍体细胞经过有丝分裂而形成胚，和由正常胚囊中的极核发育成胚乳而形成种子，称为不定胚生殖；在胚囊中的卵细胞未和精核结合，直接形成单倍体胚，称为孤雌生殖；进入胚囊的精核未与卵细胞融合，直接形成单倍体胚，称为孤雄生殖；具单倍体胚的种子后代经染色体加倍可获得基因型纯合的二倍体。上述各类无融合生殖所获得的后代，无论是来自母体的体细胞或性细胞或来自父本的性细胞，共同的特点是都没有经过受精过程，即未经过雌雄配子的融合过程。因此，这些后代只具有母本或父本一方的遗传物质，表现母本或父本一方的性状，所以仍属于无性繁殖的范畴。

(三)组织培养

植物组织培养即植物无菌培养技术，又称离体培养，是根据植物细胞具有全能性的理论，利用植物体离体的胚胎、器官、组织、细胞及原生质体，在无菌和适宜的培养基及人工控制条件下，能诱导出愈伤组织、不定芽、不定根，最后形成完整的植株的技术体系。因此，根据培养材料的不同，植物组织培养可分为：

(1)胚胎培养　胚胎培养指以从胚珠中分离出来的成熟或未成熟胚为外植体的离体无菌培养。

(2)器官培养　器官培养指以植物的根、茎、叶、花、果等器官为外植体的离体无菌培养，如根的根尖和切段，茎的茎尖、茎节和切段，叶的叶原基、叶片、叶柄、叶鞘和子叶，花器的花瓣、雄蕊(花药、花丝)、胚珠、子房、果实等的离体无菌培养。

(3)组织培养　组织培养即狭义的植物组织培养，指以分离出植物各部位的组织(如分生组织、形成层、木质部、韧皮部、表皮、皮层、胚乳组织、薄壁组织、髓部等)，或已诱导的愈伤组织为外植体的离体无菌培养。

(4)细胞培养　细胞培养指以单个游离细胞(如用果酸酶从组织中分离的体细胞，或花粉细胞、卵细胞)为接种体的离体无菌培养。

(5)原生质体培养　原生质体培养指以除去细胞壁的原生质体为外植体的离体无菌培养。

(四)无性系的遗传特点

品种群体来源于母本的体细胞，使遗传物质只是来自母本一方，所以，不论母本遗传基础的纯与杂，其后代的基因型与母本完全相同，后代通常不发生分离现象，也就是说，同一无性系内的植株遗传基础相同，都与原始亲本(母本)的特性一致。一般来说，无性繁殖作物品种的遗传基础都是杂合性的，因利用无性繁殖使无性系内的群体在表现型上是一致的，因而保持着品种的稳定性。同样的道理，无融合生殖所获得的后代，只具有母本或父本一方的遗传物质，表现母本或父本一方的性状。

作物的繁殖方式决定了它的遗传特点和遗传效应，也因此决定了育种家们的育种方法和杂种优势利用的途径，以及在种子生产过程中提纯防杂的技术和现代组织培养的技术。

第二节 种子生产的基本理论

一、纯系学说

(一)纯系学说的概念

纯系学说是由丹麦遗传学家约翰逊(W. L. Johannsen)于1909年提出的。所谓纯系,按照约翰逊的定义,“是完全自花授精的纯合子的一个个体所生后代的总称”,亦即从一个基因型纯合个体自交产生的后代,其群体的基因型也是纯一的。因此,纯系的存在必须有三个条件:首先,必须是完全自花授精;其次,产生纯系的最初个体必须是纯合子;最后,在纯系内不发生突变。因为一旦发生突变,纯系也就失去了纯的状态。只有具备这三个条件纯系的遗传基础才可能是纯一的,换句话说,纯系才可能存在。约翰逊依据大量试验结果认为,在自花授粉植物的天然混杂群体中,可分离出许多基因型纯合的纯系,因而在一混合群体中选择是有效的。但是在纯系内再继续选择是无效的,因为纯系内个体所表现的差异,只是环境的影响,是不能遗传的。他进一步总结提出了基因型和表型两个概念,区分了遗传的变异和不遗传的变异,指出了选择遗传变异的重要性,为选择育种和种子生产奠定了理论基础。

(二)纯系学说在种子生产中的指导意义

纯系学说对育种和种子生产的最大影响,是从理论和实践上提出自花授粉植物单株选择的重要性。纯系学说认为,在种群内进行选择是有效的。因为一般作物品种,特别是地方品种,常常都是混杂的种群,所以对它们进行单株选择是有效的。单株选择法无论过去和现在都是作物育种的重要方法之一。在自交作物原种生产体系中,要按原品种的典型特性,进行单株选择、单株脱粒,进行株系比较,一步步进行提纯复壮,即三年三圃制。

纯系学说对种子生产的另一个指导意义是防杂保纯。在种子生产中,保证所生产品种的高纯度是生产技术中的关键措施。杂交制种过程中,自交系纯度的高低直接决定着杂交种种子的好坏,把握住亲本自交系的保纯繁殖,是提高制种质量的先决条件。广泛采用纯度高的自交系作杂交亲本,而不用纯度差的品种(尤其是异交作物)作亲本,这也从另一个侧面证明了相对纯系的存在及其在育种和种子生产实践中的重要作用。但种子生产中,即使是自花授粉作物,绝对的完全自花授粉的纯系几乎是没有的,水稻、小麦、大豆等自花授粉植物任何单株选择的后代,由于天然杂交和自然突变都会变得越来越不纯,因此必须不断进行提纯复壮,方能保持种子的一定纯度。这也是我们在制定种子质量标准时,纯度不能要求100%的原因。但是,这种情况以及对此情况的理解,不能成为我们放宽纯度要求的理由,严格按照种子生产技术和质量检验规程,完全可以将种子纯度控制在国家种子质量分级标准以内。

事实上,绝对的纯系是没有的,因为大多数植物的经济性状都是受微效多基因控制的数量性状,这类性状即使有1～2个基因发生突变,在外表上也常常不易察觉,特别是和表现型变异不易区分。这种情况可能是造成选择无效的另一个原因。纯系的遗传基础不纯是绝对的,因此在纯系中进行选择获得效果是可以理解的;纯系的遗传基础毕竟是相对纯一的,因此在纯系中就一定性状进行选择,很长时间收不到效果也常常是可能的。所谓“纯”只能是局部的、暂时的和相对的,随着繁殖的扩大必然会降低后代的相对纯度。因此,在现代种子生产中,应尽可能减少生产代数。

二、遗传平衡定律

(一)遗传平衡定律的概念

遗传平衡定律是指在一个随机交配的大群体内,如果其他因素(如突变、选择、迁移、漂变)的干扰没有,则该群体的基因频率和基因型频率在世代间保持不变,总是处于一种平衡状态。由于该定律是英国数学家哈迪(G. H. Hardy)和德国医生魏伯格(W. Weinberg)在1908年先后独立地证明过的,故又称为Hardy-Weinberg定律。

基因频率是指在某一群体中,某个等位基因占该位点等位基因总数的比率,也称等位基因频率。基因频率是决定某个群体遗传的基本因素,当环境条件或遗传结构不变时,基因频率亦不会变化。基因型频率是指在某一群体中,某个特定基因型占该群体所有基因型总数的比率。基因型是每代在受精过程中由父母所携带的基因组成的,它是描述群体遗传结构的重要参数。

自花授粉作物长期靠自交繁殖,以一对杂合基因型Aa的个体为例,经过连续自交,后代中纯合基因型AA和aa个体出现的频率将会有规律地逐代增加,而杂合基因型Aa个体出现的频率将会有规律地逐代递减。理论上自交各代纯合基因型频率按如下公式计算:$1\sim(1/2)^n$,杂合基因型频率按如下公式计算:$(1/2)^n$,其中n为自交代数。设等位基因A和a的基因频率分别为p和q,则三种基因型的频率分别为:

基因型	AA	Aa	aa
频率	$P=p^2$	$H=2pq$	$Q=q^2$

如果个体间的交配是随机的,则配子之间的结合也是随机的,结果如表1.1所示。

表1.1 随机交配群体的基因型及其频率

雌配子及其频率	雄配子及其频率	
	$A_1:p$	$a_1:q$
$A_1:p$	$A_1A_1:p\times p=p^2$	$A_1a_1:p\times q=pq$
$a_1:q$	$A_1a_1:q\times p=pq$	$a_1a_1:q\times q=q^2$

(引自王建华《种子生产学》,2006)

下一代三种基因型的频率分别为:

基因型	A_1A_1	A_1a_1	a_1a_1
频率	$P_1=p^2$	$H_1=2pq$	$Q_1=q^2$

这与上一代三种基因型的频率完全一致,因此就这对基因而言,群体已达到平衡。

(二)遗传平衡定律与种子生产的关系

遗传平衡定律启迪我们:

(1)群体达到平衡的条件 在任何一个大群体中,无论起始基因频率和基因型频率如何,只要经过一代随机交配，这个群体就可以达到平衡，这一点指出了群体达到平衡的条件。

(2)群体保持和打破平衡的手段　在随机交配的大群体中，如果没有其他因素的干扰，则群体始终处于一种遗传平衡状态，这一点指出了群体保持平衡的条件和打破平衡的手段。

对自花授粉植物而言，如再加上定向选择，其品种群体内绝大多数个体的基因型是纯合的，而且个体间的基因型是同质的，其表型也是整齐一致的。由于其遗传性的相对一致和稳定，品种保纯比较容易。但由于自花授粉植物也存在极少数的天然异交率，会发生基因型的分离，出现性状变异个体。此外，由于自然突变的存在，也会产生变异个体。这些都是自花授粉作物产生变异的主要原因，也是其要防杂保纯的基本遗传原理。

对异花授粉植物而言，群体内个体间随机交配繁殖后代，如果没有选择、突变、遗传漂移等的影响，群体内的基因频率和基因型频率在各世代间将保持不变，即保持遗传平衡。如一些山区的玉米自由授粉品种(俗称地方品种)，可以看作是保持遗传平衡的群体。但实际上由于对群体施加人工选择，再加上自然突变、异品种的杂交和小样本的引种等因素，这些都不可避免地对异花授粉植物品种的纯度产生影响，从而影响所生产的种子质量。

三、杂种优势

(一)杂种优势的概念

杂种优势是指两个遗传组成不同的亲本杂交产生的杂种一代(F_1)，在生长势、生活力、繁殖力、适应性以及产量、品质等方面比其双亲优越的现象。杂种优势是生物界普遍存在的现象。我国是利用杂种优势最早的国家，早在公元584年就有利用动物杂种优势的记载。后魏贾思勰所著《齐民要术》和明朝宋应星所著《天工开物》中分别记载了雌马和雄驴杂交产生骡子以及蚕的杂交事例。欧洲在产业革命之后才开始研究作物的杂种优势。生产上利用杂种优势，可大幅度提高产量和改良品质，具有巨大的社会效益和经济效益，是现代农业科学技术的突出贡献。

1.杂种优势的计算方法

为了便于比较和利用杂种优势，通常采用下列方法度量杂种优势的大小。

(1)中亲优势或相对优势杂种(F_1)的产量及计算公式　中亲优势或相对优势杂种(F_1)的产量或某一数量性状的平均值与双亲(P_1与P_2)同一性状平均值的差数除以双亲(P_1与P_2)同一性状的平均值。计算公式为：

$$\text{中亲优势}=(F_1-MP)/MP\times100\%;MP=(P_1+P_2)/2$$

(2)超亲优势杂种(F_1)的产量及计算公式　超亲优势杂种(F_1)的产量或某一数量性状的平均值与高值亲本(HP)同一性状平均值的差数除以高值亲本(HP)。计算公式为：

$$\text{超亲优势}=(F_1-HP)/HP\times100\%$$

有些性状在P_1可能表现出超低值亲本(LP)的现象，如这些性状是杂种优势育种的目标可称为负向的超亲优势。计算公式为：

$$\text{负向超亲优势}=(F_1-LP)/LP\times100\%$$

(3)超标优势或竞争优势杂种(F_1)的产量及计算公式　超标优势或竞争优势杂种(F_1)的

产量或某一数量性状的平均值与当地推广品种(CK)同一性状的平均值的差数除以当地推广品种(CK)。计算公式为：

$$超标优势=(P_1-CK)/CK\times 100\%$$

(4)杂种优势指数及计算公式　杂种优势指数指杂种(F_1)某一数量性状的平均值与双亲同一性状的平均值的比值，也用百分率表示。计算公式如下：

$$杂种优势指数=F_1/MP\times 100\%$$

2.杂种优势的遗传机理

在作物杂种优势育种实际应用中，所利用的指标常常是超标优势，而杂种优势的理论研究则常用中亲优势。

农作物杂种优势的大规模应用是20世纪作物育种的一项重大突破。关于杂种优势的遗传机理，目前主要有显性、超显性、上位性效应、染色体组—胞质基因互作模式、异质结合假说等。

(1)显性假说　显性假说认为，杂种优势是由双亲的显性基因全部聚集在杂种中所起的互补作用。以玉米为例，假定两个玉米自交系有5对基因互为显隐性关系，且位于同一对染色体上，其基因型为AAbbCCDDee和aaBBccddEE；这两个自交系杂交产生的杂种F_1的基因型就应为AaBbCcDdEe。再假定各隐性纯合基因如aa对性状发育的作用为1，而各显性纯合基因如AA和杂合基因如Aa的作用为2，那么，其亲本的作用力分别为8和7，杂种F_1的作用则为10。由此可见，由于显性基因的作用，F_1比双亲有着显著优势。

(2)超显性假说　超显性假说认为杂种优势来源于双亲的异质结合所引起的基因间的互作，也称等位基因异质结合假说。依据这一假说，等位基因间是复杂的互作关系，而且是单纯的显隐性关系，且杂合等位基因间的相互作用要大于纯合等位基因间的相互作用。如两个玉米自交系，各有5对基因$a_1a_1b_1b_1c_1c_1d_1d_1e_1e_1$和$a_2a_2b_2b_2c_2c_2d_2d_2e_2e_2$与生长量有关，杂交$F_1$的基因型为$a_1a_2b_1b_2c_1c_2d_1d_2e_1e_2$。假定一对纯合等位基因$a_1a_1$能支配一种代谢功能，生长量也为1个单位；杂种为杂合等位基因a_1a_2时，将能同时支配a_1和a_2所支配的两种代谢功能，生长量可超过亲本达到2。如此计算，上述两亲本的生长量各是5，而其杂交种的生长量为10，F_1具明显超亲优势。

(3)上位性　上位性效应显性和超显性假说是以单基因理论为基础，是基于位点内的基因效应，强调的是等位基因之间的互作。而上位性是指位点间的基因相互作用的效应，强调的是非等位基因之间的互作，当二对基因在一起相互作用时，其基因型值偏离两者相加之值，认为性状的杂种优势是相关基因共同作用的结果。近年来，利用分子标记开展基因位点间的互作分析以及上位性效应的遗传研究表明，上位性可能是水稻等植物杂种优势形成的重要遗传基础。

(4)基因组互作　染色体组—胞质基因互作模式染色体组—胞质基因互作模式由Srivastava(1981)提出，又称为基因组互作模式。该模式认为基因组间互补可能包括细胞核与叶绿体、线粒体基因组的互作与互补，杂种优势就是由这些互作或互补所致。在小麦族中发现的不同来源核质结合的核质杂种表现有优势的事实支持这一假说。

(5)异质结合假说　异质结合假说是1910年Shull G. H.等在研究达尔文学术观点的基

础上，并根据自己的研究工作结果提出的。这一假说认为，玉米自交促进了遗传同质结合，而自交系间杂交导致遗传异质结合。由于异质性配子的结合在生理上的刺激作用，从而产生了强大的杂种优势。两种配子的异质性越大，产生的杂种优势也就越明显。

事实上，以上各种假说都在一定程度上揭示了杂种优势产生的原理，但都有一定的局限性。杂种优势可能是各种遗传过程作用的总效应。一个性状往往会受到许多基因的控制，这样杂交后代的基因型明显多于亲本，因此杂交后代要比亲本具有更多的基因间的作用，同时各非等位基因的效应也起了重要的作用，由此产生了杂种优势。多年来发展的分子生物学技术及构建的高密度遗传图谱，为阐明杂种优势的遗传基础提供了有利的证据，研究者从不同角度在分子水平上进行杂种优势的遗传理论研究，取得了一些进展。从基因组学和表观遗传学的角度来看，杂种优势来自父、母本基因组等位基因之间的相互作用，从而改变有关基因的调控网络，促进生长，提高抗逆性和适应性。例如，在异源多倍体和杂交种中的关键调控基因的表观遗传修饰可以改变其生理和代谢调控网络，从而导致杂种优势。以上机理有助于解析和利用杂种优势，但要建立完整的杂种优势遗传理论，仍需不断深入研究和探讨。

（二）杂种优势在种子生产中的应用

玉米是生产中大规模利用杂种优势的第一个代表性作物。达尔文(C. Darwin)在1877年观察并测量了玉米等作物的杂种优势现象后，提出了异花授粉有利、自花授粉有害的观点。其后，许多学者对玉米做了一系列研究，沙尔(G. H. Shull)首次提出了“杂种优势”这一术语和选育单交种的基本程序，从遗传理论上和育种模式上为玉米自交系间的杂种优势利用奠定了基础。但因当时的自交系产量低，生产商品杂种种子成本高，玉米单交种未能投入生产。直到1918年琼斯(D. F. Jones)提出利用双交种的建议，才使玉米自交系间杂种优势的利用变得实际可行。20世纪20年代中后期，美国创建了一批以生产玉米商品杂种品种种子为主的科技行业——种子公司，使玉米杂种品种得以迅速推广。我国在杂种优势利用上的研究起步于20世纪30年代，但直到60年代才真正在生产上开始推广玉米杂交种。70年代，我国杂交水稻培育成功，其研究成果处于世界领先水平，使水稻生产有了突破性进展。目前世界上已经利用和即将利用杂种优势的植物有：玉米、水稻、高粱、黑麦、向日葵、棉花、烟草、小麦、大麦、燕麦、谷子、珍珠粟、油菜、甜菜、苜蓿、番茄、洋葱、茄子、黄瓜、西葫芦、西瓜、笋瓜、南瓜、甘蓝、花椰菜、白菜、萝卜、胡萝卜、菠菜、石刁柏、辣椒、芹菜、菜豆、豌豆、马铃薯、椰子、桉树、秋海棠等。

尽管杂种优势是生物界的普遍现象，但杂种优势的表现却因组合不同、性状不同、环境条件不同而呈现复杂多样性。从基因型看，自交系间的杂种优势要强于自由授粉品种的杂种优同为自交系，不同组合间的杂种优势，差异也很大。从性状上看，一般综合性状上往往表现为强的杂种优势，而在某些单一性状上有时并无优势。因此，进行杂交制种，各组合间必须进行严格的隔离。杂种优势的强弱还与亲本间的亲缘关系、生态类型、地理距离及性状有关，一般差异大且性状具有互补性时，其F_1优势较强。在双亲的亲缘关系和性状有一定差异前提下，基因型的纯合愈高，则杂种优势愈强。因此，选择纯度高的亲本并进行严格的去杂去劣，是杂交制种的又一特点。

杂种二代(F_2)及以后世代的杂种优势衰退。与F_1相比，F_2及以后世代在生长势、生活力、抗逆性、产量等方面都显著下降，且亲本的纯度愈高，F_1的优势愈大，F_2及以后世代的衰退就愈明显，这是由于基因的分离重组破坏了 F_1 群体基因型的高度杂合所引起的。因此，在杂种优势利用上，F_2 及以后世代不能利用，必须重新配制杂种，才能满足生产需要。利用杂种优势，要以能生产大量的低成本的杂交种子为前提，在制种条件上除了要具有较好的优势组合外，还要有生产纯度较高的亲本和杂交种的能力和技术。常用的杂交制种技术主有人工去雄杂交制种、理化因素杀雄制种、利用自交不亲和性制种及利用雄性不育性制种等。

第三节　品种的防杂保纯

品种混杂退化的表现为：典型性降低，原品种的株、叶、穗、粒等特有性状发生变化，甚至面目全非；生长发育不一致，整齐度差，群众讲“远看绿油油，近看三层楼，五花八门样样有，十成年景八成收”，这是对混杂退化严重品种田间表现现象的描述；抗逆性降低，对旱、涝、病、虫、低温等不良条件的适应能力减弱，导致产量不稳、产量降低、产品品质下降、杂交种亲本配合力降低等。可以说，典型性变化和生长不整齐是主要表现，产量和品质降低是最终的反映和为害结果。

一、品种混杂退化的原因

导致品种混杂退化的原因是多方面的和非常复杂的，不同地区、不同气候条件、甚至不同作物可能有所不同，但一般认为主要有如下几个方面。

(一)机械混杂

在种子生产和流通的各个环节中，由于条件的限制或人为的过失，都可能导致异品种种子混入的现象。机械混杂是发生量最大的，在种子处理、播种、补种、移栽、收获、脱粒、干燥、加工、包装、入库、运输和贮藏等环节都有可能发生，同类作物前茬的落粒以及施入未充分腐熟的有机肥中带有的异品种的种子，也会造成机械混杂。由于机械混杂在种子生产、加工、包装、贮运等各个环节都可能发生，所以它是品种混杂退化的重要原因，是自花授粉作物品种混杂退化的主要原因。

(二)生物学混杂

生物学混杂是指异品种、异亲本的花粉侵入和参与杂交，导致产生新的杂种和分离群体，是一种生物学行为。生物学混杂在各种作物上都有可能发生，但在异交作物和常异交作物上比较普遍且严重。自然异交率受不同品种、不同条件、不同环境等影响较大，因此在现代种子生产中是不容忽视的。对于自花授粉作物的种子田也要进行隔离，避免异源花粉的侵入。

(三)残存异质基因的分离重组和基因突变

一个品种在推广以后，可以看成是一个纯系但不是绝对的。品种或自交系的主要性状是基本一致的但这种一致性不是绝对的，纯系中的个体间的遗传性总会有一定的差异，尤其是通过杂交和远缘杂交育成的品种比无性系的一致性要差得远。一个经 6～8 代选择的株系，虽然在主要性状上表现一致，但是难免有杂合残存的异质基因存在，特别是那些微效多基因控制的数量性状，不可能完全纯合，因此就使得个体间遗传基础出现差异。在种子繁殖过程中，这些异质基因不可避免地会继续分离、重组，导致个体间性状差异的加大，使品种的典型性、一致性降低，纯度下降。

自然条件下基因突变的频率很低，一般在 10^{-8}～10^{-5}，个别性状可达到 10^{-3}。由于基因突变的广泛存在，而且大部分自然突变对作物是不利的，虽然有的不良突变体可通过自然选择而自消自灭但仍有留存下来的可能，而且一旦留存下来又不能被及时发现和淘汰就会通过自身繁殖和生物学混杂方式，使后代群体中变异类型和变异数量增加，导致混杂退化加剧。

（四）遗传漂移

遗传漂移一般发生在小群体采种中。留种株数过少，会导致遗传学上的基因漂移，而这种基因漂移可能导致一些优良基因的丢失。在良种繁殖中，若采种群体过小，由于随机抽样误差的影响，会使上下代群体间的基因频率发生随机波动，从而改变群体的遗传组成，导致品种退化。一般个体的差异愈大，采种个体越少，遗传漂移就越严重。

（五）选择不当

在种子生产的过程中，选择的最主要目的是为了保持和提高品种的典型性和纯度。而不适当的选择会事与愿违，加速品种的混杂退化。如在异交作物品种选择提纯过程中，选择数量太少，则可能发生基因流失，改变品种群体原有的遗传平衡，导致品种典型性降低，加速品种混杂退化。在自交系亲本繁殖时，对它们的典型性了解和掌握不够，很可能会把其中生长健壮的杂交株留下，而把弱小的典型性植株淘汰，这样就会越选越杂，大大地加快品种混杂退化的速度。

（六）不良的环境条件和栽培措施

所谓良种都是在一定条件下表现优良，若离开了其生长发育所需要的适宜环境和栽培管理技术，特征特性就很难发挥，并可能引起不良的变异和病变。例如马铃薯在种薯形成期间如果遇到高温，则病毒病加剧导致退化严重。不良环境和低劣的栽培技术，极易造成数量性状的不良变异和退化。

此外，病毒感染植物后能在世代间逐渐积累，影响正常的生理活动，导致品种退化。长期无性繁殖的植物特别容易受病毒感染而引起品种退化，影响产量和品质。马铃薯、大蒜、菊花、大丽花、苹果和柑橘等植物受病毒侵染会产生一些独特的变异性状，而某些花卉植物受感染后的变异性状却常具非同寻常的观赏作用。

总之，品种混杂退化有多种原因，但各种因素所起作用的效果不同。机械混杂和生物学混杂较为普遍，在品种混杂退化中起主要作用。各因素之间是相互联系、相互转化和相互促进的。在分清主次的同时，必须采取综合技术措施才能解决防杂保纯的问题。综上所述，植物品种的混杂退化是一个很复杂的问题，任何改变遗传平衡的因素，都可能使品种群体的性状表现发生变化，导致混杂退化，在防杂保纯时应综合考虑。

二、品种防杂保纯的措施

对植物品种进行防杂保纯、提纯复壮，是防止其混杂退化的有效途径。防杂保纯涉及良种繁育的各个环节，必须高度重视，要认真做好下列工作。

（一）执行生产技术规程，防止机械混杂

在种子繁殖过程中，首先要对播种用种严格检查、核对、检测，确保亲代种子正确、合格。从收获到脱粒、晾晒、清选加工、包装、贮运和处理，均严格分离，杜绝混杂。以营养器官为繁殖材料的，从繁殖材料的采集、包装、调运到苗木的繁殖、出圃、假植和运输，要备有记录，内外标签应具防湿功能，严防出错。同时要合理安排繁种田的轮作和耕作，不可重茬连作，防止种子残留田间造成混杂。

（二）隔离生产种子，防止生物学混杂

防止种子繁殖田在开花期间的自然杂交，是减少生物学混杂的主要途径。特别是对异花授粉作物，繁殖田必须进行严格隔离，常异花授粉和自花授粉作物也要适当隔离。隔离的方法有空间隔离、时间隔离、自然屏障隔离和设施隔离（套袋、罩网、温室等），可因时、因地、因作物、因条件选择适宜的方法。

（三）去杂去劣，正确选择

去杂是去掉非本品种的植株，去劣则指去掉生长不良或感染病虫的植株。去杂去劣应及时、彻底，最好在生长发育的不同时期分次进行。

正确选择是使品种典型性得以保持的重要措施。选择人应具有一定的遗传育种知识，且熟悉品种的性状特点，选择性状优良而典型的优株采种或采接穗、插条。要严防不恰当选择造成不利影响。

（四）选择适宜的条件和措施

选择或创造适宜的种苗繁育条件进行繁育种苗，可有效地减少品种退化。如在高寒地区繁种，可较好地防止马铃薯、唐菖蒲等作物的品种退化。依据植物品种的种性特点，选用适宜的种植地点或采用有利于保持和增强其种性的栽培措施，可减少遗传变异。

（五）更新生产用种

用纯度高、质量好的原种或原种苗，及时更新生产用种，亦是防止植物品种混杂退化和长期保持其优良种性的重要措施。无性繁殖的植物，采用组织培养的方法生产脱毒苗，可防止因病毒感染引起的品种退化，显著提高产量和品质。

第四节　种子生产技术

种子生产的目的，一是迅速而大量地生产优质种子，实现品种的以优代劣的更换，满足农业生产的需求；二是防止推广品种混杂退化，保持良种的特性，延长良种的使用年限。如何保持良种的特性，并迅速而大量地生产优质种子，成为种子生产的最主要任务。因此，在生产实

践中，应根据各作物品种的特征特性，采用相应的种子生产技术。

对于有性繁殖作物不论是自花授粉、异花授粉，还是常异花授粉作物，在种子生产过程中都必须采取不同程度的隔离措施，以保证生产种子的遗传纯度和种性。隔离是做好种子生产的第一步。根据有性繁殖植物的授粉方式，在种子生产时采取不同的隔离条件。异花授粉植物要求最严，常异花授粉植物次之，自花授粉植物要求隔离条件最低。不同植物种类要求也不相同，林木、花卉等种子的生产目前隔离还不太严格，而农作物和蔬菜种子要求相对较高。传粉方式不同隔离程度也不同，虫媒花要求隔离较远，风媒花隔离要求相对较近。种子生产隔离的方法：①空间隔离。通过空间距离将制种区与其他品种隔开，防止其他花粉飞入制种区。不同植物种子生产的空间隔离距离不同，具体隔离条件在各作物制种中将会介绍。②时间隔离。在种子生产中利用花期不同防止其他品种花粉的干扰，一般玉米、高粱要求与其他品种播期错开 40 d 左右，水稻 20～30 d。③自然屏障隔离。利用山体、河沟、树林、果园和建筑等自然障碍物隔离，防止其他品种花粉的干扰。④人为屏障隔离。人为设置一些障碍物，防止其他品种花粉的干扰，如风媒花利用高秆作物，虫媒花搭建纱网等。

对于混杂退化的品种或亲本，生产上要做好提纯复壮工作。提纯复壮就是使种子由杂转化为纯，由退化转化为复壮，以获得相对纯的、生活力强的、无混杂退化的种子。提纯复壮因对象不同而略有差异：①自花授粉的品种（如小麦、水稻、豆类等）一般采用 2 级提纯法，即不经过株系圃，由株行圃选出的株行混合。②常异花授粉的品种（如棉花、高粱等）多采用 3 级提纯法，即选株—株行比较—株系比较—混系繁殖。③自交系在选种圃内选择的优株要套袋自交，株行比较时，还应在株行选优株套袋自交，收获后注意穗选，混合脱粒生产原种，为了获得性状典型、优良、配合力高的玉米自交系，在选种圃内选择优株时，在自交的同时，分出部分花粉与测验种植株杂交(5-穗)配成测交种，于下一年测定其配合力，选出部分性状优良、配合力高的穗行，混合脱粒。④不育系、保持系选择优株，成对授粉，配套提纯。

提纯复壮技术在种子生产中应用较广泛，其一般程序：①选择优良单株。在要复壮的品种、自交系、不育系、保持系以及恢复系中，选择性状典型、丰产性好的单株。②株行比较。将选择的单株种成株行，根据性状表现，在生长期间评比，在收获前决选，淘汰杂劣株分行收获。③株系比较。上年入选的株行各成为一个单系，种于株系圃，每系一区，对其典型性、丰产性、适应性等进一步比较试验。去杂去劣后混合收获，产生复壮种子。④混系繁殖。将株系圃内的混合种子种于原种圃，扩大繁殖。

一、常规品种的种子生产

我国目前在常规种子生产上应用的主要有“三圃制”法和自交混繁法生产原种，由原种扩大繁殖良种。原种是指用育种家种子繁殖的第一代至第三代，或按原种生产技术规程生产的达到规定质量标准的种子。原种的一般标准：一是典型性状一致，主要特征特性符合原品种的典型性状，生长整齐一致，纯度高；二是经济性状保持原有水平；三是播种品质好，成熟充分，发芽势强，发芽率高，无染病、霉烂种子，不带检疫病虫害等。原种生产实际上是品种保纯的过程，即在种子生产过程中保持原品种的固有种性不发生实质性的变化。其程序是从品种群体内选单株开始，后代经过严格鉴定与淘汰，到生产出原种为止。

“三圃制”法生产种子的主要程序是：单株选择→株行鉴定→株系比较→优系混合繁殖。从株行鉴定开始，第一年建立株行圃，第二年建立株系圃，第三年建立原种圃。“二圃制”法是将上年入选株行的种子混合，直接用于原种圃生产原种。一般来说，混杂退化较严重的品种应采取“三圃制”生产种子，混杂退化较轻可采取“二圃制”生产种子。

对于常异花授粉作物棉花品种的退化，南京农业大学和江苏省农业科学院认为，是育种过程中的剩余变异和繁殖过程中混杂等因素造成的个体杂合性。所以用开放的自然开花授粉条件下的选择，不能从根本上解决此问题，而在连续自交的条件下则易建立起一个纯合度高、个体间差异小的品种群体，因而提出了自交混繁原种生产技术。该技术的核心是“分系自交保种，混系隔离繁殖”，基本程序是经人工自交单株选择与人工自交株行鉴定两个步骤建立保种圃→混系、隔离建立基础种子田→隔离扩繁建立原种生产田，与“三圃制”法相比，在技术环节上，主要是单株选择和株行鉴定入选的单株要经过人工自交，其他技术环节和防杂去杂去劣措施基本相同。

下面重点介绍“三圃制”法生产原种的常规作物种子生产。

(一)常规品种种子生产技术路线

1. 优良单株选择

选择典型性、丰产性等性状好的单株是做好选优提纯生产原种的关键。优良单株可在原种圃、株系圃内或纯度高的大田中选取。选择分田间选择和室内考种。田间选择应在作物品种性状表现最明显的时期进行。关键生育阶段根据典型性、丰产性和其他主要性状选择优良单株。如水稻在抽穗期进行初选，成熟期逐株复选。着重观察品种的“三性”“四型”“五色”“一期”。“三性”即典型性、一致性、丰产性；“四型”即株型、叶形、穗型和粒形；“五色”即叶色、叶鞘色、颖色、稃尖色、茎色；“一期”即生育期。又如棉花在结铃期初选，吐絮期复选。结铃期着重观察叶形、株型、铃型等形态特征，入选单株做好标记，在吐絮收花前，对标记入选的单株着重观察结铃和吐絮情况，抗病品种要选抗病单株。发现病株、变异株、杂株、劣株均应及时拔除，并做好标记和记录。防止在边行或缺株周围选择单株。入选单株连根整株拔起，及时标记干燥挂藏。入选单株室内考种，重点考察经济性状如禾本科的穗粒性状，棉花的铃重、铃型、纤维长度、衣分等进行决选或淘汰。单株考察决选标准应根据原品种标准，坚持典型性和综合性状水平，不能盲目追求单一性状指标。决选单株单脱、单晒、单藏，下年作株行圃用种。单株选择数量依原种圃面积而定，田间初选数应考虑复选、决选和其他损失，适当留有余地，一般比决选数增加一倍。

2. 株行圃比较鉴定

将上年入选的单株种子分行种植，建立株行圃。每株种子种一个小区(株行区)，每隔 9 个株行区采用同品种的原种设立对照，在各个关键生育阶段对主要性状进行观察记载。在收获前，根据各生育期的主要性状观察记载，对其典型性、丰产性、适应性等作进一步比较，进行田间综合评定。比较鉴定每个株行区性状的典型性与整齐度，入选株行区必须是具备品种的典型性状，株行间一致性、综合丰产性较好的。既要行内的各株优良整齐、无杂、无病劣株，又要各行间主要性状整齐一致。在入选株行区及对照区内，随机取一定数量有代表性的单株进行室内考种，按经济性状进行决选或淘汰。各入选的株行经去杂去劣后，单收、单脱、单晒、单藏，下年种株系圃。

3. 株系圃

将上年入选的各株行区种子分区种植，建立株系圃。每株行区种子种一个小区(株系区)，每隔9个株系区用同品种的原种设立对照，对其典型性、丰产性、适应性等作进一步比较。将入选的各株系经去杂去劣后，单收、单脱、单晒、单藏，考种后，将产量显著低于对照的株系淘汰，入选株系的种子混合，精选后妥善贮藏，下年种原种圃。

4.混系繁殖原种

将上年入选株系的混合种子种于原种圃，扩大繁殖。原种圃要隔离安全、土壤肥沃，采用先进的农业技术如稀播栽培，分蘖力强的水稻、小麦等作物的分蘖移栽，马铃薯等根茎类无性繁殖作物采用芽栽繁殖等措施提高繁殖系数，要严格去劣去杂，收获后单脱、单藏，严防机械混杂，生产的种子就是原种。采用育种家种子既可生产原种，也可直接种植于原种圃，扩大种子繁殖系数。

5.扩大繁殖原种

原种的种子数量一般都较少，需要进一步扩大繁殖，才能满足大田用种。原种繁殖的代数和种子数量是根据作物的种类、繁殖系数的高低、播种用量的多少、种植面积的大小而定，可以繁殖一代，也可以繁殖二代，甚至三代。凡采用常规种原种繁殖的种子质量达到国家规定标准的第一代至第三代种子就是大田用种。

(二)主要技术环节

1.基地选择与生态要求

基地的生态条件要能满足生产种子的需要，具有良好的光、温、土壤、排灌等基础条件；有一支相对稳定的专业技术队伍。原种繁殖技术性强、周期也长，只有建立相对稳定的技术骨干队伍，才能保持品种保纯工作的连续性，生产出产量高、纯度好的种子。

2.隔离

隔离条件混杂是造成品种退化的主要外部因素。建立有效的隔离制度，是防止生物学混杂的有效措施。即便是自花授粉作物也要考虑适当的隔离。根据当地的条件和品种布局不同，可以采取空间隔离、时间隔离、天然屏障隔离等方式。空间隔离最常用，但在实际工作中往往采取多种形式的隔离。不同作物空间隔离的距离要求不同，如水稻常规品种的原种繁殖一般要求空间隔离20 m以上。时间隔离是通过调节播期使种子田花期与其周围同类作物生产田的花期错开，从而避免外来花粉污染。天然屏障隔离就是利用山沟、森林、水库、堤坝、果园等自然条件隔离。如果周围有蜜源植物或传粉媒介比较大还应适当加大隔离距离。为便于比较鉴定和防止生物学混杂，在株行圃、株系圃周围常种植一定面积的该品种的原种。

3.田间管理

田间管理种子繁殖田应选择在地势平坦、土质肥沃、排灌方便、前茬一致、地力均匀的田块。种子繁殖田不重茬，以避免造成机械混杂，进而扩大生物学混杂。不在病区和有检疫病虫害地区繁殖种子。采取一切措施，确保苗全、齐、壮、匀；采用先进的农业技术，如采用单粒点播或稀条播、棉花育苗移栽等措施扩大种子繁殖系数。要根据品种的特征特性，采取相应的栽培管理措施，做到良种良法结合，确保品种的特征特性充分体现发挥，合理肥水管理，加强病虫防治，才能获得高产、优质种子。应注意栽培管理措施的一致性，同一管理措施要在同一天完成。

4. 除杂保纯

严格除杂保纯是防止品种退化的主要措施，除杂保纯措施要贯穿整个生育阶段和生产环节。在各生育阶段尤其是在作物开花前，要及时拔除混进本品种内的杂劣植株和感染病虫、生长不良的植株或个体变异分离出来的异形植株，以免植株开花时引起的天然杂交造成生物学混杂；在管理环节上，从种子准备播种到种子收获、贮藏的全过程，都必须根据不同作物和当地情况建立一整套严格的防杂保纯措施，各环节使用的工具、农业机械和场地在使用前必须清理干净，单收、单脱、单晒、单藏，做好标记，种子要有专人管理。

二、杂交品种的种子生产

杂交品种种子生产方法主要包括：人工去雄制种法、化学杀雄制种法、利用雄性不育性制种法、利用自交不亲和性制种法。目前，我国杂交玉米和杂交水稻(简称两杂)种子生产主要分别采用人工去雄制种法和利用雄性不育性制种法生产杂交种，杂交油菜种子生产主要采用细胞质雄性不育、雄性核不育法生产，杂交白菜种子生产主要采用自交不亲和法生产，杂交花椰菜和青花菜种子利用细胞质雄性不育性制种法生产杂交种。杂交品种的种子生产技术环节主要包括以下几个方面。

(一)隔离

隔离是保障品种纯度的关键，不同作物杂交制种和亲本繁殖的空间最小隔离要求见表 1.2。若采用时间隔离，仍要确保本品种与异品种花期完全不相遇。

表 1.2　种子田的隔离要求

作物	类别	空间最小隔离/m
稻	常规种、保持系、恢复系	20～50
	不育系	500～700
	制种田	200(籼)，500(粳)
玉米	自交系	1 500
	制种田	1 200
小麦	常规种	25
棉花	常规种	25
大豆	常规种	2
西瓜	杂交种	500
油菜	原种	2 000
	杂交种	800

注：种子田不得存在所生产作物的检疫性病虫害，这是我国有关法规的强制性要求。

(引自李稳香，田全国等《种子生产原理与技术》，2005)

(二)确定亲本的播期

亲本(包括自交系、不育系、恢复系等父母本)的播期是杂交制种成败的关键，尤其是花期短的作物，一般如父母本花期相差 2～3 d 或相同，可同期播种。在两者花期相差较大时为了保证花期相遇，父本可分两期播种，相隔 5～7 d，以延长父本开花时间。

(三)确定亲本行比

在保证父本花粉充足的前提下，应尽量增加母本行数，以便多收杂交种种子，提高制种产量。如杂交玉米的父母本行比可提高到 1∶(5～6)，杂交水稻父母行比 2∶(10～12)，而不结球白菜父母本行比 1∶1，具体父母本行比要根据品种特性确定。

(四)确保花期相遇

制种田花期是否相遇关系到制种成败，调节父母本花期是制种工作的中心环节。要坚持"宁可母等父，不可父等母"的原则。由于父母本生育特性、气候条件、种苗素质、栽插深浅、密度、肥水管理、病虫害等因素均会影响父母本的生育进程，可能造成花期不遇。要做好花期预测和花期辅助调节，确保花期相遇。

(五)去杂去劣

为提高制种质量，在亲本繁殖田严格去杂的基础上，对制种区的父母本也要认真做好去杂去劣工作，获得纯正的杂交种种子和保持父本的纯度。去杂去劣要做到及早、从严、彻底，一般按苗期、拔节期、花期和成熟期进行，去杂去劣重点在苗期和花期。

(六)去雄授粉

根据作物的特点和去雄技术，及时干净地给母本去雄，对于玉米以摸包去雄效果好。通过人工授粉和人工辅助授粉的手段，提高结实率，增加制种产量。

(七)父母本分收分藏

制种田种子成熟后应及时收获，要把父本与母本分收、分运、分脱、分晒、分藏，严防混杂。一般先收父本，后收母本。对于不能鉴别的已落地的株(穗)，按杂株(穗)处理，不能作种子用。

三、无性系品种的种子生产

在自然界通过无性繁殖而产生后代的作物品种称为无性系品种，这类植物不通过两性细胞的结合而产生后代。无性繁殖植物的繁殖材料常见的是营养器官，如块根、块茎、球茎、鳞茎、腋芽、匍匐茎等。无性繁殖植物的种子生产由于不经过植物开花、授粉、受精、种子发育等过程而具有较大的抗逆性和适应性。由于后代和母体的基因型理论上是完全相同的，可以从根本上保持母体的优良特性。无性繁殖植物种子一般体积较大，不易保存(含水量高)，繁殖系数低，播种量大，成本高。因此，这类种子生产以提高产量和增加繁殖系数为主要目标。

近年来植物组织培养技术发展迅速，从植株培养、胚培养、器官培养(根尖、茎头、花、叶、未成熟果实)、组织培养到细胞悬浮培养，这不仅对植物形态形成和生理学的进一步研究做出了贡献，同时也给育种和种子生产带来了技术上的革新。植物组织培养是指各种类型的植物无菌培养技术。组织培养快速无性繁殖植物是一种经济效益特高的新技术。如用于名贵花木、稀有材料的繁殖等，目前已在草莓、兰花、康乃馨和葱类等大批植物上组织培养进行快速无性繁殖获得成功。

脱病毒植物受病毒为害是一个影响生产的严重问题，目前已发现植物病毒的种类不下500种，许多栽培植物因为感病而严重减产，品质变劣。1952年Morel和Martin提出分离茎尖使感染病毒病的植物去毒的设想，并成功地获得去病毒的大丽菊。目前利用组织培养脱毒的植物种类越来越多，这一技术已在国内广泛应用。如甘薯、马铃薯、葱类、大蒜、果树和花卉等脱毒苗都已广泛应用于生产。

四、加速种子生产技术

一个新品种或杂交种的亲本刚育成时通常种子量较少，如果按常规的方法(按照作物种植方式)生产良种，需4～5年时间才能普及推广，不能适应当前种子业和农业生产高速发展的需要，只有加快良种繁育速度，生产出大量的种子，才能加快品种推广。

(一)扩大繁殖系数

种子的繁殖系数就是种子繁殖的倍数，用产量为播种量的倍数表示。扩大繁殖系数的常规方法主要有三种，既可单独使用也可结合使用。

1.稀播精管

发达国家都以最少的播种量，达到合理的成苗株数，获取最佳的经济效益。稀播繁殖一方面可以节约用种量，在种子数量相同的情况下，采用稀播精管、育苗移栽、单本栽插可种植较大面积，提高种子利用率；另一方面可以通过扩大个体的生长空间和营养面积来提高单株生产力，从而增加繁殖系数，加快良种推广速度。

具体种子生产技术措施：

(1)种子处理　种子需清选、晾晒、拌药或包衣、催芽等处理。

(2)壮苗　如小麦分蘖适温13～18℃，出苗到分蘖14℃以上，需半个月左右，气温降至10℃左右需20～25 d；30℃以下停止。

(3)细整地精播保全苗　①要争取精播保全苗，整地要深、透、细、平。②土壤湿润，播深一致，覆土严密。③小麦1～2 kg/667 m^2，条播或撬窝点播；玉米半精量3.0 kg/667 m^2，穴播1～2粒，保苗2 500株以上；水稻精播，本田用种1 kg/667 m^2，秧田10 kg/667 m^2，单本插，2.5万～3.0万株/667 m^2。

(4)施肥　以促为主，早、匀、复配肥要求，补施复合肥(N∶P∶K=1∶1∶1)。

2.剥蘖移栽

具有分蘖习性的作物，如小麦、水稻，采取一次剥蘖分植，或者延长营养生长期，多次剥蘖繁殖。用少量的种子可达到较高的繁殖系数。剥蘖栽培技术简述如下。

(1)培育分蘖壮秧　培育分蘖壮秧比常规栽培播种期提早25～30 d，稀播或单粒点播，细整地，墒情好，多施基肥，勤于管理。

(2)剥蘖方法　水稻主茎出叶11片时，带蘖30个左右时进行第一次剥蘖。做法是将每丛秧苗的2/3或3/4分蘖苗拔起，洗净根际泥土(剥蘖时不能断根)，按分蘖出生先后顺序，剥下栽入大田；移栽30 d后再次剥蘖移栽。

在剥蘖时应注意，剥下的每个分蘖必须带3张以上叶片，1～2个小分蘖，4～5条根为好。

(3)施肥管理　肥水应充足，基肥宜适当多施。

3.营养繁殖

营养繁殖或称芽栽繁殖。其狭义是指利用块根、块茎类作物的不定芽育苗移栽。广义而言是指充分利用无性繁殖器官的繁殖习性，扩大繁殖系数。甘薯再生能力强，一般采用多级育苗，增加采苗次数；甘蓝、花椰菜留种母株叶插、腋芽扦插、根插；大蒜、洋葱的气生鳞茎，胡萝卜直根纵切；番茄腋芽茎插等。

(1)侧枝扦插　春马铃薯侧枝扦插，必须在盛花期选择生长旺盛、抗病、分枝多、纯度高的枝条，枝条中上部节间生活力较强，可多加利用，通常一个节间即剪为一个枝条。

促根常用的药物有 α-萘乙酸、2,4-D、九二〇、腐殖酸钠等，以 α-萘乙酸效果好，万分之一浓度浸 20 min。

移栽苗龄 35～40 d，苗高 20～24 cm，绿叶 3～4 片。

(2)利用休眠芽　水稻、小麦、高粱以及一些蔬菜作物也可以利用休眠芽进行种子生产。下面以水稻为例，介绍再生稻生产技术。

①休眠芽保存与培育　头季稻抽穗后，为减少休眠芽死亡，在头季稻抽穗后半个月左右，每 667 m^2 施 10 kg 尿素作催芽肥，头季稻完熟收割时，其倒 2、3 节上芽已长到 5～15 cm，收割几小时后有大批芽露出稻桩。

②头季稻的留桩高度　不同水稻品种，休眠芽萌发节位高低不同，通常的留桩高度在 33～40 cm。头季稻生育期短的可留低些，因为低节位芽，幼稻发育阶段低，以后穗大而高产；而生育期长的品种，由于头季稻收割较迟，距再生稻安全齐穗期已经接近，只能着重利用其高节位上休眠芽，要适当提高留桩高度。

③再生稻的田管与收获　再生稻生育期一般只有 60 d 左右，田间管理重点工作是治虫，天气干旱时，飞虱为害也频繁，治虫要及时。另外，再生稻抽穗很不整齐，雀害严重，只要有 80%的穗子完全成熟，即可收获。

不育系再生能力强，对一些不育性稳定，再生稻自交结实率 0.5%以下的不育系，可利用再生稻增收杂交种子。

(二)异地、异季加代

利用我国幅员辽阔、地势复杂、各地生态条件差别较大的特点，选择光温条件可满足作物生长发育的地区或季节进行冬繁或夏繁，进行异地、异季加代繁殖，一年多代，加快种子生产进程。当前主要的做法是：对于玉米、高粱、水稻、棉花、豆类、薯类等作物，一般到海南岛等地冬繁加代；油菜可到青海的西宁等高寒地区夏繁加代。此外，南方的春麦可以利用当地高山进行夏繁加代，珍贵材料还可用人工气候室等进行异季加代快繁。

1.异地加代

(1)夏播作物异地加代　水稻、玉米、棉花、大豆等可在海南省三亚市、崖县、陵水和乐东县一带进行秋、冬繁殖。玉米 11 月 15 日左右播种，水稻播种 12 月底左右。

(2)冬播作物异地加代　北方冬小麦可到云贵高原夏繁，再到海南冬繁，南方的春小麦可到黑龙江春繁。

2.异季加代

(1)玉米　玉米第 1 季 3 月 15 日左右播种，地膜覆盖可早些，搭棚早些；第 2 季可在 7 月中旬以前播种,10 月底、11 月上旬收获。

(2)小麦 小麦昆明夏繁可在 6 月底播种,当地夏繁可在 7 月底、8 月上旬播种,春性的种晚些,半冬性品种早些,但经绿体春化后也可在 8 月上旬(初)播种。生育期 70～80 d。

(三)组织培养

植物组织培养是现代生物技术在农业领域的典型应用。该技术发展十分迅速,从植株培养、胚培养、器官培养(根尖、茎尖、花、叶、未成熟果实),组织培养到细胞悬浮培养,给育种和种子生产带来了技术上的革新。目前,组培技术在种子种苗生产中的应用主要是快速生产一些经济效益特高的无性繁殖植物(如名贵花木、稀有珍贵材料的繁殖等),以及脱毒种苗的生产和人工种子的繁殖。植物组织培养的具体步骤包括:①培养基的配制及灭菌;②实验材料的处理与接种;③再生苗的诱导;④炼苗和移栽。

(四)新技术在种子生产上的应用

1.机械化制种技术

传统的制种模式因劳动力短缺、耗时费资、制种效率低等因素制约了现代种子生产。种子生产机械化是种业现代化的重要基础和前提。机械化制种能够提升制种产量、降低制种成本,实现制种增产增收目标。同时,通过机械化制种保障农作物种子安全,降低农民种植风险,有效推动我国现代种植业的发展。我国杂交水稻机械化制种处于世界领先水平,全程机械化制种的关键技术包括父母本机插及配套技术、无人机全程喷施农药技术、无人机辅助授粉技术、父本和杂交种子机械分收技术和种子机械烘干技术。世界发达国家玉米种子生产机械研制起步较早,经过上百年的发展已形成健全的科技开发、推广应用和技术标准体系,装备制造已实现专业化、系列化生产。虽然我国玉米种子生产机械研制起步较晚,但经过几十年的发展先后研制出比较适合中国国情的玉米种子去雄机、剥皮机、脱粒清选机等高端装备,这些制种机械已达到现代规模化制种的需求。

2.雄性不育技术

传统制种模式存在着资源利用效率低、育性不稳定、易受外界环境影响等诸多问题。雄性不育技术在作物杂种优势利用和杂交种生产中发挥着重要作用。近年来,随着生物技术的发展,人们希望通过开发基于转基因技术的细胞核雄性不育系改变作物商业制种的现有模式,降低因劳动力和土地成本上涨带来的压力。美国先锋公司开发的雄性核不育制种技术(SPT)就是以雄性核不育基因的利用为核心,通过转基因系生产常规亲本,同时实现保持系和恢复系种子的高通量无损分选。SPT 技术的主要原理是:在杂合恢复系导入一个与可育基因紧密连锁、与不育基因不连锁的致死基因,产生可育和不育两种花粉,自交后代一半为不育系、另一半为保持系,再利用常规育种将一个红色果皮带荧光基因与可育基因紧密连锁,即保持系籽粒为红果皮带荧光,不育系为普通黄色,可通过色选机将不育系籽粒与保持系完全分开,生产纯合的不育系。该技术能够方便有效区分可育株与不育株;不育系与保持系能一系两用;选种时利用种子颜色差异可满足全程机械操作且繁殖时只需隔离自交。

3.混播制种技术

目前,杂交水稻主要采取传统的父母本分植制种模式,这一方式在播种、栽插和收获等环节实行父母本单独作业，对人力的需求量较大。与分植制种不同的是，混播制种是先将父母本混播混收后再经分选获得杂交种，这种模式便于机械化作业，降低了播种与栽插过程中的劳力成本，能显著提高生产效率和种业效益。混播制种技术的关键在于从混收种中高效地去除父本而保留杂交种，最经济有效的对策是通过育种手段构建在生化或形态学性状方面具有明显可区分性的父母本。例如，湖南杂交水稻研究中心开发的水稻隐性红颖资源 RG-1(隐性颖壳色泽基因)，其红颖表型直观、对光温钝感、不影响植株生长发育，呈隐性遗传，它作为一种新型的色选标记具有应用于杂交稻混播制种的潜力。

五、种子生产质量控制技术

种子生产的最主要目的是在获得较高种子产量的同时，切实保证种子质量。为生产出高质量的种子，特别是要确保种子纯度，必须实行种子生产过程的全程质量控制与生产管理，将各项质量控制措施贯穿于种子生产的各技术与管理环节。

(一)种子生产源头控制

1.种子田确认

(1)种子田要求　从严格控制种子质量的角度而言，无论原种还是大田用种，不管繁殖或生产哪一类别的种子，要求种子田绝对没有或尽可能没有对生产种子产生品种污染的花粉源，种子田都要达到适宜的安全生产要求，从而保证生产的种子保持原有的“品种真实性”，以及确保种子纯度符合要求。然而，从种子生产者的角度而言，要求种子田能使种植品种获取最高的种子产量，也就是说，更加注重于土壤和灌溉等条件。因此，在实践中，要搞好种子的生产，必须同时兼顾这两方面的要求。种子田应满足四个条件，其中三个条件是涉及安全的要素，一个条件是涉及种子田获得高产的要素。

就种子田安全生产而言，应满足下列三方面的要求：前作不存在污染源、隔离条件要安全、种子田不存在检疫性病虫草害。

前作的污染源通常表现为下列三种情况：①同种作物类型的其他品种污染。例如，前茬种植 A 品种的小麦，这茬种植 B 品种的小麦，则这茬 B 品种的小麦很可能受到前茬 A 品种再生小麦的污染。②其他类似植物种的污染。例如，前茬种植某一品种的大麦，这茬种植了某一品种的小麦，那么这茬的小麦很可能受到前茬再生大麦的污染，因为收获后的小麦种子在加工时很难将大麦种子清除干净。③杂草种子的严重污染。杂草种子有时其大小、形状和重量与该拟生产种子类似，无法通过加工精选而清除；或者杂草种子可以通过加工清除，但这需要增加成本，因为在清选杂草种子时，不得不把一些饱满种子也清除出去。关于前作的问题，种子生产者应提供前作档案，证实水稻、玉米、小麦、棉花、大豆种子不存在自生植株；油菜种子生产时，要求种子田前作若为十字花科植物，则至少间隔两年；西瓜种子生产时，要求种子田前作不应有自生植株，不允许重茬栽培。同时种子田的杂草应控制在一定数量内。

隔离条件是指与周围附近的田块有足够的距离，不会对生产的种子构成污染。有关隔离条件，存在着以下两种情况：一是与同种或相近种的其他品种的花粉的隔离；二是与同种或相近种的其他品种的防止机械收获混杂的隔离，如欧盟对认证种子生产的规定是小麦种子田与另一禾谷类种子田之间，必须有物理阻隔或至少有 2 m 宽的沟，以防止机械收获时的混杂。种子田的隔离要求见表 1.2。

(2)种子田标识　种子质量的好坏跟种子田、种子田内的生长植株以及周围环境有很大关系。因此,如果种子生产者欲实现结果可追溯性,宜统一规定种子田的唯一标识模式,种子生产者可以根据本企业实际和种子生产基地情况自行规定。种子生产者确定种子田标识模式后,还应绘制种子田的示意图,标明所在位置及周围环境。关于种子田的标识内容,目前国际上没有统一的模式规定,但各国或地区有统一的规定,只要求达到能唯一识别皆可。如英格兰采用的标识模式:收获年份最后一位数/申请者登记号/申请单号/总编号。例如 1997 年收获的种子,申请者的官方登记号码为 9999,申请单号码为 9,那么其第一块种子田编号为 7/9999/9/1,第二块种子田编号为 7/9999/9/2。再如澳大利亚的南澳州,由于土地规划时已对所有田块进行了编号,种子田标识就沿用了土地规划所确定的编号。

2.种子来源确认

种子来源的确认实质上涉及如何把好亲本种子的质量关。种子生产时,对哪一种子类别才能生产下一类别的种子应有严格规定,因为不同类别种子的质量要求不一样。因此,种子生产是需要对生产种子的来源进行确认,例如生产认证种子一代,其来源必须是基础种子。如何确认其来源是基础种子,确认的主要手段是检查标签。为此,一般要求生产者至少保留两个标签,一个悬挂在田间让田间检验员知道其种子来源;另一个由生产者保存,以供检查时备用。

(二)种子生产过程控制

1.生产要求

(1)种子生产体系的要求　种子生产体系由于种子的生产是系谱繁殖,对于基础种子等亲本种子繁殖体系一直是各国非常重视的问题,OECD 种子认证方案贯彻了这样一种思想:对于基础种子,育种家的职责不仅是完成了品种培育任务、品种通过审定就中止了,而且还要继续负责基础种子的品种保持工作;对于认证种子,认证机构应与育种家配合,搞好认证种子的品种保持工作。

在这一方面我国与国际惯例差距较大,因为我国过去一直采用“省提、地繁”的方式进行亲本种子的繁殖,这种体系在公共品种占绝大多数的情况下曾发挥了较大的作用,但是由于该体系没有发挥育种家的作用,提纯和繁殖人员并非全面了解育种家原来育成品种的意图,这样显然无法保持品种,并且也是造成品种“多、乱、杂”的主要原因之一。近年来,随着品种保护的开展和《种子法》的实施,这种体系已经很难维持,品种权人开始重视自己选育成的新品种的提纯工作,国家也鼓励育种单位对自己选育的新品种进行扩繁推广。

(2)种子田生产要求　不同作物种类和种子类别的生产要求有所不同,要求与前作、隔离要求共同组成种子田田间标准。

(3)保证种子质量的措施　控制种子质量的高低关键在于企业的组织与管理,特别是在种子生产环节。种子生产者必须根据不同作物种类和种子类别的特点,明确种子质量控制的关键点控制生产条件,采取切实有效的措施,精心组织,认真做好田间去劣、去杂、去雄工作,通过田间检验等自检活动监控是否达到规定的最低要求,并保持记录,做到每一步都有章可循,每一环节所处的状态和出现问题都能从固定的信息渠道中了解。

2.田间检验

田间检验的目的是核查种子田的品种特征特性是否名副其实,以及影响收获种子质量的各种情况，从而采取相应的措施，以确保收获时符合规定的要求。田间检验应坚持以下原则：①田间检验员必须熟悉品种特征特性、种子生产方法和程序；②应建立品种间相互区别的特征特性描述，即品种描述；③应依据不同作物和有关信息（特别是小区种植鉴定结果），策划和实施能覆盖种子田的、有代表性的、符合标准要求的取样程序和方法；④田间检验员应独立地对田间状况做出评价，出具检验报告。

（1）检验时期　种子田在整个生长季节可以检查多次，但至少应在品种特征特性表现最充分、最明显的时期检查一次，生产常规种的通常在成熟期或营养器官形成期，生产杂交种的通常在花期。

（2）检验项目

①生产常规种的种子田　常规种的种子田主要检查以下项目的内容：前作、隔离条件；品种真实性；杂株百分率；其他植物植株百分率；种子田的总体状况（倒伏、健康等情况）。

②生产杂交种的种子田　杂交种生产的成功取决于雄性不育系（包括机械和人工去雄、自交不亲和）。虽然杂交种的品种纯度只能通过收获后的种子经小区种植的后控才能鉴定，然而，通过对隔离距离、父母本的品种纯度、雄性不育程度、串粉或散粉程度、父本花粉转移至母本的理想条件、适时先收获母本或父本等的检查，能最大限度地确保杂交品种纯度达到最高的水平。

（3）检查程序

①了解情况　田间检验员宜通过面谈和检查种子生产的档案资料，全面了解以下情况：生产者及地址；作物种类、品种名称、种子类别及其世代；种子田位置、编号、面积以及农户姓名和电话；前茬作物；播种的种子批号。

②检查隔离情况　依据生产者提供的种子田（包括周边田块）分布图，田间检验员实地核查隔离情况。核查时，应注意隔离距离涉及与周围田块的其他作物（特别是异花授粉作物）、自生苗或杂草的污染距离、收获期间机械混杂，以及已受种传病害感染的其他田块的距离。隔离条件达不到种子田生产要求的，田间检验员应要求生产者在植株开花前全部或部分破坏污染花粉源使该田块符合要求，或淘汰达不到隔离条件的部分田块。

③确认品种真实性　为了证实品种的真实性，有必要检查标签（生产者宜将种子标签竖立在田间，并留另一种子标签作备查；生产杂交种的包括父母本种子标签和田间分布图），以了解种子来源的详情。田间检验员应进行实地检查不少于100个穗或植株，确认其真实性与品种描述中所给定的品种特征特性一致。

④检验品种纯度　田间检验完成后，田间检验员应及时填报田间检验报告。田间检验报告应包括基本情况、检验结果和检验意见。与种子田有关的基本情况主要包括：生产者及地址、作物种类、品种名称、种子类别及其世代、农户姓名和电话、种子田位置、编号、面积、前作详情、播种的种子批号。依据作物的不同，可选择填报相关的检验结果：前作、隔离条件、品种真实性和品种纯度、母本雄性不育质量（如散粉株率）、异作物和杂草以及总体状况。

（三）种子贮藏过程控制

种子安全贮藏是保证种子质量的一个重要环节，为确保种子质量，贮藏期间应使种子生理代谢和物质消耗降到最低，在较长时间内保持较高的活力。水分和温度是种子安全贮藏的关键。种子水分是种子生理代谢作用的介质和控制开关，在种子发育、成熟、萌发以及收获后的不同时期，种子的物理特性和生理生化指标变化均与水分的状态和含量密切相关。种子含水量高或环境湿度大会引起种子内部一系列旺盛的生命活动，呼吸强度增大，不利于种子的贮藏。较高的环境温度亦不利于种子的长期贮藏。此外，夏季从低温库提取种子，要注意预防种子结露，逐步升温，这样可保证种子水分无大的变化。因此，入库前通常会将种子含水量降至安全水分范围内进行低温贮藏，以延长其寿命。贮藏条件、贮藏方法以及贮藏期间的管理，直接影响种子质量的高低。要做到安全贮藏，应根据具体情况，重点掌握以下几个环节。

1.严把入库关

严把种子入库关应做到“五不入库”和“五分开”。“五不入库”的种子是来源不清的种子；品种名称、数量不清，水分高于标准的种子；净度低于标准的种子；有活虫和病菌感染的种子；无种子纯度和发芽证明的种子。“五分开”是有虫、无虫种子分开；不同种类、品种种子分开；不同含水量种子分开；不同纯、净度种子分开；新、陈种子分开。

2.贮藏条件

创造适宜的贮藏条件是保证种子安全贮藏的重要环节，根据经济合理有效的原则，贮藏最佳的环境条件是空气相对湿度控制在65%以下，温度在15℃左右，这样既能使种子保持较低的生命活动，又能较好地抑制微生物与仓库害虫的活动，从而达到安全贮藏的目的。

3.合理堆放与科学管理

根据种子水分不同，确定适宜的堆高与堆放方法，散堆种子应根据种子水分与散落性，堆高不能超过安全线，包装种子应根据种子水分和包装材料的不同，进行科学管理，采用密封性差的包装材料包装种子，应该创造良好贮藏环境，进行科学管理，以确保种子安全贮藏。

根据安全包装和贮藏原理，防湿容器包装的种子安全含水量降低至25%相对湿度平衡的含水量时，种子寿命可延长，有利于保持种子旺盛的活力。但种子含水量因种子种类不同而存在差异。如果不能达到干燥程度，则会加速种子的劣变死亡。因为高水分种子在这种密闭容器里，由于呼吸作用很快耗尽氧气而积累二氧化碳，最终导致无氧呼吸产生酒精而中毒死亡。所以，防湿密封包装的种子必须干燥到安全包装的含水量，才能得到保持较高活力的高质量种子。

第五节 种子生产的合法性与基地选择

一、种子生产的合法性

(一)品种的合法应用

1.品种审定

我国对主要农作物和主要林木实行品种审定制度，根据《中华人民共和国种子法》(2015年修订版)规定，主要农作物品种和主要林木品种在推广前应当通过国家级或者省级审定；由省级林业主管部门确定的主要林木品种实行省级审定。申请审定的品种应当符合特异性、一致性、稳定性要求。通过国家级审定的农作物品种和林木良种由国务院农业、林业主管部门公告,可以在全国适宜的生态区域推广;通过省级审定的农作物品种和林木良种由省级农业、林业主管部门公告,可以在本行政区域内适宜的生态区域推广;其他省、自治区、直辖市属于同一适宜生态区的地域引种农作物品种、林木良种的,引种者应当将引种的品种和区域报所在省级农业、林业主管部门备案。

《中华人民共和国种子法》规定,稻、小麦、玉米、棉花、大豆等五种主要农作物品种在推广应用前应当通过国家级或者省级审定。申请品种审定的,应当向品种审定委员会办公室提交以下材料:①申请表,包括作物种类和品种名称,申请者名称、地址、邮政编码、联系人、电话号码、传真、国籍,品种选育的单位或者个人等内容。②品种选育报告,包括亲本组合以及杂交种的亲本血缘关系、选育方法、世代和特性描述;品种(含杂交种亲本)特征特性描述、标准图片,建议的试验区域和栽培要点;品种主要缺陷及应当注意的问题。③品种比较试验报告,包括试验品种、承担单位、抗性表现、品质、产量结果及各试验点数据、汇总结果等。④转基因检测报告。⑤转基因棉花品种还应当提供农业转基因生物安全证书。⑥品种和申请材料真实性承诺书。

品种试验是品种审定的核心,包括:区域试验、生产试验、DUS测试(品种特异性、一致性和稳定性测试)。国家级品种区域试验、生产试验由全国农业技术推广服务中心组织实施,省级品种区域试验、生产试验由省级种子管理机构组织实施。品种试验组织实施单位应当充分听取品种审定申请人和专家意见,合理设置试验组别,优化试验点布局,科学制定试验实施方案,并向社会公布。区域试验、生产试验、DUS测试承担单位应当具备独立法人资格,具有稳定的试验用地、仪器设备、技术人员。区域试验应当对品种丰产性、稳产性、适应性、抗逆性等进行鉴定,并进行品质分析、DNA指纹检测、转基因检测等。生产试验在区域试验完成后,在同一生态类型区,按照当地主要生产方式,在接近大田生产条件下对品种的丰产性、稳产性、适应性、抗逆性等进一步验证。DUS测试由申请者自主或委托农业农村部授权的测试机构开展,接受农业农村部科技发展中心指导。通过国家级审定的主要农作物品种由国务院农业行政主管部门公告,可以在全国适宜的生态区域推广。通过省级审定的主要农作物品种由省、自治区、直辖市人民政府农业行政主管部门公告,可以在本行政区域内适宜的生态区域推广。

2.品种登记

我国对部分非主要农作物实行品种登记制度,列入非主要农作物登记目录的品种在推广前应当登记。非主要农作物品种登记办法由农业农村部规定。实行品种登记的农作物范围应当严格控制,并根据保护生物多样性、保证消费安全和用种安全的原则确定。登记目录由农业农村部制定和调整。申请者申请品种登记应当向省级农业主管部门提交申请文件和种子样品,并对其真实性负责,保证可追溯,接受监督检查。

农业农村部发布非主要农作物品种登记指南,建立全国非主要农作物品种登记信息平台。农业农村部负责全国非主要农作物品种登记,具体工作由全国农业技术推广服务中心承担。省级人民政府农业主管部门负责品种登记受理、申请文件审查,具体工作由省级种子管理机构承担。农业农村部对省、自治区、直辖市人民政府农业主管部门书面审查符合要求的品种登记申请进行复核,定期发布登记公告、颁发证书。登记公告内容包括:登记编号、作物种类、品种名称、申请者、育种者、品种来源、产量、品质、抗性、栽培技术要点、适宜种植区域及季节等。登记公告公布的品种名称为该品种的通用名称。禁止在生产、销售、推广过程中擅自更改该品种的通用名称。

农业农村部建立品种登记与种子样品信息数据库，通过品种登记平台，网上办理登记申请与受理，发布登记品种、撤销登记品种公告。品种登记单位及工作人员，对在登记过程中获知的申请者的商业秘密负有保密义务，不得对外提供登记品种的种子样品或者谋取非法利益。申请者对申请文件和种子样品真实性负责，保证可追溯，接受监督检查；申请者在申请品种登记过程中有欺骗、贿赂等不正当行为的，三年内不受理其申请，并将该申请者的违法信息记入社会诚信档案，向社会公布；给种子使用者和其他种子生产经营者造成损失的，依法承担赔偿责任。已撤销登记的农作物品种、应当登记的农作物品种未经登记的，不得发布广告、推广，不得以登记品种的名义销售。

3.引种备案

省级人民政府农业主管部门应当建立同一适宜生态区省际品种试验数据共享互认机制，开展引种备案。通过省级审定的品种，其他省、自治区、直辖市属于同一适宜生态区的地域引种的，引种者应当报所在省、自治区、直辖市人民政府农业主管部门备案。备案时，引种者应当填写引种备案表，包括作物种类、品种名称、引种者名称、联系方式、审定品种适宜种植区域、拟引种区域等信息。引种者应当在拟引种区域开展不少于1年的适应性、抗病性试验，对品种的真实性、安全性和适应性负责。具有植物新品种权的品种，还应当经过品种权人的同意。省、自治区、直辖市人民政府农业主管部门及时发布引种备案公告，公告内容包括品种名称、引种者、育种者、审定编号、引种适宜种植区域等内容。国家审定品种同一适宜生态区，由国家农作物品种审定委员会确定。省级审定品种同一适宜生态区，由省级农作物品种审定委员会依据国家农作物品种审定委员会确定的同一适宜生态区具体确定。

4.转基因品种

转基因植物品种的选育、试验、审定和推广应当进行安全性评价，并采取严格的安全控制措施。国务院农业、林业主管部门应当加强跟踪监管并及时公告有关转基因植物品种审定和推广的信息。销售转基因植物品种种子的，必须用明显的文字标注，并应当提示使用时的安全控制措施。根据现行的《农业转基因生物安全管理条例》，农业转基因生物试验一般应当经过中间试验、环境释放和生产性试验三个阶段。只有通过生产性试验，才可能申请安全证书；申领到安全证书后，还需转基因品种生产许可证方可产业化生产。目前已批准安全证书的作物有棉花、水稻、玉米和番木瓜，但仅棉花和番木瓜转基因品种可商业化种植。

5.授权品种

我国实行植物新品种保护制度。对国家植物品种保护名录内经过人工选育或者发现的野生植物加以改良，具备新颖性、特异性、一致性、稳定性和适当命名的植物品种，由国务院农业、林业主管部门授予植物新品种权，保护植物新品种权所有人的合法权益。植物新品种权的内容和归属、授予条件、申请和受理、审查与批准，以及期限、终止和无效等依照本法、有关法律和行政法规规定执行。国家鼓励和支持种业科技创新、植物新品种培育及成果转化。取得植物新品种权的品种得到推广应用的，育种者依法获得相应的经济利益。

(二)法律责任

国家实行主要农作物品种审定制度和非主要农作物品种登记制度，只有通过审定(认定)、登记的品种才能在生产上推广应用。在知识产权保护方面，国家实行植物新品种保护制度，对国家植物品种保护名录内经过人工选育或者发现的野生植物加以改良，具备新颖性、特异性、一致性、稳定性和适当命名的植物品种，由国务院农业、林业主管部门授予植物新品种权，保护植物新品种权所有人的合法权益。植物新品种权的内容和归属、授予条件、申请和受理、审查与批准，以及期限、终止和无效等依照本法、有关法律和行政法规规定执行。

二、种子生产的基地选择

植物新品种是在一定的生态条件下选育出来的，品种的适应性关系到其能否大面积推广应用。亲本的生物学特性只有在最佳生态条件下才能得到充分表现。为提高种子质量和制种产量，降低生产成本，必然要考虑品种的生态类型和生产种子适合的生态条件，因此，只有在适宜的生态条件范围内建立种子生产基地，这是国内外种子发展史上的成功经验。

(一)生态条件对种子生产的影响及调控

1.生态条件对种子生产的影响

种子生产的生态条件主要是指自然条件，包括气候条件、土壤特性、风力和传粉昆虫的活动情况等。影响种子生产的气候条件，主要有无霜期、温度、光照和降水等。

(1)无霜期　霜冻常发生在春秋季节，秋季种子尚未成熟或已成熟但还未来得及收获和干燥，若遭受初霜冻为害会影响制种产量和种子质量。无霜期是植物能否正常完成生育期的基本条件，制种植物的生育期必须短于或等于制种地的无霜期，否则，制种植物将不能正常生长或受到极大伤害。

(2)温度　随着全球变暖的日益加剧，种子生产过程中遭遇连续性高温天气的概率日渐增加。温度是影响制种成败的关键因素，种子生产过程中的高温、有效积温、昼夜温差等均对制种具有较大影响。生育期的高温会影响到花粉活力和授粉效果，直接影响杂交制种的异交结实率，研究表明杂交水稻制种的异交结实较之常规水稻生产对高温更为敏感。两系杂交水稻的不育系育性转换温度一般在23℃左右，抽穗扬花期持续较高的温度可能会对制种造成毁灭性影响。此外，温度的不适宜还可能造成植物产量、品质的降低、不育系不育起点温度的变化、生育期的改变及病毒感染引起的种性退化等。昼夜温差大的地区，如我国的西北、东北制种基地，籽粒饱满，种子质量好。

(3)光照　光照是植物进行光合作用的必要条件，光照对种子生产的影响大致包括光照时间、光照强度和光周期。一般来说，光照充足有利于植物生长，但在发育上不同植物、不同品种对光照的反应存在差异。长日照植物如小麦、大麦、洋葱、甜菜和胡萝卜等，光照达不到一定时长就不能开花结实，而短日照植物如水稻、谷子、高粱、棉花、大豆和烟草等则要在光照短的时期才能进行花芽分化并开花结实。

(4)降水　降水包括年降雨量和雨量在四季的分布，主要影响无灌溉条件的地区的植物生长及耐湿性不同的植物生长。干热的气候会使麦类迅速衰老甚至死亡，而过度阴雨连绵会影响玉米等植物的雌穗分化、传粉和受精，造成空秆和多穗。

(5)土壤特性　土壤的理化性质、pH、含盐量等都会对制种植物产生影响。其中pH和含盐量成为影响制种成效的限制因子。一般来讲，我国长江以南大部分地区生长的植物，长期适应酸性土壤条件，移往非酸性土壤地区会导致产量的降低和品质的下降。而在盐碱地区制繁种，会导致不耐盐碱植物或品种的制繁种失败。

(6)风力和传粉昆虫的活动　无风会影响风媒花传粉，而风过大又会使制种隔离失败，品种纯度降低。传粉昆虫的种类、数量等，会影响虫媒花植物的制繁种产量和质量。

2. 种子生产生态条件的调控

选择或人工创造适宜于种子生产的生态条件是制种成功的基础。一般种子生产生态条件的调控有如下途径：

(1)就近制种　一般来讲，育成品种地区的生态条件就是最适合的生态条件，其附近地域应该是该品种最适宜的种子生产基地。例如，马铃薯的种薯生产，必须在冷凉的生态条件下进行。马铃薯结薯期日平均气温超过20℃或白天最高气温越过25℃都会加速品种退化。因此，适合于大面积种植马铃薯的黑龙江、内蒙古地区，冷凉的生态条件使种薯带毒低，是生产种薯的最佳地域。再如新疆干燥的气候、长日照和昼夜温差大的生态条件也最适合棉花种子生产。

(2)异地制种　利用异地或当地不同地带生态条件的差异，选择适宜的地区制种，亦是多年来广泛采取的人为控制自然条件的措施之一。如黄河、长江流域大量种植的马铃薯，其种薯若在当地繁殖，会因结薯期气温高使品种迅速退化。为了避免退化，就可到黑龙江、内蒙古等冷凉地域繁种，以保证种性。也可在当地的高山上进行繁种，或在海岛上繁殖脱毒种薯，来防止品种退化。另外，夏季作物的冬季南繁制繁种，也是人为控制制繁种生态条件的成功例子。

(3)设施制繁种　利用人工温室、塑料大棚进行稀有、珍贵急需种子制繁种，为蔬菜、园艺等植物的种子生产创造适宜的生态条件，使其不受季节气候的影响。随着科技的发展，设施制繁种将逐渐扩大，充分发挥其稳产、优质的特点。

(二)现代种子生产对基地的要求及建设措施

1.现代种子生产基地的要求

我国的种子产业发展到今天，已进入现代化商品种子的生产阶段。建立种子生产基地是商品种子生产的重要保证。现代种子生产基地已向专业化、规范化、产业化方向发展。专业化，指每一种商品种子要建立专门的生产基地，要有专业技术人员组成，严格按照种子生产技术规程来进行种子生产。规模化，指每一个基地要有相当规模的面积，要连片单一种植，绝不能像以前那样搞自给自足的小本经营，要搞商品化大生产。尤其像玉米单交制种和亲本繁殖的生产基地，对隔离的要求特别高，只有规模化生产，才能生产出数量大、质量高的杂交种子，满足现代化农业生产的需求。产业化，则指商品种子的生产要面向国内、国际市场，要实行订单生产，种子生产基地实行供、产、销一体化，各种组织机构和配套设施齐全，生产的种子商品性能好，在市场上有较强的竞争力。

2.种子生产基地建设措施

建立一个现代种子生产基地，其基本工作程序不外乎地域的选择、基地的建设、基地的管理、基地的扩大完善。

(1)地域的选择　对于种子生产而言，自然条件是基地建设的首要条件。良好的生态条件如生育期温度适宜、光照充足，雨水较充沛或有灌溉条件，土质适宜等，才能保证植物品种的优良种性得以表现，保证种子质量和产量，降低种子价格。另外，地形、地势、土地规模也是应该考虑的因素，尤其是杂交制种田，要设置在便于隔离、排水、防霜冻的较大规模地块上，以便于规模化生产。还要注意，不能在重病区或病虫害常发生，尤其是不得在有检疫性病虫害的地区建立基地。

除了要有较好的自然条件外，生产水平和经济状况也是种子生产基地选择要考虑的重要因素。一般应选择农业生产尤其科技水平较高，交通方便，信息来源和传递较快的地方。关于经济状况，一般工商业发达的地区往往人均地少，工业污染重，劳动力价格高，不利于种子生产的优质高效。但经济太落后，人们的观念往往跟不上形势的发展，不利于组织领导，有碍种子生产的产业化。因此，要选择自然条件好，工商业经济相对落后，但领导、群众基础好，以作物产业为主要经济支柱的地区建立种子生产基地。

(2)基地的建设　与当地签订好基地建设协议后，要尽快进行基地基础设施的规划和建设，包括周边环境的清理、土地的整平培肥、灌溉设施的配套、隔离区的设置等。种子生产技术队伍的建立、培训也是基地建设的一项重要工作，要建立一支有组织、有能力、懂技术的骨干队伍。

(3)基地的管理　基地一经建设，就要着手制定一系列的规章制度和生产技术规程，并使之深入到每一个生产户，要层层落实和负责，严把种子生产质量关，每个环节要做到事先通知，事先培训，届时指导，技术可行，有章可循，从种到收，井然有序。

(4)基地的扩大完善　建设一个基地，要从小到大，逐步完善。新建基地不可能各方面都很完备，对于偶尔出现的问题要及时妥善处理。每个生产季节结束后，要认真总结、整改，力争尽快地将基地建成符合专业化、规范化、产业化的现代种子生产基地。

本章小结

本章重点介绍了植物的繁殖方式、种子生产的基本理论、品种的混杂退化和防杂保纯、种子生产技术、种子生产的合法性与基地选择等内容。植物的繁殖方式包括有性繁殖和无性繁殖，其中有性繁殖方式是植物的基本繁殖方式。种子生产理论包括纯系学说、遗传平衡定律、杂种优势等，它们是防杂保纯的基本原理，也是杂交育种和种子生产的理论基础。品种混杂退化是农业生产中的一种普遍现象，并且造成的原因是多方面的，其中机械混杂和生物学混杂起主要作用。在种子生产中，必须坚持“防杂重于除杂，保纯重于提纯”的原则，采取合理而有效的综合技术措施才能解决防杂保纯的难题。我国目前在常规种子生产上应用的主要有“三圃制”法和自交混繁法生产原种，由原种扩大繁殖良种；杂交品种种子生产方法主要包括人工去雄制种法、化学杀雄制种法、利用雄性不育性制种法、利用自交不亲和性制种法等。此外，机械化制种技术、雄性不育技术、混播制种技术、组织培养技术在现代种子生产上发挥着越来越重要的作用。种子生产质量控制包括种子生产源头控制、种子生产过程控制、种子贮藏过程控制等环节。我国对主要农作物和主要林木实行品种审定制度，对非主要农作物实行品种登记或认定制度，对授权品种实行植物新品种保护制度。转基因植物品种的选育、试验、审定和推广应当进行安全性评价，并采取严格的安全控制措施。植物新品种是在一定的生态条件下选育出来的，因此，为提高种子质量和制种产量，降低生产成本，必然要考虑品种的生态类型和生产种子适合的生态条件，建立现代种子生产基地。

思 考 题

一、名词解释

有性繁殖、无性繁殖、自花授粉植物、异花授粉植物、常异花授粉植物、自交不亲和性、雄性不育性、营养体繁殖、无融合生殖、纯系学说、遗传平衡定律、杂种优势、品种混杂、品种退化、三圃制、二圃制。

二、问答题

1.简述纯系学说、遗传平衡定律、杂种优势与种子生产的关系。

2.简述品种混杂退化的原因及防杂保纯措施。

3.试述杂交种种子生产的基本技术。

4.加速种子生产的技术有哪些？其具体做法是什么？

5.如何做好种子生产的基地选择工作？

6.如何做好隔离和提纯复壮工作？

三、论述题

结合新修订的《种子法》，阐述种子生产的合法性。

第二章　水稻种子生产技术

知识目标

◆ 了解水稻品种类型、花器构造和生物学习性。

◆ 理解水稻种子生产技术原理。

◆ 掌握水稻原种种子生产、常规品种大田用种种子繁殖、三系法杂交种子生产和两系法杂交种子生产的基本原理和技术要点。

能力目标

◆ 能够根据水稻种子生产计划制定种子生产技术方案。

◆ 能根据运用水稻原种种子生产、常规品种大田用种种子繁殖、三系法杂交种子生产和两系法杂交种子生产的技术规程解决种子生产问题。

◆ 能够根据技术方案实施亲本种子繁殖和杂交种子制种的生产管理、技术指导。

第一节　水稻概述

我国是世界上栽培水稻历史最悠久的国家。目前，水稻已经成为我国仅次于玉米的第二大粮食作物。据国家统计局数据，2016 年，我国水稻播种面积 3 017.824 万 hm^2，占粮食作物总播种面积的 26.7%；总产量 20 707.51 万 t，占粮食作物总产量的 33.6%。可见水稻在我国粮食生产上的重要地位和在保障国家粮食安全方面的重要作用。

一、栽培稻及其主要品种

（一）栽培稻分类

栽培稻以其对水分的需求差异分为旱（陆）稻和水稻。水稻属于禾本科稻属，一年生，染色体数为 24，属二倍体。水稻是雌雄同花自花授粉作物，自然异交率一般在 1%左右。水稻属于短日照作物，喜温好湿。经过长期的自然选择和人工培育，栽培稻分化形成了许多类型。

1.籼稻和粳稻

根据地理分布(纬度和海拔高低),栽培稻可分为籼稻与粳稻两大类,两者分化的主要生态因子是温度条件。在地域分布上,籼稻主要分布在高温、强光和多湿的热带及亚热带地区,在我国主要是华南热带和秦岭、淮河以南的亚热带低地;粳稻比较适宜生长在气候暖和的温带地区,主要分布于华东太湖流域以及华北、西北、东北等温度较低的地区。在垂直分布上,在热带地区,大体上在平地分布籼稻,在高地分布粳稻。

2.晚稻和早稻

根据栽培品种的熟期性和季节分布,在籼稻和粳稻中可再各分晚稻品种和早稻品种两大类。水稻原产于低纬度热带地区,形成了要求短日、高温的遗传特性,通常短日照、高温都可使水稻生育期缩短,但不同品种缩短程度不同。品种因受日照长短的影响而改变生育期的特性称为感光性;品种因受温度高低的影响而改变生育期的特性称为感温性。

晚稻对日长反应敏感,也就是感光性强,是典型的短日性作物。典型的晚稻需要短日照的诱导才能进行穗分化。但在光周诱导期间,同时也需要较高的温度条件,所以晚稻品种只能分布于纬度较低的地区,大体上双季稻地区的第二季连作稻为晚稻。

早稻对日长的反应钝感或无感,只要温度条件满足其生长发育,就能完成由营养生长到生殖生长的转换,温度条件相同时,生育期的变化就不大,但短日照仍有利于其提早开花,长日照则反之。这类品种的适应性较广,在我国南方和北方各稻区都有分布,华南及长江流域稻区双季稻中的第一季以及华北、东北和西北高纬度地区的一季粳稻都属于早稻。

还有一类中间类型,即中稻。中稻的迟熟品种,感光性一般也较强,近于晚稻类型;中稻的早熟及中熟品种,感光性弱或不感光,近于早稻类型。

(二)我国水稻生产应用品种分类及主要品种

我国水稻生产上使用的品种分为常规品种和杂交组合两大类。水稻常规品种一般也叫常规稻,其基因型纯合一致,在做好防杂保纯的前提下,一般可以连续 3~4 年留种使用。水稻杂交组合也叫作杂交稻,利用的是两个遗传背景不同的品系作亲本杂交后获得的杂种一代(F_1)的杂种优势。杂交稻其个体基因型是杂合的,杂种二代(F_2)会出现性状分离,生长不整齐,优势减退,产量会有不同程度地下降,因此杂交稻只利用 F_1,需要年年换种。

20 世纪 70 年代中期以前,我国水稻生产使用的完全是常规品种,70 年代中期以后杂交水稻兴起,经历了从一季稻杂交稻到晚稻杂交稻再到早稻杂交稻的推广过程。据原农业部全国农技推广服务中心数据,2005 年前后,杂交水稻种植面积占水稻总面积的 66%左右,达到了历史高峰。

进入 21 世纪,在全国范围内则是一个籼稻与粳稻并存、常规稻与杂交稻并用的状况。由于种植的区域和季节不同,大致可分为粳型常规稻、籼型常规稻、早熟杂交稻、中熟杂交稻和迟熟杂交稻五大类。据农业农村部全国农技推广服务中心数据,2016 年五大类水稻分布情况及主要品种为:粳型常规品种在黑、吉、辽、皖、苏、滇、鲁等省作一季稻种植,主要品种有龙粳 31、绥粳 18、南粳 9108、淮稻 5 号、龙粳 43、龙粳 39 等;籼型常规品种主要在长江中游和华南地区作双季稻的早稻或晚稻种植,主要品种有中嘉早 17、黄华占、湘早籼 45 号、中早 39、湘早籼 32 号、湘早籼 42 号等;早熟杂交稻在湘、赣、鄂、桂等省(自治区)作双季早稻种植,主要品种有潭两优 83、陵两优 722、株两优 819、株两优 39、两优 287 等；中熟杂交稻在湘、赣、鄂等省作双季晚稻种植，或在粤、桂作双季早稻种植，主要品种有天优华占、五优 308、H 优 518、欣荣优华占、五优华占、荣优华占等；迟熟杂交稻在长江流域作一季晚稻（中稻）种植，主要品种有 C 两优华占、深两优 5814、Y 两优 1 号、两优 688、川优 6203、宜香优 2115、扬两优 6 号、冈优 188、甬优 1540、甬优 4949、中浙优 8 号等。随着市场对优质稻谷需求的不断扩大，表现出常规稻种植面积逐年回升的趋势。

二、水稻生物学特性

(一)水稻的形态构造

水稻植株由根、茎、叶和穗组成。

(1)根　水稻的根为须根系。根据发根部位的不同，可分为种根和不定根两种。种根由胚根直接发育而成，只有一条。不定根是从茎的基部各节由下而上依次发生的。

(2)茎　稻茎呈圆筒形，中空，直立生长于地面，由多个节和节间组成。节上着生叶和芽，节与节之间称为节间。单株茎秆上节间的数目、长度、粗度因品种不同而异，同时也受栽培条件和气候条件影响。节间数一般有 10～20 个，基部有 7～13 个节间密生在地表附近，称为根节或分蘖节；地上部有 3～7 个明显的伸长节间，称为茎秆。水稻出芽成苗后最早形成的一根茎叫主茎，稀播条件下一般 4 叶后开始分蘖。

(3)叶　水稻的完全叶由叶鞘、叶片、叶枕（也叫叶环）、叶耳、叶舌组成。叶鞘、叶缘色有紫红、白色两种，一般与柱头、颖（稃）尖颜色相对应，是区别水稻品种的一个重要标志性性状。主茎上的叶片数与节间数一致，一般在 10～20 片叶，最上一片叶片叫剑叶。品种生育期不同，主茎总叶片数不同，表现为生育期越长主茎总叶片数越多，反之则少；同一品种不同播期、不同栽培地域、不同栽培条件，主茎总叶片数也有变化。水稻不同生育时段的出叶快慢一般以出叶速度来描述。出叶速度是指水稻一片叶从叶尖抽出到叶片完全展开（叶枕与上一叶叶枕平齐时）所需要的天数，表示为："d/叶"，或"叶/d"。叶片叶位的不同，出叶速度不同，叶位越高出叶速度越慢：秧苗期最初的三片叶一般为 3～5 d 出一片（早春若遇气温低时要慢些），分蘖期为 5～6 d 出一片，最后三片叶为 7～9 d 出一片。了解水稻品种或亲本的主茎总叶片数与不同生育时段的出叶情况对于水稻种子生产，尤其是杂交水稻种子生产十分重要。

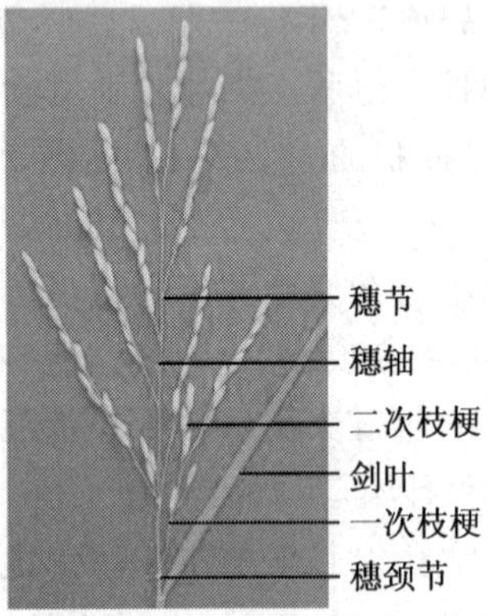

图 2.1　稻穗的形态

(4)穗　稻穗是水稻成熟的花序。

①花序的形态及其组成　花序着生在茎的顶端，属复总状花序，圆锥形，由穗轴、枝梗、颖花（结实后为谷粒）组成。见图 2.1。

②颖花花器构造　水稻颖花由内颖（也叫内稃）、外颖（也叫外稃）、雄蕊和雌蕊等部分组成（图 2.2）。内、外颖船形。内颖较小，外颖先端尖锐，称为颖尖（也叫稃尖），或伸长成芒。颖尖有紫红、白色两种，一般与叶鞘、叶缘、柱头颜色相对应，是区别水稻品种的一个重要标志性性状。内、外颖相互钩合而成颖（谷）壳，保护颖花的内部组成和结实后的米粒。

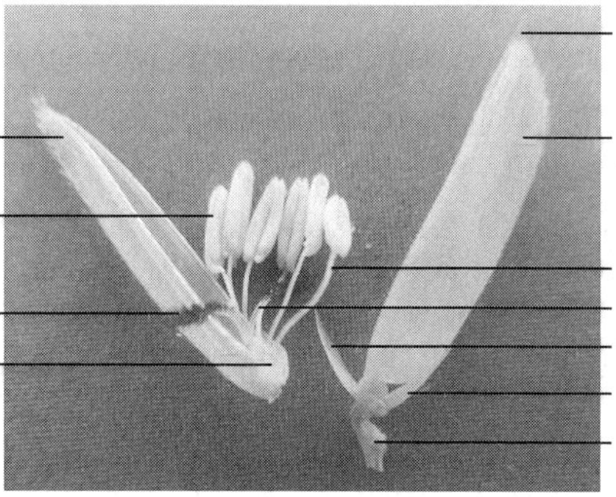

图 2.2 水稻颖花的构造

(引自罗筱平和肖层林,《作物种子生产学》,中国农业出版社,2018)

颖壳内有雄蕊 6 个,每个雄蕊由花药与花丝组成,正常水稻花药黄色饱满,花丝细长。雌蕊 1 个,位于颖花的中央,由柱头、花柱与子房组成。柱头在雌蕊上部,二分叉,各成羽毛状,有紫红、白色两种,一般与叶鞘、叶缘、颖尖颜色相对应,是区别水稻品种的又一个重要标志性性状。子房在下,呈葫芦状。子房基部与外颖间有两个浆片。

(5)种子 小穗(颖花)受精后,经过灌浆充实,成熟成为谷粒,植物学上称颖果,做种用的称为种子。种子外部有内颖、外颖包裹,在内外颖的基部有两片护颖。在谷粒和小穗梗连接处,还有两个副护颖。见图 2.3。

种子一般用形状、大小和颜色来描述。形状一般以长度、宽度和长宽比表示,可以分为长粒形、圆粒形和椭圆粒形三种。大小一般以千粒重表示,可以分为大粒形、中粒形和小粒形。颜色可分为黄、红、黑。种子的形状、大小和颜色因品种不同而存在或大或小的差异,是区别水稻品种的又一个重要标志性性状。

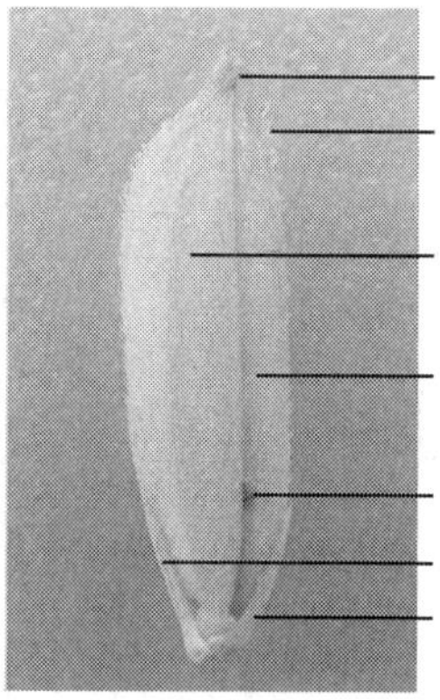

图 2.3 谷粒的外形

(二)水稻的生长发育特性

生产上,通常把水稻从播种到谷粒成熟的整个生育过程所经历的时间(天数)称为全生育期。不同品种全生育期差异很大。水稻的一生可以分为营养生长期和生殖生长期,营养生长期包括种子萌发、分蘖,以及根、茎、叶的生长,历经幼苗期和分蘖期两个阶段,此期长短因品种生育期的长短而有相当大的差异。生殖生长期完成穗的分化、形成、开花、灌浆和结实过程,历经孕穗拔节期、抽穗扬花期和灌浆结实期,此期长短在品种间差异不大。

(1)幼苗期 一般把播种到三叶期这段时期叫作幼苗期。三叶期的秧苗处于"断奶期",发根力较差,抗逆能力弱,不宜移栽。

(2)分蘖期 从第四叶开始发生分蘖到拔节前称作分蘖期。生产上一般 4 叶以后移栽秧苗到大田,由于根系损伤,有一个地上部分生长停滞和发新根的过程,移栽后需经 5～7 d 才能恢复正常生长,这段时期称为返青期。返青后分蘖不断发生,到开始拔节时分蘖萌发停止,分蘖数达到最高峰。

(3)孕穗拔节期　孕穗拔节期是从幼穗分化开始至抽穗的过程,一般需经历 30 d 左右,由于常常与拔节重叠,又称为孕穗、拔节期。早稻一般先幼穗分化后拔节,中稻一般拔节与幼穗分化同时进行,晚稻一般拔节以后隔一段时间再幼穗分化。丁颖等把整个幼穗分化阶段划分为 8 个时期:第一苞分化期(一期)、一次枝梗原基分化期(二期)、二次枝梗原基及颖花原基分化期(三期)、雌雄蕊形成期(四期)、花粉母细胞形成期(五期)、花粉母细胞减数分裂期(六期)、花粉内容物充实期(七期)、花粉完熟期(八期)。

(4)抽穗扬花期　水稻抽穗扬花期经历抽穗、开花与授粉受精过程。水稻穗顶露出剑叶叶枕(叶环)1 cm 时叫作抽穗,群体抽穗率累计达 10%之日称为始穗期,自播种日至始穗期之日止经历的天数称播始历期。水稻单个稻穗从刚抽穗到全部抽出需经过 5～7 d,因穗的大小不同而不同;单株抽穗一般历经 10 d 左右,因分蘖的多少不同而不同。水稻在适宜条件下开花(图 2.4)散粉,散粉后双颖重新闭合,开花全过程需 1～1.5 h。一个稻穗约 4～7 d 开完,一个单株约 9 d 开完。水稻每日开花的时间早晚因品种和外界条件而异,有的品种开花早,有的品种开花晚。影响水稻开花的外界条件主要有温度和湿度,温度是最重要的影响因素。水稻开花最适宜温度为 28℃左右,最低温度为 15℃,一般上午 10 时左右始花,11 时左右盛花,午后很少开花。气温较高时,始花时间较早;最适宜湿度 70%～80%,过高过低都不利于开花。

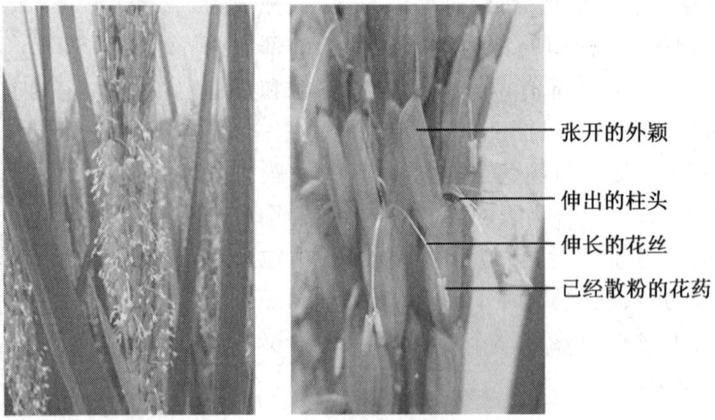

a.穗　b.颖花

图 2.4　水稻开花图

授粉是指花粉由花药中散出并传播到雌蕊柱头上的过程,是受精的前提。授粉受精受花粉活力、柱头生活力以及外界条件影响。据刘振叶(1957)研究,水稻花粉粒生活力在花药裂开以后下降很快,在避免日光直接照射的田间条件下,离体花粉放置 3 min 后已有 50%丧失萌发力,5 min 后几乎全部死亡;柱头的生活力在开花第 1～2 天最高,第 3～4 天显著降低,第 5～6 天基本上丧失受精能力。花粉萌发除花粉本身要正常外,还需要柱头提供一定的物理化学条件,包括水分、蔗糖、有机酸、氨基酸等养分,以及一定的渗透压和 pH 等,还需要适宜的温度(30℃左右)和湿度(80%左右)。

(5)灌浆成熟期　灌浆成熟期指受精后胚和胚乳形成与发育的过程,外观表现为子房膨大,米粒内逐渐积累淀粉。一般粳稻有95%的谷粒黄熟,籼稻有85%以上的谷粒黄熟,米粒坚实,即为成熟。

三、我国水稻种子生产概况

我国水稻种子生产分为常规稻种子生产和杂交稻种子生产两大类。

(一)常规稻种子生产概况

常规稻种子生产一般称为繁殖,是一个自花授粉结实过程,生产过程与商品稻谷生产基本一致,程序简单,成本较低。常规稻种子繁殖以原种生产为基础,即必须以原种种子为种源繁殖大田用种种子,以保障品种种性稳定和种子纯度合格。目前,常规稻种子以农户自选自留种子为主、种业公司生产供应为辅,农户每隔2~3年购种更换。据农业农村部全国农技服务中心统计,2017年全国常规稻繁种面积达到13.07万hm^2,收获种子9.76亿kg,主产区为黑龙江、江苏、江西、安徽、湖南等省。

(二)杂交稻种子生产概况

杂交稻种子生产是一个异交结实过程,程序复杂,周期长,成本较高。如前面章节所述,作物杂交种子生产途径有多种,但由于花器较小,而且1个颖花只能产生1粒种子等原因,水稻杂交种子生产目前可以选择的只有利用雄性不育系和利用化学杀雄这两种途径。化学杀雄法在杂种优势利用方面有一定优越性,在20世纪80年代初有小面积应用,但由于其杀雄难以彻底,种子纯度难以保证,制种产量低,此后再未采用。因而,杂交稻种子商业化生产目前事实上只有利用雄性不育系这一种途径。

利用雄性不育系生产杂交水稻种子是一个"先纯后杂"的复杂的系统工程,即先要生产出基因型纯合的、纯度合格的不育系、恢复系这些亲本的种子(通常叫作"亲本繁殖"),再用不育系和恢复系配制杂交种子(通常叫作"制种")。也即杂交水稻种子生产包括亲本繁殖和杂交制种两个方面。由于生产程序复杂,技术含量高,杂交水稻种子完全由种业公司生产和供应。

我国水稻制种起步于20世纪70年代中期,2012年达到12.06万hm^2的顶峰,生产种子3.5亿kg。据农业农村部全国农技推广服务中心统计,2017年回落到11.13万hm^2,生产种子2.8亿kg,生产基地向四川、湖南、江苏、江西、福建和海南六省优势区集中。

第二节 常规稻种子生产技术

如前所述,常规稻种子生产是一个自花授粉结实过程,生产程序包括原种生产和大田用种生产。其中关键的和基础性的是原种生产。

一、常规稻种子原种生产技术

所谓原种,是指用育种家种子直接繁殖的或按原种生产技术规程生产的,种子质量经检验达到原种质量标准的种子。原种生产过程也叫提纯复壮。

水稻常规品种基因型纯合一致，可以连年留种使用。但经过多年种植后，由于机械混杂、生物学混杂、自然变异等原因，会出现不同程度的混杂退化，表现产量降低、抗性减弱、品质变劣，具体有：高矮不齐、形态变异、穗变小、着粒变稀、抗病力减弱、易落粒、成熟不一致、米质变差等。按照原种生产技术规程操作，不断进行提纯复壮，保持种性和纯度，对于持续利用具有高使用价值的优良常规品种十分重要。

国家标准《水稻原种生产技术操作规程》(GB/T 17316—2011)提出了采用改良混合选择法、株系选择法以及育种家种子繁殖法进行常规水稻原种生产的技术要求。

(一)改良混合选择法

改良混合选择法即在单株选择的基础上建立三圃(株行圃、株系圃、原种圃)或二圃(株行圃、原种圃)。“三圃制”是最常用的原种生产方式，其生产流程见图 2.5。

图 2.5 “三圃制”原种生产流程示意图

1.单株选择

单株选择是指在需进行提纯复壮的品种群体中选择符合该品种典型性状的水稻单株供下一环节使用。

(1)选株来源和选择原则　单株可在纯度高的种子繁殖田选取。当选单株应该符合原品种的典型性。一般从“四型”(株型、叶形、穗型、粒形)、“五色”(叶色、叶鞘色、颖色、稃尖色、芒色)、生育期(抽穗日期、齐穗日期、成熟日期)和稻米外观品质等多个方面进行观察选择。

(2)选株数量和方法　选株数量按照下季计划的株行数量及原种圃面积而定。田间初选数量应比决选数量多一倍。选择单株分三步进行：齐穗期初选，做好标记，不在边行或缺株周围选择；成熟期复选；在室内对入选单株考种决选。当选单株分别编号、脱粒、干燥、装袋、收藏。

2.株行圃

将上季当选的单株种子分区种植，建立株行圃。对照种子采用同品种育种家种子或原种。

(1)田间设计　秧田每个单株各播一个小区，小区间留间隔；本田绘制田间种植图，各单株按编号顺序排列栽插，每个单株种植成一个株行小区，逢 10 设 1 个原种对照株行。小区长方形，区间留走道，单本栽插。空间隔离距离不少于 20 m；时间隔离要求扬花日期错开 15 d 以上。

(2)观察记载、选留株行　田间观察记载按照《农作物品种区域试验技术规范 水稻》(NY/T 1300)要求于秧田期、抽穗期和成熟期按株行进行，做到及时准确。发现有变异株的株行予以淘汰，并做记录。选留的株行区应具备本品种的典型性，株行间性状表现一致，齐穗期、成熟期与对照相比，在±1 d 范围内；株高与对照相比，在±1 cm 范围内，植株、穗型整齐度好。

(3)收获　将保护行、对照小区及淘汰株行区先行收割，对选留株行区进行复核后，各行区种子单脱、单晒、单藏，严防鼠、虫等为害及霉变。

3. 株系圃

将上季选留的各株行区种子分区种植，建立株系圃。各株系区的面积、栽插密度均应一致，并采取单本栽插，逢10行设1行对照。观察记载、选留株行的要求与株行圃相同。选留株系应整齐度高，丰产性好，具备本品种的典型性和株系间的一致性，种子混合收割、脱粒、收贮，一般称为原原种。

4. 原种圃

原种圃即原种繁殖田。将上季混收的株系圃种子种植于原种圃。原种圃要集中连片，隔离要求与株行圃相同。种子播前进行药剂处理，稀播培育壮秧，大田采取单本栽插，加强管理，尽量提高繁殖系数。在各生育阶段进行观察，及时去除病、劣、杂株，收割、脱粒、干燥、包装、贮运时严防机械混杂。

5. 质量检验

常规稻原种圃的田间杂株率应该低于0.08%，田间验收合格后收割。入库种子按照GB/T 3543.1—3543.7要求进行质量检验，纯度达到99.9%。

"三圃制"原种生产技术成熟，质量可靠，被广泛采用。但其提纯复壮周期长，至少需要4年(季)时间才能完成。"二圃制"是在"三圃制"的基础上，通过简化程序形成的。如果供选单株的种源群体纯度非常高(如育种家种子繁殖田、原种圃、株系圃内当选株系小区)，则可以采用"二圃制"，可提前1年(季)生产出原种。

"二圃制"原种生产技术与"三圃制"比较，在选、植、管、察、收等方面的要求是一致的，只是在株行圃将当选株行混收，混收的种子直接进入原种圃用于繁殖原种，省去了株系圃环节，缩短了时间，加快了生产进程。

(二)株系循环法

株系循环法程序包括单株选择、株行圃、株行区选单株、保种圃、基础种子田和原种圃，前期的单株选择、株行圃建立的要求与方法和改良混合选择法相同，差别主要在后续的环节，即在建立了株行圃以后，通过在株行区选单株、建立保种圃、建立基础种子田和原种圃繁殖出原种种子。

1. 株行区选单株

在当选的株行区中，每个株行根据下季保种圃的种植面积大小选择5～10个具备本品种典型性的优良单株，混合脱粒成为一个种植单位。所有种植单位的种子分别编号、干燥、装袋、收藏。

2. 建立保种圃

将上季收获的各种植单位的种子分区种植成一个个株系，建立保种圃。各株系区的面积、栽插密度均应一致，并采取单本栽插，其他要求与"三圃制"株系圃相同。

保种圃中发现有变异单株的株系要予以淘汰。在保留的每个株系区中同株行区选单株一样选择10个左右典型优良单株并混合为一个种植单位，下季继续种成一个个株系，组成新的一季保种圃，由此开始形成株系循环。保留的各株系选择单株后，其余的种子全部混收，成为核心种子，以备基础种子田用。

3.建立基础种子田和原种圃

将上一季收获的核心种子种植成为基础种子田。基础种子田收获的种子下一季种植成为原种圃。基础种子田和原种圃的管理、去杂等要求与“三圃制”原种圃相同。

(三)育种家种子繁殖法

育种家种子繁殖方法简单,即每年取育种家种子,经 1～3 代繁殖,收获遗传性状稳定、特征一致的种子作为原种。在繁殖过程中要注意防止机械混杂。

选择育种家种子繁殖法生产原种的前提是育种家能够持续地提供达到育种家种子标准的种子,由于种源由育种者提供,能够保证品种代际间的一致性。发达国家种子生产程序一般采取这种持续用育种家种子繁殖种子的方法。

二、常规稻大田用种生产技术

常规稻大田用种繁殖与商品稻谷生产在播种栽插、水肥管理、病虫防治等方面具有相似性,但作为种子生产,又具有其特殊性。特殊性在于需要加强种子质量控制,包括 7 个方面:①要求使用原种作为种源,把好种子种性与纯度的源头关。②繁殖基地应该为非检疫性病虫害区域,种子用药剂浸种消毒,避免检疫性病虫害的传播。③繁殖田相对集中连片,要求前作不是水稻,以避免前作落谷成苗造成田间生物学混杂以及收割时的机械混杂。④在浸种、播种、移栽、收割、脱粒、摊晒、收储等环节细致操作,防止机械混杂。⑤在水稻整个生长时期,尤其是抽穗扬花期和成熟期,要严格除杂除劣,繁殖田田间杂株(穗)率应该低于 0.1%。⑥及时收割和摊晒,机选入库,确保种子的播种品质。⑦严格按照《农作物种子检验规程》(GB/T 3543.1～3543.7—1995)的要求对入库种子进行室内检验和田间种植鉴定,确保出库销售的种子纯度不低于 99.0%,净度不低于 98.0%,发芽率不低于 85%,水分籼稻不高于 13.5%、粳稻不高于 14.5%。

第三节　杂交稻种子生产技术

目前,生产上使用的作为制种母本的水稻雄性不育系由于不育遗传机理和产生方式不同,可以分为三系不育系和两系不育系,因此杂交稻种子生产又可以分为三系法和两系法两种。

一、三系法杂交稻种子生产技术

三系法杂交稻种子生产其母本利用的是核质互作型雄性不育系。这类不育系的不育性受细胞核内雄性不育基因的主导,并受细胞质和细胞核内基因的互作控制,是可以稳定遗传的。此类不育系通过不育系、保持系和恢复系“三系”配套的方式加以利用,所以称为“三系法”,此类不育系也就称为“三系不育系”。水稻三系不育系用“A”表示,如珍汕 97A、中 9A、中浙 A、天丰 A、甬粳 3 号 A 等;保持系用“B”表示,如珍汕 97B、中 9B、中浙 B、天丰 B、甬粳 3 号 B 等;恢复系如 IR24、R402、先恢 207、航恢 570、华占等。“三系”配套利用模式为:

保持系繁殖:保持系(B)自交→保持系(B)

恢复系繁殖：恢复系自交→恢复系

不育系繁殖：不育系(A)×配套保持系(B)→不育系(A)

如：天丰 A×天丰 B→天丰 A

杂交稻制种：不育系(A)×恢复系→杂交种(F_1)

如：天丰 A×华占→天优华占

即：保持系自交，繁殖出保持系；恢复系自交，繁殖出恢复系；以不育系为母本，以其配套保持系为父本回交，繁殖出不育系；以不育系为母本，以适当恢复系为父本杂交，配制出杂交种。

(一)三系亲本的基本特性

1.不育系及其配套保持系

不育系与其配套保持系(如珍汕 97A 与珍汕 97B，天丰 A 与天丰 B)是一对姐妹系，在遗传基础上，它们的核基因是相同的，仅在细胞质上存在差异；在外观上，它们在一些主要性状上(如株型、叶形、穗型、粒形、稃尖色、基本生育期等)是一致的，仅在育性以及一些与育性关联的性状上有明显的区别。

(1)育性表现　育性是指作物自交结实的能力。水稻不育系的雄性器官——花药(尤其是花粉)与保持系存在差异。不育系花药干瘪、瘦小，水渍状，乳白色或淡黄色，不开裂，闭颖后呈线状；花丝较短，颖壳内有留花药残迹；合格的不育系花粉败育彻底，无正常花粉，三系不育系败育花粉粒按形态、特征差异可分为典败型、圆败型和染败型三种类型。保持系则与普通水稻品种无异，花药膨松饱满，内有大量正常花粉，金黄色，开裂，散粉后呈薄片状；花粉饱满，圆球形，量多，散粉明显，可被碘-碘化钾液染成蓝黑色；花丝长，颖壳内不留花药残迹(图 2.6)。

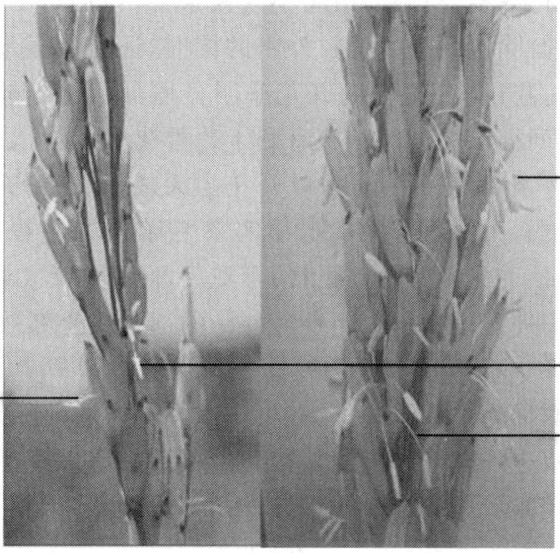

图 2.6　水稻不育系(左)与保持系(右)颖花花丝、花药的差异

(2)不育系的异交特性　不育系的异交特性指其接受外源花粉受精结实的难易程度，主要由其授粉态势、抽穗开花特性、花时习性、柱头外露与柱头活力等决定，异交特性好则表明其繁殖、制种容易获得高产。水稻不育系理想的异交姿态：一是穗层高度适宜(90～100 cm)，比父本矮 20 cm 左右；二是包颈少(＜2 cm)，全外露穗率高(≥90%)，颖花外露率高(＞95%)；三

是柱头外露率高(≥40%);四是剑叶长度适中(<25 cm)。异交姿态受不育系特性、群体苗穗结构、天气状况等的影响,可以通过栽培措施和合理使用赤霉素(俗称“九二〇”)加以调节。

①不育系抽穗　不育系抽穗有明显的包颈(也叫卡颈)现象。包颈是指水稻抽穗时,由于品种自身特性或受外界环境影响(如遇低温),稻穗的穗颈节及一部分颖花不能从剑叶鞘抽出的现象。不育系包颈由其自身遗传特性决定,包颈粒率一般为20%~30%,生产上依靠喷施“九二〇”来解除。而保持系和恢复系正常天气下均不包颈。

不育系群体抽穗历期一般在6~15 d,在不良的栽培与气候条件下有时可达20 d以上。生产上要设法缩短群体抽穗历期,使群体抽穗开花相对集中。合理密植,早促早控,以及在始穗期前后喷施“九二〇”效果明显。一般情况下,不育系在抽穗的第2天开始开花。单朵颖花开花历时(由张开到闭合的时间)一般为12 h。单个穗子全穗颖花开完需4~5 d,以第3~4天开花最盛。不育系群体一般在始穗期后第3~4天进入盛花期,自然状态下可持续10 d左右,喷施赤霉素可缩短至6~8 d。

②花时习性　水稻每天开花的时间称为花时,一天内不同时间段的开花率分布称为花时动态。不育系在一天内开花相当分散,从上午到下午均有开花,开花比较集中的时间一般在11:00—15:30,盛花时段不明显。由于保持系和恢复系正常天气下在上午开花和盛花,因此父本、母本一般存在着明显的花时不遇,不利于异交结实。影响花时的因素主要有不育系特性、天气、植物激素和栽培措施等。不同不育系的花时习性有较大的差异。我国杂交稻研究最早选育出来的一批不育系表现花时分散,午前花在50%以下,如珍汕97A、V20A。近20年来选育的不育系由于加强了定向选育,大多表现开花时间早,午前花率在70%以上,如优ⅠA、金23A、天丰A等。天气条件对不育系的花时影响较大,其中以温度和降雨影响最大。选择适宜的地点和抽穗季节,以获得高温、高湿的田间小气候条件,对提早不育系花时有利。不育系在始穗期喷施“九二〇”,在解除包颈提高穗粒外露的同时,还能明显地提早不育系的花时,可使开花高峰时提早1~2 h,且开花高峰时的开花率明显增加。适当补施叶面肥补充养分,适当割叶、赶露水这些降低田间穗层湿度的措施有利于改善花时状态。

③柱头活力　水稻不育系柱头的活力以开花当天最强,花粉充足、天气适宜结实率可达60%~90%,以后逐日减弱,大约每经历1 d,结实率下降20%左右;闭颖后3~4 d,外露柱头仍具有一定的活力,能够接受父本花粉而受精;开花闭颖后5~7 d,柱头活力就完全丧失。

④柱头外露率　柱头外露是指颖花闭合后柱头的部分或全部被夹持在颖壳外的现象。这是一种有利于异交的特性。不育系有柱头外露的颖花数占总颖花数的百分率称为柱头外露率。其中两个柱头均外露称为柱头双边外露,仅一个柱头外露则称为单边柱头外露,所占总颖花数的百分率分别称为双边外露率和单边外露率。不育系作为繁殖、制种的母本,其异交结实由其开花时授粉结实和闭颖后外露柱头授粉结实两部分组成,因而高的柱头外露率有利于繁殖、制种高产。

2.恢复系

恢复系是雌蕊、雄蕊发育正常,能自交结实,具有对水稻雄性不育系的恢复基因,给不育系授粉所产生的杂种一代育性恢复正常,能自交结实,且具有较强的杂种优势的一些品种或品系。1个恢复系可以作为1个或几个不育系的父本制种,配制出1个或几个杂交组合。

目前生产上利用的恢复系种类繁多,感温感光特性各不相同,播始历期差别很大,短的50 d,长的可达100 d。它们具有一般水稻品种的特征特性,抽穗当天上午开花,高峰期为10:00—

13:00,颖花张开吐出花药后5～10 min裂开散出花粉。喷施“九二〇”后能增加颖外散粉的比例,有利于提高花粉的利用率。杂交制种要获得高产,除了需要作为母本的不育系具有良好的异交特性外,还需要作为父本的恢复系能够提供数量足够、生活力强的花粉。花粉形成期营养不良、土壤干旱、植株严重缺水对花粉生活力影响较大;开花时高温(37℃以上)干燥,花粉管伸长明显不良;温度低于20℃,花粉萌发迟缓。

(二)三系亲本原种生产

三系亲本和其他品种材料一样,在生产应用若干世代后,会程度不同地出现混杂退化现象。三系亲本中杂株的主要类型有差异。不育系中杂株一般以保持系为多,其次是半不育株(其植株更高,部分不育或全育),以及异品种杂株。保持系中杂株主要为不育系株,其次是异品种株和变异株。恢复系中杂株主要为F_1代株,以及异品种株、变异株。退化主要表现在植株的株型、株高、叶形、叶色、穗型、粒形、叶片数、播始历期等性状的差异和长势衰退、抗性减退等方面。此外,不育系出现不育度和不育株率降低,抽穗包颈减轻甚至不包颈,花药变粗变黄,出现可育花粉,自交结实,可恢复性变差,配合力降低,开花习性变劣,柱头外露率下降等;保持系、恢复系出现保持力或恢复力变弱,配合力降低,花粉不足,散粉不畅等。

混杂退化、性状分离的亲本种子用于生产,不但影响繁殖、制种产量,更严重的是降低种子的纯度,严重的会使生产的种子全部报废。原种生产的根本任务就是要通过持续地提纯复壮,确保亲本种质的纯正,为亲本繁殖提供纯度达到99.9%及以上的原种种子。

“三圃制”是三系亲本原种生产的基本程序,以此为基础,衍生出多种原种生产方法,主要有“改良混合选择法”“三系七圃法”“改良提纯法”和“复选三圃法”等。

1.改良混合选择法

《籼型杂交稻三系原种生产技术操作规程》(GB/T 17314—2011)提出采用改良混合选择法,此法是先提纯生产出保持系和恢复系原种,再提纯出不育系原种;也即采用单株选择(选种区)、株行比较(株行圃)、株系鉴定(株系圃)、混优株系繁殖(原种圃)程序,简称为“一选三圃法”,三个亲本共有9个圃,所以也叫“三系九圃法”(图2.7)。

生产基地应选择隔离条件良好、无检疫性病虫害、土壤肥力中等偏上、地力均匀一致、排灌方便的田块。不育系的“三圃”要求采用空间隔离,距离700 m以上,如为时间隔离,始穗期错开25 d以上;恢复系、保持系的“三圃”的隔离距离不少于20 m,对于柱头外露率特别高的保持系和恢复系,要求更严格隔离。单株、株行、株系的选择以田间选择为主,室内考种为辅,综合评定决选,应保持与原品种特性完全一致。方法如下:

(1)保持系原种生产　保持系原种生产程序包括“一选三圃”加“测保鉴定”。

①单株选择　选择单株的植株群体其种子来源应该是育种家种子或原种,或纯度高的种源。供选群体面积300 m^2以上,单本稀植,定株标记叶龄,根据亲本的特性选用适宜的栽培技术。

单株选择分5次进行:第一次是在分蘖期,以叶鞘色、叶形、叶色及分蘖多少为主要依据选择,初选300～500株,并标记;第二次是在孕穗期,以剑叶形态、叶色和叶片长宽为主选择;第三次是在抽穗期,以单株间和单株内的抽穗整齐度和一致性为主选择,同时对穗型、花药大小、花丝长短、开花散粉习性、颖壳色、稃尖颜色和柱头颜色进行选择,选留200～300株;第四次是在成熟期,以株型、粒形、粒色、芒的有无及长短、结实率、成熟度和病虫为害程度为主选择,定

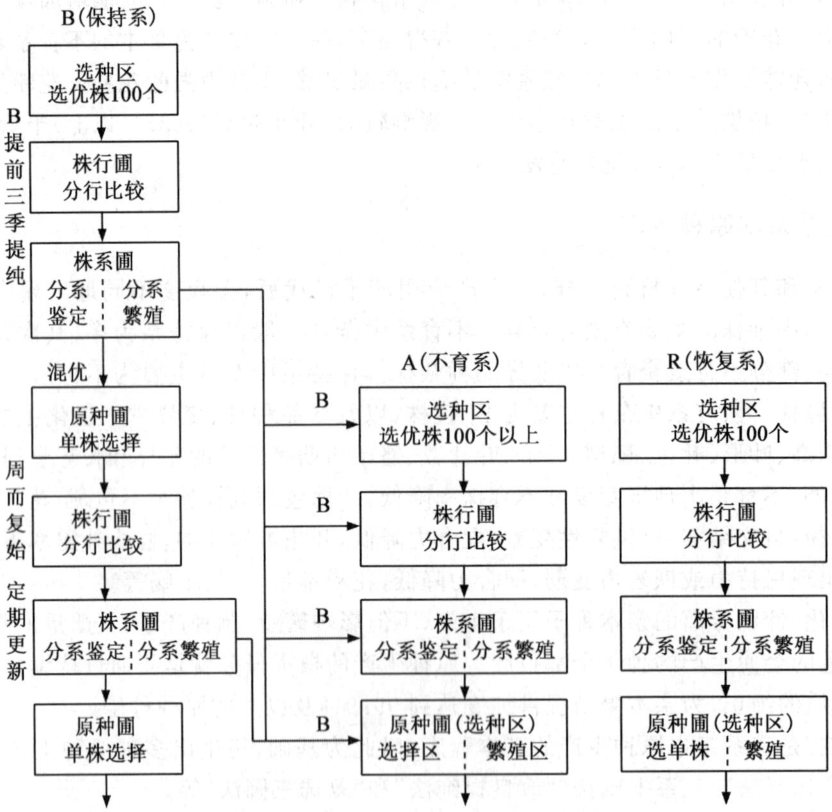

图 2.7 改良混合选择法("三系九圃"法)程序

(引自袁隆平等,《杂交水稻学》,2002)

选 200 株;第五次是对定选的 200 株进行考种,考查株高、有效穗、穗总粒数、实粒数、病粒数等,综合评价决选 100 株。最后将决选的单株单收、单脱、登记编号、单晒、单储。

②株行圃 田间设计从单株选择决选的各单株取约 100 粒种子,同时播种育秧,播种面积一致,本田单本栽插,每个单株秧苗栽插成株行,按编号顺序排列,不设重复,逢 9 设对照行,对照为同一保持系原种或育种家种子。株行间留走道。

观察记载按照 NY/T 1300 观察记载要求进行。每株行同位定点观察 10 株,标记叶龄;秧苗期观察整齐度、秧苗素质;分蘖期观察叶鞘颜色、分蘖力强弱;抽穗开花期观察抽穗整齐度、剑叶长宽、稃尖颜色、颖壳色、花药大小、开花散粉情况以及花丝长度、柱头颜色;成熟期观察株高整齐度、籽粒形状和颜色、芒的有无和长短、结实和饱满度等;成熟后对初选的株行和对照进行考种,考查株高、穗长、穗粒数、结实率、千粒重。

株行选择。依据观察记载结果,实行全株行淘汰:凡株型、叶形、穗型、粒形、主茎总叶片数、芒的有无、稃尖、叶鞘颜色和平均叶龄等不符合原品种特征的株行淘汰;抽穗前发现变异株的株行淘汰;田间长势长相不一致、生长不整齐的株行淘汰;抽穗期、成熟期超过±1 d 的株行淘汰。经济性状选留标准略高于平均数,各株行产量不低于邻近对照。综合评选,株行圃决选率一般为 30%~50%。决选株行种子单收、单脱、单晒、单储、登记编号。

③株系圃 田间设计。将株行圃决选株行种子按株行编号顺序排列,每个株行种子单本

栽插成株系，各株系面积相当，每 9 个株系设 1 对照。同时种植适当数量的配套不育系原种，作测保用。观察记载和选择方法与株行圃相同。

测保鉴定。测保是指在保持系原种生产过程中，测试决选前的株行、株系对其对应不育系的雄性不育性和其他特征特性保持能力，以避免错选、偏选的假保持系进入后续环节。抽穗开花期在当选株系选取 3～5 个单株给配套不育系原种授粉测交，收获和种植不育系结实的种子，鉴定其花粉不育度和隔离自交结实率和其他特征特性。

综合决选通过田间观察记载和室内考种，综合评选优良株系，淘汰劣系，当选率 50%左右。当选株系种子先单收单储，待测保鉴定淘汰保持力不达标的株行后，再混合成为株系种。保持力不达标是指测交不育系花粉败育率未达不育系鉴定或审定标准、隔离自交结实率高于 0.1%，或其他性状出现差异。

④原种圃　将混合的株系种子种植于原种圃，单株栽插，分厢留工作走道，精细管理，尽量提高繁殖产量。严格除杂，收获的种子纯度经鉴定达到 99.9%的定为原种。

(2)不育系原种生产　不育系原种生产程序包括“一选三圃”加“育性检验”。

①单株选择(选种区)　选择单株的不育系群体其种子来源应该是育种家种子或原种或纯度高的大田用种，保持系使用保持系原种生产的株系种或原种。保持系与不育系按适当播差期播种育秧，相间种植，行比为 2∶4，单本栽插。精细培管，不割叶，不喷施“九二〇”，花期赶粉。

选择单株以该不育系原有的不育性、异交特性、异交率和包颈度以及株型、叶形、穗型、粒形、播始历期、主茎总叶片数、分蘖力、叶色、叶鞘色、花药大小、花丝长短等为依据。始穗期对初选合格的单株逐株镜检花粉，选留花粉败育率达到不育系鉴定或审定标准以上或者无染色花粉的单株。选择步骤与保持系原种生产相同。此外，始穗期观察每株的花药，剔除异型株(包括花药异型)，再根据镜检结果复选，田间初选数量不少于 300 株，决选不少于 150 株。决选不育系单株种子单收、单脱、单晒、单储、登记编号。保持系选收。

②株行圃　株行圃不育系使用决选的不育系单株种子，保持系使用单株选择所用的同批种子或选收的种子。不育系分单株播种，移栽时 1 个单株插成 1 个株行，顺序排列；保持系适当错期集中播种，一部分栽插于各株行两侧，一部分插于旁边单繁；均为单本栽插，行比 2∶(4～6)，保持系与不育系间距为 25 cm 左右；同样不喷施“九二〇”，花期赶粉。

观察记载株行表现方法与单株选择时相同，此外每株行同位定点观察记载 10 株，用众数选择方法评选。在当选的各株行中，取样 5 株进行室内考种，考查穗粒数、异交结实率、千粒重。进行育性选择及育性检验，育性检验方法与单株选择时相同，采取目测与镜检相结合的方法，在抽穗期每株行镜检 20%的单株，并逐株目测花药形态和颜色，及时拔除明显散粉的单株。出现异型株的株行全部立即割除。在定点观察、育性鉴定和镜检等的基础上，决选典型性、一致性、异交结实率高的株行，当选率 30%左右。授粉结束后，立即割除株行两侧保持系，成熟时当选株行不育系种子分别单收、单脱、登记编号、单晒、单储。单收旁边单繁的保持系种子。

③株系圃　株系圃使用株行圃当选的不育系株行种子和单繁的保持系种子。设繁殖区、性状鉴定区和自然隔离区。繁殖区保持系与不育系按播差期分株行播种育秧、单本栽插，行比 2∶(6～8)，不育系按株行编号顺序排列；精细培管，喷施“九二〇”，花期赶粉。性状鉴定区只种植不育系，分株系插等量面积(200～300 株)，每 10 个株系设 1 对照，对照为同一不育系原

种，不喷施“九二〇”。不育系每株系另种植 20～50 个单株在自然隔离区(或盆栽隔离)。保持系另外单繁。

观察记载株系性状，方法与株行圃相同。记载繁殖区和性状鉴定区的田间纯度，在繁殖区及时拔除明显散粉的单株，发现有变异株的株系全株系立即割除。各株系取样 5 株考查异交结实率，并分株系测产，比较优劣。在性状鉴定区每株系五点取样 20 株镜检花粉，方法与株行圃相同，此外考察种植在自然隔离区(或盆栽隔离)不育系的自交结实率。根据观察记载、镜检、考察隔离自交结实率、测产情况，综合评选优系，当选率 50%左右。授粉结束后立即割除保持系，成熟时先割除田间淘汰的株系，再混收当选株系种子，即为株系种。收割保持系单繁种子。

④种圃　不育系使用上季当选的株系种子，保持系使用株系圃单繁种子。严格隔离，单本种植，行比 2∶8，喷施“九二〇”，花期赶粉，严格除杂。

授粉结束后立即割除父本，母本八成熟收割。严防机械混杂，经检验纯度达到 99.9%的定为原种。

(3)恢复系原种生产　恢复系原种生产程序包括“一选三圃”加“测优鉴定”。使用育种家种子或原种或纯度高的大田用种作种源。三圃的设置、种植方法以及观察记载项目、标准、方法与保持系原种生产相同。

测优鉴定是指在恢复系原种生产过程中，测试决选前的株行、株系对该恢复系常配不育系的雄性不育性恢复能力和所配杂种一代特征特性的典型性，以避免错选、偏选的假恢复系进入后续环节。方法是在抽穗期从当选株行中选取 3～5 个单株与所配优良组合的不育系原种套袋测交，成熟时收获不育系结实的杂交种子，再在正季种植，鉴定其杂种优势。

最后，综合评选出典型性好、恢复度不低于对照、恢复株率 100%的株系，株行当选率 30%～50%、株系当选率 50%～70%。当选株系混合为株系种，根据需要繁殖原种，纯度达到 99.9%的定为原种。

2.三系七圃法

南京农业大学陆作楣等提出的“三系七圃法”采用单株选择、分系比较、不测交、混系繁殖方式。不育系设株行圃、株系圃、原种圃三圃，保持系、恢复系分别设株行圃、株系圃。基本程序详见图 2.8。

3.改良提纯法

浙江省金华市种子公司吴家灼等提出的改良提纯法只有 4 圃，由不育系、恢复系的株系圃、原种圃组成。此方法更为简便，省去了保持系的株行圃、株系圃。保持系靠单株混合选择进行提纯，并作为不育系的回交亲本同圃繁殖，又省去了不育系和恢复系的株行圃，均由单株选择直接进入株系圃。这是最简易的三系提纯方法。实行此法的关键在于单株选择和株系比较鉴定要十分准确、严格，特别是保持系的选择，需要准确无误。基本程序详见图 2.9。

4.“复选三圃法”

针对一些混杂退化较为严重的不育系，可以采用宜春学院罗筱平等提出的“复选三圃法”。“复选三圃法”采取成对回交方式，技术路线为：单株一选(成对)→单株二选(成对)→株行(成对)鉴定圃→株系(成对)比较圃→原种(混合)生产圃。与传统不育系提纯复壮原种生产技术相比，多了一次单株选择，在无高纯度种源(种子)而生产上又需要继续使用时特别适用。

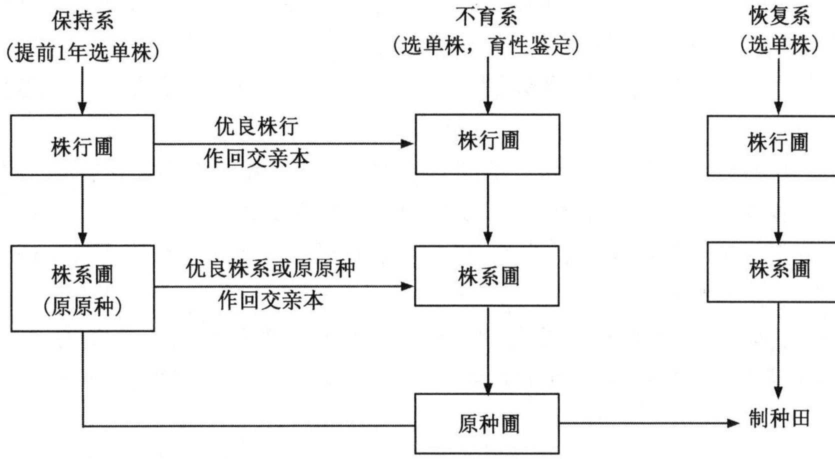

图 2.8　三系七圃法程序图

(引自陆作楣和马崇云,《杂交稻三系七圃法原种生产技术》,1984)

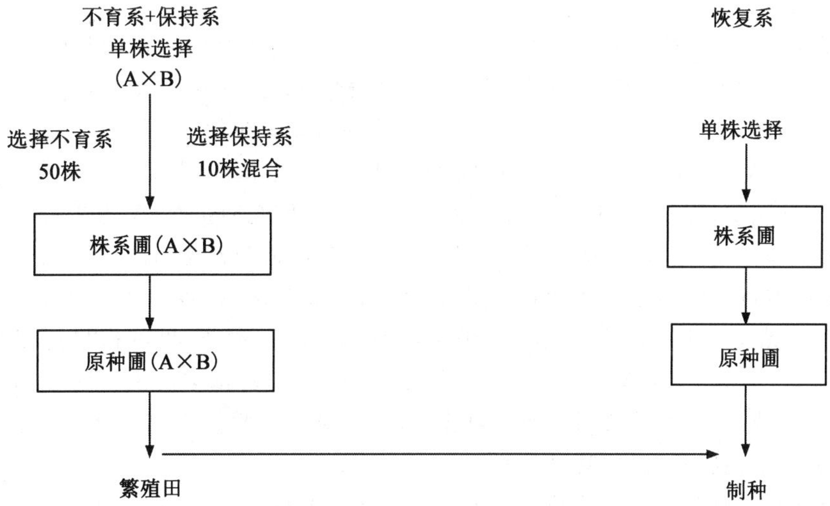

图 2.9　改良提纯法程序图

(引自王建华,《种子生产学》,2006)

(三)三系亲本大田用种繁殖

1.不育系繁殖技术

三系不育系繁殖是一个以不育系为母本,以保持系为父本的回交过程,是成对进行的。父本、母本按照一定的行比相间种植,母本接受父本的花粉而受精结实,最后从母本上收获不育系种子。

不育系繁殖的特点:一是不育系和保持系的播始历期相差较小,因而父母本播种差期短,花期相遇容易达到;二是不育系繁殖对种子质量(特别是纯度)要求很高,而不育系与保持系在形态性状上十分相似，除杂保纯技术难度高；三是保持系播始历期较短，长势较弱，而不育系的分蘖能力和生长势较保持系强，保持系播始历期较短，父母本播差期出现“倒挂”，容易出现母强父弱的情况。因此在繁殖过程中，要特别重视对父本的重点培养，促使父本发大发强，花粉充足。

(1)繁殖季节安排　不育系的繁殖一般安排春繁、夏繁与海南早春繁。在长江流域稻区，春繁的开花期一般在6月下旬至7月上旬，夏繁的开花期在7月下旬至8月中旬；海南早春繁的开花期在3月下旬至4月中旬。目前，生产上应用的不育系和保持系大多属早籼类型，感温性强，播始历期短，适宜春繁。

(2)播种期安排　不育系繁殖的播种期必须考虑抽穗扬花期安全。例如天丰A在江西、湖南春繁，播始历期70 d左右，4月下旬播种，7月初抽穗开花，能够确保抽穗扬花期有适宜的温度、湿度和光照，是安全的。

父本保持系的播始历期一般比不育系短3～4 d，当日抽穗当日开花，且抽穗开花速度也较不育系快，开花历期短2～3 d，而母本不育系当日抽穗第2 d才开花。要使父本系与母本盛花期相遇，应让父本的始穗期比母本迟2～3 d。因此，父本母本播种错期是“倒挂”的，即母本先播，父本后播。父本一般分两批播种(两期父本)，第一批比母本迟播种4～6 d，叶差1.3叶左右，第二批再推迟5 d。

(3)培育高产苗穗结构　多蘖壮秧是不育系繁殖培育高产苗穗结构的基础。父母本营养生长期短，要建立高产群体结构，首先必须抓好育秧环节。母本和父本的用种量要足，每667 m^2 繁殖田分别用种子3.0 kg(稀播喷施多效唑的可以减少用量)和1.0 kg。秧田与繁殖田面积之比为1∶(4～5)。施足基肥，稀匀播种；3叶期追施“断奶肥”，5～5.5叶期移栽。

父母本一般同期移栽。由于保持系一般长势较弱，单株花粉量小，父母本行比以2∶(8～10)为宜。为了保证父本有较大的生长空间发大发强，父本适当稀植，株行距16.7 cm×20 cm为宜，并且父母本行间距适当加大，23 cm左右为宜，每667 m^2 移栽0.36万～0.4万穴，每穴3～4株秧，基本苗1.5万株以上。为了保证母本有足够的基本苗，母本移栽密度13.3 cm×13.3 cm为宜，每667 m^2 移栽2.8万～3.0万穴，每穴2株秧，基本苗10万株以上，靠插不靠发。底肥一次性施足，母本移栽后一般不再施肥，晒田结束后根据禾苗长相适当补施叶面肥。前期对父本另施以偏肥，以促进其早分蘖多分蘖。

(4)花期预测与调节　不育系繁殖父母本播始历期差异不大，幼穗分化历期相近，只要前期做到均衡管理，一般不存在花期相遇的问题。理想的状况是父本的始穗期比母本迟2～3 d，如此能够实现父母本的盛花期相遇。

(5)喷施“九二〇”　喷施“九二〇”时，既要解除不育系的包颈，又要防止植株过高。不同不育系对“九二〇”反应有差异，在用量、喷施方法亦不相同。一般每667 m^2 用量10～20 g，分2～3次喷施，先轻、中重、后补。要把握第一次喷施的见穗指标，根据不同不育系对“九二〇”的敏感程度，第一次喷施的见穗指标在10%～30%。一般第二天喷施下一次。保持系对“九二〇”反应敏感，要适当少喷。

(6)人工辅助授粉　人工辅助授粉可选用竹竿推粉和绳索拉粉，能有效提高繁殖产量。规模化繁殖最好选择绳索拉粉方式，既可以提高授粉效率，又可以避免因频繁下田而对父本植株造成伤害。

(7)质量控制技术　质量是种子的生命线。水稻不育系大田用种繁殖必须使用原种作为种源，繁殖田前作不能是水稻，无水稻异品种的再生苗或前作掉粒生苗，有利于防杂保纯。此外，质量控制还需要从以下几个方面着力：

①严格隔离　母本不育系又是雄性不育群体，极易接受外来花粉结实，繁殖时需要严格隔离。第一选择是空间隔离，与其他水稻品种和禾本科植物距离 500 m 以上；如选择时间隔离，花期应相差 25 d 以上。不可采用人工屏障隔离方式。

②严格除杂　不育系繁殖田的杂株主要包括母本中的保持系株、异品种株、变异株和父本中的异品种株。除杂去劣工作应该贯穿繁殖的整个过程，重要时期包括秧田期、分蘖期、始穗期、盛花期和成熟期，其中分蘖期、抽穗期和成熟期是除杂的重点时期。喷施“九二〇”前后的 1～2 d 除杂十分关键，此时杂株表现最为明显而易于识别。当不育系结实率高而与混在其中的保持系杂株难以区别时，可采用剥查空秕粒中花药残迹的方法鉴别，如无花药残迹或花药残迹为宽片枯黄色的为保持系，如有细小白色的花药残迹的则为不育系。

③父本“割青”　授粉结束后立即割除父本株，并彻底清理出繁殖田，俗称“割青”。父本割青后有利于母本成熟期除杂，也便于机器收割。

④田间验收　通过田间的多次除杂，在成熟期进行田间检验验收，杂株（穗）率控制在 0.08%以下方可收割。

⑤及时收割摊晒　种子八成熟时即抢晴收割，避免种子在田间穗上发芽。收割后及时摊晒，防止堆沤发热、霉变，降低种子生活力。在收割、运送、贮存、干燥、清选等环节严防机械混杂。

⑥质量检验　严格按照《农作物种子检验规程》的要求对入库种子进行田间种植鉴定和室内检验，确认入库不育系种子纯度不低于 99.5%、净度不低于 98.0%、发芽率不低于 80%、水分不高于 13.0%，才能用于杂交制种。

2. 保持系和恢复系繁殖技术

保持系和恢复系繁殖的种植方式、管理方法与水稻常规品种繁殖基本相似。重点是要确保质量，尤其是纯度。质量控制技术要点有：选用原种作种源；繁殖田前作不能是水稻；单本栽插，便于除杂；每 15～20 行留一走道，以便田间操作与除杂；个别柱头外露率高的保持系（如Ⅱ-32B 等）、恢复系繁殖，需注意加强隔离，防止生物学混杂；严格除杂，收割时田间杂株（穗）率应<0.08%；防止各个环节的机械混杂；田间种植鉴定和室内检验合格才能用于杂交制种。应达到的质量指标与不育系相同。

（四）三系杂交稻制种

杂交稻制种是一个异交结实的过程，即以不育系作母本，以恢复系作父本，父母本按照一定的行比相间种植，采取适当技术措施促使播始历期不同的父母本花期相遇，母本接受父本的花粉而受精结实，最后从母本上收获杂交种子。

1. 水稻制种理想的生态条件

所谓理想的制种生态条件是指在抽穗扬花期田间应具有适宜的温度、较高的湿度等条件。杂交稻制种要求：日平均温度 25～30℃，日最高温度不超过 35℃，日最低温度不低于 21℃，昼夜温差大（10℃以上）；田间湿度在 70%～90%，无干热风天气；授粉时最大风速在 4 m/s 以下；光照充足，出现 3 d 连续阴雨天气的年份概率小。理想的生态条件的选择具体体现在制种基地(区域)与制种季节的选择两个方面。在中国长江流域稻区,形成了川西盆地、苏北平原的夏制,湘西南山区春制、夏制,赣东南、闽西山区、桂北春制、秋制等制种生态优势区域。

(1)制种基地选择　制种基地的选择应考虑其具有良好的稻作自然条件和能有利于保证种子纯度的隔离条件。理想的稻作自然条件包括:土壤肥沃,耕作性能好,排灌方便;温度适宜,光照充足;交通方便,田块集中成片,地势较平坦,非病虫重发区(特别是无国内检疫性水稻病虫害,如细菌性条斑病等)。一般山区、丘陵区、沿河两岸及水库周边由于有森林、水面的调节,风速较小,相对湿度大,小气候优越,有利于提高制种结实率。

(2)制种季节的确定　选择和安排制种季节主要考虑的因素有亲本播始历期的长短、安全的抽穗扬花期、安全的收割期和生产成本。杂交稻制种的季别在长江以南稻区有春制、夏制和秋制三种类型。春制抽穗扬花期在 6 月下旬至 7 月中旬;夏制抽穗扬花期在 7 月下旬至 8 月中旬;秋制抽穗扬花期在 8 月下旬至 9 月上旬。在长江以北及四川盆地的稻麦区,只宜进行一年一季的夏制,抽穗扬花期安排在 8 月。华南(包括海南)双季稻区虽然适宜水稻播种的季节较长,但考虑到台风、降雨、低温等因素的影响,一般也只宜安排抽穗扬花期在 3 月下旬至 5 月上旬的春季制种。在不同的稻作区,可选择安排不同的制种季别。双季稻区宜安排早中熟组合的春制、秋制以充分利用土地,降低用地成本,一季稻区宜安排迟熟组合的夏制。

2.抽穗扬花期的安排

抽穗扬花期安排的目的是要保障安全。安全抽穗扬花期的安排就是选择有利于异交结实的天气条件,以使父本有更多的颖外散粉,花粉能顺利传播到母本柱头上,花粉与柱头具有较长时间的生活力以及母本有较高的午前花比率等。实际安排时,需要收集和分析制种基地当地历年各制种季节的气象资料,对照理想的制种生态条件要求,确定最佳的安全抽穗扬花时期。

3.父母本花期调节相遇技术

花期相遇是指父本与母本能在同一时间段内抽穗开花,并保证母本在开花期有充足的父本花粉供应授粉结实。水稻开花期较短,喷施"九二〇"的母本群体一般为 10 d 左右。杂交稻制种要在如此短的花期内完成异交结实实现高产,就必须使父母花期相遇。

(1)父本、母本播种差期的确定　由于父本、母本播始历期一般存在或大或小的差异,需要父本与母本差期播种,以达到花期相遇。合理安排播种差期的前提,是要通过田间试验,观察记载两个亲本的生育性状,获取制种父本、母本播始历期、主茎总叶片数、出叶速度、有效积温等相关数据资料。

①获取制种父本、母本相关数据资料　在制种地对每个拟制种组合的亲本进行 1~2 年的分批播种试验,以获取制种两亲本不同播种批次的主茎叶片数、出叶速度和播始历期、有效积温等。

②父本播种日期的确定　目前生产上应用的杂交水稻组合,绝大多数都是父本播始历期长于母本,也即绝大多数制种是顺差播种,所以本处以顺差播种为例讨论父母本的播种日期安排技术。

父本播种日期的确定是在安排安全抽穗扬花的始穗期后,根据父本播始历期倒算安排父本播种日期。如某组合在某地春制,安全抽穗扬花的始穗期安排在 7 月 5 日前后,已知其父本在该地春播播始历期为 75 d,则该父本播种日期可推算确定为 4 月 21 日前后。

③父本播种期(批)数确定　生产上可采用一期父本、二期父本或三期父本制种。用一期父本制种,抽穗开花历期较短,开花较集中,田间花粉密度大,母本已开颖花授粉的概率增加,但花期相遇风险较大,需要准确掌握亲本生育特性和天气变化。为了降低花期相遇风险,多采用二期父本,即在确定的首批父本播种日期后的 6～8 d 再播第二批父本。而在播差安排把握不大时,可以采用三期父本制种。

④父母本播差期的确定　所谓播差期,是指制种时父本与母本播种的先后顺序和相差天数。在获得了制种组合父母本在选择的制种季节里的播始历期、主茎总叶片数、出叶速度、有效积温等基本数据资料,以及确定了父本播种日期后,可采用时差法、叶差法或温差法确定播差期,也即确定母本的播种日期。

时差法　时差是指迟播亲本播种时与早播亲本已播种相隔的天数。时差法即播始历期推算法,又叫生育期法。时差的推算,是将父本播始历期天数减去母本播始历期天数,其差即是播种时差的天数。此时使用的父本、母本的播始历期数据,应该是在分批播种试验中取同一时间段(或相近时间段)抽穗、不同时间播种的观察记载数据,否则父母本花期难以相遇。

叶差法　叶差是指迟播亲本播种时早播亲本的已达到的叶龄。叶差法是以双亲主茎总叶片数及其不同生育时期的出叶速度为依据推算播差期的方法,也叫叶龄差法。这里的“叶差”不是简单的父本与母本主茎总叶片数的差值,而是包含两个方面的叶龄差值:一是父母本的主茎总叶片数差值,二是在父母本共生阶段两个亲本因出叶速度不同而引起的长出叶片数的差值,两者之和即为父母本能同时达到最后一片叶(剑叶)全展时的叶龄差值。在同一地域、同一季节和基本相同的栽培条件下,同一组合在不同年份制种采用叶差法较为准确。

以上两种方法在实际应用中常常表现不一致。有时叶差已到,而时差不足;有时时差已到,而叶差未到等。因此,在实际应用上应综合考虑,一般原则是:时到稍等叶,叶到不等时。杂交稻种子生产实践证明,在不同地域、不同季节制种,由于温度条件、光照条件的不同,两种方法采用的侧重也不同。春制由于气温不稳定,大多用叶差法,参考时差;夏制和秋制气温比较稳定,大多采用时差法,参考叶差。如应案例 1 中,“中浙优 1 号”在浙江省西南地区制种,由于父本播始历期长,需要在春季播种,前期气温不稳定,其播差期一般以叶差 4.8～5.0 叶为主,时差 2 d 为参考。

温差法　温差是指迟播亲本播种时早播亲本已达到的有效积温值。温差法即有效积温差推算法,也叫积温差法,是用父母本播种到始穗的有效积温差值来确定父母本播差期。水稻是喜温植物,在一定温度范围内,高温促进生长发育,低温延长生长发育。一般感温性的水稻品种在同一地区即使播种期不同,播种至抽穗有效积温是相对稳定的。

但温差法只是单一反映日平均温度对生育期的影响,难以反映出营养水平、秧苗素质、栽插田管质量、昼夜温差和品种感光性等因素对生育期的影响,与实际的生育期变化有一定的差距,加上查找或记载气象数据比较麻烦,生产实践中很少使用。

⑤母本播种日期的确定　在确定父本播种日期的基础上,加上播差期的具体天数、叶数、温差度数,即可计算出母本的大致播种日期。而母本最终播种日期的确定还要根据叶差、时差值的吻合程度、种子来源、母本播种前气温高低、父本秧苗素质、秧龄长短、母本播种时及以后的天气、母本质量(新种还是陈种)、母本用种量以及父本播种期数等情况予以适当调整。

(2)花期预测　父母本的播始历期除了受父母本遗传特性决定外,同时还受到天气变化、土壤性质、秧苗素质、秧龄长短、插秧深浅、栽插密度、肥水管理均衡程度、病虫轻重等因素的影响，往往使父本或母本的抽穗期比原计划提早或推迟，造成花期不遇或不能全部相遇。

花期预测就是通过对父母本长势、长相、叶龄、出叶速度、幼穗分化进度等进行调查分析，推测父母本抽穗开花的时期。常用的方法有幼穗剥查法、叶片预测法、播始期推算法、积温推算法。幼穗剥查法只能在幼穗分化期进行，但方法简单而且直观，最常使用。叶片预测法和积温推算法适于早期预测，但操作比较复杂。

①幼穗剥查法　幼穗剥查法是在亲本进入幼穗分化期后剥查主茎幼穗的发育进度，根据幼穗发育不同阶段的外部形态，直接观察父母本主茎幼穗发育的阶段，来预测父母本花期能否相遇。此法预测结果准确可靠，不足之处是预测时期偏晚，最早也只能在幼穗分化Ⅱ期才能确定花期状况，一旦发现花期相遇不好，需要立即采取调节补救措施。周承杰等(1989)以丁颖等提出的幼穗分化8个时期划分法为基础，对各期幼穗外观特点做了通俗的描述，研究分析了不同生育期亲本各期分化经历的天数和距离抽穗的天数，详见表2.1。

表2.1　水稻叶龄与幼穗发育对照表

亲本主茎叶龄/叶								幼穗发育时期	分化期数及幼穗外观通俗描述	叶龄余数/叶	分化历期/d	距离抽穗天数/d
总11	总12	总13	总14	总15	总16	总17	总18					
8.2	8.5～9.0	9.5～10.1	10.5～11.2	11.5～12.0	12.5～13.0	13.5～14.0	14.5～15.0	第一苞原基分化期	一期，看不见	3.5～3.1	2～3	24～32
8.3～8.9	9.1～9.7	10.2～10.9	11.3～12.0	12.1～12.7	13.1～13.7	14.1～14.6	15.1～15.6	一次枝梗原基分化期	二期，苞毛现	3～2.6	3～4	22～29
9.0～9.6	9.9～10.4	11.0～11.5	12.2～12.7	12.8～13.4	13.8～14.4	14.7～15.3	15.8～16.3	二次枝梗及颖花原基分化期	三期，毛茸茸	2.5～2.1	5～6	19～25
9.7～10.0	10.5～10.9	11.6～12.0	12.8～13.1	13.5～13.9	14.6～14.9	15.4～15.9	16.5～16.9	雌雄蕊形成期	四期，粒粒显	1.5～0.9	2～3	14～19
10.2～10.5	11.0～11.4	12.1～12.5	13.2～13.6	14.0～14.3	15.0～15.3	16.0～16.3	17.0～17.3	花粉母细胞形成期	五期，颖壳分	0.7～0.5	2～3	12～16
10.6～11	11.5～12	12.6～13	13.6～14	14.4～15	15.4～16	16.4～17	17.4～18	花粉母细胞减数分裂期	六期，粒半长(叶枕平)		3～4	7～9
								花粉内容物充实期	七期，稻苞现(或穗绿色)		4～5	7～9
								花粉完熟期	八期，穗将出		2～3	3～4

注：主茎叶片数少、生育期短的品种，其幼穗分化历期相应缩短，反之则相应延长。

(引自袁隆平等，《杂交水稻学》，2002)

幼穗剥查是从幼穗分化始期(不育系在始穗前约30 d、恢复系在始穗前30～40 d)开始，取父母本主茎剥查其生长点。不同亲本完成8期发育(幼穗分化历期)需要的时间不一样。主茎总叶片数少、生育期短的品种，其幼穗分化历期相应缩短，最短的25 d；反之则相应延长，最长的超过35 d。依据表2.1中各期幼穗外观通俗描述可以凭肉眼判定所剥查幼穗所处阶段。各期幼穗的实体外观见图2.10。

一期看不见　　二期苞毛现　　三期毛茸茸

四期粒粒显　　五期颖壳分　　六期粒半长　　七期穗绿色　　八期穗将出

图 2.10　幼穗分化 8 个时期实体外观

父母本幼穗发育理想状况是：a. 父母本的主茎总叶片数相同或基本相同的，父母本的幼穗发育进度要求基本一致；b. 父本的主茎总叶片数比母本多 4 片及以上的，幼穗分化三期前父本要比母本早 1～2 期，四期、五期、六期时父本要比母本早 0.5～1 期，七期、八期时父母本的幼穗发育相同或相近；c. 父本比母本多 2 片叶的其对应关系介于一、二之间。如果发现父母本幼穗发育进度有较大差距，就要采取措施调节花期。

②叶龄余数法　叶龄余数就是尚未抽出的叶片数。叶龄余数与幼穗分化进度的关系较稳定，受栽培条件、环境温度的影响较小。因此，预测花期较准确，是制种常使用的方法之一。试验观察表明，幼穗分化总是开始于倒 4 叶抽出时，从倒 4 叶后半期起，每出一片叶或经历一个出叶周期，穗分化向前推进一期。因此，倒 4、5 叶期，是杂交稻制种花期预测、调整最有效的时期。应用叶龄余数法的前提是要通过叶龄观察记载，准确掌握亲本的实时叶龄和叶龄余数。不同生育期的亲本各期与叶龄余数的关系见表 2.2。

③叶龄指数法　叶龄指数是亲本主茎当时已出主茎叶片数除以该亲本主茎总叶片数的百分率。根据叶龄指数的大小，对照相应的观察经验表格（表 2.2），可以推断出稻穗发育进度。

表 2.2 稻穗发育与叶龄指数的关系只适用于主茎叶片数在 15～17 叶的亲本，超出此范围的全部需要校正。而且对父母本主茎总叶片数相差较多的组合，比较两者的对应关系较为繁杂，而且主茎总叶片数在年际间有变化，难以准确判断，因此，该法实际上很少使用。

表 2.2 稻穗发育与叶龄指数的关系

稻穗发育时期	叶龄指数	稻穗发育时期	叶龄指数
第一苞分化期	78	花粉母细胞形成期	95
第一次枝梗原基分化期	81～83	花粉母细胞减数分裂期	97～99
第二次枝梗和小穗原基分化期	85～88	花粉内容物充实期	100
雌雄蕊分化期	90～92	花粉成熟期	100

(引自袁隆平等,《杂交水稻学》,2002)

(3)花期调节　在花期预测的基础上,针对花期有差距的情况,要采用多种措施,改变父母本的生育进程,从而促进花期相遇。调节花期的原则是宜早不宜迟,以促为主,促控结合。主要方法有:

①水调法　恢复系一般对水分反应敏感,不育系对水分反应不敏感。晒田可控制父本生长速度而延迟抽穗,灌深水可促进父本生长。水调法可调节花期 2～4 d。

②肥调法　N 素有促进营养生长的作用,P、K 素有促进生殖生长和成熟的功效。对发育偏快的亲本,视情况每 667 m^2 可施尿素 5～15 kg,能延迟抽穗 3～6 d;对发育偏慢的亲本,每 667 m^2 制种父本可用磷酸二氢钾 0.1 kg 兑水 15 kg(母本按行比加量),视情况连续喷 3～8 次,能提早花期 2～3 d。

③多效唑调节法　在花期相差较大时,在喷施"九二〇"的 15 d 以前可以对偏快的亲本喷施多效唑,每 667 m^2 用 125 g 左右兑水 15 kg 喷雾,可延迟抽穗 2～3 d。

④"九二〇"调节法　对偏迟亲本,在幼穗群体发育第 8 期末有个别抽穗时喷施"九二〇",每 667 m^2 1～2 g,能提早花期 1～2 d。注意不能喷太早,否则可能"欲速则不达"。

⑤拔苞拔穗法　对花期相差大发育偏快的亲本,在之前偏施 N 肥的基础上拔除苞、穗,可以促发分蘖和后发分蘖成穗,争取一些产量。

⑥机械损伤法　对发育偏快的亲本采用割叶、提蔸、伤根等措施,可延迟抽穗 2～3 d。

⑦刈割再生法　这是最为极端的调节方法,一般针对花期相差 20 d 以上完全不遇的情况。播始历期不同的亲本其再生穗从刈割到抽穗所需要的天数不同,刈割需要先期施以 N 肥,恰当把握刈割时间才能保证再生穗花期相遇。

以上父母本花期调节方法通常是综合使用,也可以单独使用。

4.父母本高产群体结构的建立

制种理想的高产群体是:父本强壮,花粉充足,开花期长;母本尽量多占地,穗多颖花多抽穗整齐。理想的高产群体结构通过以下措施来实现。

(1)稀播和适时移栽　秧壮是高产的基础,稀播是育多蘖壮秧的关键技术。一般每 667 m^2 制种用种量父本 0.5 kg 左右,母本 2～3 kg,需要备足秧田以利稀播。加强肥水管理和苗瘟、稻蓟马等病虫防治,保证秧壮蘖多。父本移栽秧龄以 5～7 叶为宜。母本一般播始历期短,秧龄需要严格控制,以 5 片叶、20 d 以内为宜,避免出现"老秧"状况。

(2)适当扩大行比　父本与母本在同一田块按照一定的比例相间种植,父本行数与母本行数之比即为行比,一般用父本行数∶母本行数表示。行比的大小是制种高产的一个重要基础,一般为 2∶(10～16),决定因素主要有两个:一是父本的花粉量。父本长势强花粉量大行比可大，反之则小；二是母本的异交能力。母本植株较矮、开花时间早、张颖角度大、柱头外露率高、柱头大活力强行比可以大，否则宜小。

(3)行向及父母本密度 栽插行向应该与制种地的盛行风向垂直，以利于充分利用花粉。由于制种高产要求父本有较长的开花期、充足的花粉量和母本抽穗开花期短而集中以及穗粒数多，因而父母本栽插采取不同的密度。父本稀植，株距 20～30 cm；母本密植，一般为 13.3 cm×13.3 cm、13.3 cm×17 cm，距离父本 20 cm，每穴插三本或双本。

(4)大田精细管理 定向培育，肥料一次性施足，以促进母本早生快发穗多，中期控水重晒田，控制无效分蘖，促进苗健穗齐。在保证父本、母本相同施肥量基础上，于栽插后 3～5 d 内给父本增施一次 N、K 肥，以促进父本发大发强。

5.“九二〇”喷施技术

水稻不育系(包括三系的和两系的)一般都有包颈(卡颈)现象，喷施“九二〇”可以促进穗颈节伸长，解除包颈，达到穗粒正常外露的目的。此外，喷施“九二〇”还有其他功效：可以调节父本、母本株高，改善穗层结构，改善授粉态势；提高柱头生活力和柱头外露率，大大地提高母本的异交能力；提早开花高峰时间 0.5～1 h，提高父母本花时相遇率。“九二〇”效力的发挥关键是要掌握喷施的“二时一量”技术，即“时期、时间、用量”，达到“拔穗不拔秆或轻拔秆”目的。

(1)喷施时期 喷施时期是指初次喷施“九二〇”时母本群体的抽穗率，也叫作“九二〇”喷施的“见穗指标”。一般初次喷施是在母本群体抽穗 10%～30%时，具体要“三看”：一看母本对“九二〇”的敏感性，不敏感的早喷，敏感的可以晚喷；二看父母本花期相遇程度，相遇不好的稍等一等慢抽穗的亲本；三看群体内稻穗整齐度，抽穗整齐度差的稍推迟。

(2)喷施用量 用量是指单位制种面积上“九二〇”的总使用量。正常天气下，每 667 m^2 制种的“九二〇”用量为 8～35 g(包括父本)。具体用量的确定需考虑五方面因素：一是不育系包颈程度特性。不同的不育系包颈程度存在差异，粳型不育系几乎没有包颈现象，一般每 667 m^2 用 6～8 g；籼型不育系包颈程度较重，需“九二〇”的量大。二是不育系对“九二〇”的敏感性。不同的不育系对“九二〇”反应的敏感程度存在差异，以见穗指标 10%首次喷施比较，对“九二〇”反应敏感的不育系，如金 23A、优ⅠA、中 9A、天丰 A、五丰 A、中浙 A 等，每 667 m^2 用量只需 12～16 g；对“九二〇”反应不敏感的不育系，如 V20A、珍汕 97A，每 667 m^2 需 20 g 左右，特别钝感的培矮 64S 需 40～50 g。三是喷施时期。见穗指标小，节间细胞幼嫩，对“九二〇”反应敏感，可减量，反之需加量，如五丰 A 选择在 30%时首次喷施则需要 25 g 左右。四是苗情。苗穗多，叶面积大，需增加用量，反之应减少用量。五是喷施时的天气。低温天气不利于“九二〇”产生效力，应增加“九二〇”喷施量。

花期相遇状态下，“九二〇”总用量一般分 3 次喷施：母本达到“见穗指标”时喷第一次，喷总用量的 20%；第二天喷 50%；第三天喷 30%。前两次时父本同时轻喷，第三次父本母本同时喷后可单独补喷父本一次，以适当提高父本株高获得好的授粉态势。

(3)喷施时间 “九二〇”可以在全天喷施，但以上午露水快干时为好。高温季节，中午气温高，应避免在中午喷施。

6.花时相遇技术

如前所述，杂交稻制种往往出现花时不遇的情况，采取适当的调控措施，可以改善不育系的开花状况，促使花时相遇。经常采用的花时调节方法有赶母本露水和喷施药剂。清晨露水重时，通过人工振动母本植株使露水滴落，可以加速穗层湿度降低温度提高，可提早开花 1 h 左右。喷施“花信灵”“花时调节剂”能够改善花时。

7.割叶技术

对剑叶偏长的父本或母本适当割叶，可以改善授粉态势。留叶长度应该在 25 cm 左右。

8.人工辅助授粉

人工辅助授粉俗称“赶粉”，目的是在开花授粉期促使父本稻穗摆动致花粉扬起。方法主要有三种：一是绳索赶粉，即在穗层顺栽插行向摆放绳索，两端各 1 人拉住向行向的垂直方向快速跑动；二是单长竿赶粉，即手持 1 根长竹竿在制种田边走边扫动父本；三是双短竿推粉，即 1 手持 1 根短竹竿，在大双行栽插的两行父本中间边走边推动稻穗。其中绳索赶粉方法由于赶粉效率高，赶粉过程中又不会伤害父本根系和稻穗而被越来越广泛采用。此外，无人机已用于辅助授粉。

父本一天内开花时间比较短，而且一般在中午前开花，因此人工辅助授粉一般在上午至中午开花集中时进行，每天 3～4 次。一般赶粉持续 7～10 d，关键是盛花期的 6 d 左右。

9.病虫害防治

杂交稻制种主要虫害有稻蓟马、二化螟、三化螟、卷叶螟、稻苞虫、稻飞虱、叶蝉、蚜虫等，主要的病害有纹枯病、稻瘟病、白叶枯病、稻粒黑粉病等，要严加防治。稻粒黑粉病发生较为普遍，发病稻粒的子房不能正常充实成米粒，失去种用价值，严重影响制种产量和种子外观品质，主要依靠药剂预防。细菌性条斑病（简称细条病）是目前国内水稻种子的检疫性病害，在种子田是不允许发生的。

10.质量控制技术

（1）亲本种子质量合格　用于制种的亲本种子纯度必须达到大田用种质量标准，即不育系、恢复系种子纯度不低于 99.5%。

（2）前作安全　制种田前作最好不是水稻，如果是水稻，则必须在亲本移栽前，采取措施促使落田稻谷发芽成苗，然后翻耕后再浸泡使其失活。

（3）严格隔离　良好的隔离条件是保证杂交种子纯度的保障。可以采取的措施有空间隔离和时间隔离。空间隔离要求制种区边缘距离异品种水稻 100 m 以上，中间可以是山地、水面、村庄、空地、异作物、本制种组合父本等；时间隔离要求制种亲本预计的始穗期与相邻种植的水稻异品种始穗期相差 20 d 以上。当时间隔离失败时，必须采取屏障隔离弥补，要求屏障高 4 m 左右，而且制种田居上风。否则，非安全隔离距离内母本上收获的稻谷不能作为种子。

（4）严格除杂除劣　制种田的杂株主要有母本中的保持系株、变异株、其他异品种株和父本中的异品种株（包括 F_1 种子），可能还有上季水稻的落田谷苗株。母本中的保持系参与授粉的结果是杂交种子中会出现较多的不育系株，恢复系中的异品种株参与授粉的结果是杂交种子中会出现较多的异型株，均会严重地降低种子纯度甚至使种子报废。因此，这些杂株都需要在盛花期前清除干净。

（5）田间验收　除杂是否合格需要通过田间检验来判断。制种父本、母本田间杂株（穗）率应该不高于 0.1%，杂株的散粉株率任何 1 次花期检查应不超过 0.2%，或两次花期检查累计不超过 0.4%。

(6)及时收割和摊晒 制种田种子成熟后遇雨天极易在田间穗上发芽,甚至有露水也会引起穗上发芽。穗上发芽会降低种子的播种品质,严重时会使种子报废,因此应该在种子八成熟时抢晴天及时收割。收割后要及时摊晒干燥,防止高水分种子堆沤发热、霉变,降低种子生活力。在收割、运送、贮存、干燥、清选等环节要严防机械混杂。

(7)质量检验 严格控制入库种子水分,籼稻不高于13.0%,粳稻不高于14.5%。纯度低于96.0%、净度低于98.0%、发芽率低于80%的种子不入库。

二、两系法杂交稻种子生产技术

目前,两系法杂交稻种子生产利用的是光温敏核不育系,这类不育系具有明显的育性转换特征。这种不育系在不育期可用来做母本生产杂交种,在可育期可自交繁殖种子,故可一系两用,所以这种不育系也叫作“两用核不育系”,或叫作“两用不育系”“两系不育系”。

(一)两系法两系亲本及其利用方式

水稻两系不育系不育性单纯受细胞核内雄性不育基因控制,找不到保持系。此类不育系通过不育系和恢复系“两系配套”的方式加以利用,所以称为“两系法”。两系不育系用“S”表示,如培矮64S、株1S、Y58S、C815S、广占63S等;恢复系如天恢1号、远恢2号、9311等。“两系配套”利用模式为:

(1)不育系繁殖不育系 (S,可育期)⊗→不育系(S)

如:Y58S⊗→Y58S

(2)恢复系繁殖 恢复系⊗→恢复系

(3)杂交稻制种 不育系(S,不育期)×恢复系→杂交种(F_1)

如:Y58S×9311→Y两优1号

即适当安排播种期,使不育系在特定的温光条件下表达雄性可育,自交繁殖出不育系种子;恢复系正常播种,自交繁殖出恢复系;安排另一播种期,使不育系在另一特定的温光条件下表达雄性不育,以其为母本,以适当恢复系为父本杂交,配制出两系杂交种。

(二)两系不育系的基本特性

1.育性转换特性

水稻两系不育系的育性可以从可育转成半不育、不育,又可从不育转成半不育、可育,这种现象称为育性转换。导致两系不育系育性发生转换的,是外界温度与光照长度的变化。水稻两系不育系可划分为光敏型和温敏型两大类。光敏型核不育系育性变化主要受光照长度控制,温度起协同作用。温敏型核不育系育性变化主要受温度控制,光照对育性变化只起修饰作用或作用很小。目前生产上大面积应用的大多为温敏核不育系,它们的温光反应特点是:在高温长日照时,表现雄性不育;在低温短日照时,表现可育。在自然条件下,年度间的光照长度相对恒定,而温度一般变化较大,因此无论是温敏型的还是温光敏型的,温度值也就成为了两系不育系育性稳定性的关键指标。

(1)育性转换的临界温度、光长 水稻育性转换临界温度是指诱导两用核不育水稻的育性发生转换的界限温度,也叫“起点温度”。高于临界温度值时表现不育,温度越高,不育越彻底;低于临界温度值时表现可育,在生理下限温度范围内温度越低,可育度越高,最终达到完全正常可育。而处于临界温度左右时，不育系个体间的育性表现有差异，群体没有完全败育，但可育度也很低，称为育性波动。不同水稻两系不育系的临界温度值不同。

水稻育性转换临界光长一般为 14 h，育性转换期光长长于临界光长时，光敏不育系表现雄性不育，光长越长，不育性越彻底；反之，低于临界光长时，表现雄性可育。

(2)育性转换的温光敏感期　育性转换的温光敏感期是指温度变化对雄性育性转换起作用的发育时期。研究表明，温度敏感时期一般是在两系不育系幼穗分化的第五期至第七期初(单核花粉阶段)，不同不育系有差异，但都以花粉母细胞减数分裂期(第六期)为最敏感时期，即抽穗前 15～10 d，对不育系群体而言，是在抽穗前 20～10 d。水稻光长反应敏感期为幼穗分化的第三期至第五期，即二次枝梗分化到花粉母细胞形成期。

(3)植株育性转换的温光敏感部位　两系不育系育性转换的温度敏感部位是植株的幼穗。不论外界环境温度的高低，只要是育性敏感期幼穗部位的温度在临界温度以下，抽穗时均表现为可育。光敏核不育系感受日长的部位为叶片，通过光敏色素来调控育性变化。

(4)育性转换表现

①花粉败育的表现　两系不育系在不育期花粉败育的表现与三系不育系基本一致，可以分为典败型、圆败型和染败型，但在遇到极端有利的不育转换条件时容易出现无花粉现象，例如紫广 8S 和湖南的“C”系列不育系。

②自交结实的表现　当敏感期的环境温度处于临界温度值或临界温度值左右(±0.5℃内)时，镜检不育系就会出现少量的黑染花粉，套袋或隔离栽培自交结实率在 0.5%左右，可认为不育系仍处于不育期。当敏感期的外界环境温度比临界温度值高 0.5℃以上时，花粉败育彻底，自交结实率在 0.1%以下。因此，将高于临界温度值 0.5℃的温度作为制种母本育性安全的保险温度值。当敏感期的外界环境温度比临界温度值低 0.5℃以上时，可育的黑染花粉在 10%以上，自交结实率在 2%以上。随着外界环境温度的降低，黑染花粉比例逐渐上升，最终可以达到正常的可育状态，自交结实率最高可以达到 80%以上。

2.异交习性

两系不育系在雄性完全不育期与三系不育系一样存在抽穗包颈现象，一般包颈粒率 20%～30%。此外，也有柱头外露现象。

(三)两系不育系原种生产

两系不育系在多年使用以后，与三系不育系一样存在混杂退化的问题。同时，两系不育系的育性由于具有随温度变化而转换的特点，而且同一不育系不同个体之间的育性转换的临界温度存在着差异，因此，如果按常规程序繁殖不育系，不育系群体的临界温度必定会逐代升高，最终导致该不育系因临界温度过高而失去实用价值，这种现象称为遗传飘移。

使用发生了遗传漂移的两系不育系种子制种，会因漂移程度不同而出现不同程度的自交结实，严重降低杂交种子纯度。为了应对这一遗传漂移现象，袁隆平(1994)提出了水稻两系不育系利用人工气候室处理与筛选获得核心种子，继而繁殖出原种种子，并直接用不育系原种制种的利用程序(图 2.11)。

1.核心种子生产

核心种子生产是两系不育系原种生产的关键，其技术要点为：在高纯度选种圃植株进入幼穗分化 4 期时，选择典型优株带泥移栽到盆中。植株进入温度敏感期后搬入人工气候室进行

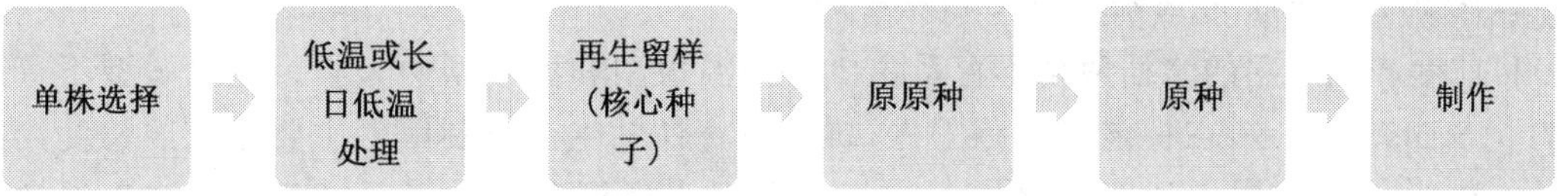

图 2.11　水稻两系不育系核心种、原种的生产、利用程序示意图

4～6 d 的长日低温（光照 14 h，日均温 24℃，温度变幅为 19～27℃）处理。抽穗时逐株逐日镜检花粉育性，凡花粉不育度在 99.5%以下的单株一律淘汰，花粉不育度 99.5%以上植株刈割促再生，再生株在田间稀植（30 cm×30 cm）条件下生长，争取多发分蘖。当再生株进入敏感期再次移入人工气候室，使其在短日低温（13 h，20～22℃）条件下恢复育性，处理结束后又移回大田，待开花结实。收获所结的种子，就是核心种子。核心种子在严格隔离的条件下加代繁殖，即为原原种种子。

2. 原种繁殖

用原原种种子在严格隔离的条件下，在原种圃繁殖原种种子。水稻两系不育系繁殖高产的关键，是在不育系育性转换的温度敏感时期给予低于育性转换临界温度的低温。低温来源包括低水温和低气温，低水温是指利用凉季的冷水、地下冷水或大型水库底层冷水，低气温则是指利用低温季节的低温空气。可选用的高产繁殖技术主要有以下四种：

（1）本地冷灌繁殖　利用大型水库底层出口水温在 16～18℃的冷水，温度敏感期让冷水均匀地流过繁殖田，使各点的水温保持一致，淹没发育中的幼穗，促进表达可育，以提高结实率。

（2）海南冬季繁殖　海南冬季的短日低温气候条件很适于诱导不育系的育性转为可育，自交结实率较高，始穗期一般安排在 3 月上旬。

（3）高海拔稻区繁殖　海拔 900～950 m 的高海拔地区气候凉爽，昼夜温差大，容易找到适宜高产繁殖的基地。不少单位在云南保山繁殖两用核不育系，产量高且稳定。

（4）本地秋繁　我国大陆地区秋季光照长度缩短、气温下降，恰当地安排不育系育性转换敏感期处于低温期，能够获得繁殖高产。也可以安排不育系在长日高温条件下制种，收割后再生，利用秋季短日低温条件繁殖。

3. 质量控制

第一，两系不育系繁殖所用的种子必须是原原种或高纯度的原种；第二，对繁殖田进行严格的隔离，最好选择自然隔离。由于在繁殖过程中两用核不育系可育颖花率一般难以达到 100%，在隔离不严时，不育的颖花容易接受外来花粉串粉而造成生物学混杂；第三，繁殖田前作不能是水稻，以免落田谷成苗造成串粉和机械混杂；第四，及时除杂，按照不育系典型性状在始穗期、成熟期等关键时期进行除杂去劣。

（四）两系法制种技术

两系法制种与三系法制种的技术环节一致，要求也基本一致，主要的差别在于两系法制种需要确保不育系能够实现表达不育，以保证杂交种子纯度。为了减少内容重复，这里只讨论两系法制种有别于三系法制种的有关种子纯度控制的一些关键技术与要求。

1.两系不育系不育性表达对生态条件的要求

目前生产上应用的水稻两系不育系主要有光温敏型和温敏型两大类。光温敏型不育系，如 7001S、N5088S 等，在一定温度范围内，雄性不育性的生态控制因素主要是光照长度，当光照长度在 14 h 以上时表现不育，在 13.75 h 以下时表现可育，13.75～14 h 育性产生波动，温度同时也产生作用，这类不育系应用较少。大面积应用的是温敏型不育系，雄性不育性的控制因素主要是温度，如培矮 64S、株 1S、陆 18S、准 S 等，不育起点温度为 23.5℃，气温在 23.5℃以下转向可育，23.5～24.0℃育性产生波动，24℃以上表现不育；如 Y58S 等，不育起点温度低于 23℃。

2.确保母本育性安全

所谓确保母本育性安全就是要确保母本不育系制种时完全不育，以杜绝自交结实。两系法制种成功的关键在于如何根据母本不育系的不育性表达对生态条件的要求，选择适宜的生产基地和生产季节，有效地控制母本育性波动，保证所产杂交种子的纯度。为了有效地控制种子纯度，除了采取与三系法制种同样的防杂保纯措施外，杂交稻两系法制种保纯技术还包括以下两个方面：一是母本育性安全的安排技术，二是制种过程中育性安全的判断技术。

(1)掌握育性敏感安全期　制种地温光条件能够满足不育系的不育基因完全表达，不育性安全转换，使不育性表现彻底的一段时期称为育性敏感安全期。育性敏感安全期以“d”为单位，还包括年度的开始日期、结束日期，确保母本育性安全的育性敏感安全期必须达到 20 d 以上。

育性敏感安全期的长短与该不育系的育性转换临界温度和种植地区气候条件密切相关。不育系的育性转换临界温度越低，满足其育性转换所需温度条件越容易，其育性敏感安全期就越长；反之则越短。同一不育系在气温较高地区更容易满足其育性转换所需温度条件，因此，在低纬度稻区制种比在高纬度稻区的育性敏感安全期更长。

(2)计算育性安全系数　育性安全系数是指在育性敏感安全期内，未出现连续 3 d 日平均气温低于不育系临界温度值的概率。计算育性安全系数需要收集制种地自有气象观测记录以来的所有年份的逐日气象资料，找出可能的育性敏感安全期内那些未出现连续 3 d 日平均气温均低于制种所用不育系临界温度值的年份及年份数，用此年份数除以所查资料总年份数，计算出概率。概率等于或大于 99.5%时，母本育性转换会比较安全，越大越好。

3.选择、安排安全的制种基地与季节

分析和实践证明，在单季稻区两系法制种，宜选择海拔 400 m 以下、地势开阔、光照充足的稻区夏制，一般是把不育系的育性转换期安排在每年的 7 月下旬至 8 月初；在双季稻区制种，一般选择在低纬度、低海拔地区早秋制较为适宜，如江西南部、湖南南部和广西北部、中部的丘陵地区，育性转换期安排在每年的 8 月上旬至中旬。21 世纪以来，在海南三亚、乐东地区两系法晚春制种发展较快，育性转换期安排在每年的 4 月中旬、下旬。

4.育性安全的判断

育性安全的判断就是要在制种母本育性敏感期密切注意基地天气的变化，关注部分冷浸水田、阴凉处田块的温度变化，发现温度异常要严密监测母本育性，以便及时将那些出现部分育性波动田块的种子清查出来。常用方法有隔离栽培观察法和花粉镜检法。隔离栽培观察法是在有疑问的区域取母本植株移栽到远离水稻花粉的区域，观察自交结实情况；花粉镜检法是取有疑问田块植株的主穗、分蘖穗(尤其是后期分蘖穗),对花粉用碘-碘化钾溶液染色,在显微镜下观察花粉育性。如果无自交结实或花粉100%不育,说明育性安全,种子纯度可靠,反之,说明种子纯度不可靠。

5.其他防杂保纯技术

①为了避免遗传漂移导致自交结实,必须坚持使用原种作母本。②加强母本的定向栽培,培育整齐的苗穗,抑制迟发小分蘖的产生,缩短群体的育性敏感期。还需要及早收割,防止再生、迟发的分蘖成穗结实。③选好制种田块,坚决杜绝使用冷水田,避免制种基地局部冷水导致不育系不育性波动。④坚持田间除杂和田间检验,把住收割关。

三、轻简制种技术研究

轻简制种技术是指采用简化的栽培技术,或利用机器代替人力,以减轻劳动强度、提高劳动效率、降低人工成本的制种技术。杂交稻制种目前面临着劳动力数量不足、质量下降、成本急剧上升的压力,采用轻简技术势在必行。近年来,各制种地区对轻简制种技术进行了有益的探索,归纳起来,已经广泛应用的有机耕技术、化学除草技术、母本机割技术和种子机械烘干技术,比较成熟的有母本的直播技术、机插技术、抛栽技术,正在推广的有农用无人机喷施农药(包括“九二〇”)、赶粉技术,处于摸索阶段的有全程机械化技术,归纳起来可以分为简化操作技术和机械化技术。

(一)简化操作技术

简化操作重点是要解决人工育秧插秧、人工除草等耗工多、劳动强度大的工序的简化问题。人工除草早已由化学药剂除草代替,极大地解放了劳动力。针对母本栽插环节,各地研究借鉴水稻大田生产的直播和抛秧技术,取得了积极的进展。母本人工撒直播或抛秧,仅父本移栽,可以大大减少工作量。母本直播,省去了育秧、拔秧、栽插环节,时间短、劳动强度小,但对整地要求较高;抛秧对整地要求相对较低,但仍然需要育秧,而且不容易达到密植要求,总体而言,撒直播效率比抛秧要高。因此杂交稻制种母本直播技术在江苏、湖南、四川、江西、安徽等地各个制种基地正在迅速推广。

(二)机械化技术

机械化制种技术重点是要解决制种生产过程中劳动强度大、耗工多的环节以机代人的问题,包括整地、播种、插秧、施药、施肥、赶粉、收割、干燥等。机械化制种可以是单个环节的机械化,也可以是全程机械化。单个环节的机械化,如整地、收割等,早已在制种上得到成功应用,效果显著。全程机械化是一个农机与制种农艺技术有机结合的系统工程,湖南等省正在探索使用水田耕整和激光平地机械、适宜厢宽的插秧机及播种育秧设备和穴播机、农用无人直升机、适宜的水稻联合收割机、种子烘干机械及配套风筛选机械,研发了水田激光平地技术、父母本机插秧制种技术、母本机械穴直播制种技术、无人直升机喷施农药(包括“九二〇”)和辅助授粉技术、种子烘干技术等,并提出建立与之相适应的生产组织模式、亲本抗倒高纯选用指标、父母本大行比、化学调控技术和生产人员培训等配套基础条件,示范应用获得了较为理想的效果。

应用案例 1——杂交稻制种错期安排

(1)时差法　一季稻组合中'浙优 1 号'在浙西南地区夏制，最适应的抽穗扬花期应选择在 8 月 5 日前后。多年观察记载结果，父本'航恢 570'在 4 月初播种，8 月初始穗，气候较为适宜，播始历期 117 d 左右，可安排始穗期在 8 月 5 日，则第 1 期父本播种日期可安排在 4 月 10 日。母本'中浙 A'8 月初始穗的批次是在 5 月初播种，播始历期为 92 d 左右，则该组合父母本的播差期应为 117－92＝25 d，即母本'中浙 A'应该在第 1 期父本播种后的第 25 天(5 月 5 日)播种。

(2)叶差法　早稻组合'金优 463'春制，母本'金 23A'主茎总叶片数 12 叶，父本'TO463' 15 叶；在母本播种后的父母本共生阶段，母本生长 12 叶，父本只生长 10 叶。即：播种叶差＝(15－12)＋(12－10)＝5(叶)。另外，还要根据父母本剑叶全展至抽穗经历时间的长短和该组合花期相遇标准进行调整。

叶差也可以通过以下公式计算得出：

$$\text{叶差(叶)}=\frac{\text{时差}}{\text{迟播亲本播种前早播亲本的出叶速度(d/叶)}}$$

案例 1 中，'中浙优 1 号'制种时差 25 d，根据前期资料，父本'航恢 570'播种后 25 d 左右这段时间平均每出 1 片叶约需 5.1 d。按公式计算可得：播种叶差＝25÷5.1＝4.9(叶)。

应用案例 2——两系法制种育性敏感安全系数计算

某两系不育系拟在某地制种，不育系育性转换起点温度为 23.5℃，则其安全的转换温度为 24.0℃。据查该地 30 年的逐日日平均气温的平均值在 24.0℃以上的日期是 7 月 20 日至 8 月 20 日，即这一时间段是该不育系在该地制种可能的育性敏感安全期，共 31 d。在这 30 年中，有 28 年在这一时间段未出现连续 3 d 日平均气温均低于 24.0℃的天气，则其育性敏感安全系数为 28÷30×100％＝93.3％，小于 99.5％，说明将育性转换期安排在这一时间段存在较大风险。假如把育性敏感安全期缩短为 7 月 25 日至 8 月 14 日(应在 20 d 以上)，育性敏感安全系数能大于 99.5％，则说明在 7 月 25 日至 8 月 14 日内安排育性转换期比较安全，否则不宜在该地安排制种。

本章小结

水稻是典型的自花授粉作物。水稻种子生产的任务是要按照需要(计划、合同)生产数量足够、质量合格、成本尽可能低的种子。目前水稻种子生产的品种类型包括常规品种和杂交组合。

水稻常规品种种子生产过程较为简单，常规稻原种生产技术(包括改良混合选择法、株系循环法、育种家种子繁殖法)和常规稻大田用种生产技术，技术重点是除杂保纯。介绍了三系和两系亲本的基本特性、三系亲本原种生产技术(包括改良混合选择法、三系七圃法、改良提纯法复选三圃法)和三系亲本大田用种生产技术，由于作为母本的不育系类型的不同，杂交稻制种可以分为三系法和两系法。三系法利用的是核质互作型雄性不育系，此类不育系通过不育系、保持系和恢复系“三系”配套的方式加以利用。两系法利用的是光温敏核不育系，这类不育系在一定的光、温条件下可实现可育与不育之间的转换，此类不育系通过不育系和恢复系“两系配套”的方式加以利用。

杂交组合制种是一个先纯后杂的过程，即为了获得高质量的杂交水稻 F_1 种子，首先需要通过原种生产和繁殖，生产出基因型纯合、纯度合格的亲本原种种子和亲本大田用种，然后用不育系与恢复系杂交，生产出杂交 F_1 种子。无论是三系法、两系法，优质高产的水稻制种技术都包括制种基地的选择、制种季节的确定、安全抽穗扬花期的安排、父母本花期相遇措施、父母本高产群体的构成与培管、“九二〇”喷施、父母本花时相遇、人工辅助授粉、严格去杂去劣、病虫害防治、及时收割等环节，其中花期相遇技术和“九二〇”使用技术是制种高产的关键技术。两系法制种还需要确保不育系能够实现完全转换为不育，以保证杂交种子的纯度。

思 考 题

一、名词解释

感光性、感温性、剑叶、主茎总叶片数、始穗期、播始历期、全生育期、原种生产、三系、两系不育系、育性转换、花期相遇、时差法、叶差法、花期预测。

二、问答题

1. 水稻原种生产“三圃制”的基本程序是什么？
2. 杂交水稻制种有哪三种季别类型？
3. 导致水稻两系不育系育性发生转换的两大因素是什么？
4. 目前生产应用的水稻两系不育系育性变化的温光反应是怎样的？
5. 两系法制种需要考虑安排哪两个安全期？

三、论述题

1. 试述水稻不育系的四种花粉败育类型，描述这四种败育类型花粉在形状和花粉对碘-碘化钾液反应方面的特点。
2. 试述水稻雄性不育系与保持系在花药形态、花粉形态、花粉对碘-碘化钾液的反应、穗颈抽出状况和自交结实性 5 个方面的差异。
3. 确保父母本花期相遇的技术是杂交水稻制种高产的核心技术，试述其 3 个方面的主要技术措施和要点。
4. 试述“九二〇”在杂交水稻制种实践中的作用和使用技术。

第三章　玉米种子生产技术

知识目标

- ◆ 掌握玉米类型的分类、生物学特性。
- ◆ 理解玉米花期预测、调节,去杂去劣,去雄和人工辅助授粉等田间操作方法。
- ◆ 掌握玉米自交系、杂交种生产技术,以及玉米种子质量控制技术。

能力目标

- ◆ 能根据不同类型玉米的农艺性状和特点,制定自交系原种、良种以及杂交种的生产方案。
- ◆ 学会根据不同情况进行玉米花期预测、调节,以及去杂去劣,去雄和人工辅助授粉等田间操作方法。
- ◆ 能够利用玉米自交系、杂交种生产技术进行玉米种子生产及质量控制。

第一节　玉米概述

玉米(*Zea mays* L.)原产于墨西哥和秘鲁沿安第斯山麓一带,是印第安人培育的主要粮食作物,原本是体型很小的草,喜高温,经美洲原住民培育多代后才出现较大型的玉米。1492年,哥伦布在古巴发现玉米。1494年,把玉米带回西班牙后,逐渐传至世界各地,成为最重要的粮食作物之一。中国于16世纪初引入玉米,现为三大粮食作物之一。随着畜牧业的发展、特用玉米的开发和综合利用,玉米已发展成为全世界重要的粮食、饲料和经济兼用性作物。

一、玉米的品种及类型

1.按植物学分类

依据玉米籽粒形态、胚乳淀粉的含量与品质,籽粒有无稃壳等性状,可将栽培玉米种分为8个亚种或类型。已划分的玉米类型,并不完全在亲缘关系上有很大差异,有些类型如甜质型、糯质型和有稃型玉米形成,是单基因突变的结果。分别为:硬粒形、马齿形、粉质形、爆裂形、甜质形、糯质形、甜粉形和有稃形。

2.按熟期分类

按熟期分类是在玉米育种、引种、栽培以至玉米生产上最为实用和普遍的类型划分。依据联合国粮农组织的国际通用标准,把玉米分为7种类型。分别为:超早熟类型(生育期70～80 d)、早熟类型(81～90 d)、中早熟类型(91～100 d)、中熟类型(101～110 d)、中晚熟类型(111～120 d)、晚熟类型(121～130 d)和超晚熟类型(131～140 d)。

3.按用途分类

一般可分为普通玉米和特用玉米,特用玉米如高油玉米、青贮玉米、优质蛋白玉米、笋玉米、鲜食玉米(糯玉米、甜玉米、甜加糯玉米)、爆裂玉米等。

4.按杂交种组成分类

按杂交种组成分类可分为顶交种、单交种、双交种、三交种和综合品种(地方品种或常规品种)。目前生产上主要是以单交种为主。

二、玉米生物学特性

了解玉米的生物学特性和生理功能是掌握玉米制种的高产栽培技术,调节制种过程中父、母花期以及准确识别具体亲本的性状特点所必须具备的基本知识。

(一)玉米的一生和生育时期

玉米的一生是指从播种到种子成熟、收获的过程,其一生所经历的天数称为生育期。

(1)发芽出苗期　从播种到出苗阶段,种子发芽出土高约3 cm时,称为出苗,田间60%出苗时的日期为出苗期。

(2)苗期　苗期指出苗到拔节的阶段。

(3)穗期　穗期指拔节到抽雄这一阶段。

(4)花期　雄穗抽出、开花、散粉及雌穗花丝伸长,进行授粉、受精的时期。大田生产有60%以上植株的雄穗顶端从顶叶抽出即为抽雄期;60%以上植株的雄穗主轴开始散粉即为散粉期;60%以上植株的花丝抽出苞叶即为吐丝期。

(5)籽粒成熟期　籽粒成熟期指受精后籽粒形成到成熟的过程。大田生产90%以上植株的籽粒硬化,并呈现该品种成熟时固有色泽的日期,即为成熟收获期。

(二)器官构造

玉米的器官是指根、茎、叶、雌雄穗(花序)、种子等部分。

(1)根　玉米的根属须根系,没有主根。按生长次序可分为初生根、次生根和支持根三种。

(2)叶　玉米叶着生在茎的节上,呈互生排列。全叶可分叶鞘、叶片、叶舌三部分。玉米主茎出现的叶片数目一般在12～25片,每一品种的叶片数是相对稳定的,但有的品种在春播时的叶片数就往往比夏播时相对的多一点。玉米的根、茎、叶和花在生长发育过程中存在着明显的相关性。以主茎展开叶片数为外部形态的标准,可以了解玉米全株的生长发育进程,采用相应措施调控有关器官的发育,从而达到高产、稳产的目的。尤其是在配制杂交种时,通过观察展叶数,可以预测花期相遇情况,进而对父本或母本采取相应的促控措施。

(3)茎　茎是植株的骨架,也是养分和水分的输导组织和贮存器官之一。由茎基部节上的腋芽长成的侧枝称为分蘖(分枝),甜质型与硬粒形玉米比马齿型玉米分蘖多;土壤肥沃、水肥充足、种植密度小时分蘖多,反之则少。在中耕除草时应去除父、母本分蘖,以免影响通风和透光。

(4)穗(花序) 玉米是雌、雄同株异花,异花授粉率95%以上。

①雄花序 雄花序属圆锥花序,着生于植株顶端,由主轴、分枝、小穗和小花组成。主轴较粗,其上着生4~11行成对排列的雄小穗。主轴中下部有若干分枝,分枝数目因品种和栽培条件而异,一般15~25个,分枝上着生两行成对排列的雄小穗,每对雄小穗中有一个有柄小穗位于上方,一个无柄小穗位于下方,每个小穗基部两侧各着生一对护颖(内外颖),两护颖间着生两朵小花,每朵花由内外稃及三个雄蕊组成,雄蕊花丝短,顶端着生两室花药,花药多黄色,也有粉白、紫、绿等色,里面充满大量花粉。见图3.1。

②雌花序 雌花序为肉穗状花序,着生于茎秆中部的叶腋内,由腋芽分化发育而成,受精结实后即为果穗。一般果穗节为11~15节,早熟种穗位节低,晚熟种则高。多数品种仅能发育1~2个果穗。果穗为变态的侧茎,由穗柄、穗轴、苞叶和雌性小花组成。穗柄为短缩节间的茎秆,穗柄长短因品种而异,穗柄每节上着生一片由叶鞘变化而成的苞叶,苞叶相互重叠紧包整个雌穗,苞叶长短与果穗大小有关。穗轴由侧茎顶芽形成,穗轴粗大节密,每节上着生两个并列小穗,成对排列。小穗基部有两片肉质护颖(内外颖),每个小穗中有两朵小花,下位花退化,仅残留膜状的内外稃,上位花结实。极少两朵小花皆能结实的,故玉米粒行常呈偶数,一般为12~16行,少数8行,多的达24行。结实花由内外稃和雌蕊组成,雌蕊分子房、花柱和柱

雄穗　　雌穗

图3.1 玉米的雌、雄穗

头，花柱与柱头通称花丝，顶端二裂，成熟时成束伸出苞叶，其上密生茸毛，并能分泌黏液，以利授粉时粘住花粉。见图3.1。

(5)种子 玉米的种子实质上是果实(颖果)，农业生产上习惯称之为种子。

(三)发育特性

(1)玉米生长发育对温度的要求 玉米最适发芽温度是25～35℃，一般以土壤0～10 cm地温稳定在10℃以上时即可播春玉米。浙江省春播制种可在3月下旬至4月底播种。苗期日均温22～24℃有利于幼穗发育，抽雄开花期要求日平均温度在26～27℃，籽粒形成和灌浆期要求日平均温度保持在20～24℃。

(2)玉米生长发育与光照的关系 玉米属短日照作物，但不典型。同时，玉米是高光效的高产作物，要获得高产就要求有较高的光合强度、较大的光合面积和较长的光合时间。

(3)玉米生长发育对土壤养分的要求 玉米要求熟化的耕作层要达到30 cm左右，整个土层厚度则应保持在80 cm以上，且土壤通气良好，pH为6.5～7.0。一般高产田的有机质含量都在1%以上，速效氮、磷、钾的含量分别在70 mg/L、20 mg/L和150 mg/L左右。

(4)玉米生长发育与水分的关系 玉米发芽出苗期土壤含水量应为田间土壤持水量的60%～70%；幼苗期以60%左右最适宜；拔节后应保持在70%～80%；抽穗开花期前后应保持在75%～80%。

(四)开花习性

玉米抽雄后2～5 d开始开花散粉，也有边抽雄边散粉的。开花顺序是先主轴后分枝，主轴和分枝的中上部小花先开，然后再向上向下开花。一个雄穗从开花到结束5～9 d，开花后3～4 d花粉量最多。开花最适宜的温度是25～28℃，最适宜的相对湿度是65%～90%。在正常气候条件下，以上午开花最多，下午显著减少，上午8:00～10:00最盛，11:00以后逐渐减少。阴雨天开花时间推迟。

玉米花粉细小而轻，借风力传播授粉。花粉粒在28～30℃的温度和65%～80%的相对湿度条件下生活力最强，8 h后生活力明显下降，24 h完全丧失生活力。花粉遇水会吸胀破裂，失去受精能力，人工辅助授粉必须当天收集花粉当天授，授粉应避免在有露水时进行。

吐丝比雄穗开花一般晚2～5 d，也有雌雄穗同时开花的。一般穗中部吐丝最早，然后向上下两端，中部花丝最先伸长抽出，授粉机会多，所以果穗中部的籽粒多而且排列整齐。顶部吐丝最迟，往往会造成秃尖现象。若遇干旱缺水，会导致雄穗开花和雌穗吐丝间隔时间延长，造成花期不遇。

花丝上密布茸毛，能分泌黏液，粘着花粉粒，花丝的任何一部分都可授粉，所以剪去一部分花丝并不影响授粉。

花粉粒落到花丝上后，如条件适宜，一般授粉后24～36 h就可以完成受精，受精后花丝停止伸长，颜色由浅变深，2～3 h后枯萎。

花丝寿命可以维持10～13 d，刚抽出的花丝受精能力最强，7 d后受精能力下降，13 d后丧失受精能力。当气温高于35℃，相对湿度低于30%时花丝容易枯萎，不再授粉受精，父母本开花授粉期应避开夏季高温天气，以免影响产量。

三、玉米种子生产概况

(一)世界玉米种子生产概况

玉米作为世界上主要粮食作物之一,其播种面积仅次于小麦、水稻而居第三位,其总产量居主要粮食作物首位。玉米是世界上分布较广的作物之一,世界各大洲均有玉米种植。最适宜种植玉米的地区有3个:美国中部玉米带,中国的华北平原、东北平原、关中平原、四川盆地等,欧洲南部地区。2013年,世界玉米总产量为10.16亿t。玉米产量较高的国家有美国、中国、巴西、阿根廷、乌克兰、墨西哥、印度尼西亚、法国、南非等。美国玉米总产量最高,为3.54亿t;中国位居第二,为2.18亿t。中国从2008年开始由玉米出口国转变成玉米进口国,且进口量有逐年增加的趋势。

(二)我国玉米种子生产概况

2017年,全国杂交玉米制种收获面积19.5万hm^2,生产种子10.58亿kg。随着农业供给侧改革的进行,杂交玉米制种呈现如下特点:①制种面积大幅调减。②单产略高于常年水平。③品种结构更新速度加快等。

我国玉米种植主要集中在东北、华北和西南地区,大致形成一个从东北到西南的斜长形玉米种植带。根据各地的气候、土壤、地理条件及耕作制度等因素将我国玉米种植划分为6个区:北方春播玉米区、黄淮海平原夏播玉米区、西南山地丘陵玉米区、南方丘陵玉米区、西北内陆玉米区和青藏高原玉米区。

中国玉米制种基地分为东北、西北、华北三个制种区域,主要分布在甘肃、新疆、内蒙古、河北北部、山西、陕北、辽宁、吉林、北京北部山区等地。这些地区地理位置不同,气候类型各异,年降水量相差悬殊,灌溉条件不同,生产管理、技术水平、交通运输、农民素质和制种成本也差别很大。

在玉米各制种基地中,甘肃省的河西走廊为我国最大玉米制种基地,其次是新疆。河西走廊位于甘肃省西北部,辖酒泉、张掖、武威、金昌、嘉峪关五市,总耕地面积6 666.7 km^2,是甘肃省重要农业区之一。该区充足的光照,巨大的昼夜温差,平坦的地势,肥沃的土壤等优越的自然环境和地理条件,让河西走廊发展成为全国最大规模的玉米制种区。甘肃玉米制种产业现已成为农民增收的“黄金产业”,其中张掖市目前为全国面积最大、最具知名度和竞争力的杂交玉米制种基地,种子产业为全市产业化程度最高、规模效益最为显著的支柱产业。

新疆维吾尔自治区及生产建设兵团依托先天地理环境优势,已发展为全国第二大玉米制种区。新疆杂交玉米制种有两大主要优势:一是光热和灌溉条件适宜。新疆属于典型的干旱半干旱大陆性气候,光热资源丰富,水源和灌溉条件好,北疆沿天山和伊犁河谷西部地区10℃以上的积温稳定在3 600℃左右,玉米种子成熟度好。二是适合规模化制种。新疆土地平坦面积大,适合规模化、机械化制种。近几年来,新疆从国外引进了玉米去雄机,解决了用工多、用工难问题,玉米制种规模化优势逐步显现。目前,新疆维吾尔自治区发展玉米制种业的积极性很高,在适宜玉米制种的昌吉、塔城、伊犁等地区,发展空间很大。

第二节 玉米自交系种子生产技术

一、自交系原种

自交系原种是由育种家直接繁育出来的或按照原种生产程序生产，并经过检验达到国家规定标准的自交系原种种子。自交系原种应符合：①配合力高；②自身产量高；③抗病力强；④适应能力强、配制杂交种产量较高；⑤性状典型一致，纯度不低于99.9%。

二、自交系混杂退化的原因及防杂措施

(一)自交系混杂退化的原因

玉米为异花授粉作物，很容易发生混杂退化，丧失其原有的特征特性。用纯度不高的自交系制种，一方面制种产量下降，另一方面用其生产的杂交种杂种优势降低。自交系混杂退化的原因主要有机械混杂、生物学混杂、基因的重组和分离、自然突变、不正确的选择。

(二)防止玉米自交系混杂退化的技术措施

(1)安全隔离防止天然杂交　在自交系繁殖过程中，隔离区安全与否对自交系的纯度起着重要作用。自交系原种繁殖要求空间隔离在 1 000 m 以上，大田用种繁殖要求空间隔离 500 m 以上，并且 2 000 m 以内禁止放蜂。时间隔离在 40 d 以上。

(2)加强种子管理防止机械混杂　在自交系的收获、晾晒、脱粒、精选、包装、储藏过程中，要由专人负责，做好标识，防止人为弄错或机械混杂。

(3)自交　实行自交、姊妹交隔年交替繁殖，具体做法是：第一年在原种圃内选择 100～200 株生长良好的典型优良株套袋自交，收获后穗选混合脱粒，供下年繁殖。第二年将上年套袋自交的种子隔离繁殖，再选典型株 100～200 株套袋，然后进行成对姊妹互交。每一对植株编号相同，收获后分别检查每对果穗的典型性，若发现某一对果穗中有一穗不够典型，即将该对果穗淘汰；中选的果穗混合脱粒供下年繁种用。用这种方法既可保持自交系的良好种性，又能有效防止因连续多代自交所造成的退化。

(4)扩繁　一次扩繁，多年贮存使用。对生产上常用的自交系一次超量繁殖，将所产种子放在低温库中冷藏，这样就减少了自交系的繁殖次数，也就减少了繁殖过程中生物学混杂、机械混杂以及基因变异的机会，从而可以有效保证自交系的纯度。

(5)去杂　及时、严格、彻底去杂。在自交系繁殖过程中，去杂工作是防杂保纯的重要一环。去杂时要做到及时、严格、彻底。及时是指在自交系的苗期、拔节期、散粉前去杂，尤其是散粉前去杂非常关键。严格是指对一些似是而非的植株一定不要吝惜，坚决予以去除，不能犹犹豫豫。彻底是指在去杂过程中要做到认真细致，面面俱到，不能遗漏死角。去杂干净与否是决定自交系纯度高低的重要因素。

(6)散粉前期去雄　如果自交系繁殖面积较大，经过几次去杂后仍难免有一些漏网的杂

株。采取散粉前期按植株由高到低随机去雄 70%，仅留 30%具有典型性状的植株散粉。这样既可以有效防止漏网杂株散粉，减少天然杂交或异交的机会，又可以降低植株自交受精的比例，提高自交系的产量。

(7)提纯自交系　在自交系的繁殖过程中，由于多方面的因素，发生程度不同的混杂难以避免，如果任其发展，不加以提纯，一些优良自交系很快就会失去利用价值。所以，一旦发生自交系混杂，在尚未广泛传粉和分离的情况下，必须立即通过提纯的方法重新生产自交系原种，尽可能恢复自交系的纯度和典型性，这样才能充分保证杂交种的杂种优势。

三、自交系原种生产技术

(一)育种家种子繁殖

育种家利用自己选育的育种家种子繁殖出来的自交系原种，其性状代表自交系的标准性状，该方法生产的自交系原种质量最高。但由于育种家的精力有限，所能提供的种子数量不多，不能满足大规模生产的需要。

(二)自交系提纯繁殖

对新选育的自交系，采用二圃法或三圃法提纯；对于使用多年的老自交系可应用配合力跟踪测定提纯法，以保持和提高自交系种性。

(1)二年二圃法和三年三圃法　在隔离区内，由单株选择自交或姊妹交的种子作为株(穗)行圃用种；进行单穗种植筛选，入选穗行进行套袋自交或姊妹交留种，作为株系比较圃用种；经株系比较鉴定，入选株系进行套袋自交或姊妹交留种，并混合脱离作为原种繁殖圃用种；通过自由授粉繁殖的种子即为原种，用原种再繁殖一代就是亲本，可直接用于大田制种。二年二圃法与三年三圃法相比，省去了株系圃后的株(穗)行圃、原种圃。

(2)穗行测交提纯法　该方法把套袋自交所中选的果穗，分单穗各种一小区，既注意各小区内植株外部形态的鉴定，又进行配合力的测验，为选优去劣提供依据，以提高选择效果。一般在自交系比较混杂时采用此法，具体做法如下。

①单株选择　在纯度高、符合原亲本典型性状的群体中选单株。选株时要严格掌握标准，按该自交系的典型性状进行选择。选择要在苗期、抽雄前、乳熟期、成熟期多次进行。对中选的单株，可在吐丝前开始套雌袋，散粉期自交。收获时决选，然后分穗收获、编号。选择数量一般以 100～200 株为宜。在选株自交的同时，分别用每株的花粉在原组合的另一个亲本自交系进行测交，配成测交种。一般每个当选株要测交 5～6 穗，各自交果穗应与相应的测交果穗成对编号。同一测交组合混合脱粒，供下年进行配合力鉴定。中选果穗收获后再复选一次，当选果穗分穗脱粒、装袋、编号。在淘汰自交果穗的同时，也要淘汰相应的测交果穗。

②穗行鉴定　在隔离条件下，将上年决选的自交果穗种成穗行，每穗种一行或一区，每行 30～50 株，种植密度竖叶形的可按 4 000～5 000 株/667 m^2，平展叶形的 3 000～4 000 株/667 m^2。在苗期、花期和乳熟期对叶鞘色、叶片色、植株整齐度、抗病性及早衰情况等性状进行系统记载，为穗行选留提供依据。根据田间记载结果，确定穗选的去留。对杂株较多、性状不典型的淘汰穗行，严格去杂交劣后可作当年制种用；对性状典型、整个穗行整齐一致、表现优良的中选株行，要继续选优株套袋自交或姊妹交，成熟后分穗行收获，室内决选后分行混脱、贮

存,其余中选行的单株自由授粉后混收穗子,可供下年制种用。

③穗行测交鉴定 在进行穗行鉴定的同时,将相对应的各测交种进行穗行的配合力鉴定,为穗决选提供依据。其方法是将各穗行的测交种按顺序排列法在田间种植,重复 2～3 次,以同一杂交组合的纯种种子作为对照。做好田间记载;收获后计产分析。结合对应的穗行鉴定结果,选出性状典型一致、生长势好、配合力高的穗行。将其所有的穗行鉴定圃中套袋的种子充分混合,供下年原种繁殖用。

④繁殖原种 将经过穗行测交、鉴定的中选穗行混合繁殖,生产原种。要加强田间管理,尽可能扩大繁殖系数,并注意在散粉前及时除去个别杂苗,在盛花期进行人工辅助授粉,增加原种产量。

(3)穗行鉴定提纯法 该方法与穗行测交提纯法基本相似,只是省略了各穗行的配合力测定。

(4)穗行半分提纯法 该方法适用于纯度较高的自交系,简易省工。缺点是只作一次典型性鉴定,效果不如前两法;同时,供应繁殖区的种子量少,原种生产量也少。

①选株自交 在亲本自交系群体中选 100～200 株性状典型一致的单株套袋自交,收获后室内决选,单穗脱粒、保存。

②田间鉴定 将中选的自交果穗的种子,取出一半在田间种成穗行,经田间观察和室内鉴定,评选出优良的典型穗行;剩余的一半种子妥善保存,供下年繁殖。如需继续鉴定,可在当选穗行中继续选典型优良单株,套袋自交,收后穗选、分脱,供下一个半分法比较使用。

③原种繁殖 将保存下来的一半种子,除去淘汰穗行,全部混合,在隔离条件下扩大繁殖,生产原种。

第三节 玉米杂交种种子生产技术

一、普通玉米杂交种种子生产技术

我国的普通玉米杂交种主要集中在甘肃、新疆生产,因此本节则根据甘肃、新疆干旱地区的特点讲述其种子生产技术。

(一)田间生产技术

1.基地选择

制种基地要选择地势平坦、土壤肥沃、地力均匀、排灌方便、旱涝保收、集中连片的地块。特别是要选择用水方便的保浇地制种,以保证出苗整齐,生长一致,去雄时间集中,便于管理。选择非保浇地或旱地,必须选择年降水量在 500 mm 以上的地区,否则会因底墒不足,造成出苗不全,易形成生长不整齐的三类苗,给去杂去雄带来困难,既影响玉米制种产量,又影响种子质量。

2.整地、施肥与土壤处理

秋深耕、冬压地、春耙耱,做到地平、土碎、茬净,为覆膜及播种打好基础。施足底肥,一般每平方米施腐熟农家肥 4.5～7.5 kg、磷酸二铵 30～37.5 g、锌肥 1.5～3.0 kg 做底肥，施用立克锈、多菌灵、呋脯丹等农药于春耙耱整地时与土壤混拌均匀。春季整地及土壤处理要力争做到耕层上虚下实，墒情好，无病虫。

3.规格覆膜

采用地膜覆盖可使自交系的生育进程缩短，提早播种期 10～15 d，促进早出苗、早成熟；可增加 300℃左右的积温，一些生育期较长的组合可以安排在无霜期短的冷凉地区制种，可减少病害发生，扩大了玉米制种区域；可减少土壤水分的蒸发，起到保墒作用；同时地膜覆盖具有促进作物根系生长发育、提高光能利用率、稳定土壤墒情、促进土壤微生物活动、改善土壤理化性状等多种作用，一般可比露地制种增产 50～100 kg。

在覆膜过程中，要根据当地 7—8 月(玉米花期)的风向及地块的形状确定膜带的方向，以风向与膜带方向相垂直为好，地膜一般采用以 0.008 mm 厚 70～80 cm 宽(根据当地种植习惯)的普通地膜最好，膜面宽一般为 40 cm，膜间距一般为 60 cm，也可根据不同亲本材料的特征特性进行适当地调整，形成宽窄行，这样既节约成本，又能满足制种需要，同时有利于去杂去雄、集中施肥和中耕除草等措施的落实。

4.播种与保苗

玉米杂交制种只有在苗全、苗齐、苗壮的基础上才能获得高产。播种后缺一株就可能少收 100 g 左右，苗大小、早晚不齐，不但会给去杂、去雄、授粉、收获造成一系列的困难，而且一些母本的晚苗、弱苗，因受大而壮苗的抑制，差距越来越大，常常不能受精结实，或结穗很小，这些都会使产量降低。

(1)种子处理

①晒种　播种前，应选温度较高的晴朗天气晒种(未包衣种子)2～3 d，以杀死种子表面的病菌，降低种子含水量，提高种子吸水力，促早出苗、快出苗、苗整齐，提高出苗率。在亲本种子晾晒的过程中要将杂粒、霉粒、破损粒等不正常种子挑选出去，以提高亲本种子的质量。

②种子包衣　种子包衣能有效地防治苗期病虫害，特别是对春季地下害虫防治效果最好；还能杀死种子所带病菌，起到防病作用；还有促进幼苗生长、提高产量的作用；可降低生产成本，减少环境污染。

(2)播期的确定

①适期播种　适期播种可以恰当地利用墒情，保证顺利出苗，并能使各生育时期与有利的气候条件同步，整个生育过程处于良好的生态条件下，既能充分利用生长季节，又能保证安全成熟，是创高产的重要因素之一。

②确定播期的原则　不论春播区或夏播区总的原则是根据制种组合亲本自交系的生育期及有关的生育特性，考虑当地常年气候变化规律，来确定适宜的播期。对于春播区来说，既要注意防春冻，又要考虑防秋冻。其适宜的播种指标是：在覆膜的条件下，籽粒较小，角质多的亲本，土壤耕层温度稳定在 8℃以上即可播种；而籽粒大或粉质多的亲本，耕层温度需稳定在 10℃以上方可播种；裸地制种土壤耕层温度应稳定在 10～12℃及以上再播种。

(3)行比的确定　制种时必须在正确掌握有关各项条件的基础上，根据该组合亲本自交系的特征特性，合理安排适当的行比与密度，采取有利的行比形式。

①基本原则　玉米制种的目标产品——杂交种子来自母本植株，原则上说加大母本比例

与提高杂交种子产量应该呈正相关，但事实却不尽其然。因为母本植株必须接受父本花粉进行受精才能结出杂交种子，所以父本还要有足够的花粉供应。无限制地扩大母本比例，父本花粉供应不足，会降低母本结实率，产量也不会高。因此，必须在保证父本花粉充分供应的条件下来确定父本最低限的密度，在这个前提下，围绕有关的各种条件，设法增加母本密度，使之达到可能的最高水平。

②行比确定依据　应根据父本雄穗大小、分枝多少、每个花药的花粉量多少、有无败育花、是否连片、父母本的株高比例及父本雄穗散粉期等来决定。连片同组合制种田面积越大，制种田内父本花粉绝对量越大，互补性越强，则父本比例可适当减小，母本可以相对增加。父本植株明显高于母本，非常便于散粉，则可适当加大母本行比，若父本矮于母本，散粉有阻碍，则应缩小母本行比。若父本雄穗散粉期很集中、时间短，虽然可以人为地留大小苗加以调节和弥补，但还应该增加父本播种次数，并适当加大父本密度。

③父母本行配比形式　这是在平作条件下采取的形式，父母本按一定比例间隔种植。其比例关系根据上述原则而定。制种组合是错期播种，若父本早播，植株高于母本，可适当增加母本行比；若父本晚播，且时间较长，容易受母本的抑制，生长势可能较弱，则应缩小母本行比。研究表明，只要父本雄穗散粉半径超过 2 行，就需进行人工辅助授粉。因此，要在保证父本花粉满足的供应的条件下，尽可能加大母本的行比，以争取增加制种产量。

由于多年来制种经验的不断积累，措施逐渐增加，母本行比有逐渐增加的趋势。过去采取的 1∶(2～3)或 2∶2、2∶4 等形式，现在以 1∶(4～6)的形式居多，有的则更高。

(4)密度的确定　密度是产量构成因素之一，对产量影响相当明显，尤其对制种产量影响更大。因制种亲本是自交系，生活力相对较弱，且穗小粒少，单株自身调节机能很低。因此，必须依靠群体争产量。自交系大多植株较矮，叶片小，尤其近年来紧凑型自交系大量出现，这些都给增加密度、扩大群体创造有利条件。所以，玉米制种应以加大密度作为争取高产的主要手段之一。

①确定密度的原则　增加株数而造成的穗数、穗粒数、粒重的下降率最小，各项因素均保持相对最高值，达到相对平衡状态，才能获得最高产量。产量的增加是在一定的限度内与密度的增加呈正相关，超过极限则产量又会随密度的增加而下降。

②确定密度的依据　要处理好产量构成因素之间的平衡关系，合理地确定密度。

首先，必须根据亲本自交系的特征特性来定。一是根据株型来确定。紧凑型自交系，叶片上冲，开张角度小，光能利用率较高，单株所占空间小，有较高的耐密性，随密度变化而形成的产量变化幅度小；平展型自交系，叶片大多较长，且开张角度大，单株所占空间大，密植时叶片交叉荫蔽，光能利用率会降低，随密度变化产量的变幅较大。因此，亲本是紧凑型的可以较平展型的较大幅度地提高密度。一般紧凑型自交系比平展型自交系每 667 m^2 可增加数百株至上千株。二是根据抗倒性来确定。抗倒性强可以增加密度，抗倒性差则应降低密度。三是根据株高来确定。矮秆类型的密度可大些，高秆类型尤其是穗位高的自交系密度要小些。

其次，根据气候、土壤、生产等外界条件决定密度，这些因素又要结合自交系本身的性状综合考虑。例如，在温度高、降水量大的地区，制种亲本植株高大，生育期长，则密度不宜过大。相反，如亲本生育期较短，又是矮秆、抗倒、紧凑型，则应充分利用这种自然条件，适当加大密度。土壤肥力水平高，应加大密度，肥力差要降低密度。从生产条件来说，种植制度不同，密度有差别。同一个亲本自交系，夏播区则比春播区的密度大。当然这与自然条件和自交系本身也有关。因温度升高、日照缩短，使生育期缩短，株高降低。同一地区主要决定于施肥水平、灌溉条件和所采取的种植形式，如肥水条件差，又是平作裸种，密度要小；肥料充足，供应平衡，有灌溉条件保证，可加大密度。

留苗数公式如下：留苗数＝面积(m^2)/(行距 m×株距 m)

(5)播量的确定　播量适宜是保全苗的前提条件，是其他任何条件所不能取代的。确定播量也涉及多方面因素。第一，决定于种子的发芽率尤其是发芽势。因为制种田的母本要求植株生长整齐一致，发芽势不强，即使发芽率高的亲本种子，可造成田间苗大小不一，且小苗一般要被淘汰。所以，发芽势低则应增加播量。第二，决定于制种亲本自交系籽粒的大小与粒重。因播量是以重量来计算的，保相同株数，需同等粒数，其重量则不同。第三，要考虑自交系本身在发芽出苗阶段对外界条件的适应能力强弱。如有的自交系顶土力弱，或遇低温、水分多容易粉的种子，则需适当增加播量。第四，决定于保苗密度，密度大，用种量多。第五，从外界条件考虑，制种田的土质、地势，播种时的土壤水分状况，该地块地下害虫的情况等因素均与确定播种量有关，应根据实际情况适当调节播种量。总之，播种量应以保全苗和密度为主旨。

播种量公式如下：播种量＝密度(株/m^2)×每穴下籽量(g)×千粒重

5.播期调节

准确安排父母本播期是确保花期相遇的根本措施，最重要也最有效，尤其对父母本生育期相差较悬殊的组合，更是其他调节措施所不能代替和难以奏效的。

(1)花期相遇指标　根据玉米雌雄穗开花习性来看，一个雌穗的花丝一般 4～5 d，长可达 7 d 即全部吐出，花丝生活力大多以第 3～6 天为最强，个别自交系可达 7 d。7 d 后即迅速减弱，11 d 后极少结粒。一个雄穗的散粉期，最短的为 4 d，一般多为 5～7 d，最长可达 8～10 d，但均以第 3～4 天为散粉盛期，个别自交系到第 5 天。所以，父母本花期相遇的理想指标是母本吐丝后 1～2 d 父本开始散粉，当母本达到生活力最强的吐丝盛期时，父本进入散粉盛期。母本部分晚吐丝的则由一期父本晚苗或二期父本花粉投粉。

(2)影响花期的因素与播期调节　为确证父母本花期相遇，在确定和调节播期时应考虑可能发生影响的一些因素。如双亲本的有关生物学特性，外界环境条件、生产条件与管理技术等事先做好处理与调整，避免引起花期发生变化的现象发生，以便减少生育期间调节花期的麻烦，有效地确保花期相遇。

①亲本的生物学特性　不同亲本的生育规律各有不同，应对制种亲本先进行系统观察，掌握其物候期如种子吸水膨胀、露白、发芽、一芽一根、出苗、2 叶 1 心、3 叶 1 心以及抽穗、开花、吐丝的时间与进程的规律，以便能准确地安排播期，保花期相遇。从制种实践中的双亲生育期来说，有的相同，有的则不同，生育进程也有可能相同或不同。如果生育期及其进程相同，则花期也会相同，父母本则可以同期播种，或者母本的花期比父本略早 1～2 d，最多不能超过 3 d；但双亲花期相差 5 d 以上，则需要调节播种期，先播生育期较长、花期晚的亲本，根据双亲生育期长短及花期所差的天数决定亲本错期晚播指标。指标可以按天数来确定，但天数容易受温度、水分等外界条件干扰而发生变化，影响准确掌握花期，故以物候期作指标为好。尤其对错期时间长的组合，更应注意这一点，如用雄穗散粉期短而集中的自交系作父本，除需增加错期播种次数外，还应推迟 1～3 d 播种，以保证父本散粉盛期能更好地与母本吐丝盛期相遇。如果制种组合亲本所用种子存放年代不同，生活力会有差别，新种子生活力强，陈种子生活力弱，生育进程会延缓，一般不该用生活力不同的种子，但因特殊原因而必须用时，则应将陈种子亲

本的抽穗期适当提前。

②外界环境条件　应考虑外界条件的影响，因地、因时调节播期，春播区一般早春播种季节气温、地温低，播种越早，温度越低，种子幼苗生长发育越慢，而晚播温度较高，则生长发育会快些，所以双亲花期相差的天数并不等于播种期相差的天数，错期播种的天数应比花期相差天数适当增加，一般父母本播期相差天数为花期相差天数的1～1.5倍，如双亲花期相差6～7 d，则播种期应差12～14 d。但夏播区制种，因播期多在6月，温度较高，变化较小，前后期播温度差别不大，所以双亲播期相差天数与花期相差天数比较接近。

③生产条件与管理技术　生产条件与管理技术对花期也有一定影响。如土壤肥力和施肥水不同，不同自交系花期可能会发生变化，针对不同亲本的反应须对播期进行适当调整；如需加大母本密度，则母本播期适当提前；为加大父本花粉量，父本行株距减小，密度加大，则父本须适当提前，这种情况调节幅度不宜太大，2～3 d即可。

(3)调节播期的辅助措施　为了减少错期播种的麻烦，对双亲本错期不超过6～7 d的组合，可以将应该早播的亲本种子进行浸种催芽，与另一亲本的干种子同期播，也可使花期相遇。对于散粉期短的自交系，如作父本时，为延长散粉期，可将种子分为3份，1份浸种催芽，与另1份干种子同期播，另1份迟播5～7 d，以保母本充分授粉受精。为防万一发生意外情况，花期相遇不好，可在制种田田边地头单设父本采粉区，比隔离区内父本再晚播6～7 d，以备人工辅助授粉急需。

6.花期预测与调节

(1)花期预测　虽然根据各方面条件合理地确定和调节了父母本播期，但播种后还可能因某些意外因素的干扰，使父本或母本的生育进程发生异常变化，造成父母本花期错开，甚至不能相遇。如大气或土壤干旱、高温或低温，病虫害、追肥不当以及施用农药、除草剂和生物调节剂等，不同自交系可能产生不同的反应，而使花期发生变化。为此应在生育期间采取不同措施进行观察，以预测花期是否相遇，为确定调节措施提供依据。

花期预测应在充分掌握亲本自交系特征特性的基础上，参考制种田所处的环境条件，结合采用各种方法的观测结果，进行综合判断。花期预测的方法有如下4种。

①叶片检查法　在制种田中选有代表性的父、母本植株各10株或20株，从5叶起，每长出2片叶用红漆标记一次，定点、定株检查父、母本分别出现的叶片数。这种方法一般是在植株生长到13片叶片以前采用。前提是必须知道双亲各自的总叶片数，并要按期进行标记，才能准确观测与判断。父母本总叶片数相同的组合，可以观察出现的叶片数，父本已出现的叶片数比母本少1～2叶为花期相遇良好的标志。如父本已出的叶片数与母本已出叶片数相同或超过母本叶片数，表明父本早于母本，花期不能良好相遇。需加以调节，控父促母，使其逐渐达到协调。对于父、母本总叶片数不同的组合，预测花期时应将父母本总叶片的差数反映出来。

②倒剥叶检查法　在双亲拔节、叶片数达到13片以后，选有代表性的植株，剥出未长出的叶片，根据未出叶片数来测定双亲是否花期相遇。如果母本未长出的叶片数比父本未长出叶片数少1～2片，则双亲相遇良好。如果双亲未长出叶片数相等或母本比父本多，说明母本晚、父本早，花期相遇不好。此种方法不需要了解双亲总叶片数，也不用定位调查叶龄，应用较为方便，故应用也较普遍，特别是在大喇叭口期以后检查，准确度很高。它的缺点是必须毁株。

③叶脉预测法　玉米植株各叶片上的侧脉数与叶龄数(n)呈一定的关系。即叶龄等于该叶片两侧脉相加之和除以2，再减去2。在父母本总叶片数相同时，父本长出的叶片数比母本

少1～2片，表明父母本花期能相遇。如果在测定叶龄时出现小数，难以确定叶龄时，可按同法测定相邻的下一片叶进行核对。这种方法的优点是不用对被测植株进行定点定株调查，即可知道每片叶的叶位、叶龄。但对父母本的总叶片数不同的组合，仍必须事先知道双亲各自的总叶片数，才能准确判断双亲生育进程的快慢，确定花期是否能相遇。

④镜检雄幼穗法　在双亲拔节后(幼穗生长锥开始伸长)的不同时期，随时可以选有代表性的父、母本植株，分别剥去未长出来的全部叶片，然后用放大镜观察雄穗原始体的分化时期。母本的雄穗发育早于父本一个时期，则花期相遇良好，如果父本雄穗发育早于母本，或与母本发育时期相同，说明父本发育快了。如果母本幼穗发育早于父本2个时期，说明母本发育太快。如按父母本雄穗幼穗大小的比例关系来衡量，在小穗分化期以前，母本幼穗大于父本幼穗1/3～1/2(母本1～2 cm，父本0～0.5 cm)，小花分化期以后，母本幼穗大于父本1倍左右(母本3～6 cm，父本1～3 cm)，雌雄蕊分化期以后，母本幼穗大于父本2倍左右(母本7～15 cm，父本4～7 cm)，花期即可相遇。如相差过大，则需进行调节。这种方法可与剥叶检查法结合起来进行，先观察未长出叶片数，再观察雄穗分化进程，两相对照，结果会更准确。

(2)花期调节

①苗期　苗期可采用边追肥、边浇水，以促其加速生长发育来进行调节。如果父本偏早，可留大、中、小苗，同时对母本采取偏追肥、偏浇水、勤管理、促生长，否则抑制其生长。尤其是苗期干旱，对晚苗边浇水、边追肥效果显著。

②拔节期至大喇叭口期　此阶段主要采取利用水、肥和生长调节剂来促偏晚的亲本，或用断根法来抑制偏早的亲本。在促偏晚亲本时，可用速效性氮肥进行土壤追肥，然后浇水，结合叶面喷施磷酸二氢钾，浓度为200～300倍液。也可以同时加等量尿素，按比例加水，每667 m^2约用100 kg溶液，最好连续喷2～3次，能使散粉或吐丝期提前约3 d。磷酸二氢钾也可与生长调节剂混合使用，生长调节剂也可单独喷施。如“九二〇”溶液浓度为30～50 mg/L，每667 m^2用药液20～25 kg。此外还有增产菌、叶面宝、绿丰九五、光合促进剂、三十烷醇等以及玉米专用的花调灵等。应用生长调节剂时应注意严格按照其介绍的浓度配制药液，因为这类物质属于激素或内含激素成分，浓度低作用不明显，浓度过高反而会起抑制作用，造成相反效果。叶面喷施磷或调节剂均应在晴天无雨时进行，最好在16时以后喷。这些溶液也可以采取灌心的办法。为促其生长，应在追肥灌水后进行2～3次浅中耕。对发育偏早需要控制的亲本，可以采取切断部分根系的办法抑制其生长。其方法是：在11～14片可见叶时，用铁锹在距离主茎7～10 cm周围垂直向下切约15 cm深，以断掉部分根。断根的多少依父母本生育进程的差距而定，差距大，多断根，差距小，少断根。断根后，植株吸收能力减弱，且大部分营养要供生长新根之用，故地上部分生长受到抑制。一般断根后可使发育快的亲本延迟4～6 d吐丝或抽雄。断根时间不宜过早或过晚，因为在11叶以前断根，新根会很快长出，从而恢复正常生长；待抽雄时再断根，因穗分化已经完成，已起不到控制的效果，故断根时间在11叶以后至大喇叭口期为好。并应注意在肥水上加以控制，以加大抑制的效果。

③营养生长与生殖生长并进期　此时营养生长相当旺盛，茎秆迅速伸长、增粗，叶片陆续伸出展开，营养体最后全部形成。内部雌雄幼穗开始分化最后雌雄器官全部形成并发育成熟。这个时期是壮秆、促穗、争粒的关键时刻，应围绕此目标进行管理。因植株生长发育迅速而旺盛，需肥和耗水量逐渐增加，至抽雄前后为水、肥临界期，肥水充足，可延长地下根系存活时间，促使气生根大量发生，并能延长叶片的光合时间，提高光合强度。因而既有利于地下水分与养

分的吸收与供应,提高抗倒能力;又有利于营养物质的合成、运转与积累。养分大量向雌雄穗集中,雌穗籽粒发育充分,花丝生活力强,吐丝快而齐;雄穗花粉量大,花粉粒充实,而且可以缩短雌雄花期间距,有利于花期相遇。这些都有利于授粉受精,减少秃尖,增加粒数,提高粒重。此时的追肥量可占玉米总需肥量的 80%～90%,每 667 m^2 施用尿素以 30 kg 为宜,碳铵以 100 kg 为宜,硝铵以 30～35 kg 为宜,玉米专用肥以 40～60 kg 为宜,磷酸二铵 20 kg 为宜,灌水以 3～4 次为宜。

④抽雄前后至散粉期　这个阶段比较复杂,而且时间紧迫,大多要采取单一措施,或采取多种措施相配合,以加强促控效果。如在抽雄前发现某一亲本发育滞后,仍可用磷酸二氢钾或生长调节剂进行叶面喷施,还可起到提前 2～3 d 的作用。在将要抽雄时,如发现母本花期晚于父本,可采取母本超前带叶去雄,一般能促母本雌穗早吐丝 3 d,如去雄早可争取到 4 d,甚至 5 d。同时结合母本雌穗剪苞叶,一般能促母本雌穗早吐丝 3～5 d。如能在雌穗 10～12 cm 时,重剪近 1/2 的苞叶,甚至可提前 5～6 d 吐丝,且吐丝整齐,有利于授粉。应根据父本散粉与母本吐丝相差天数决定何时剪苞叶,以及剪苞叶的长短。如发现母本早于父本,在抽雄前仍可采取对父本叶面喷肥的办法。并在能保证母本雄穗不散粉的前提下推迟去雄时间,以延缓母本吐丝。如母本吐丝仍早于父本散粉,可在父本将要散粉时,将母本花丝剪短,留 3 cm 左右。如散粉晚,花丝又伸长,还可再剪一次。剪花丝的时间也以下午 16 时以后进行为好。

7.人工辅助授粉

玉米单交制种的过程中,大部分自交系散粉集中,如果任其自然传粉,常造成母本吐丝前期、后期授粉不充分,甚至不能授粉,使部分穗结实不良。特别是父、母本行比加大,父本花粉损失率增高,授粉率会相对降低。同时玉米开花散粉期正值雨季,若阴雨天较多,空气湿度大,花粉传播距离近,遇此情况花粉利用率更低。人工辅助授粉是在母本果穗需要花粉的任何时期人工进行授粉,减少花粉的浪费,提高花粉利用率,从而使所有果穗的全部花丝都能接受足量的花粉,减少缺粒、秃尖,提高结实率和制种产量。人工辅助授粉的主要方法如下。

(1)摇株授粉　在父本花粉量非常充足,母本比例不大,父母本花期相遇良好,母本吐丝非常整齐,持续时间不长的条件下,一般采取拨动父本茎秆果穗上部或用手摇动植株,使花粉散落下来。这种方法虽然省工、效率高,但仍然要靠风力传播花粉,不能人为控制,花粉利用率很低,且易受自然条件制约,无风或空气湿度过高均会缩小散粉距离,浪费花粉多。所以,必须在花粉十分充足时才宜采用,且要选择适宜的天气和时间,一般以微风为最好,风大和无风均不利于散粉和授粉。每天在露水干后,气温还不很高的 8:00—11:00 时进行最好,阴天也可以下午进行。除母本吐丝初期和末期以及父本散粉末期必须进行外,中间应尽量多进行几次,以保证充分授粉。

(2)采粉授粉　在父本花粉量不足或父母本花期相遇不好、母本吐丝持续时间过长、母本比例大时,则需采取人工采集花粉直接集中给母本花丝授粉的方法。人工采粉直接授粉的方法能控制花粉,浪费很少,而且可以人为掌握授粉时间。在最需要、最有利的时机进行授粉,有利于保证母本全部果穗的各部位的花丝都能接受足量花粉,效果很好。为了采集生活力强的花粉,在晴天的早晨为好,以 8:00—10:00 为最好,但需待露水干后,以免花粉黏着不能利用。采粉器、临时盛粉器及授粉器均不能用金属器皿,以免易吸热造成温度高,降低花粉生活力。采集花粉应以随采随授粉为好,收集一定数量后,立即筛去花药和粘结块,迅速放入授粉器中,给母本授粉。授粉一般采用内径 2.2～2.5 cm,长 20 cm 左右的竹筒、纸筒或塑料管,一端用二层尼龙网或纱布封口，将花粉装入管内，授粉时倒置，将封口一面对准花丝摇动，使花粉落在花丝上。应逐株授粉，不能遗漏。如第二次或以后授粉，则应观察花丝生活力。如母本吐丝早，花丝过长，应剪短后再授粉，以保证全部花丝均能接受花粉。如能结合在吐丝前剪苞叶，花丝出得快而整齐，又短，适时人工直接授粉，一次就能结满粒。

8.田间管理

(1)苗期管理

①间苗　玉米在三叶前靠胚乳的营养来生长，三叶后则靠从土壤中吸收所需营养。为保壮苗和苗整齐，间苗宜早不宜晚，以出现 3～4 片可见叶时进行为好。间苗时，点播的每穴留 2 株典型苗，最好不留挤在一起的。

②定苗　定苗则既不能过早，以防因病虫害而造成缺苗；也不宜过晚，以免影响培育壮苗。一般在 5～7 片可见叶时定苗为宜。定苗则按规定密度留苗，并要结合去杂，严格按该自交系的典型性状来判断，将杂苗、变异苗、回交苗全部拔除。母本应该留叶片数基本相同，苗高矮、粗细和生长势一致的典型壮苗，越整齐越好。父本则可留大、中、小苗，以延长父本的散粉期。

③水肥管理，合理蹲苗　苗期应根据施用基肥和种肥的数量，结合观察幼苗长势，决定追肥的数量和时间。苗期是营养生长时期，植株主要是通过根系不断吸收土壤中的营养物质，要促进植株茎叶的生长和发育。水肥要以促进植株根系的生长发育为主，尤其是幼苗期，更要注意这一点。一般情况下，第一次灌水应尽可能地后移，北方基地以 5 月下旬至 6 月初较好，且不进行追肥(弱小苗的管理除外)，以蹲好苗为主。

④中耕除草　制种田应及时进行中耕，以消灭杂草，防止与玉米苗争夺水分和营养，疏松土壤，促根系健壮生长，以培育壮苗。制种田因亲本自交系苗期一般长势较弱，更应加强中耕。为了省工并能有效地防治杂草，也可以喷洒除草剂。

(2)穗期管理　穗期是指由拔节到抽雄期，春播玉米一般经历 23～33 d，夏播玉米约 20～25 d。此时玉米进入营养生长与生殖生长并进期，营养生长相当旺盛，营养体最后全部形成，雌雄幼穗开始分化，雌雄器官全部形成并发育成熟。这个时期是壮秆、促穗、争粒的关键时期，围绕此目标重点是水肥管理。肥水充足可延长地下根系存活时间，促使气生根大量发生，并能延长叶片的光合时间，提高光合强度。既有利于地下水分与养分的吸收与供应，提高抗倒能力；又有利于营养物质的合成、运转与积累，从而促进授粉受精，减少秃尖，增加粒数，提高粒重。这个阶段又是防治玉米螟的重点时期，对大、小斑病要开始注意观察，如有发生征兆，立即防治。裸地制种，还应进行中耕培土。

(3)花粒期管理　花粒期是从抽雄到成熟期，经历 50 d 左右，管理应围绕延长根、叶功能时期，防止早衰，延长灌浆时间，促进干物质积累，增加粒重，同时要注意防治病虫害和意外天气的干扰。具体措施根据植株营养状况、气候条件、病虫害发生情况而定。

9.病虫害的防治

病虫害对制种存在严重威胁，是妨碍稳产、限制高产的主要因素之一。近年来，病虫害的种类和发生频率有所增加，发病有趋于严重发展的势头，应引起高度重视。病虫害的特点是种类繁多，各有其不同的生活习性和为害方式，而且与自然环境条件密切关系，因而变化极为复杂，很难准确掌握，防治难度较大。必须采取“预防为主，综合防治”的方针，根据其生活习性和发生规律，加强预测预报，及时采取有效措施进行预防，才能收到最好的效果。

(二)质量控制关键技术

玉米各类型、各级种子质量必须达到国家标准(表 3.1)。为保障种子质量,需做好如下工作。

表 3.1 玉米种子国家质量标准 %

种子类型	级别	纯度≥	净度≥	发芽率≥	水分≤
常规种	原种	99.9	99.0	85	13.0
	大田用种	97.0			
自交系	原种	99.9	99.0	80	13.0
	大田用种	99.0			
单交种	大田用种	96.0	99.0	85	13.0
双交	大田用种	95.0	99.0	85	13.0
三交种	大田用种	95.0			

注:长城以北和高寒地区的水分允许高于 13%,但不能高于 16%。

(引自《农作物种子质量标准(GB 4404.1—2008)》)

1. 安全隔离

玉米天然异交率一般在 95%左右。因此,配制杂交种必须设置隔离区,具体隔离措施如下。

(1)空间隔离 在某一制种田四周至少 200 m 的距离内不得种植其他玉米品种,以防止外来花粉串粉混杂。在多风地区,特别是制种田设在其他品种的玉米地的下风头时,隔离距离应适当加大。

(2)时间隔离(生育期隔离) 一般情况下,春播玉米错期 40 d 以上,夏播玉米约 30 d,各地因自然条件不同,可根据不同情况灵活掌握。

(3)自然屏障隔离 利用山岭、村庄、房屋、成片树林、沙河等自然屏障做隔离。在空间隔离距离达到 100 m 的基础上,制种基地周围应设置屏障隔离带,隔离带宽度不少于 5 m、高度不少于 3 m,同时另种宽度不少于 5 m 的父本行。

(4)高秆作物隔离 在无法保证空间隔离距离,也无自然屏障时,可在隔离区周围种植高秆作物 100 m 以上的宽度,以达到隔离效果。高秆作物要适当早播,加强管理,使玉米抽雄时高秆作物株高能超过制种区玉米株高 70 cm。

2. 严格彻底去杂去劣

主要依据株高、株型、叶形、雄穗形状和分枝多少、护颖色、花药色、花丝色及生育期等性状的典型性检查去杂情况,父本去杂应在散粉前完全去除,母本去杂应在去雄前完全去除。母本去雄工作结束前,应及时将田间未去雄的弱小苗和母本分蘖清除干净。

要贯彻"尽早、从严、彻底"的原则,尽早去杂去劣可以减少制种损失,定苗前去杂不影响单位面积玉米株数;苗期、拔节期去杂易于鉴别,且给群体留有自我调节的时间,能降低产量损失;"从严"是指不但明显的杂株要去掉,一些似是而非的植株也要去掉;"彻底"是指将杂株全部拔净,不能因疏忽而有遗漏。去杂、去劣必须在熟悉该自交系特征特性的前提下,准确区分典型株与杂株，才能真正做好去杂工作。

3.超前去雄

母本去雄是玉米制种的中心工作，也是保证种子质量最关键的环节，一定要严肃对待，严格执行。坚持及时、彻底、超前去雄，做到风雨无阻，全天候进行。“及时”是指制种田内母本植株的雄穗一定要在散粉前拔除；“彻底”是指制种田内全部母本植株的雄穗抽去，必须做到一穗不漏，不论主轴和分枝一枝不留，一段也不留；“超前”是指摸苞带叶去雄。

去雄方法有人工去雄和机械去雄。人工去雄是目前玉米杂交制种去雄的主要方式，即采取人工一次性逐行、逐株摸苞带叶去雄的办法。即母本植株的雄穗尚未露出顶叶时，连同顶叶一起将雄穗拔除，可带1～2片叶。这样可将去雄时间提前3～5 d，可避免残留分枝或小穗，确保去雄质量，还可使母本提早抽丝3～5 d，提高产量。机械去雄是近两年引进美国产的等去雄机后的一种新方式，需与播种环节的机械化相配套，对田间长势整齐度要求较高，而且需人工进行彻底清理漏株或残枝。

4.适时割除父本

玉米制种要求授粉后要适时割除父本，这样能提高群体中、下层的透光率，使叶片合成能力增强，能在后期保持较大的功能叶面积，延长叶片功能期，还能加大通风率，有利于加强光合作用。对母本植株生育进程不一致、有早中晚苗的制种田，适时割父本可以避免晚苗未成熟的籽粒混入正常成熟的种子中，这对保证杂交种的发芽率，提高商品种子品质具有实际意义。

5.适时收获

为保证种子质量，尤其是保发芽率，收获时期必须掌握好。一般以乳熟末期为适期早收的临界期，蜡熟期为最适时期。试验表明，乳熟期收获，虽然对发芽率影响不大，但种子活力较低，出苗率不高，生产田减产显著，收获为时过早。乳熟期的种子已具有较好的种用品质，是适期早收的临界期，如在扒皮晾晒时遇低温霜冻，可以抢收。蜡熟期已进入比较理想的收获期。蜡熟末期与完熟期已无差异，为加速脱水应早收。

6.及时干燥，加速脱水

种子水分含量过高，在生育后期和收获后容易受低温霜冻危害而降低甚至丧失发芽力，在堆放、运输、贮藏时又容易造成发热、发霉，也会降低或丧失发芽力。收获时水分过高又会给晾晒脱水加大困难和造成冻害或发热的危险。因此，水分是种子发芽率降低的主要因素之一，在生产中必须抓紧、抓早、抓好种子脱水工作，力争在收获前大幅度降低，收获后快速降低种子含水量，使其尽快达标。种子应脱水至安全含水量以下贮藏，加速脱水可以采用田间扒皮晾晒、收后自然晾晒、机械烘干等3种方式。

(1)田间扒皮晾晒　收获前后在田间脱水应尽量抓“早”，以便利用前期温度比较高的有利条件，加速脱水进程。其具体措施有：①站秆扒皮晾晒。当制种母本果穗进入蜡熟初期、甚至可以在乳熟后期开始进行，不动茎秆只将果穗苞叶剥开，要一剥到底，不能留在籽粒上面，使籽粒均匀受光、通风，降水进度一致，并防遇雨存水，否则反而增加种子水分，延迟脱水，时间要集中在1～2 d内将同一隔离区内的全部果穗剥完。据测定，晾晒前期每天脱水2.5%～3%，晾晒后期每天脱水1%～1.5%。扒皮晾晒在可能的范围内(指籽粒成熟度)越早越好。②折秆扒皮晾晒。剥苞叶方法和要求与站秆扒皮相同，其不同点在于剥开苞叶的同时，将穗位上的茎秆扭曲弯折至果穗下面，使剥开苞叶的果穗居于植株的最上端，完全暴露在阳光之下，通风无阻，以促果穗更快脱水。因果穗完全裸露，上部没有茎叶遮盖，更应严防低温霜冻。③早收结合高茬晾晒。在蜡熟末期籽粒开始变硬时即收获，对于难脱水的自交系，还可提前到蜡熟初期进行，以利用较前时期的光照和相对高温，促加速脱水。在收穗的同时，将玉米茎秆上部割掉，根据母本自交系的株高、穗长、茎秆强度决定留茬高度，植株矮、穗较小、茎秆较弱的留茬低些，反之可高些，一般留茬高度为 60～100 cm。然后将果穗外部的苞叶剥掉，留下里面的 3～4 片苞叶，分别将 2～3 个果穗的苞叶系在一起，挂于茬上，2～3 d 转动一次，使每个穗的各面均匀脱水，直至达到标准水分为止。但是，在晾晒期间万一遇到霜冻，也必须提前运回，加以苫盖保护，如尚未达到标准水分，在温度升高后继续晾晒脱水。

(2)收后自然晾晒　果穗自然晾晒一般采取“四上”的办法：一是上架，又分两种形式。其一是用植秆搭成约 1.5 m 高的南北向三角形架，挂穗晾晒，除顶秆一层外，两侧还可各挂两层。其二是搭 1 m 左右高的平台架晾晒，此法多用在未留苞叶的光穗。要两天翻动一次。二是上房，包括房顶和向阳的窗台。平顶房和窗台摆放果穗层数不宜多，要经常翻动。三是上墙：包括院墙和院内花墙，上房与上墙果穗堆放宽度不超过两穗长，高度不超过 50 cm。两天翻动一次，变换果穗所在的层次和果穗的上面。四是上树，即利用落叶的树秆和树枝挂穗晾晒。目前，在西北地区普遍采用戈壁滩、沙滩平摊集中晾晒、网袋和网框结合等形式晾晒。

(3)机械烘干　机械烘干是将加热空气先通过一个含水量较低的玉米穗仓，加热空气吸收少量水分，然后再通过另一个含水量较高的穗仓，热空气顺着一个方向通过玉米果穗，经过一段时间不规则返转流动完成干燥过程，使玉米果穗的水分降至 14%再进行脱粒。随着我国主要玉米制种区晾晒条件的日趋紧张、种子质量要求的不断提高以及我国种子加工机械化的发展，规模化、机械化的大型烘干设备必将成为今后种子安全脱水的主要方式。

二、鲜食玉米杂交种种子生产技术

鲜食玉米又称菜用玉米或果蔬玉米，顾名思义就是收获新鲜果穗食用或加工的玉米，主要包括糯玉米(包括糯加甜玉米)和甜玉米。与普通玉米相比，鲜食玉米具有甜、糯、香、嫩等特殊的风味和很高的营养品质，其市场价格和种植的经济效益较高。因为是收获新鲜果蔬，鲜食玉米又具有生产周期短的特点。近年来，随着我国经济的发展和人民生活水平的提高，我国鲜食玉米栽培面积增加很快。目前，我国已成为全球最大鲜食玉米生产国和第二大甜玉米生产国。糯玉米是玉米在 16 世纪传入中国后 wx 基因发生突变而形成的一种新玉米类型，其籽粒几乎不合成直链淀粉，表现为糯质。除了籽粒为糯性外，糯玉米的产量等农艺性状与普通玉米差别不大，因而其杂交种子生产技术基本与普通玉米基本一样。

甜玉米起源于美洲，20 世纪中叶传入我国，可分为普通玉米、超甜玉米和加强型甜玉米三类。其中，超甜玉米是生产上利用最多的类型。与普通玉米相比，甜玉米因籽粒糖分不能正常转化成淀粉而瘦瘪，造成发芽率往往较低。此外，多数甜玉米自交系还具有较强的分蘖力，这都给甜玉米制种造成一定的困难，因而其杂交种子生产技术与普通玉米有一定程度的不同。

下面具体介绍甜玉米杂交种种子生产技术及质量控制关键技术与普通玉米的不同之处。

(一)田间生产技术

(1)去分蘖　甜玉米有分蘖习性，分蘖长不成果穗，且与主茎争养分与空间，愈早去掉愈好。在拔节前结合中耕，把主茎基部分蘖全部打掉。去分蘖应在晴天进行，防止损伤主要根系，促使伤口愈合，减少病害侵染。

(2)水肥管理　甜玉米前期生长慢，稳定期短，衰落期快，灌浆期短，必须早追肥，尤其是苗肥一定要跟上。甜玉米需磷、钾肥高于普通玉米，缺磷及干旱能导致花期分离，授粉不良，形成秃尖，影响品质。以基肥为主，追肥为辅，磷、钾肥早施，氮肥分期施。每667 m^2 施氮肥16 kg、磷20 kg，钾5 kg。浇水4～5次，掌握前促后控的原则，尤其抽雄前10 d至吐丝后20～30 d应保持田间湿润，后期土壤不干旱即可不浇水。

(二)种子质量控制关键技术

甜玉米种子由于比较瘦瘪，与普通玉米相比，种子容易受伤破损。如何改进超甜玉米种子活力弱、发芽率低的问题是当前甜玉米种子生产上亟待解决的难题。因此，甜玉米种子生产质量控制与普通玉米相比，其差异主要在隔离、收获、运输、晾晒及脱粒等方面。

(1)隔离　采用空间隔离时，与其他玉米花粉来源地至少相距300 m。采用时间隔离时，花期间隔时间应在20 d以上。

(2)及时收获　甜玉米不同于普通玉米，种子成熟后籽粒含水量仍然很高，所以要及时收获，不主张在茎秆上自然风干。如不及时收获，遇到持续降雨，很容易霉烂，尤其是被玉米螟咬过的果穗更严重。

(3)安全运输　制种玉米果穗在运输过程中，最好用塑料筐分装，筐中不能装得过多，以防压迫果穗种皮，影响种子的发芽率。

(4)细心晾晒　将收获玉米穗运到晒场，除去苞叶和花丝，置通风处晾晒，避免在水泥晒场上高温暴晒，以免伤及种胚。晾晒时经常翻动，果穗厚度不要超过两层，翻动过程中避免用脚踩在玉米穗上，以免弄伤种子。

(5)精细脱粒　在脱粒过程中应小心精细，以免弄破种子，影响发芽率。如用脱粒机脱粒，应选用转速较低、破坏力小的机型，以减少种子破损率。

应用案例1——玉米杂交制种花期调节

甘肃省某公司在甘肃省张掖市甘州区沙井镇东四号村开展‘豫玉22号’杂交种子生产，在技术人员的指导下基地严格按照该企业所制定的技术规程3月中下旬开展整地、覆膜，4月10日将委托生产企业包衣处理的亲本种子发放到种子生产户，4月16日开始播种，4月18日完成母本播种。但是4月19日下午技术人员在田间调查时发现地下金针虫对播种后已吸水膨胀亲本种子造成为害，4月20日企业决定技术人员深入田间逐块进行调查。调查结果显示，整个基地133 hm^2 多制种几乎全部受到金针虫的为害，播种越早受害程度越高，虫口密度也越高，甚至一粒种子上有8～9条金针虫同时在为害，而与本村相邻的其他企业相同组合、相同播种期的基地中也有金针虫发生，虫口密度也较大，但到种子周围已经死亡或濒临死亡，对亲本种子没有造成任何为害。经多方调查分析得知两家企业亲本种子处理所用种衣剂剂型不同，防虫效果差异明显。为了降低企业与基地农户的损失，企业决定重新调运亲本种子，改换当地常用的种衣剂进行亲本处理，组织农户于4月23日开始错行重新播种，25日改播结束。由于母本播期延长并拖后一周，父母本又是错期播种，将会造成严重的花期不遇。面对如此突发事件，该企业经过全面调研分析制定了一系列花期调节措施，并在当年生产的各环节中严格落实并适时进行调节，确保了当年花期很好相遇，挽救了企业和基地农户的损失。主要调节措施为：①将父本分二期播种调整为三期播种，一期占 50%，二期父有占 30%，三期占 20%。②根据土壤中母本生态变化指标确定三期父本的具体播种时间。③在营养生长期定点观察父母本叶龄变化情况，在生殖生长期严格利用倒剥叶片法预期花期，预测花期并采取相应措施催促生长慢的亲本，抑制生长较快的亲本，其中 6 月 10—13 日、6 月 20—23 日、7 月 2—4 日采用偏追氮肥促生长，7 月 20 日采取叶面喷施高效复合肥促生产亲本，同时采取断根的措施抑制生长较快亲本。④根据不同地块生长情况下适时推迟母本去雄时期，去雄时间推后 7～10 d，去雄工作从 7 月 15 日陆续开始启动。⑤加大人工授粉力度，7 月 30 日—8 月 5 日每天进行摇株授粉。

应用案例 2——晾晒杂交玉米种子确保种子质量

甘肃是我国重要的玉米制种基地，河西地区光热资源丰富，戈壁滩干燥、多风、地温高、水分蒸发快，可以建立标准化晾晒场，配套先进、高效的作业、管理技术，克服了分户晾晒、机械干燥方法劳力、设备投入多，成本高，冻灾风险大，种子质量不稳定，管理麻烦等弊端，为河西地区玉米种子晾晒加工提供了新模式。张掖市多成农业有限公司通过分析黑河流域张掖灌区——甘州区近 30 年来 10 月天气变化特征及演变规律，探索出投入少，节能环保、防止冻害、种子质量安全可靠、简便易行的玉米种子自然晾晒技术。通过近几年的推广，该项技术已成为河西地区 95%以上的制种企业采用的主要晾晒模式。他们将晾晒时段划分为三个时段：

(1)最佳晾晒期　9 月 23 日至 10 月 13 日，历时 20 d，气温变化范围 5～30℃，日平均气温 10℃以上，降雨量 10 mm 以内，蒸发量 100 mm 以上，风速 10～25 km/h，累计日照时段达 200 h 以上，极端最低气温不低于－5℃，采用自然晾晒可使玉米果穗含水量快速降到 18%以下安全水分。

(2)适宜晾晒期　9 月 23 日至 10 月 23 日，历时 30 d，气温变化范围 0～30℃，日平均气温 7.5℃以上，降雨量 20 mm 以内，蒸发量 150 mm 以上，风速 10～25 km/h，累计日照时段达 250 h 以上，极端最低气温不低－8℃，95%以上保证年份不会出现低于－8℃极端气温，适时采用自然晾晒技术可使玉米果穗安全脱水。

(3)风险晾晒期　10 月 13 日至 11 月 3 日，果穗含水量还在 25%～35%的玉米种子，采用自然晾晒存在冻害风险，为保证种子安全脱水，必须及时采用晚上或降温日覆盖、扣棚等辅助晾晒措施，才能有效规避冻害风险。最佳晾晒时段干燥的种子水分均衡、芽势强、芽率高、色泽鲜艳，发芽率≥95%。

本章小结

本章介绍了玉米生物学特性、种子生产概况、玉米异花授粉率在 95%以上，玉米为典型的异花授粉作物。如果操作不当，很容易发生混杂退化，丧失其原有的品种特征特性。然而，玉米是雌、雄同株异花，而且花器大，便于去雄和生产杂交种。由于具有明显的杂种优势，杂交种已经几乎完全取代了传统的常规种，而在杂交种中又以单交种为主。玉米杂交种生产过程包括自交系种子生产和杂交种种子生产。其中，自交系种子生产是杂交种种子生产的基础和关键。自交系原种生产可利用育种家种子经套袋自交或姊妹交,也可以在严格隔离和在抽雄开花前严格去杂除劣条件下经自由授粉繁殖生产。为降低自交系变异和混杂的可能性,生产上可一次超量繁殖,多年贮存使用。自交系一旦发生混杂,必须通过提纯的方法(如三年三圃法、二年二圃法、穗行测交提纯法、穗行鉴定提纯法和穗行半分提纯法)重新生产自交系原种,采取防杂保纯措施,尽可能恢复自交系的纯度和典型性。玉米杂交种种子生产过程中除了严格隔离、制种基地生产条件、栽培管理均优于普通的大田外,父母本的行比、播期、花期的预测与调节、母本的去雄、人工辅助授粉、父本割除等环节是保证玉米杂交种产量和质量的关键。

思考题

一、名词解释

单交种、双交种、三交种、地方品种、马齿形、硬粒形、水果玉米、中国"镰刀弯"地区。

二、问答题

1. 简述玉米自交系原种生产技术。
2. 简述玉米自交系提纯繁殖技术。
3. 试述杂交玉米种子生产的主要关键环节。
4. 试述去雄去杂的依据和方式。
5. 阐述玉米制种过程中如何进行花期预测。

三、论述题

1.试解释为什么杂交玉米种子收获时其含水量不应高于35%。

2.目前,很多种子公司没有自己的品种,多数情况下都是购买他人的品种开发权。去年冬天,某公司刚购买某科研院所的一个玉米品种的生产和销售权,该科研院所也已按合同要求按时将少量父母本原种移交给该公司。如果你是该公司的生产负责人,你该怎样开展工作,尽快批量生产出质量高、成本低的杂交玉米种子,使公司的利润达到最大化?

第四章　棉花种子生产技术

知识目标

◆ 了解棉花的生物学特性，熟悉棉花的花器构造和开花结实习性。

◆ 理解棉花原种种子生产、常规品种种子生产、杂交种子生产的基本原理和技术要点。

◆ 掌握棉花原种种子生产技术、常规品种种子繁殖技术和人工去雄杂交制种技术。

能力目标

◆ 能根据生产计划制定种子生产技术方案。

◆ 熟悉棉花原种种子生产、常规品种种子生产、杂交种子生产的技术规程。

◆ 能够对常规品种种子繁殖、亲本种子繁殖和杂交制种进行种子生产管理与技术指导。

第一节　棉花概述

棉花是我国重要的经济作物，种植带大致分布在北纬 18°～46°，东经 76°～124°，分为新疆棉区、黄河流域棉区和长江流域棉区，种植面积主要集中在新疆、山东、河北、湖北、安徽、河南、江苏、湖南、天津、江西等地，其中新疆种植面积约占全国的 68%。据中国国家统计局数据，2016 年，我国棉花播种面积 334.474 万 hm^2，总产量 529.945 万 t。棉花生产面积大，种子需求量大，为棉花生产提供数量充足、质量优良的种子是种子生产工作者的一项重要任务。

一、棉花栽培种及品种类型

(一)棉花的栽培种分类

棉花属于锦葵科棉属植物。棉花栽培种分陆地棉、海岛棉、亚洲棉(也叫中棉)、非洲棉(也叫草棉)4 大类，至 20 世纪 50 年代，亚洲棉、非洲棉完全被陆地棉和海岛棉取代，所以目前全世界主要产棉国家，包括我国在内，主要种植的是陆地棉品种，其次是海岛棉。陆地棉和海岛棉均为四倍体，细胞内单元染色体数为 26。

(1)陆地棉　陆地棉为一年生植物。植株较大，基部叶枝较少或没有；叶大掌状，3～5 个裂。花冠大，乳白色；苞叶长大于宽，心脏形；花药排列较稀。棉铃大，卵圆形或圆形，表面光滑，有不明显的油腺，4～5 室；每室有种子 5～11 粒，种子上被有较细长的纤维和短绒，衣分高。

(2)海岛棉　海岛棉有多年生与一年生两种，植株较陆地棉高大，基部有较多叶枝。叶片较大，3～5 裂。花较小，花冠硫黄色，基部有红斑；苞叶长宽基本相等，心脏形；花药排列较密，上下花丝长度相等。棉铃较陆地棉小，一般 3 室，基部宽顶部尖，铃面粗糙，有明显凹点(油腺)；每室有种子 5～8 粒，种子较大，多为光子或端毛子；衣分较低，纤维细长，色浅黄有光泽，品质优良，称为长绒棉。海岛棉产量不高，且对光温条件要求较严，适应性不及陆地棉，故种植面积不广。

(二)棉花品种分类及主要品种

1.棉花生产应用品种分类

根据品种的遗传基础、利用形式和商品种子生产方法等分类，目前我国棉花生产上应用的品种可以概分为：常规品种与杂交组合，非转基因品种与转基因抗虫品种。此外，根据品种纤维特性，还可以分为普通棉品种、优质棉品种、强纤维品种、彩色品种等。这些分类不是绝对的，类别之间会有交叉，如一个常规品种，它可能是普通品种，也可能是转基因抗虫品种。

(1)棉花常规品种与杂交组合棉花　常规品种常称为常规棉，是一类基因型基本纯合的品种，只要做好防杂保纯，可以连年留种使用。棉花杂交组合一般也叫作杂交棉，利用的是两个遗传背景不同的纯系品种或品系作亲本杂交后获得的杂种一代(F_1)，有的还利用杂种二代(F_2)，其个体基因型是杂合的，但群体内个体间的遗传型相同，因而群体性状是整齐一致的，具有强大的杂种优势，可作为生产用种。

(2)棉花非转基因品种与转基因抗虫品种　非转基因品种是指利用常规育种手段选育出来的一类品种，不含有外源基因。转基因抗虫品种是指利用现代生物技术，将具有抗虫功能的外源基因(如 *Bt* 基因)导入到棉花品种或育种材料而选育出来的一类具有抗虫能力的品种。

2.我国棉花生产主栽品种

新中国成立以来，我国有组织地在全国范围内进行了多次棉花品种更换、更新。大体上在 20 世纪 70 年代以前，我国棉花生产上使用的品种全是常规棉品种，70 年代起开始使用杂交棉品种，90 年代中后期抗虫杂交棉品种开始在我国兴起。

目前，棉花生产上形成了多种品种类型并存，不同品种类型区域分布的格局。据农业部全国农技推广服务中心数据，2016 年，常规棉品种植面积占总面积的 84.7%，杂交棉占 15.3%。常规棉主要分布在新疆及华北地区，新疆主要使用非转基因棉花品种，主要有中棉所 49 号、新陆早 45 号、新陆中 37 号、新陆中 54 号、新陆中 46 号等；华北地区主要使用转基因抗虫棉品种，主要有国欣棉 3 号、鲁棉研 37 号、冀棉 958、鲁棉研 36 号、国欣棉 9 号等。杂交棉分布在各产棉区，以湖北、新疆、湖南、安徽为主，使用的几乎都是转基因抗虫棉品种，主要有鲁棉研 24 号、瑞杂 816、鄂杂棉 29、鄂杂棉 10 号、中棉所 63、铜杂 411、鄂杂棉 28 等。

二、棉花生物学特性

棉花喜温好光，对温度敏感，属于短日照作物，营养生长与生殖生长重叠时间长。

(一)棉花的生命周期

棉花的一生可以用全生育期、生育期或大田生长期来代指。全生育期是指从播种到开始吐絮所经历的时期,长江流域一般为 140 d 左右。生育期是指从出苗到开始吐絮经历的时期,一般为 130 d 左右,较为稳定,能够比较准确地反映品种的熟性。大田生长期是指从播种到收花结束的整个生长周期,一般为 200 d 左右。根据器官的形成过程,可将棉花大田生长期划分为播种出苗期、苗期、蕾期、花铃期、吐絮期五个时期。

播种出苗期是指从棉籽播种、萌发,到子叶出土、平展经历的时期。长江流域一般在 4 月中、下旬播种,出苗期长短受温度影响较大,直播一般 10～15 d,保护育苗 7 d 左右。苗期是指从出苗到现蕾的时期,经历 30～50 d。苗期是以根系生长为主的纯营养生长的时期,同时长茎、发叶,并开始花芽分化。蕾期是指从现蕾到开始开花的时期,一般经历 25～30 d。棉花蕾期进入生殖器官生长,但仍以营养器官旺盛生长为主,蕾期积累的营养对后期产量奠定基础。花铃期是指棉花开花到开始吐絮的时期。花铃期营养生长与生殖生长两旺,是决定棉花产量的关键时期。单花一般历经 50 d 左右,大田群体可达 60～90 d。吐絮期指从开始吐絮到全田收花结束的时期,一般历经 80 d 左右。种子棉在此期要及时采摘,以保证种子活力。

(二)棉花的生长发育与形态

(1)种子萌发与出苗　棉花种子萌发需要适宜的环境条件,一般要求土壤水分达到田间最大持水量的 70%～80%,日平均气温 28～30℃,最低温度因品种不同而不同,为 10.5～12.0℃,最高温度为 40～45℃。种子萌发后子叶出土平展,称为出苗,出苗适宜温度为 17℃。

(2)根、茎、枝、叶　棉花根系属于直根系,由主根、侧根、支根与细根组成。主根一般可达 2 m 左右,四周侧根可水平扩展达 60～100 cm。主茎直立,其上着生分枝,分枝有叶枝与果枝之分,叶枝分布于第 3～5 节或以上,果枝分布于第 5～6 节或以上。棉花真叶由托叶、叶柄、叶片三部分组成。叶柄的长短因品种和栽培条件而异;叶片为掌状,通常有 3～5 裂口或更多,裂口深浅因品种而异。见图 4.1。

图 4.1　棉花的茎、果枝、叶、铃、吐絮

(3)现蕾　棉花出苗后 30～60 d 开始在第一果枝的近主茎处出现花蕾，以后由下向上、由内向外逐渐现蕾，一般一个果枝上可以形成 3～7 个花蕾。决定棉株能不能现蕾以及现蕾的早晚的主要因素为气温的高低、品种特性及栽培管理措施等。现蕾要求日平均气温 19～20℃及以上，以 25～30℃为适宜，但超过 30℃现蕾迅速减慢，夜温超过 30℃时，幼蕾脱落增多。

(4)开花

①棉花的花器构造　棉花为无限花序，花为单生两性花，位于果枝的节上。花属于完全花，由花柄、苞叶、花萼(萼片)、花冠和雌雄蕊组成(图 4.2)。棉花的花冠大而鲜艳，花器官中具有蜜腺，花粉粒表面有棘突等，便于昆虫传粉，基本上是虫媒花。

1. 花冠　2. 柱头　3. 雄蕊　4. 雄蕊管　5. 苞叶　6. 子房　7. 花柄

图 4.2　棉花花器官及纵剖面图

棉花的苞叶有 3 片，位于花的最外层，开花前，幼蕾完全由苞叶包裹；苞叶形似三角形，上缘锯齿状，基部分离或联合。在苞叶外侧基部各有一圆形蜜腺；花萼 5 片，上缘五裂齿型，联合成环状，围绕在花冠基部。由于花萼宽度很小，始终隐藏在苞叶的里面，平常不易看见。花萼内侧有一圈蜜腺；花冠由 5 片花瓣组成，花瓣呈倒三角形，螺旋状互相重叠排列。陆地棉的花瓣初开为乳白色，后变为红色、紫红色，最后脱落；雄蕊多，达 60～100 枚。花药肾形，内有花粉 100 粒左右，花粉圆球形，有刺突，含有大量淀粉。花丝基部联合成雄蕊管，在雄蕊管上排成 5 棱，与花瓣对生，每棱上有两列。雄蕊管套在雌蕊的花柱外面，并与花冠基部连接，因此在棉花去雄时，只要从花冠基部撕开，就可以将所有雄蕊和花冠一起剥去；雌蕊由柱头、花柱和子房组成，位于花的中央，属于合生雌蕊。花柱从雄蕊管中伸出，柱头 3～5 裂，覆盖有一层单细胞柱头毛，易黏附花粉粒。子房有 3～5 室，每室倒生胚珠 9～11 个，因此一个子房可着生 50～60 个胚珠，每一胚珠受精后发育成一粒种子。

②开花与结实　棉花一般现蕾后 25 d 左右开始开花。开花适宜温度为 25～30℃，适宜相对湿度为 80%左右，长江流域一般在 7 月上旬开始开花，9 月上旬结束。开花的前一天下午，隐藏在苞叶内的花冠急剧生长，从苞叶顶部露出，第 2 天开放。棉花开花先从第一果枝起，然后沿主茎由下向上、由内向外呈圆锥形螺旋式开放，与现蕾顺序一致。棉花多在上午 8:00—10:00 开花，下午 3:00—4:00 以后花瓣逐渐枯萎，第 3 天脱落。

在自然条件下，棉花花粉生活力能维持 24 h 左右，但开花当天下午就开始减退，由于含有大量淀粉，遇雨易破裂而丧失生活力。柱头生活力能维持到开花后第 2 天，但以当天授粉最好。

(5)棉铃与种子　棉花授粉后 24～48 h 完成受精，子房逐渐膨大为棉铃。棉铃为蒴果，呈卵圆形，铃面光滑，正常铃成熟后吐絮，见图 4.3。

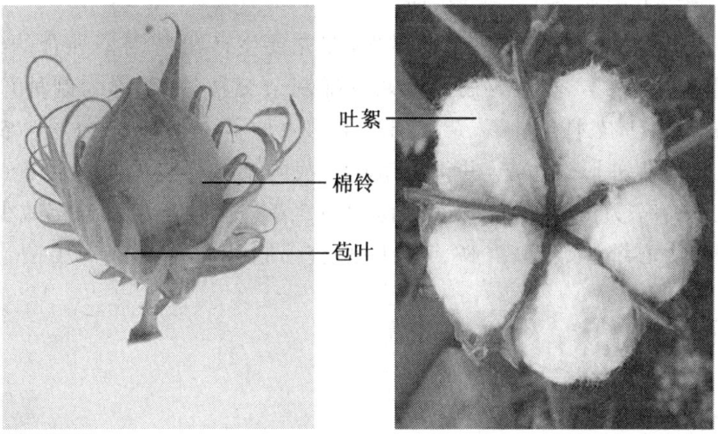

图 4.3　棉铃与吐絮

完成受精后子房内胚珠发育成棉籽(种子)，20 d 左右以后的种子胚就有了发芽能力。成熟种子呈卵圆形，褐色，上被长纤维和短绒毛，脱去长纤维后(毛子)即可作种用，也可以脱绒后(光子)作种用，见图 4.4。如环境条件良好，棉铃每室内的 9～11 个胚珠都可形成种子；如果种子成熟期间气温过高、过低，光照不足，干旱，湿度太大，肥料缺乏，受精不良，则出现瘪籽。种子成熟期间棉株长势强，温度高，养分、水分充足，则种子大而饱满；反之则小，成熟不良。因此，一般棉株主茎下、中部的棉铃棉籽大而饱满，而上部及外围棉铃内的种子较小。

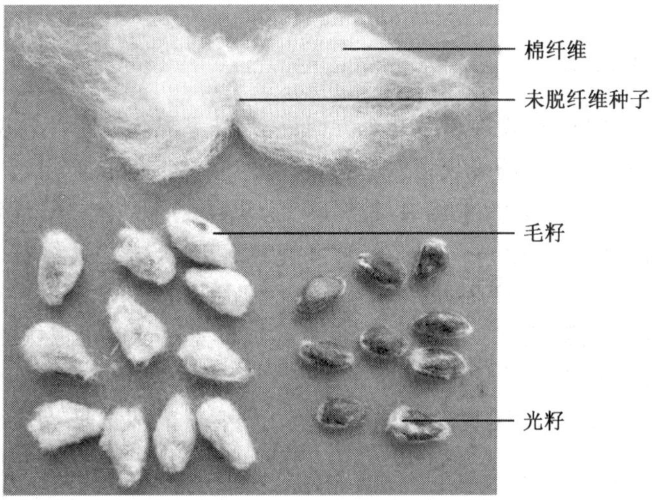

图 4.4　棉花的种子

三、棉花种子生产概况

目前，我国棉花种子生产种类总体分为常规棉种子生产和杂交棉种子生产两大类。

常规棉种子生产一般称为繁殖。棉花种子繁殖程序简单，生产方式与商品棉生产基本一致，成本较低，但要求以原种生产为基础，采用严格的隔离和除杂技术。常规棉种子目前以种子企业生产为主，据农业部全国农业技术推广服务中心统计数据，2017 年全国常规棉种子繁殖面积 6.76 万 hm^2，生产种子 1.065 亿 kg.

杂交棉种子生产也是一个先纯后杂的过程，即先要生产出基因型纯合的纯系品种或品系（一般称为亲本繁殖）做亲本，然后再用两个亲本配制杂交种（一般称为制种），生产过程复杂、周期长、成本较高。由于技术含量高，杂交棉种子均由种子企业通过"公司＋农户"的委托制种形式或公司自建基地制种形式生产，并供应市场。我国杂交棉制种面积从 2003 年开始大幅度扩大，2005 年达到 0.97 万 hm^2 的高峰，此后除 2008 年外其他年份均逐年减少，据农业部全国农业技术推广服务中心统计数据，2017 年全国杂交棉制种面积 0.087 万 hm^2，生产杂交棉种子 113 万 kg。

第二节　棉花原种生产技术

棉花是常异花授粉作物，以自花授粉为主，主要性状多处于同质状态，又由于有 3%～20%的自然异交率，遗传基础比较复杂，放任种植的群体在一些性状上处于异质状态，容易出现品种混杂退化，严重影响棉花的产量和质量。为了保证大田用种的种性和种子纯度，无论是常规品种还是杂交亲本，种子生产必须按照程序进行，坚持原种生产，用原种种子繁殖大田用种。

一、棉花品种的混杂退化

（一）混杂退化的表现

棉花品种混杂退化主要表现在以下几个方面：一是株型异化。有的表现为植株矮小，生长较弱，果枝与主茎夹角较小；有的表现植株高大，主茎与果枝节间长而粗，夹角变大，中下部结铃少。二是铃型变小。或长形，铃尖偏尖，铃重降低，开裂小、吐絮不畅；或铃尖钝大，椭圆形，铃肩明显，吐絮不畅，絮朵大小不一。三是籽形多样。有多毛大白籽、绿籽、灰褐籽、稀毛籽等类型，籽指（100 粒毛籽的重量）变幅大。四是衣分下降。退化品种衣分（籽棉中皮棉重量占籽棉重量的百分率）显著下降，只有 32%～35%。五是绒长变短。退化棉株的绒长（每个棉瓣中取中部 1 粒籽棉，用分梳法测量长度，求平均绒长，再除以 2，以 mm 表示）一般可下降 1～2 mm，纤维整齐度变差；此外，还表现为抗病虫能力下降，叶片变薄，花冠变小，成熟期不一致等。

（二）混杂退化的原因

引起棉花混杂退化的原因主要有生物学混杂、机械混杂、剩余变异、不合理的人工选择、自然突变等，其中生物学混杂和机械混杂是最主要的原因。棉花是常异花授粉作物，遗传组成复杂，而且棉花花朵大，色泽鲜艳，蜜腺发达，开花期长，能吸引近 30 种昆虫传粉，种子生产田如果没有采取严格隔离措施，必然与周边棉花品种发生天然杂交，或者如果品种群体中的杂株没有及时除去，很容易发生杂株异质基因的扩散。据调查，一个棉花品种群体如果含5%杂株的，田间种植五代后，将有57%左右的植株发生生物学混杂。机械混杂往往发生在种子处理、播种、收获、运输、晾晒、加工、贮存等环节，操作过程如果出现失误就会造成异品种种子的混入。

(三)防止混杂退化的措施

棉花种子生产时采取严格的隔离措施和严格除杂除劣，在种子生产的各个环节严格按照技术规程的要求操作，避免异品种种子的混入，可以减轻和延缓品种的混杂退化。而持续开展品种的原种生产，是避免或克服品种混杂退化的发生，持续保持品种的优良特性和种子纯度的最关键的技术措施。

二、棉花原种生产

20世纪50年代起，我国棉花原种生产通常采用以单株选择、株行鉴定、株系比较、混系繁殖为生产程序的"三圃制"技术；80年代以后，兴起了以建立自交系保持品种纯度、混系繁殖扩大种子量自交混繁法。《棉花原种生产技术操作规程》(GB/T 3242—2012)规定了"三圃制"和"自交混繁法"的棉花原种(包括杂交棉亲本种子)的生产技术要求。

(一)"三圃制"原种生产技术

"三圃制"原种生产采取单株选择、株行鉴定、株系比较、混系繁殖程序(图4.5)，生产过程历时较长，但效果好，能够有效地解决棉花品种的混杂退化问题，恢复和保持品种种性、纯度。

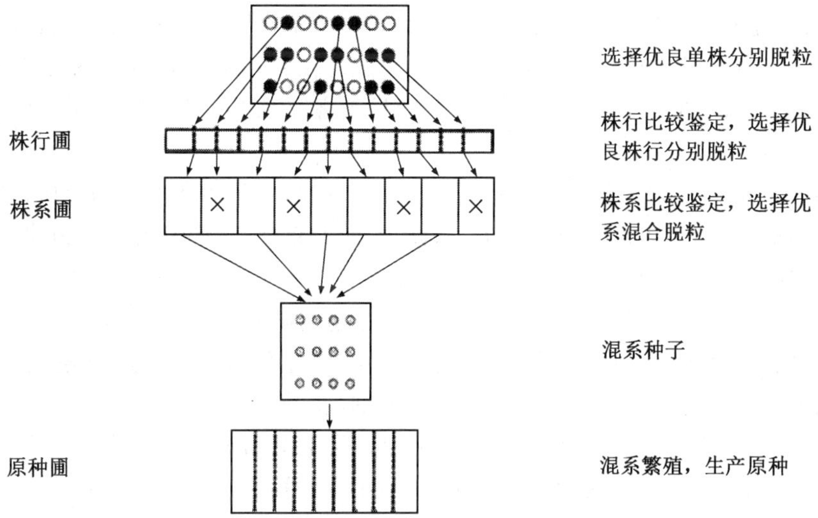

图4.5　"三圃制"原种生产程序示意图

(引自金文林，《种业产业化教程》，2003)

1.生产基地的选择

选择地势平坦、土地肥沃、排灌方便的地块，以利高产；隔离距离300 m以上，以杜绝生物学混杂。

2. 单株选择

单株选择在原种圃或已决选的株系圃中进行，也可以用纯度高的种源单株种植设置选择圃。

(1)选株　第一次在结铃盛期，着重观察叶形、株型、铃型等形态特征，做好标记。第二次在吐絮后、收花前，着重观察结铃和吐絮情况。单株选择的数量应根据下一年株行圃计划面积确定，一般每 667 m^2 株行圃需 80～100 个单株；田间选择时，每 667 m^2 株行圃一般要初选 200 个以上单株，以备考种淘劣。

(2)收花　初选单株每株统一收中部正常吐絮铃 5 个(海岛棉 8 个)以上，一株收的铃装一个袋，晒干贮存供室内考种。霜后花不作种用。

(3)室内考种决选　初选单株考种包括 6 个项目：单铃籽棉重(取样棉铃的平均籽棉重，以克表示)、绒长及其异籽差(同一单株各粒籽棉绒长间的最大差距，单面不应超过 4 mm)、衣分、籽指、异型异色籽。考察绒长，每单株随机取 5 瓣籽棉，每瓣各取中部籽棉 1 粒，用分梳法测定；单株所收籽棉轧花后，计算衣分率；在轧出的棉籽中任意取 100 粒(除去虫籽和破籽)测定籽指、异型异色籽，异型异色籽率(明显不同于本品种的异型和异色的种子占考察种子总数的百分率)要求不超过 2%。单株最后决选率一般为 50%。

3. 株行圃

将上一年决选的单株种子分行种于株行圃。根据种子量多少，行长一般 5～10 m，顺序排列，留苗密度比大田稍稀，每隔 9 个株行设一对照(本品种的原种)行。每区段的行长、行数要一致，区段间要留出观察道 1.0～1.2 m，四周种本品种的原种 4～6 行作保护行。

(1)株行鉴定　目测记载出苗、开花、吐絮的日期。苗蕾期观察整齐度、生长势、抗病性、抗虫性等。经移苗补苗后，缺苗 20%以上者初步淘汰。花铃期着重观察各株行的典型性、一致性和抗病性、抗虫性。吐絮期根据生长势、结铃性、吐絮的集中程度，着重鉴定其丰产性、早熟性等。

田间纯度的鉴定分两次进行。第一次在盛蕾初花期，着重考察株型和叶形；第二次在花铃期，着重考察株型、铃型、叶形、茎色、茸毛、腺体、花药颜色等，特别是铃型。为使品种典型性得以充分表达，化学调控以轻控为宜。

(2)田间株行初选　根据田间观察和纯度鉴定，进行株行淘汰和初选。当一个株行内有一棵杂株时即全行淘汰；形态符合原品种典型性，但出苗、结铃性、早熟性、抗逆性等方面显著不同于邻近对照的株行也淘汰。其余株行初选，分行收花计产。

(3)室内考种决选　田间初选株行及对照行收花前，每株行采摘中部果枝第 1～2 节位吐絮完好的内围铃 20 个作为考察样品。考种项目：单铃籽棉重、绒长(20 粒平均)、纤维整齐度、衣分、籽指、异型异色籽率。株行考种决选按下列要求：单铃籽棉重、绒长、衣分和籽指与原品种标准相同，纤维整齐度 90%以上，异型异色籽不超过 3%，决选率一般为 60%。

(4)收花加工　先收淘汰株行，后分收决选株行。霜后花不作种用，但需先分收计产；落地籽棉作杂花处理，不计产量。先轧留种花，后轧淘汰花和霜后花。

4. 株系圃

将上一年当选的株行种子分别种植成株系圃和株系鉴定圃。株系圃每株系播种的面积根据种子量而定，密度稍低于大田；株系鉴定圃 2～4 行区，行长 10 m，间比法排列（每隔 4 株系设一对照区，以本品种原种为对照）。田间观察、取样、测产及考种均在株系鉴定圃内进行，并结合观察株系圃。田间观察鉴定方法同株行圃。

（1）株系选择 田间初选要根据观察、记载等资料进行综合评定。杂株率达 0.5%的株系全系淘汰；杂株率在 0.5%以内的株系，其他性状符合要求，则拔除杂株后可以入选。

（2）室内考种决选 每个株系和对照各采收中部果枝上第 1～2 节位吐絮完好的内围铃 50 个作为考种样品。考种项目和决选标准与株行圃相同，绒长需考察 50 粒。株系圃最后决选率一般为 80%。收花加工方法与株行圃相同。

5. 原种圃

当选株系的种子，混系种植成原种圃。种植密度可比一般大田略稀，可采取育苗移栽或定穴点播，以扩大繁殖系数，在盛蕾初花期、花铃期和吐絮期进行 3 次观察鉴定。要调查田间纯度，严格拔除杂株，田间杂株率不高于 1%。根据植株生长情况，划片随机取样，每一样点采收中部 100 个正常吐絮铃，共取 4～5 个样品，逐样进行考察，逐项考察单铃籽棉重、绒长（50 粒平均）、纤维整齐度、衣分、籽指、异型异色籽率。每一考察项目求平均值。以霜前棉籽留种，此即为原种。霜后花、落地籽棉作杂花处理。

6. 种子质量检验

依据《农作物种子检验规程》（GB/T 3543.1～3543.7—1995）进行检验，种子质量要达到国家标准《经济作物种子质量标准——纤维类》（GB 4407.1—2008）所规定的原种标准，即棉花常规种原种和杂交种亲本品种纯度不低于 99%，水分不高于 12%，净度毛籽不低于 97%、光籽不低于 99%，发芽率毛籽不低于 70%、光籽不低于 80%。

7. "二圃制"

"三圃制"原种生产费时较长，如果有世代低、纯度可靠的选株种源，如株系圃、原种圃，可以采用"二圃制"（也称简"三圃制"）。"二圃制"基本程序是从原种圃或定选的株系圃选择单株，进入株行圃比较，将定选株行种子混收，下季直接进入原种圃繁殖出原种种子。"二圃制"选株及二圃的操作技术要点与"三圃制"一致，但因简化了程序，可以比"三圃制"快一季得到原种种子。

（二）自交混繁法原种生产技术

自交混繁法是通过建立自交系保持品种纯度、混系繁殖扩大种子量的原种生产方法。该方法的特点是从育种家种子田中选择单株自交，除了能有效地保持品种种性和纯度外，生产成本只有"三圃制"的 1/5，简单易行（图 4.6）。

自交混繁法设置保种圃、基础（原原种）种子田、原种生产田，在营养钵育苗移栽的条件下，三者比例为 1∶20∶500。保种圃为自交株系种植圃，基础种子田即混系繁殖田。

1. 保种圃

（1）自交株系的建立 从育种家种子田中选择单株自交。选择株型、铃型、叶形等主要性状符合原品种特征特性的单株，并综合考察丰产性、纤维品质和抗病性、抗虫性等。选择单株时间第一次在盛蕾初花期，着重观察形态特征，中选株做好标记；第二次在结铃期，着重观察结铃情况，决选单株挂牌编号。共选择 400 个单株，于第五果枝开花时进行自交，一般选第 1～3

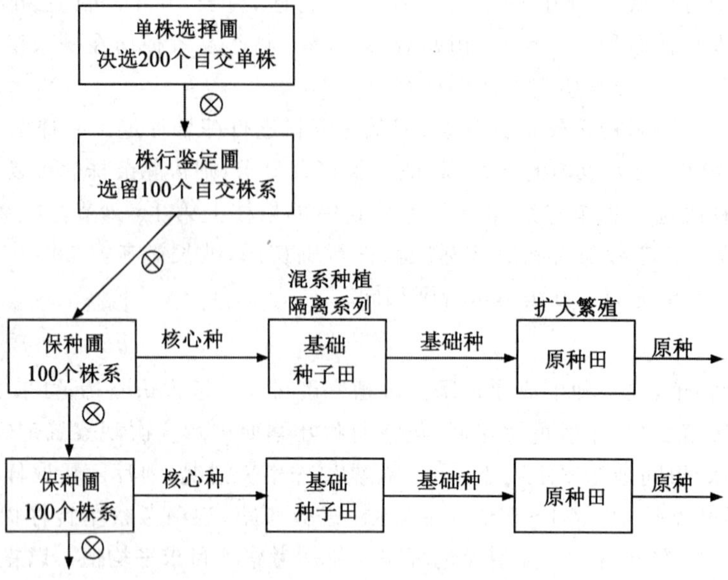

图 4.6 棉花自交混繁法程序示意图

（引自张万松等，《作物良种繁育与经营管理》，1993）

果节花自交，全株自交 15～20 朵，并做好标记。按编号分株采收自交铃，每株收 5 个以上正常吐絮的自交铃，随袋记录株号及铃数，经室内考种，决选 200 个单株备用。

(2)自交株系鉴定　将上年决选的单株自交种子按编号顺序分行种植成自交系，每系不少于 25 株，周围种植同品种原种作保护区。田间观察鉴定方法与"三圃制"株行圃的"田间观察鉴定"相同。在初花期选择符合品种特征特性、形态整齐、生长正常的自交系做好标记，于第 5 果枝开花时自交，每系的自交花量不低于 300 朵，分布于全系 2/3 左右的植株。田间决选的自交系按系采收吐絮正常的自交铃，经室内考种后，决选自交系不少于 100 个(另选 5～8 个作预备系)。室内考种项目与"三圃制"株行圃的相同。

(3)保种圃的建立　将上年当选的自交系按编号分别种植，每系株数根据原种生产计划面积按比例安排。行距安排便于田间操作，区段前面设观察道，四周用本品种原种作保护区。保种圃各系通过自交独立繁衍，每系自交花数要保证下年种植株数，自交以中部内围花为主，如发现某系与原品种特征特性不符则淘汰，用预备系替换。实现保种圃的保持与更新。按系收摘正常吐絮自交铃，并随袋标明系号，作为下一年保种圃用种。各系自然授粉的正常吐絮铃分别收摘，经考种后混合留种，此种称核心种，供下年基础种子田用。

2. 基础种子田

基础(原原种)种子田要集中种植、隔离繁殖，隔离距离 300 m 以上，四周为原种生产田。在蕾期、花期进行普查，并观察其生长状况，如发现杂株、劣株，要及时拔除。种子单收、单轧，由此产生的种子称作基础种子，下年作原种生产田用种。

3. 原种生产田

原种生产田同样要集中种植，注意去杂去劣，田间杂株率不高于 1%。收获霜前花轧花留种即为原种。棉种加工与储存过程中注意防止机械混杂。

(三)育种家种子重复繁殖原种生产技术

育种家种子重复繁殖即是由育种家每年提供育种家种子,利用营养钵育苗、地膜覆盖、精量播种等技术,扩繁出原原种种子,继而由原原种种子繁殖出原种种子。

本技术是以育种家种子为源头的重复繁殖技术,繁殖过程中不需要实施人工选择,因此品种的主要特征特性不易发生遗传漂移,种子质量整齐划一。使用这一技术可以保持品种种性和纯度,但前提是需要有数量足够的育种家种子。种子质量要求与"三圃制"相同。

第三节 棉花常规种子繁殖技术

本节棉花常规品种种子繁殖是指常规棉大田用种的繁殖。常规棉大田用种繁殖程序相对简单,在技术上要求在确保种子质量的前提下,最大限度地提高繁殖产量。

一、基地选择

繁殖基地宜选在早春气温回升快,秋季气温下降慢,棉花开花结铃期雨量偏少的棉区。田块应是土壤肥力中上等,集中连片,中间不插花种植其他棉花品种,尽可能避免连作。

二、适时播种

耕作层的日平均地温稳定通过 12℃时,或日平均气温稳定通过 10℃以上时即可播种。播种后,采取地膜覆盖或保温育苗移栽等增温措施,以确保种子田棉株早发、全苗壮苗。

三、田间管理

早定苗,每穴只留一株;勤中耕,在盛蕾期、初花期、花铃期喷施缩节胺、矮壮素等,化学控株;重施基肥,早施、轻施提苗肥,促早发早熟,以提高霜前花率,防落铃;果枝出现时及时整除叶枝,适时打顶,减少后期蕾桃。

加强病虫害防治。病害重点防治立枯病、炭疽病、红腐病、猝倒病;虫害有棉铃虫、红铃虫、地老虎、蚜虫、红蜘蛛、盲椿象等。

四、质量控制

(一)选用原种做种源

棉花大田用种繁殖需使用原种种子作为种源,以保证繁殖种子的种性和纯度。播种前对种子作脱绒、精选和包衣处理。

(二)严格隔离和除杂去劣

繁殖基地采取空间隔离,要求隔离距离在 25 m 以上,繁殖区周边禁养蜜蜂。由于棉花花期长,不采用时间隔离方式。依据叶形、株型、铃型和结铃、吐絮情况,在定苗时、开花期和第

1次采摘前进行3次集中去杂，清除杂株、劣株、变异株、病株，平时随时发现随时去除。田间验收杂株率不高于5%。

(三)收花轧花和脱绒

棉花吐絮后及时分收、分存。种子棉采收做到不收霜后棉、落地棉和烂铃棉。种子棉轧花要专机专用，轧花前清扫干净设备和场地，严防机械混杂；脱绒要在专门的种子加工厂进行。

(四)质量检验

按照检验规程的要求严格室内检验和田间种植鉴定。种子质量要达到国家标准《经济作物种子质量标准——纤维类》(GB 4407.1—2008)所规定的标准，即棉花常规种大田用种品种纯度不低于95.0%，水分不高于12.0%，净度毛籽不低于97.0%、光籽不低于99.0%，发芽率毛籽不低于70%、光籽不低于80%。

第四节 棉花杂交种子生产技术

棉花杂交种子生产是以一个雄蕊失活的品种或品系为母本，以另一个雄蕊功能正常的品种或品系为父本，母本的雌蕊接受父本的花粉而受精结实，最后在母本上收获杂交种子的过程。由于母本雄蕊失活的方式、手段多样，棉花杂交种子生产可供选择的途径也多样，目前主要有人工去雄杂交制种、利用雄性不育系杂交制种、化学杀雄杂交制种等。其中人工去雄杂交制种因为配组容易，亲本繁殖简单，制种操作简便、产量高和种子质量较为稳定可靠，是目前棉花杂交制种最主要的途径。

一、人工去雄杂交制种技术

人工去雄杂交制种是利用人工去掉母本的雄蕊，使其丧失自身授粉能力，再用父本的花粉使其受精成铃从而获得杂交种子的制种方式。棉花的花器大，人工去雄容易，只要操作得当，杂交一朵花可获近30粒左右种子。同时，由于人工去雄制种的杂交种无不育因子介入，只要选配的杂交组合 F_1 优势大，而且 F_2 衰退少，亲本绒长相近，F_2 分离小(生育期、植株高矮、枝叶长短大小等分离对棉花生产而言影响极小)，必要时可利用 F_2。

人工去雄杂交制种的缺点主要包括两个方面：一是去雄、授粉劳动强度大，用工多，成本较高；二是去雄不易彻底，操作不严格时常产生“自交铃”，容易出现种子纯度问题。

为了保证人工去雄杂交制种种子的纯度，国家制定了农业行业标准《杂交棉人工去雄制种技术操作规程》(NY/T 1734—2009)，该规程规定了用人工去雄、人工授粉方式生产棉花一代杂种种子对制种方式、亲本质量、制种田选择、前期准备、栽培管理、人工去雄、人工授粉、收获等环节的技术要求和质量控制要求。

(一)制种田选择

制种田应选择管理方便、地势平坦、通风向阳、排灌容易、中等以上肥力、土层深厚、无或轻枯(黄)萎病的良田,距林带应在 20 m 以上。以选一熟春棉田或前茬为早熟蔬菜、大麦、油菜、小麦的棉田为宜。

(二)亲本种植

亲本种子应统一采用硫酸脱绒、种衣剂包衣处理。播种前宜晒种 1～2 d。

1.播种时间

一般在 4 月上中旬 5 cm 深处土层的日平均地温稳定通过 12℃时播种。当两个亲本生育期差异不大时,可同时播种育苗;当父本与母本生育期差异较大时,可适当调整父本的播种期,以保证父母本开花期基本相遇,若同时播种,可去掉开花期早的亲本的早蕾、早花或早果枝。

2.父母本比例

父母本种植株数比例应根据杂交组合的特性、制种规模和当地具体情况而定,一般父本母本比例以 1∶(5～9)为宜;父母本种子数量按各自的种植株数比例、制种面积和种植方式来确定,并增加 20%的保险系数。

3.播种方式

宜采用育苗移栽方式,也可根据当地情况采用直播方式,地膜覆盖栽培。父母本育苗数量按各自的种植株数比例和制种面积来确定育苗基数,并增加 20%的备用苗。

4.种植方式与密度

父母本分区种植,为了便于授粉,父本可以种植在母本区的一端。母本种植密度较当地大田生产种植密度降低 15%～20%为宜,长江流域棉区 1 000～1 300 株/667 m^2,黄河流域棉区 1 600～2 200 株/667 m^2;田间种植采取等行距或宽窄行方式,行距适当增加。父本种植密度参照当地大田生产,适当密植。

(三)田间管理

1.肥水管理

棉花种子生产田肥水管理,长江流域参照《长江流域棉花生产技术规程》(NY/T 1292—2007)实施,黄河流域参照《黄河流域棉花生产技术规程》(NY/T 1387)实施,或按照当地大田生产中上管理水平实施。

2.病虫害防治

病虫害重点防治立枯病、炭疽病、红腐病、猝倒病病害和棉铃虫、红铃虫、地老虎、蚜虫、红蜘蛛、盲椿象等虫害。应特别注意非抗虫亲本虫害的防治。

3.母本植株整理

长江流域和黄河流域棉区 6 月底前摘除所有早蕾或 1～3 台早果枝,7 月中下旬或平均每株有 14～18 台果枝时打顶;西北内陆棉区摘除与父本花期不遇的母本早蕾,7 月上旬或平均每株有 9～10 台果枝时打顶。

4.化学调控

母本打顶前可不化调,打顶后 7～10 d 用缩节胺喷雾封顶,父本可适度化调,若群体过大,阴雨天较多,棉花有旺长趋势时父母本均可适当化调。

(四)去雄授粉

去雄授粉适宜时间段长江流域棉区在7月上旬至8月中下旬,黄河流域棉区在7月上旬至8月中旬,去雄授粉历期控制在40～45 d。西北内陆棉区控制在6—7月底,去雄授粉历期控制在30 d左右。常用工具包括去雄时用的临时标记线(长20 cm红线),收集和贮藏花粉用的网袋、筛网、箩筐、镊子、小剪刀,质量检查用的放大镜等。授粉工具为授粉瓶或毛笔等。

1.人工去雄

(1)去雄时间　母本去雄以花冠变白(为黄白色)、变软、迅速伸长、露出苞叶顶部的花蕾为去雄对象,每天下午进行,去完为止。第二天早晨授粉前,若在母本植株上发现有未去雄的花朵,不应补去雄,而应立即摘除。

(2)去雄方法　采用徒手去雄的方法。用左手拇指和食指捏住花冠基部,分开苞叶,用右手大拇指指甲从花萼基部切入,直至子房壁外白膜,并用食指、中指同时捏住花冠,按逆时针方向轻轻旋剥,同时稍用力上提,把花冠连同雄蕊管一起剥下,露出雌蕊,顺手在花柄或苞叶内侧系上一根标记红线。剥下的花冠要带出制种田。

去雄时应注意以下事项:一是指甲不要掐入过深,以防伤及子房;二是去雄不要弄破子房白膜;三是不要剥掉苞叶;四是拉扯花冠不要用力过猛,以防拉断柱头。

2.人工授粉

(1)取花粉　授粉当天早上8:00—8:30或更早,在花药未开裂前摘取父本花,或在授粉的头天下午收取次日可能开放的父本花,用剪刀把雄蕊剪下,或用镊子将已散粉的花药取下放在下面铺有纸张的筛网上摊开筛粉。如遇低温阴雨天气,花药不易散粉,可用通电灯泡适当烘烤,促其散粉。达一定数量后收集起来,倒入授粉瓶,花粉量至少盛满1/2瓶,并另取一瓶花粉备用。父本花摘取的数量一般为需授粉母本花数量的1/5。

(2)授粉时间　当天露水干后,按照标记线对前一天下午去雄的花蕾进行授粉,直到授完为止。长江流域棉区和黄河流域棉区授粉宜在中午12:00前完成,西北内陆棉区宜在14:00前完成。如遇露水太大或雨天,可适当推迟,将花粉存放在冷藏箱内(温度为0～10℃),或选择凉爽的地方摊薄(温度不超过20℃),以便保持花粉活力;如遇高温干旱天气,可适当提早授粉。

(3)授粉方法　授粉可选用小瓶授粉法。授粉时一只手拿授粉瓶,另一只手将已去雄花蕾的苞叶分开,露出花柱,倒转授粉瓶,瓶顶圆孔对准柱头轻轻套入,转动一下授粉瓶后退出柱头,取下标记线,授粉即完毕。授粉量要充足、均匀;避免漏授粉;授粉时动作要轻,以免折断或损伤柱头;授粉时应防止花粉遇水。也可以选用其他方法:毛笔授粉法(用毛笔蘸取花粉涂抹在母本柱头上)、父本雄蕊擦涂法(露水干后,直接从父本上摘下当天开放的花,将花药直接在母本柱头上摩擦)、注射器授粉法(将花粉装入注射器,去掉针头,出口对准柱头推出花粉)。授粉结束后,收回标记线。

(五)收获

当大部分棉株有1～2个棉铃吐絮7～10 d时开始采摘,以后每隔7～10 d采摘一次。

(六)质量控制

1.亲本种子质量

亲本种子的质量应达到国家标准《经济作物种子质量标准——纤维类》(GB 4407.1—2008)规定的棉花杂交种亲本质量要求,即其纯度不低于99%。

2.隔离条件

制种基地应该田块集中连片,与其他品种棉花间隔在100 m以上。禁止选择有蜜源植物田块或传粉媒介较多的田块。棉花开花期间,制种田四周1 km之内不应放蜜蜂或其他传粉动物。制种基地还必须无检疫性病、虫、草害。

3.苗期防杂与除杂

父母本分区育苗,苗床严格分开。移栽前或定苗前,应根据叶色、叶形、叶大小、茎秆颜色、茸毛密度、主茎腺体、叶背蜜腺等特性及时拔除亲本中非典型株和混杂株。

4.杂交前去杂与清理

在棉花亲本杂交前,应根据叶色、叶形、叶大小、茎秆颜色、茸毛密度、主茎腺体、叶背蜜腺、苞叶形状、花冠颜色、花冠基部有无斑点等特性及时拔除亲本中的非典型株和混杂株。杂交开始前一天和当天上午,应将母本已有的成铃、幼铃及已开放的花全部摘除。

5.抗虫亲本中非抗虫株清除

如果是转基因抗虫棉组合制种,应严格除去抗虫亲本中的非抗虫株。清除办法主要有以下三种:①根据植株典型外观特性差异除去非抗虫株;②亲本为含有卡那霉素抗性筛选标记基因的转基因抗虫棉时,可在棉苗2叶1心时用3～4 g/L卡那霉素溶液对棉苗喷雾,7～10 d后观察叶片颜色,叶片变黄或出现黄斑的为非抗虫株,应及时拔除(图4.7),留下叶片正常绿色的抗虫株;③防虫时对抗虫亲本不施药,任其为害,以便其中的不抗虫棉株明显表现而及时拔除。

图4.7　非抗虫株喷洒卡那霉素5～7 d后出现黄斑

6.去雄效果检查

去雄要彻底,不留残花丝和花药,抖掉花萼上散落的花药。去雄后检查去雄质量:一是去雄是否留有残花丝和花药;二是是否有漏去雄的花朵;三是去雄的花冠是否已带出了制种田。

7.母本清理

授粉期间,如母本上有开放的花应立即摘除,防止自交成铃。授粉结束后,母本棉株上所有花蕾、空枝、边心应除去,连续 15 d 剪除漏除的花朵。吐絮前,可根据铃的底部形状和有无萼片来判断真假杂交铃:铃的底部较平、萼片不完整(或无萼片)的为杂交铃;铃底部圆滑自然、萼片完整、铃体光滑的为自交铃,自交铃应全部摘除。

8.田间验收

田间验收分两次进行。杂交前,验收花、蕾和自交铃清理、父母本除杂、隔离等情况,田间杂株率不高于 1%,验收合格的方可开始去雄杂交;吐絮前,验收自交铃清理情况,自交铃不应超过 3%。

9.收花

收花应选晴天晨露干后进行,雨前应及时抢摘吐絮花。应采摘完全吐絮花,不应收剥桃花(拔秆后从棉株上采收籽棉),不应带壳收花(将棉株上已开裂吐絮的棉铃采摘后带回家中剥桃),不应摘笑口桃(尚未正常吐絮的棉铃),不应捡露水花(早晨露水未干时采摘的籽棉)。不同组合及同一组合不同批次采收的种子棉应分开晾晒、分开轧花、分开存放。

10.种子质量检验

入库的种子按照规程要求进行室内检验和田间种植鉴定。进入市场销售的杂交棉种子质量应达到国家标准《经济作物种子质量标准——纤维类》(GB 4407.1—2008)所规定的指标,即:品种纯度不低于 95%,净度毛籽不低于 97%、光籽不低于 99%,发芽率毛籽不低于 70%、光籽不低于 80%,水分不高于 12%。

(七)建立田间生产档案

按照《中华人民共和国种子法》及其配套规章的规定,商品种子生产者应当建立种子田间生产档案,载明技术负责人,作物类别、品种名称、亲本(原种)名称、生产地点、生产地块环境、前茬作物、亲本种子来源和质量、生产面积、播种日期、隔离措施、产地检疫、收获日期、种子产量、田间检验记录、产地气象记录、种子流向等内容。种子委托生产还应当包括种子委托生产合同。

二、利用雄性不育系杂交制种技术

利用雄性不育系制种的最大优点是可以免除人工去雄环节,减轻劳动强度,降低制种人工成本,但其 F_1 后代会分离出不育株,因此 F_2 不能利用。

棉花雄性不育系包括核不育系和核质不育系两种类型,核不育系主要通过两系配套法(两系法)加以利用,核质不育系则主要是通过三系配套法(三系法)加以利用,目前研究较为成熟且生产上有较大面积应用的是隐性核不育系的利用。

(一)两系法制种技术

棉花两系法制种可利用的不育系类型主要包括隐性核不育系、温敏不育系、光敏不育系和雌雄异熟系等,这些不育系在生产上一系两用,也称为“两用系”。

我国在棉花“两系法”制种方面研究较为广泛,但由于开始较晚,目前已投入生产使用的只有单基因隐性遗传的"洞 A"型及其衍生不育系和双基因隐性遗传的 ms_5ms_6，其他类型不育系因为存在综合性状不佳，或配合力不高，或不育性不稳导致杂交一代纯度难保证等一个或多个问题而尚未在生产上应用开来。因此，这里只介绍"洞 A"型及其衍生不育系为代表的隐性核不育系的利用。

"洞 A"及其转育衍生的不育系 473A、抗 A1、抗 A2、中抗 A、湘棉不育系 1 号等是隐性核不育系的代表，它们的共同特点是植株群体由各约 50%的雄性不育株和雄性可育株组成，不育株的遗传基础是隐性纯合的，而可育株是显性杂合的。

1.不育系繁殖

在正常生产季节，用隐性核不育系原种作种源在隔离区播种种植，隔离距离不低于 300 m。开花后标记不育株，取可育株花粉给不育株授粉。棉铃吐絮后，在有标记的不育株上采摘完全吐絮花，轧花后种子混合留种，这种种子群体仍然是由各约 50%的雄性不育株和雄性可育株组成的，即实现了不育系的繁殖。繁殖的不育系种子要求异型株率不高于 1%，净度不低于 97%，发芽率不低于 80%。

2.杂交制种

制种以隐性核不育系作母本，需要在开花前拔除母本行中的可育株。不育株开花时取父本花粉人工辅助授粉杂交，最后在不育株上收获杂交一代种子。利用隐性核不育系制种，需要采取空间隔离，隔离距离应在 300 m 以上。

与人工去雄制种相比，利用隐性核不育系免去了人工去雄环节，其他技术措施相似，但有三个问题特别需要解决：一是由于需要拔除 50%左右的可育株，会出现缺苗现象；二是提高播种密度后，容易造成母本苗弱晚发；三是如何确保正确识别和彻底拔除可育株。具体可采取以下 4 条技术措施。

（1）适当加大播种和留苗密度　可采取大小行种植方式，大行行距 80～90 cm，小行行距 25～30 cm，株距 20 cm，0.6 万株/667 m^2 左右。在大小行种植不好安排（如套种）的田块，可采取双株留苗方式，0.3 万穴/667 m^2 左右。

（2）培育早苗，争取早鉴别　母本应采取营养钵育苗移栽，地膜覆盖栽培，或育苗加覆盖栽培，以争取低节位现蕾，早现蕾。出苗后分期间苗，在匀苗基础上，根据可育株较不育株长势强的特点，去旺苗和病苗，提高不育株率。进入盛蕾期 7 d 左右开始鉴定并拔除可育株，至开花前分次除尽。

（3）早施重施缩节安，培育老壮苗　母本现蕾后至盛蕾前，喷施缩节胺 1 g/667 m^2，控制棉株生长，以减轻拔除可育株前的相互影响。拔除可育株后为尽快搭丰产架子，要少施或局部偏施缩节胺。

（4）正确鉴别和拔除可育株　正确识别和彻底拔除可育株是确保杂交种子纯度的关键。汤泽生等发现，"洞 A"不育株和可育株在雄蕊、雌蕊的形态以及花药至柱头的距离等方面存在明显的差异。不育株花丝短，花药小、数量少、不饱满、不开裂，花药内花粉少、大小不均匀（相差达 10 倍之多）、形状不一、花粉内容物不充实、棘突不明显或无棘突，雌蕊长，子房大，柱头外露明显。可育株还可在蕾期通过观、感、剥、摘加以识别。"观"即观察可识别蕾的大小、形状和可识别株所占比例。一般蕾达拇指大小（约 9 mm）时即可进行识别，当可识别株占大田总群体的 50%～60%时是进行田间识别的适期。一般植株长势偏强、可识别蕾饱满、顶端团圆的大致为可育株；植株长势偏弱、蕾顶端尖细的大致为不育株。“感”即以手捏花瓣感触瓣内雄蕊的充实饱满程度鉴别是否可育。充实饱满的大致为可育株，松软的大致为不育株，一般熟练后鉴别准确率达 90%以上。“剥”即在手感判断没有十足把握的情况下，将蕾的部分花瓣剥开，取部分雄蕊捻破看有无花粉，花粉量多的为可育株，无花粉或花粉少的为不育株。“摘”即将蕾摘下检查花粉有无。拔除可育株要干净彻底，带出制种区外。

由于存在着棉花开花前需要识别和拔除 50%左右可育株，费工多，识别难度大，可育株容易漏拔，以及产量较低成本较高等问题，利用隐性核不育系制种大面积生产受到一定制约。

（二）三系法制种技术

棉花三系法制种是指利用核质型雄性不育系、雄性不育保持系、雄性不育恢复系三系配套生产杂交种子的方式。核质型雄性不育系简称三系不育系，其不育性受遗传基因控制，不受环境变化影响。利用三系不育系作制种母本，不育性稳定可靠，可免去人工去雄，降低生产成本，制种纯度更容易控制。但目前选育的三系不育系存在恢复源狭窄、强优势杂交组合选配困难、繁殖和制种产量偏低的问题，而且不育系繁殖需要配合保持系，同样要进行人工授粉，过程较为繁杂，生产应用受到限制，仍处于探索阶段。

应用案例——棉花封花自交方法

棉花自交是原种生产的重要基础技术。棉花自交可采取在其他作物上常用的空间隔离自交和套网、套袋隔离自交方式。而由于其花器较大，在原种生产时还常常采取封花自交的方式，即利用线束、钳夹、点胶漆等外力约束次日将开放的花冠，阻止其自然开放，强迫花内传粉达到自花授粉的目的，简单易行。

线束法是用长约 10 cm 的醒目棉线，一端将选定的花朵顶部扎住，另一端系住花柄，收获时认带线的为自交铃。钳夹法是用回形针或其他小而轻的夹具在开花的前一日将突出的花冠顶部夹住，以免花朵次日开放。点胶、点漆法是直接将黏胶或油漆点涂于花苞顶部使之黏结，封闭花朵。

上述自交技术适用于棉花常规品种原种生产，同样也适用于通过人工去雄途径、化学杀雄途径等品种间杂交和隐性核不育系等杂交亲本的原种生产。

本章小结

棉花为常异花授粉作物，喜温好光，对温度敏感，是短日照作物。棉花从出苗到开始吐絮称为生育期，一般为 130 d 左右。从播种到收花结束的整个生长周期称为大田生长期，一般为 200 d 左右。根据棉花器官的形成过程，可划分为播种出苗期、苗期、蕾期、花铃期、吐絮期 5 个时期。棉花为无限花序，花为单生两性花，开花适宜温度为 25～30℃，适宜相对湿度为 80%左右。

棉花原种生产一般采用“三圃制”法和“自交混繁”法。棉花常规种大田用种生产需使用原种种子作为种源，基地须严格隔离，集中连片，不插花种植其他棉花品种，以保证繁殖种子的种性和纯度。

棉花杂交种子生产可供选择的途径主要有人工去雄制种、利用雄性母本制种等。人工去雄制种因为配组容易，亲本繁殖简单，制种技术简便、产量高，种子质量较为稳定可靠，目前仍是棉花杂交种子生产的主要途径。人工去雄杂交制种技术主要包括选择适宜的制种田、适时播种、合理的父母本比例种植密度、苗期除杂、田间管理、杂交前去杂与清理、人工去雄、人工授粉、母本清理、田间验收、种子收获、质量检验和建立制种档案等环节，其纯度保障的关键是严格地除杂防杂和及时、干净、彻底地去雄。

思　考　题

一、名词解释

棉花全生育期、棉花大田生长期、果枝、现蕾、棉铃、吐絮、毛籽(毛子)、光籽(光子)、封花自交、人工去雄制种、小瓶授粉法、隐性核不育系。

二、问答题

1.棉花常规品种大田用种繁殖的特点和重点是什么?

2.棉花杂交种子生产可供选择的途径有哪些?各有什么优缺点?

3.棉花人工去雄杂交制种的技术原理是什么?技术要点有哪些?

4.棉花两系法制种可以利用哪些母本类型?利用隐性核母本制种有什么特点?

5.目前棉花杂交制种存在哪些问题?

三、论述题

1.试述棉花的温光特性及其与棉花生长发育的关系。

2.试述棉花生长发育对环境条件的要求。

3.试述棉花的花器构造和雄蕊的特点。

4.试述棉花的开花结实习性。

5.试述棉花“三圃制”原种生产的基本程序和关键技术。

第五章　油菜种子生产技术

知识目标

◆ 了解油菜生物学特性、主要类型、栽培品种及种子产量构成因素。

◆ 理解我国油菜种子生产状况及主要技术规程。

◆ 掌握油菜常规品种和杂交品种种子生产技术要点。

能力目标

◆ 能根据常规油菜和杂交油菜种子生产技术要点进行生产指导。

◆ 学会油菜常规品种和杂交品种种子生产技术规程。

◆ 能够利用所学知识开展油菜种子生产工作，针对不对类型油菜特点开展制繁种工作。

第一节　油菜概述

一、油菜类型及主要产区

(一)油菜类型

世界各国学者通过芸薹属植物的种间杂交和染色体组分类对油菜主要类型进行研究，认为芸薹属植物的染色体数 n 是由 8(B 染色体组)、9(C 染色体组)和 10(A 染色体组)三个基本种的染色体为基础，通过自然界发生的种间杂交复合构成染色体数为 $n=17$(A+C)，18(A+B)，19(A+C)三个复合种。6 个油菜主要种之间的亲缘关系构成了著名禹氏三角(图 5.1)，并把芸薹属植物不同种的染色体数及其同源性分为两大类。

芸薹属植物第一类油菜称为基本种或原生种，共有三个种，即黑芥、甘蓝和白菜型油菜。第二类油菜称为复合种或次生种，共有三个种，即甘蓝型油菜、芥菜型油菜和埃塞俄比亚芥。它们的性细胞内包含来源不同的两组染色体，其染色体数为组成它的基本种的染色体数之和，三个种的染色体数 $n=17$、18 和 19，分别用染色体组型 AC、AB 和 AC 表示。我国栽培的油菜，按其形态学、细胞学及生物学特性，可分为三大类型：白菜型油菜、芥菜型油菜和甘蓝型油菜。

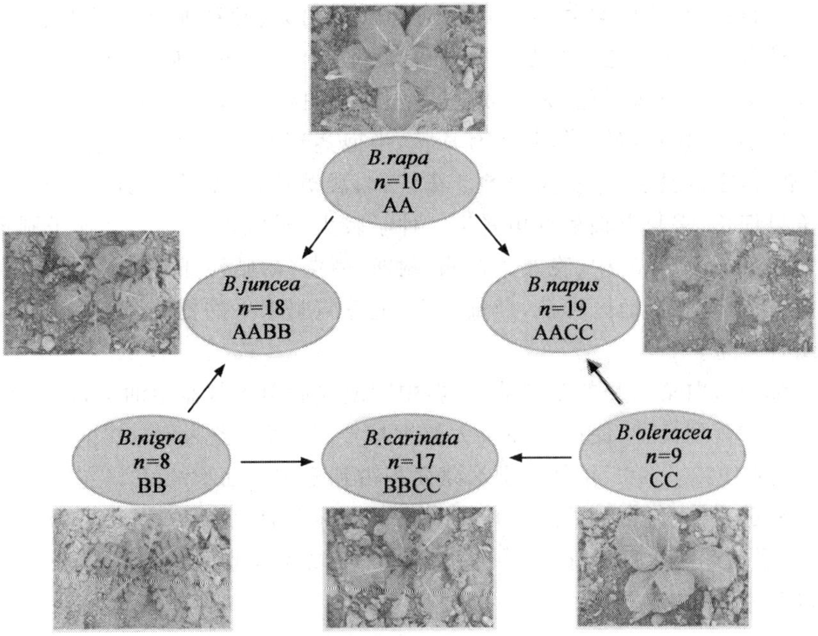

图 5.1 禹氏三角表示芸薹属油菜各个种之间的亲缘关系及染色体组

(引自方嘉禾等,《中国作物及其野生近缘植物:经济作物卷》,2007)

(1)白菜型油菜 白菜型油菜($n=10$),通称矮油菜、甜油菜、小油菜或本地油菜,为白菜的变种。主要分布在长江流域各省,植株较矮。白菜型油菜一般株高 50～100 cm,叶片薄,绿色,叶脉淡绿色,中肋显著,绝大多数没有蜡粉。叶片较大,呈卵圆形,长披针形或匙形,通常不分裂,全缘或呈波状或锯齿或缺刻。上部薹茎叶狭长,无叶柄,叶片基部耳状明显,全抱茎。花较大,淡黄色或深黄色,开花时花瓣两侧互相重叠。花序中间花蕾位置多半低于周围新开花朵。角果较大,细长,横断面偏圆形。种子有黄、黑、红、黄褐等色,千粒重 3 g 左右。生育期较短,为 150～200 d,早、中熟类型,适合三熟制地区栽培。产量较低,易感病毒病,其菜薹心可供食用。本类型可分两种。北方小油菜:株型矮小,分枝较少,茎秆较纤细。基叶不甚发达,匍匐生长。叶片椭圆形,有明显琴状缺刻,且多刺毛。主根较发达,支根和细根发育中等,具有较强的抗寒力。南方油白菜:外形似普通小白菜。株型较高大,叶片椭圆形及卵形,较宽大,中肋宽,柄两旁有附叶(裙边),叶全缘或呈波状,叶色多为浅绿,一般不具琴状缺刻,无刺毛。

(2)芥菜型油菜 芥菜型油菜($n=18$),通称高油菜、苦油菜或大油菜。主要分布于我国西北和西南各省。叶薄,密被或不被刺毛或蜡粉,具有长柄,并有明显的羽状缺刻,部分全缘或微现波状叶缘,一般叶缘有明显锯齿,裂片明显。薹茎叶披针状,不抱茎,有明显叶柄。花较小,开花时花瓣分离,角果瘦小而短;种子小,有红、黄、褐、黑等色。千粒重 1～2 g。叶和种子有辣味。生育期 200～250 d,中晚熟。其抗寒性、抗病性、耐肥性一般均较强,产量稳定。其根系具有较强的吸收重金属元素的能力,减少土壤污染。本类型可分两种,大叶芥油菜:植株高大,主根发达,分枝位较高,二次分枝多。基叶宽大,叶色浓绿。主花序明显,花色淡黄至深黄。着果较密,种子较圆。细叶芥油菜:植株较矮,分枝位较低,大分枝常与主茎高度相等,上部分枝纤细。基叶狭小,叶色灰绿或紫色。花淡黄色。着果较稀,种子较扁。

(3)甘蓝型油菜　甘蓝型油菜($n=19$),通称欧洲油菜、胜利油菜或日本油菜。目前我国推广的优良品种大部分属于这一类型。植株高,一般 1～1.7 m。叶厚,色蓝绿、灰绿或浓绿,叶脉具有不同程度紫色或深绿色,大多数基叶呈长椭圆披针形,叶缘有深缺刻,顶端裂片大,叶柄长。薹茎叶稍小,呈狭长披针形,基部有耳状,半抱茎着生。花蕾高于周围新开的花朵。茎、叶、角果均被蜡粉,主根发达,有粗大根颈。花较大,浅黄色,少数像牙黄色。开花时花瓣两侧互相重叠。角果细长,常与果轴呈直角着生。种子较大,千粒重 3～4 g。种子圆形,黑色或略带褐色。生育期 210～230 d,中、晚熟。抗病、耐寒、耐湿、耐肥性强,但耐旱性较弱,需肥较多。适宜水源方便、土质较肥沃地区种植,产量较高,随着施肥水平的提高,20 世纪 70 年代以后成为油菜主要品种类型。

我国过去都种植白菜型和芥菜型油菜,新中国成立后引入甘蓝型油菜,近三十余年来发展很快。由于推广甘蓝型良种,促进了油菜大幅度增产,以浙江省为例,20 世纪 50 年代很少种植甘蓝型油菜,到 1963—1965 年甘蓝型油菜面积占到全省总面积的 33%左右,1970—1980 年甘蓝型油菜面积迅速扩大,占 80%～90%,因此全省油菜籽平均产量已从 900 kg/hm^2,增加到 1980 年后的平均产量 1 200 kg/hm^2 以上,1990 年以后甘蓝型油菜面积占 95%以上,平均产量已达 1 600～2 000 kg/hm^2。

(二)主要产区

中国油菜按农业区划和油菜消费特性,以六盘山和太岳山为界线,大致分为冬油菜区和春油菜区两大产区。冬油菜区集中分布于长江流域各省及云贵高原,这些中央无霜期长,冬季暖和,一年两熟或三熟,适于油菜秋播夏收。种植面积约占全国油菜总面积的 90%,总产约占全国总产量的 90%以上。冬油菜区又分六个亚区:华北关中亚区、云贵高原亚区、四川盆地亚区、长江中游亚区、长江下游亚区和华南沿海亚区。其中四川盆地、长江中游、长江下游三个亚区是冬油菜的主产区,均以水稻消费为中心,实行油稻或油稻稻的一年两熟或三熟制。冬油菜产区主要品种有'华杂 6 号''秦油 10 号''华双 3 号''中双 4 号''中双 11 号''湘油 15 号''湘杂油 5 号''油研 7 号''油研 10 号''沪油 15''蜀杂 6 号''高油 605''浙大 619''浙大 622''浙双 758''浙双 72''浙双 6 号''浙油 18'等。春油菜区冬季严寒,生长时节短,降雨量少,日照长且强度及昼夜温差大,对油菜种子发育有利;1 月平均温度为－20～－10℃或更低,为一年一熟制,实行春种(或夏种)秋收,种植面积和产量均只占全国油菜的 10%左右。春油菜区又分三个亚区:青藏高原亚区,蒙新内陆亚区和东北平原亚区。春油菜区有西北原产的白菜型小油菜和分布普遍的芥菜型油菜,特别是蒙新内陆亚区与冬油菜区的云贵高原亚区,是我国芥菜型、油菜型分化最多和种植面积最大的地域。全国各地培育的甘蓝型油菜良种较多,不同地区有不同的主栽品种。冬油菜产区主要品种有'华杂 6 号''秦油 10 号''华双 3 号''中双 4 号''中双 11 号''湘油 15 号''湘杂油 5 号''油研 7 号''油研 10 号''沪油 15''蜀杂 6 号''高油 605''浙大 619''浙大 622''浙双 758''浙双 72''浙双 6 号''浙油 18'等品种。春油菜产区主要品种有'青杂 7 号''青杂 5 号''青杂 3 号'等。

二、油菜生物学特性

(一)形态特征

油菜根系是直根系,由主根、侧根及侧根上分出的支根和细根组成。直播油菜的根系主根深 40～50 cm,在深耕和干旱地区可达 100 cm 以上,最深可达 300 cm。支根和细根大多集中在土表下 20～30 cm 的耕作层内,根系横向分布,一般直径为 40～50 cm,育苗移栽油菜的主根常在拔苗时被拉断而变粗短,但支根和细根发达。

油菜叶片的大小、颜色和形状因品种和环境条件不同而异。子叶为肾形、心形或杈形;真叶为不完全叶且变异较大,在同一植株上形状随着部位不同而各异。植株下部的叶有柄,缺刻或全缘,上部的叶为全缘或锯齿,无柄或短柄。真叶表面有刺毛或光滑,有蜡粉或无蜡粉。

油菜的茎为圆柱形实心,茎高 70～200 cm,表面光滑或有稀疏的细毛,有时覆盖粉状的蜡质,主茎自下而上可分为缩茎段、伸长茎段和薹茎段三种茎段。缩茎段位于主茎基部,节间短而密集,圆滑无棱;伸长茎段位于主茎中部,节间由下而上逐渐增长,棱起渐趋明显。薹茎段位于主茎上部,节间由下而上逐渐缩短,棱起更为显著。

从主茎腋芽发育的第一次分枝称大分枝,从分枝上再生二次分枝和三次分枝(称小分枝)。一次分枝在主茎上着生的情况,可分为三种类型,下生分枝型:分枝出现早,下部分枝较多且发达,株型丛生状或筒状;中生分枝型或匀生分枝型:自植株基部到主茎花序处都有分枝,分散均匀,株型呈纺锤形;上生分枝型:分枝出现较迟,植株下部分枝少或无,多生在上部,一次分枝较少,株型呈帚形(图 5.2)。

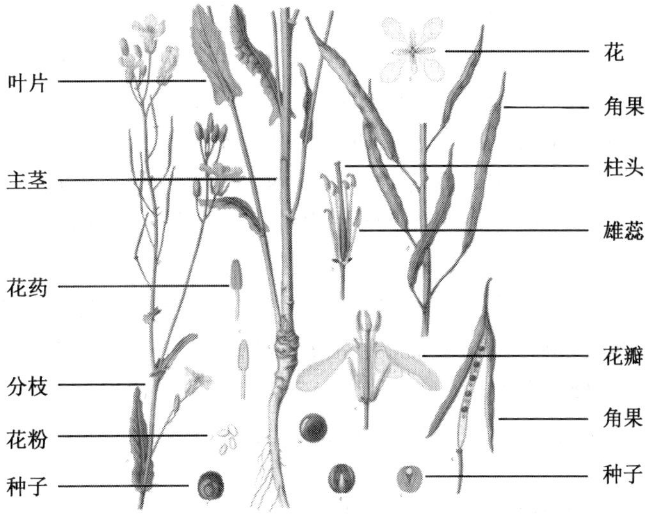

图 5.2 甘蓝型油菜形态特征示意图

(引自 Franz Eugen Köhler,*Köhler's Medizinal-Pflanzen*,1887)

油菜花序为无限总状花序,花色多为黄色、淡黄色、乳白色等,花有花萼、花瓣各 4 片,雄蕊 6 个(4 长 2 短),雌蕊 1 个,子房 2 室,在雄蕊和子房之间有绿色蜜腺 4 个。果实为长角果,部分种质角果长度可达 15 cm 以上。角果内有种子 10～30 粒,着生于隔膜边缘两侧,成熟时沿果实两侧自下而上开裂。成熟种子为球形或近球形，千粒重 3～4 g，有黄、褐、红及黑等色。无胚乳，胚弯曲，有 2 片含油分的子叶(图 5.3)。

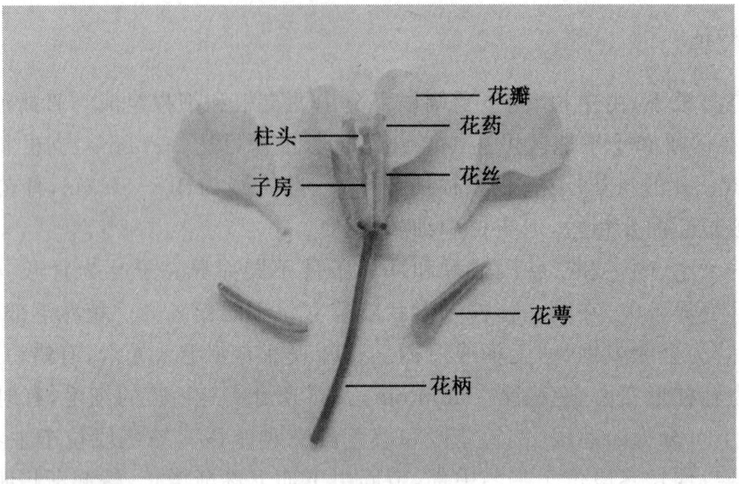

图 5.3　甘蓝型油菜花器形态特征

(二)生育阶段

1. 发芽出苗与根的生长

油菜种子吸水膨胀，胚根突破种皮，露出白色根尖而发芽。幼根伸入土内，幼茎伸出土面，种皮脱落，2 片子叶展开，由淡黄转绿色，称为出苗。在足够的水分和氧气的条件下，种子发芽出苗受温度的影响很大。当平均温度在 3～5℃时就可以萌动，但发芽很慢，需要 20 d 多才能出苗，12℃左右需 7～8 d；而 18～22℃时，只需 3～5 d 就出苗，油菜种子发芽的最适宜温度是 20～25℃。油菜种子吸水量需达到种子重的 60%时，才可萌发，所以播种时土壤需足够的水分；油菜种子富含脂肪，需充分供应氧气，所以播种时土壤太湿、覆土过深，或秋雨连绵等均会影响出苗。土壤细碎平整，油菜种子小，顶土力弱，所以覆土不能超过 2～3 cm，并且土块要小。

油菜种子发芽后，胚根生长成主根。当第一片真叶出现时，幼根两侧开始长出侧根。随着植株长大，主根不断伸长，侧根不断增加，从侧根上又长出很多支根和细根，形成强大的根系。油菜在苗期根系生长比地上部快，从 12 月 20 日至 1 月 5 日，地上部干重增加 3 倍，而根系则增加 6.1 倍。春季根系向水平方向扩展出大量支根，到盛花期达最大值，盛花后根系逐渐衰老。

油菜胚茎伸长为幼茎，植物学上常将根之上和子叶节以下的一小段幼茎称为根颈。根颈是由于次生形成层产生次生木质部和次生韧皮部而加大直径，在越冬前后还由于在次生木质部薄壁细胞群中，有一部分细胞能进行分裂活动，形成额外形成层，并由它产生新的导管和筛管以及大量的薄壁细胞。这些组织称为三生组织，使根颈变粗。在增粗过程中，大约在 4、5 叶期皮层破裂。在根颈下部紧靠根部的组织里，开始向外产生不定根，使根系扩大。如果是弱苗则仍保留着表皮及皮层，不能产生很多不定根，根颈是油菜冬季贮藏养分的器官。根颈粗短、根系发达的为壮苗，反之为弱苗。

2.主茎与分枝的生长

在苗期，油菜的主茎紧缩在一起，抽薹以后主茎迅速伸长，自始薹至终薹前的约 20 d 内，是茎秆迅速伸长期，每天可伸长 3 cm 左右，快的可达 5～6 cm，至始花期基本停止。此后主花序轴迅速伸长，到花序轴停止伸长后，株高才最后定型。主茎下部的缩茎段，一般不伸长，但在苗床幼苗过密，或秧龄过长等条件下，缩茎伸长，而形成生长瘦弱的高脚苗。伸长茎段及薹茎段各有一定长短，标志着栽培技术是否恰当。

油菜始薹后，根据薹的高度(薹的顶端部分)与上部短柄叶的相对位置的高低，可分为缩头、平头和冒尖 3 个阶段。抽薹初，薹的高度明显低于上部短柄叶，称缩头状；以后薹继续伸长与上面几张短柄叶平齐，呈平头状，处于平头时，薹的高度称为平头高度；薹再进一步伸长而突出于植株顶部短柄叶之上，称为冒尖。弱苗和小苗，由于春发不足，叶片小，缩头时间短，平头高度低，冒尖早，薹高只有 10～20 cm 就冒尖。春发旺的苗，叶片大，缩头时间长，平头高度高，冒尖迟。一般平头高度越高，产量也越高。

油菜主茎下部的腋芽在越冬前已经形成，但极少能长成分枝，即使长出来，也是无效分枝；中部腋芽在越冬期形成，大多数能长成分枝，但只有部分是有效分枝；上部腋芽在开春后才形成，均能长成有效分枝。一次分枝由下而上依次出现，下位分枝较长，而上位分枝较短。始花期为一次分枝向有效、无效分枝两极分化时期，这时有效分枝开始迅速伸长，无效分枝则停止伸长。

分枝的形成与环境条件有密切的关系。稀植时通风透光良好，分枝就多，密植时相互遮阴，光照条件较差，单株有效分枝较少。营养状况良好，分枝就多，反之则少。

3.叶的生长

油菜在出苗时 2 片子叶展开，然后随着油菜的生长，不断出现真叶。油菜主茎总叶片数通常因品种及栽培条件而异，还因播种早迟、施肥多少而增加或减少。在苗期都是长柄叶，一般占主茎总叶片数一半以上，现蕾、抽薹以后出现短柄叶和无柄叶，各占 1/4 左右。一般认为长出长柄叶时期，是通过春化阶段时期，抗寒性较强，能安全越冬。当出现短柄叶时春化阶段已通过，抗寒性减弱。早播时，在越冬前已出现短柄叶，因而易受冻害。

叶片的功能以长柄叶最大，它直接影响根和根颈的生长，对主茎、分枝、花序、角果和种子也有间接作用。短柄叶是主茎叶面积最大的一组叶片，主要功能期在蕾薹期前后，对主茎、分枝、花序、角果和种子影响较大。它是一组上下兼顾的功能叶，春发稳长，主要是促进或控制这组叶片的生长。短柄叶太少是春发不足，叶片太大是徒长现象。无柄叶的叶面积较小，主要是对茎及分枝的影响较大，对角果和种子也有一定的影响。分枝上的叶片，主要影响本分枝的生长。

(三)开花习性与种子形成

1.油菜花蕾分化

花芽分化速度受环境条件的影响较大。肥料足、温度高时分化快；反之则慢。在油菜一生中，花芽分化苗期慢，现蕾抽薹后加快，从始花到盛花达到高峰，以后花器脱落，数目迅速减少。一株上的花蕾只有 50%左右可以结角。一般在现蕾以前分化的花芽是有效花蕾，后期分化的花蕾多为无效花蕾。开春后气温稳定在 5℃以上现蕾，现蕾后即可抽薹，气温在 10℃以上则迅速现蕾，而进入蕾薹期后植株抗寒力下降，此时若遇0℃以下低温则严重受冻。

油菜花蕾分化经过5个发育阶段，分别是花蕾原始体阶段、花萼形成阶段、雌雄蕊形成阶段、花瓣形成阶段和花药胚珠形成阶段。在生长锥基部周围长出微小突起，略呈圆形，即为花蕾原始体。花蕾原始体膨大后，其侧面生出新月形花萼突起，这时花蕾柄也在伸长，在它继续膨大时，花萼突起逐渐增长而分开，整个花蕾切片呈“山”字状。花萼伸至其顶部互相接触而包围分化体时，分化体出现新突起，当雌蕊突起逐渐膨大，雄蕊突起迅速伸长前，其中两雄蕊突起的顶端纵裂为二，形成四长雄蕊。雌雄蕊突起出现不久，或略有伸长时，分化体基部近雄蕊突起下方，生出新的舌状突起，即为花瓣突起。当雌雄蕊迅速生长膨大时，花瓣突起仅略有膨大，以后伸长较明显。雌雄蕊继续分化的结果，子房膨大，形成假隔膜，生出胚珠。花药和花粉粒也逐渐形成。同时花瓣、花萼、花柄都伸长，整个花蕾分化完成。

2. 开花与授精

油菜的花序分化先主茎，然后一次分枝分化，再是二次分枝分化。通常在年前花序已经开始分化。它的分化时期因品种、播种期、气候条件及生育状况等而有迟早。主花序开始分化的时间，早熟品种在出苗后50～60 d，中熟品种在出苗后70～80 d，迟熟品种则需90 d或更迟些。花序分化随播种期的早迟而提早或延迟。以全株来说，主茎花序先开花，然后是一次分枝、二次分枝；以一次分枝来说，上部的一次分枝先开，然后自上而下依次开花。以一个花序来说，下部花先开，然后自下而上依次开花。花在第一天下午花萼顶端露出黄色花冠，第二天上午8:00—10:00花瓣全部平展。开花后3 d左右，花瓣凋萎脱落。若遇阴雨、低温，花瓣保持10 d左右才脱落。

油菜开花的适宜温度在12～20℃，而以14～18℃最为适宜。每天开花数多少，与开花前1～2 d的温度高低有关，而与当日温度关系较小。温度高，开花多，当气温降到10℃以下时，开花数显著减少，至5℃以下，则多不开花。开花期如遇0℃左右低温则引起大量脱落。当气温高达30℃以上虽可开花，但结实不良。油菜开花的适宜相对湿度为70%～80%，低于60%或高于94%都不利于开花，连续阴雨，气温降低，开花数显著减少，并影响蜜蜂等昆虫传粉，对授粉十分不利。

油菜靠风力与昆虫传粉，授粉到受精需18～24 h。芥菜型油菜和甘蓝型油菜花药成熟时大多向内开裂，自交结实率达到80%甚至90%以上，异交率仅为5%～10%，属于常异交作物。白菜型油菜花药成熟时大多向外开裂，常自交不实，异交率达到80%～90%，属于异花授粉作物。由于油菜有一定的异花授粉率，所以不同品种或其他十字花科作物种在一起时容易“串花”，造成生物混杂，因而引起良种退化。油菜优质品种更应注意这一问题，以保持纯度，保证品质。

3. 角果和种子的发育

油菜角果长度增加快而宽度增加慢。胜利油菜开花后第15天，长度已基本长足，而宽度要到21 d才长足。宽度长足以后，体积不再增加。角果发育的顺序与开花顺序相同。先开的花先结果、成熟。但开花早的角果其发育时期比开花迟的长些。在终花期以后，叶片枯萎脱落，油菜主要靠绿色的角果进行光合作用，角果的光合强度通常为15.5 mg CO_2/(dm^2·h)，与叶的光合强度大致相当。角果的光合产物约68%转移到种子中，占种子重的40%，角果对籽粒产量的贡献可达70%。

油菜受精后，结合子开始分裂，到开花后第 9 天，已明显地形成一个细胞增殖的球体。开花后第 12 天，细胞球体开始变长，有子叶和胚根的分化。略呈三角形。再隔 3 d，子叶分化明显，胚根也较长。当油菜子叶和胚根发育明显时，不再纵向伸长，但子叶转向下方弯曲，逐渐包围胚根，略呈圆形。此后随种胚的增大，种子亦逐渐充实饱满，胚乳则逐渐消失，到油菜开花后第 33 天，子叶和胚根紧密相接，种子内部几乎全为胚占据。

油菜角果的干重在开花后一直增加，到 39 d 起开始下降。角果鲜重则自 27 d 后开始下降。种子的干重在整个成熟期中一直增加，鲜重则在开花 33 d 后开始下降。种子水分含量比角果下降快。当果实的体积在开花后 21 d 基本长足时，种子干重开始急速增加，油分积累也是最高峰时期。随后角果及种子水分下降，果实由青转黄，种子不断充实饱满，种皮由绿色变成黑色而成熟。

随着种子的不断发育，油菜的油分逐渐形成。油菜种子的含油量随品种类型而不同。甘蓝型油菜含油量较高，一般在 35％～45％，高的可达 50％左右；芥菜型油菜含油量在 30％～35％，高的达 50％左右；白菜型油菜含油量变异范围较大，一般在 35％～40％，高的也可达 50％左右。种皮色泽浅的比种皮深的含油量高，如黄色种皮含油量较高。含油量有由北向南随纬度降低而逐渐递减的趋势。在角果发育阶段，天气晴朗，光照充足，日夜温差大，土壤保持湿润状态，多施磷肥则种子含油量高；反之，土壤多湿，或极端干燥，以及偏施氮肥，则种子含油量就低。

（四）结角率与结籽率

油菜单株形成的花蕾数很多，一般可达数百个，甚至千个以上，但实际结角率很低，单株有效角果一般只有 200～500 个，仅占总蕾数的 40％～70％，阴角占 10％～20％，脱落数占 20％～40％。阴角即无效角果，只有果皮而无种子，或只含有极少的不饱满种子。脱落是油菜花蕾与角果脱落的总称。花序顶梢部的蕾脱落较多，中、下部的较少。花的脱落，一般在花期遇到低温而脱落，也有在生育后期雌蕊和花粉粒发育不良不能正常受精而脱落。油菜每角果一般有 20～40 粒胚珠，但能结成种子的仅 10～20 粒，结籽率为 50％～60％。一般由于营养不足的秕籽占 10％～25％，未受精的占 5％～10％。

影响油菜结角率与结籽率的因素主要有以下方面。营养条件：花器脱落受营养条件的影响很大，凡先开的花易得到充分的养分，脱落较少，后开的花由于养分不足，脱落、阴角、秕粒增多。花器脱落、阴角数以二次分枝＞一次分枝＞主茎花序。气候的影响：开花时遇低温、寒潮，受冻花蕾即易脱落。开花时湿度过高或过低，尤其在上午 9：00—11：00 遇雨，对结角率影响较大。病虫害的为害：引起花角脱落。密度过大，株间荫蔽，造成花角脱落和阴角秕粒。此外，施肥不当，引起贪青倒伏，也会增加无效角果和花器脱落。

（五）种子产量形成及其影响因素

油菜产量是由角果总数、每果粒数和粒重 3 个因素构成的。在这 3 个因素中每果粒数和粒重变化较小，而单位面积角果总数的变异很大，与产量的关系最为密切。因此提高油菜单产的主要途径是争取有较多的角果数，而每角果粒数、粒重下降较少。单位面积总角果数是由株数和每株角果数构成的。通过合理密植、科学施肥等措施，可使全田既有适当的株数，每株又有较多的角果数，才能有较高的总角数，从而达到高产。

在目前生产条件下，如果千粒重是 3 g，则 0.5 kg 菜籽有 16 万粒，每角果以 16 粒计算，即 100 万角果可得 50 kg 菜籽，简称“万角斤籽”。在生产水平较高的条件下，一般能达到较高的角果数时，以争取较多粒数和较高粒重作为夺取更高产量的主攻方向。在密度 12 万株/hm^2，产量 2 250 kg/hm^2 时，平均每株需有 350～380 个角果，每角果 16～18 粒，千粒重 3.2～3.6 g。

单位面积角果数的形成是株数和单株角果数的乘积，增加单位面积的角果总数可从两个方面来考虑。

(1)提高种植密度　适当增加株数，在肥力较低的地方，个体生长发育得不到充分发展，单株角果较少，增加株数可以弥补单株角数的不足，每 667 m^2 可以得到最高的总角果数。但在肥力高的地方，个体生长茂盛，密度过大时，容易造成无效分枝、落蕾、阴角等，有效角果率降低，反使每 667 m^2 总角果数不足。因此，只有合理密植，才能达到最高有效角果数。

(2)增加单株角果数　单株角果数由各花序的角果数所组成，通常 12 万～15 万株/hm^2 的种植密度条件下，一次分枝角果数占全株角果数的 70%左右，二次分枝角果数约 20%，主花序角果数占 10%。因此，要增加单株角果数主要是增加一次分枝角果数。在栽培上要适时播种，加强苗期管理以增加主茎叶片数，并采取合理密植与科学施肥来提高成枝率和促进花蕾的分化，以增加角果数。一般条件下，以总茎枝数为 120 万～135 万个/hm^2 较为适宜。

每角粒数是由角果胚胚珠数×胚珠受精率×结合子发育率而构成。每角果的胚珠数除与品种有关外，受胚珠分化期间的长势和栽培条件的影响很大。胚珠是在主花序花芽开始分化后的 45～50 d 之后陆续分化的。整株花的胚珠数的决定期在现蕾期至盛花期。胚珠受精率的多少，与授粉、受精条件有关，天气晴朗、温度适宜、蜜蜂等昆虫活动频繁，可增加授粉机会，有利于提高胚珠受精率；而长期阴雨或寒潮则会影响授粉和受精。

粒重的形成是从胚珠受精后逐渐增加，至成熟时停止，这是决定粒重的时期，油菜种子的养分主要靠开花后光合作用积累起来的，一部分供给种子发育充实，另一部分暂时贮存在茎枝器官里，以后再转运到种子中。所以，必须保持开花后叶片、茎枝和角果皮有较旺盛的光合能力和根系的活力，才能使种子获得充足的养分。

三、油菜种子生产概况

(一)油菜生产的意义

油菜泛指十字花科芸薹属若干具有共同形态特征的栽培种，作为一种适应性强、用途广、价值高的经济作物，广泛用于食用油和工业用油的生产，是仅次于大豆的世界第二大油料作物。

油菜种子含油分占种子干重的 35%～45%。菜籽油含丰富的脂肪酸、蛋白质以及多种维生素和类胡萝卜素，营养价值高，易于吸收和消化，是优良的食用油。除直接食用外，菜籽油经过精加工，可制成色拉油、起酥油、人造奶油和调和油等。此外，芥酸含量高于 55%的菜籽油也是重要的工业原料，在冶金、化工和能源等领域有广泛的应用。例如，高芥酸菜籽油是较好的铸钢润滑脱模剂，也是其他大型机械的润滑油。我国菜籽油的脂肪酸组成特点是芥酸含量高(45%～50%)、亚麻酸含量较高(8%～12%)，而营养价值较高的油酸 11%～18%和亚油酸(12%～18%)含量较低。在国内外油菜育种工作中，以降低芥酸和亚麻酸含量，同时提高油酸和亚油酸比例来改良油菜的食用品质。目前，在石油能源日趋紧张的背景下，菜籽油作为一种可再生能源已被用于制造生物柴油，具有十分广阔的应用前景。

菜籽饼(或粉)含有氮4.6%、磷2.5%、钾1.4%以及其他多种营养元素，是优质有机肥料。菜籽饼含粗蛋白质35%～40%(菜籽粗蛋白质又由72%氨基酸、12%酰胺氮和16%的非溶性氮所组成)、粗脂肪约12%以及卵磷脂和多种维生素，经过理化处理除去硫代葡萄糖苷，或培育低硫苷(含量低于30 μmol/g)品种，也是良好的家畜水产养殖等精饲料。常规油菜籽其饼粕的硫苷含量较高(80～120 μmol/g)，其在芥子酶的作用下易水解产生异硫氰酸盐、硫氰酸盐、噁唑烷硫酮和腈等有害物质，从而限制了其应用范围。我国已培育出一大批双低(低芥酸和低硫苷)、高含油量、高产、优质油菜品种，并广泛应用。

(二)我国油菜生产现状及发展趋势

世界主要栽培油菜的国家有中国、印度、加拿大、法国、德国、英国、波兰和澳大利亚等。世界油菜生产尤以加拿大发展最快，也成为油菜籽输出最多的国家。我国和印度是世界上两大油菜栽培最古老的国家，印度油菜以白菜型油菜和芥菜型油菜为主，管理粗放，产量较低；我国油菜2015年总产量达1 493.07万t(表5.1)，油菜籽产量居世界第一位。欧洲油菜是一年一熟的甘蓝型油菜迟熟高产品种，单位面积产量最高，油菜籽产量可达3 500～4 000 kg/hm^2，加拿大为一年一熟的春油菜品种；我国则是一年多熟制的油菜早中熟品种，油菜单产产量在1 800 kg/hm^{2}左右。油菜大面积生产以德国、法国和英国为主，由于品种和生态条件等不同，油菜产量有较大差异。

表5.1 2003—2015年我国油菜生产基本情况

年份	全国面积/万 hm^2	浙江面积/万 hm^2	全国总产/万 t	浙江总产/万 t	全国单产/(kg/hm^2)	浙江单产/(kg/hm^2)
2003	772.10	22.95	1142.00	38.60	1 581.50	1 681.90
2004	727.10	21.58	1 318.20	43.50	1 812.96	2 015.76
2005	727.85	22.72	1 305.23	44.68	1 793.26	1 966.76
2006	598.40	15.35	1 096.70	30.10	1 832.72	1 960.91
2007	564.22	12.88	1 057.26	27.19	1 873.84	2 110.68
2008	659.40	16.75	1 210.20	35.30	1 835.31	2107.46
2009	727.77	18.58	1 365.72	37.02	1 876.57	1 992.98
2010	736.97	18.45	1 308.19	33.26	1 775.09	1 802.61
2011	734.74	17.16	1 342.56	33.59	1 827.26	1 958.03
2012	743.19	16.56	1 400.73	32.09	1 884.77	1 937.97
2013	753.10	15.96	1 445.80	31.67	1 919.80	1 984.25
2014	758.79	12.64	1 477.23	25.90	1 946.81	2 049.21
2015	753.44	12.23	1 493.07	25.12	1 981.68	2 053.38

(引自中国种植业信息网农作物数据库，2016年)

油菜在我国分布很广，根据我国南北气候的差异可以分为冬油菜和春油菜两大产区。冬油菜产区是我国油菜主要产区，其种植面积和总产占全国油菜的90%以上，每年9—10月播种、次年4—6月收获。该区按其特点又可划分为6个亚区：①华北关中亚区，包括安徽、江苏的淮河以北、甘肃、陕西、山西、河北的一部分以及山东、河南等地区。②长江中游亚区，包括湖北、湖南、江西和安徽大部。③长江下游亚区，包括上海、浙江、江苏大部和安徽东部，该亚区是我国油菜分布比较集中、产量稳定、单产较高的区域。④四川盆地亚区，包括四川、陕西汉中盆地及湖北、湖南、贵州等一部分地区，也是我国冬油菜的主要产区。⑤云贵高原亚区，包括云南、贵州和广西、湖南、四川的一部分。⑥华南沿海亚区，包括广西、广东、台湾及福建的一部分地区。春油菜产区包括内蒙古、河北省北部、宁夏、新疆、青海、甘肃、西藏、辽宁和黑龙江等省（区），该区的油菜每年在4—5月播种、7—8月收获。

我国油菜生产发展趋势正向着“三高”（高油、高产、高效）品种的培育、推广以及简约化和机械化生产发展。在双低的基础上培育和推广高含油量、高产、多抗（抗病、抗倒、抗裂角等）、营养高效的油菜新品种。目前，‘中双11号’（含油量49.04%）、‘浙大619’（含油量47.69%）、‘浙油50’含油量（47.17%）等一批含油量较高的油菜新品种在生产上开始推广应用。我国油菜全程生产机械化，对调整农业产业结构，提高农村生产力水平，增加农民收入具有十分重要的现实意义。随着油菜机械化生产品种和机械化生产设备的配套实施，为我国油菜集约化和机械化生产提供了有力的技术支撑。

浙江省是长江下游流域油菜主产区之一，主要分布在杭嘉湖、宁绍一带，其次是金华、温州、台州等地区。浙江省菜籽油占食用油的70%，常年种植面积在20万 hm^2 左右，单产在2 000 kg/hm^2 左右，是油菜生产发展重点区域之一。同时，嘉兴等地油菜机械化生产发展较快，通过边试验、边改进、边推广，2009年油菜机械化收割损失率从最初的10%降低到3.51%，显著提高了油菜生产的经济效益。

第二节　油菜栽培方式及繁殖制种技术

一、油菜直播繁殖制种技术

（一）直播油菜的特点

直播油菜根系发达，抗逆力强，并且省工省时。直播油菜的主根入土较深，吸收下层水肥能力强，耐干旱，不易倒伏，但其细根量较少，吸收耕作层内的养分能力弱。要早施苗肥和薹肥，越冬期结合培土壅根施用有机肥，使后期不早衰。此外，要做好除草、排渍和防病等，并适时收获。直播油菜和移栽油菜相比，其根颈粗度、根系数目和根系总长度均表现较好，有利于吸收土壤深层的水分和养料，因而抗旱、耐瘠、抗倒伏能力强，特别是在土壤黏重的田块，直播油菜较移栽油菜更具优越性。

（二）直播油菜的关键栽培技术

直播油菜丰产的关键，首先要求精细整地、施足基肥，保证苗全苗壮。播种期可比育苗移栽的迟约 10 d。浙江省在 10 月中旬播种，不迟于 10 月底。播种方法有点播和条播两种，播种量为 3～3.8 kg/hm^2。适当提高密度，以 18 万～23 万株/hm^2 为宜。宽行密株，行距 30～40 cm、株距 13～20 cm，出苗后 10 d、出现 1～2 片真叶时，应及时间苗，到 4～5 片真叶时定苗。并浇施水肥。

近年来，广泛采用的免耕法直播要做好配套技术。抓好"三沟配套"，在搁好晚稻田的基础上，加深"丰产沟"，以确保田间不积水。做到齐泥割稻，削高垫低，划畦掘沟。加强培育矮壮苗。适当增加密度，并增加施肥次数。免耕油菜一般没有猪牛栏肥等作基肥，加上冬发比较好，消耗养分多，春天往往有早衰现象。因此，除施好塞孔肥和抢施提苗肥外，尤其要施好腊肥和薹肥。免耕油菜土壤易板结，土壤通透性不及翻耕油菜，在活棵后即进行浅松土，早春深松土。应用除草剂，在移栽前 1～2 d 用 3～3.7 kg/hm^2 草甘膦兑水 750 kg 喷雾，或在移栽前喷绿麦隆 4.5 kg/hm^2 加水 600～750 kg，有较好的除草效果。

二、油菜夏繁制种技术

我国油菜可分为冬油菜和春油菜两大类，冬油菜在当地夏季高温气候条件下不能完成一个生长发育周期，春油菜区夏季气温凉爽，冬油菜在异地如高山或青海、云贵等春油菜区夏季能正常成熟。将冬油菜夏季到春油菜区或高山等种植、繁育称为夏繁，这样一年可种植两代，以加速油菜繁育进程。

(一)播前准备工作

选地与隔离：要选择地块较大、正规，适宜机械化播种、灌溉方便的作油菜制种田，统一规划，集中连片，坚决杜绝与十字花科作物连作，前茬以小麦等为宜，空间隔离务须达到标准要求，如出现自生油菜和其他十字花科作物，必须在苗期现蕾前处理干净。

播种时间因油菜材料不同而异，对弱冬性材料而言，一般在 5 月底前播种都能通过春化阶段，能正常现蕾、开花成熟，而对强冬性材料(如河南、安徽的材料)而言，一般要求在 5 月 20 日前播种才能正常现蕾、开花成熟。

(二)施足基肥，重视种肥与追肥

油菜是需肥较多的作物，整个生育期对氮、磷和钾的需求比例大体是 1∶0.5∶0.7。夏播条件下，甘蓝型冬油菜的各个生育时期均较秋播条件下缩短，尤其是苗期的营养生长期缩短，因此在播种时要施足底肥，苗前期早施速效追肥，追肥在间苗或定苗后以"提苗肥"为主。除氮、磷、和钾外，油菜对硼肥的吸收量也较多，硼肥可以加速花的发育，增加花的数量，增强花粉的萌发和花粉管的伸长，提高受精率。缺硼时，受精作用受到影响，易发生花而不实的现象，有时能减产 2～3 成及以上，严重时可能无收。硼肥可以作为底肥，应避免硼肥与种子直接接触，可与有机肥和氮、磷、钾结合使用；硼肥作为追肥，在移栽前 1～2 d 可采用苗床喷硼，苗床用 0.4%硼砂水溶液 750 kg/hm^2 喷施，本田施硼，每次用硼砂 750 g 兑水 750 kg/hm^2 喷施叶面。

(三)适时浇水、合理密植

油菜是栽培作物中需水较多作物，薹花期是需水"临界期"，花期灌水对油菜具有显著增产作用。油菜全生育期浇水4～5次，在苗期浇1次水，薹花期2～3次水，终花前浇1次水，成熟前一星期浇1次水，有利于创造高产。

(四)重视虫害防治

由于5月地下害虫多，因此播前须对土壤进行防虫处理。夏繁材料一般在7月下旬陆续开花，开花后气温逐渐升高，蚜虫繁殖特别快，要加强对虫害的防治。

(五)注意花期相遇问题

若为杂交制种，需注意花期相遇问题。由于生态环境改变，冬油菜在春油菜区制种不一定花期相遇，如果父本提前终花或父本体弱花粉少，母本无法授粉，影响到制种产量，要先进行试制再规模制种，或提前采取措施，避免造成不应有的损失。

第三节 油菜常规品种种子生产技术

普及优质双低油菜是我国油菜生产的发展方向。油菜种子小，繁殖系数高，但品种种性易退化，且繁殖制种过程中容易造成生物学混杂和机械混杂。因此，要建立科学而严格的繁种和供种体系，加强种子质量控制。常规油菜种子生产程序应采用精选单株，株行圃、株系圃鉴定，混系繁殖原种等进行原种生产和提纯复壮。

一、原种生产

油菜原种生产包括原原种、原种和生产用种三个方面。各项原种生产均应在严格隔离条件下进行，尤其是原原种和原种种子生产。

(一)原原种种子生产

原原种种子的生产一般由育种单位在原种生产田精选典型单株获得。为防止品种在栽培和选择过程中发生变异，在整个繁育阶段进行多次严格筛选鉴定，并在品种定型后多繁殖一些原原种，充分晒干后贮藏在冷冻干燥器或种质库中，分年度取出进行原原种繁殖。我国南方油菜产区，由于花期阴雨多、日照少，户外套袋自交或纱罩隔离自交均难以获得足够的种子，同时病害也较重，更不能获得足量种子，而建立原原种生长室则比较可靠。原原种生长室与玻璃温室相似。有条件的话，室内可控制温湿度和光照，并能喷灌，通风换气，保持室内光照充足，空气相对湿度在70%～80%及以下。

(二)原种种子生产

生产原种主要用原原种在原种基地繁殖。原种种子生产一般采取育苗移栽，这样在间、定苗和移栽时便于选取典型幼苗，种植密度也宜稀，并加强栽培管理。苗期根据幼茎色、叶形、叶色、生长习性、生长势等；薹花期根据抽薹开花迟早，茎高、茎色、花器形态等；成熟期根据株高、株型、角果性状、结实率、病虫为害程度等分别进行去劣去杂。脱粒后室内测定种子含油量、芥酸和硫苷含量等性状。符合该品种特性和品质等要求的油菜种子即为原种。

(三)大田用种种子生产

生产种主要用原种在生产用繁殖基地繁殖。生产用种的栽培水平应适当优于大田生产,通常也进行育苗移栽,并在生育期间进行2～3次去劣去杂,至少在苗期和成熟期各进行一次去杂,收获前拔除病株和生长不良植株,待种子充分成熟后收割,收后晒干扬净,取样分析种子含油量和芥酸和硫苷等含量。符合该品种种性和品质等要求的油菜种子即为生产用种。

二、提纯复壮

(一)精选单株

精选单株是提纯复壮的基础,应在原种圃或种子田按品种的典型性选择丰产性好、抗性强、品质优良、熟期适宜的优良单株。一般田间预选300～500株单株,经室内考种和品质分析淘汰约60%,决选100～200株。

选择应在苗期、初花期和成熟期分别进行。苗期根据叶形、叶色、蜡粉厚薄、心叶颜色、刺毛有无,缺、裂片形态及长短,顶裂片长短,叶柄长短,幼苗生长习性,抗寒性、抗旱性、抗病性等,选择与原品种一致的典型植株,并做好标记。初花期在苗期选择的基础上,按薹、茎、叶的形态、色泽、着生状态,茎的高矮、粗细、颜色,花瓣大小、有无皱褶、颜色,花药形态、大小,抗春寒性,开花早迟等进行选择,并在主花序上做好标记。成熟期在初花期选择的基础上进行,这是最关键的选择时期,应从严掌握。即按株高、茎粗、分枝位、主茎分枝数、分枝习性、分枝角度、花序长短、结实密度、着果状态、角果形态、抗病性、抗倒伏性、耐渍性、抗旱性、抗落粒性、成熟迟早等进行选择。收获后进行室内考种及品质分析。符合原品种标准的入选,其余淘汰。入选单株分别编号,供下年株行圃播种用。

(二)株行圃

将上述当选单株种子播种成株行圃,主要鉴定各株系性状的典型性、优劣和纯度。每小区播种5行左右。每隔9小区用当地推广品种作对照,顺序排列,不设重复。在生育期间进行物候等必要的观察记载,进行性状一致性以及优劣程度的鉴定。成熟时进行取样、收获、测产、考种及品质分析。凡符合原品种典型性、产量超过对照平均值、品质符合原品种标准的,下年参加株系圃鉴定。

(三)株系圃

在株系圃进一步鉴定株行圃内当选株系的典型性、丰产性、稳产性及一致性。播种时将种子分成两份,一份种在株系圃鉴定,另一份种在隔离圃繁殖。株系圃的小区面积约为10 m^2,用原品种的高纯度种子作对照,对比排列,不设重复。经田间和室内考种鉴定。凡性状典型、产量超过对照5%左右、品质优良者,方可入选。当选株系以隔离繁殖的种子混合贮藏,为下年原种圃和隔离圃播种用。产量超过10%以上的或具有其他突出优良性状的株系,应单独保存,以作育种材料之用。

(四)原种繁殖

对株系圃的混系种子做最后一次鉴定,并扩大繁殖产生原种。田间设计与一般品种比较试验相同。以同一品种的原种或纯度高的种子作对照,观察记载与产量分析等均与品比试验相同。凡产量超过对照5%左右、品质优良者,其混系隔离繁殖种子即为原种。

隔离繁殖圃应加强栽培管理,并在苗期、初花期和成熟期进行系统的去杂去劣。同时,适时收获,脱粒、精选、贮藏、调运等过程均应严防混杂和霉变,以确保种子的质量。原种一定要做好标签,并在标签上写好品种名称、种子级别、产地、纯度、净度和发芽率等。

第四节　杂交油菜种子生产技术

油菜杂种优势是指两个遗传组成不同的亲本杂交所产生的杂种第一代,其在生长势、生活力、繁殖力、抗逆性、产量和品质上比其双亲优越的现象。在杂种优势利用上,杂种第二代一般不能再利用,必须重新配制杂种,才能满足生产上的需要。因此,杂交油菜必须年年制种。

一、油菜“三系”的亲本繁殖与杂交制种

(一)不育系与保持系的繁殖

油菜“三系”是指雄性不育系、雄性不育保持系和雄性不育恢复系。不育系繁殖区内只繁殖一个不育系及相应的保持系。父本是保持系,母本是不育系。父本与母本的行比以1∶2或1∶3为宜,即播1行父本与2或3行母本,行距以40 cm为宜。先播第一期作父本的保持系,5 d后再播母本(母本行端要做标记),再隔5～7 d后播第二期保持系。父母本错开播种,以使二者的花期相遇时间延长,保证母本充分授粉,增加种子产量。此区内,从母本行收获的种子仍为不育系,从父本行收获的种子仍为保持系。一般每繁殖667 m^2的不育系(可产2.5 kg左右种子),可供下年1～1.3 hm^2制种田的母本用种,育苗移栽的可供3.3 hm^2制种田用种。

(二)恢复系繁殖与杂交制种

恢复系及杂交制种繁殖区只能利用一个不育系配制一个杂种。如果有两个不育系共用一个恢复系时,可以同时配制两个组合的杂种。此隔离区内,父本是恢复系,母本仍是不育系。父母本的行比为1∶3或1∶4,行距约为40 cm。先播第一批恢复系,7～10 d后播母本不育系,再隔7～10 d后播第二批恢复系。母本行端仍要做标记。收获时,从母本上得到的种子即制得的杂交种,从父本上得到的仍为恢复系。一般每制种667 m^2可供13～20 hm^2大田用种,育苗移栽时则可供40～67 hm^2大田用种。

二、油菜“两系”的亲本繁殖与杂交制种

油菜两系是指雄性不育两型系(即两用系)和恢复系。

(一)“两用系”繁殖

“两用系”的繁殖较简单，用一般的栽培方法，把一个“两用系”的群体种在一个隔离区或大棚内，适当密植，让可育株与不育株自由传粉，开花时逐株检查，对不育株作好标记，成熟时只收不育株上的种子留种。种子的大部分供下年制种区的母本用，小部分用来继续繁殖“两用系”。在栽培管理方面要做好以下工作：

(1)及时去杂去劣　开花前拔除病株、畸形株、矮小和死蕾多的植株。

(2)适当调整可育株的位置　如果出现可育株分布不均匀的情况，应在阴雨天用带土移栽的方法加以调整，使邻近的可育株与不育株保持1∶(1～3)的比例；可育株过多时也可拔除一部分，让不育株充分生长发育，以提高“两用系”的种子产量。

(3)做好辅助授粉工作　特别是在大棚里繁殖时更应注意辅助授粉，可在大棚内放置蜜蜂(蜜蜂身上无携带的花粉)。

(二)“两用系”制种

“两用系”制种区按一般栽培方法，将父本(恢复系)和母本(两用系)以1∶2或1∶3的行比种入隔离区或大棚内，行距以40 cm为宜，父本的株距以20 cm、母本的株距以10 cm为好。开花前逐株检查母本行，及时拔除其中的可育株，否则杂交种的质量就难以保证。识别不育株的方法是：不育株的花蕾较小，用手捏有松软的感觉，主花序下部常有死花蕾出现。最后，从母本行收获的种子即是制得的杂交种，可用于次年的大田生产，从父本行收获的种子仍为恢复系种子。一般每667 m^2 制种田可产杂交种40～50 kg，每0.5 kg种子可种0.3～0.4 hm^2 大田，每667 m^2 制种田的杂交种子可供13～20 hm^2 大田用种，育苗移栽的则可供26～40 hm^2 大田用种。

三、油菜种子质量控制技术

(一)油菜种子质量标准

油菜种子质量按《农作物种子质量标准》(GB 4407.2—2008)规定执行，具体种子质量指标见表5.2。

表5.2　油菜种子质量标准　%

作物名称	种子类别	品种纯度不低于	净度不低于	发芽率不低于	水分不高于
油菜常规种	原种	99.0			
	大田用种	95.0	98.0	85	9.0
油菜亲本	原种	99.0			
	大田用种	98.0	98.0	80	9.0
油菜杂交种	大田用种	85.0	98.0	80	9.0

(引自《农作物种子质量标准》(GB 4407.2—2008))

(二)品种退化原因

(1)授粉混杂　油菜是常异花授粉或异花授粉作物,花期长、自然异交率高,容易出现授粉混杂。在自然条件下,靠风媒、虫媒传粉,容易与其他油菜品种以及白菜等十字花科植物串花授粉杂交,发生生物学混杂,导致油菜种性变劣,这是油菜混杂退化的主要原因。

(2)机械混杂　油菜种子的籽粒较小而且圆滑,在播种、收获、脱粒、晒种、贮藏和运输等每一操作过程中,均容易造成机械混杂。成熟和收获时,油菜种子容易自然落粒,同时角壳等还田时夹带种子。这些种子翻入土壤后,部分会诱导形成次生休眠种子,并产生自生油菜,引起混杂,在苗期、开花期、成熟期和收获时均需严格去杂。

(3)自身繁殖退化　白菜型、芥菜型和甘蓝型油菜长期自交繁殖,其种性及经济性状都会发生不同程度退化。同时,在自然选择中也会变劣,有些性状的人工选择方向与自然选择方向不一致,如含油量、低芥酸、低硫苷等品质性状,如不采取有效选择与保纯等措施,任其自然生存、繁殖,就会退化变劣,失去优良种性。此外,良种本身会发生变异退化。油菜的主要经济性状和品质性状,一般受微效多基因控制,杂交育成的品种往往群体基本性状稳定一致,但个体间仍存在遗传差异,随着良种使用年限延长和基因型不断分离与重组,会使良种种性逐渐退化。

(三)品种退化的防治措施

(1)苗床和大田的选择　油菜繁殖制种过程中应合理选择苗床与大田,种过十字花科作物的田地或靠近村庄的荒坡田地,不宜作苗床,以免病虫、禽、畜为害。应选择靠近大田、土地平整、肥沃疏松、向阳背风、排灌方便的田地作苗床。苗床秧田面积按 1 hm^2 秧田移栽 5～7 hm^2 大田的比例留足。移栽的大田或直播田也要选择隔离条件好的田块。

(2)严格隔离　针对油菜繁殖生物学特点,必须对虫媒和风媒传粉采取隔离繁殖措施,防止种性变劣。隔离繁殖方法可分为自然隔离和人工隔离两类。自然隔离即是利用一定空间距离或一定的时间间隔进行隔离。这种隔离方法简单易行,适于大规模繁殖种子时采用。空间隔离即在平原地区做到以繁殖地为中心,四周一定距离(如 0.8～1 km)不种油菜和其他十字花科植物。一般要求隔离距离在 0.8 km 以上。在自然条件复杂的山区和丘陵地区或有森林和湖泊等自然隔离区,空间隔离距离可适当减少。最好选择环山的谷地、环水的沙洲和小岛作为隔离区。时间隔离即错开油菜开花时间,使繁殖的油菜花期与其他油菜花期不相遇,起到隔离效果。如南方冬油菜产区,将春性品种在早春播种,当秋冬播油菜终花后,春播油菜开始开花。此外,在播种期要求不严格的华南地区,也可采用时间隔离。

人工隔离即是采用隔离工具,在花期阻止异种花粉侵入。这种方法适于少量材料或单株繁殖与保纯,其隔离效果好。可用纸袋、纱帐或纱罩、网室等工具进行隔离。纸袋隔离即用硫酸纸做成一定大小的纸袋。开花初期选择上部花序,去掉已开花朵和幼果,套上纸袋,下部用回形针等扣紧。随着花序伸长,不断将纸袋上提,成熟后收取自交种子。纱帐隔离即用 35～40 目小孔的尼龙纱做成一定大小的纱帐,开花前罩住油菜植株,每个纱帐可罩若干株,中间可用小竹竿等固定在植株旁,终花后摘除。网室隔离即用尼龙纱或钢纱做成网室,用作原种繁殖大量种子。在室内放蜂以进行辅助授粉。网室隔离效果好,但成本较高。

(3)防止机械混杂　油菜种子小,繁殖系数高,良种本身会发生变异退化,因此除隔离繁殖外，还必须加强品种的提纯复壮工作，它是保持良种遗传特性和典型性状、防止品种混杂退化的非常有效的途径。油菜种子小，工具、晒场等均不易清理干净，不同品种间的种子很难区别，极易造成机械混杂。因此，要做到按品种、按田块等单收、单脱、单晒、单藏，并有专人、专仓保管，种子袋内外要标明品种名称和来源等。此外，要建立科学而严格的繁种和供种体系，健全油菜种子三级供繁生产体系，做到集中隔离繁种、统一供种，克服良种繁育和供种过程中的多、乱、杂等现象。

(四)油菜胎萌及其对种子质量的影响

种子胎萌狭义上是指未发育成熟的种子在母体植株上的萌发(早萌)现象；而广义上则泛指种子收获前在田间母体植株的发芽现象。近年来，在芸薹属埃塞俄比亚芥型、白菜型油菜和甘蓝型油菜上也偶有种子胎萌现象发生，其中在甘蓝型杂交油菜制种中种子胎萌问题相对较为突出。

依据品种的遗传特性和生长环境条件不同，甘蓝型杂交油菜种子胎萌发生在不育系和保持系开花后 19～36 d，此时油菜角果内的种子处于绿熟初期，并随着种子发育日趋成熟而有不断增多的趋势，表明杂交油菜种子在发育早期无需达到生理成熟即可发生胎萌。油菜不同类型和品种、不同年份、具有胎萌特性同一植株的不同花序部位和同一品种不同个体(或株系)间胎萌率的变化较大。甘蓝型杂交油菜果壳对角果内发育种子具有保护作用。发育早期的果壳对种子的保护作用较强，而发育后期的果壳相对较弱，易胎萌品种的果壳对种子的保护作用较不易胎萌品种弱。杂交油菜种子因胎萌会引起种子生活力和活力降低、可溶性糖含量升高，以及种子含油量和千粒重下降，进而影响杂交油菜的制种产量和种子质量。

甘蓝型杂交油菜种子胎萌有较强的基因型依赖性；胎萌性状可以遗传，并与其雄性不育核基因有关，也可能存在母体效应。因此，育种利用上可通过定向选择减少或消除种子胎萌现象的发生。同时，要加强杂交油菜繁殖与制种的田间管理与肥水调控等措施，并可试用脱落酸等化学调控物质进行定向调控来控制、减少种子胎萌，以保证种子活力和制种质量。

应用案例——甘蓝型双低杂交油菜‘宁杂 3 号’制种技术方案

‘宁杂 3 号’(‘宁 A_6’×‘宁 R_3’)是甘蓝型中熟双低杂交油菜，适合于长江中下游油菜产区种植。该组合综合性状好，恢复率高，高产稳定性强，双低品质性状稳定，制种平均产量达 78.2 kg/667 m^2，制种纯度超过国标一级，其具体制种技术要点如下。

(1)选好制种地块，加强安全隔离　选取土壤肥沃，排灌方便的稻茬田作为制种田，要求制种区三面以上环湖(山)，周围空间距离 2 km 范围内不得种植除制种父本以外的任何品种油菜，初花前铲除制种区和隔离区内所有十字花科野生油菜和食用蔬菜。

(2)适时适量播种，培育壮苗　选取收获后的早稻茬作为苗床，进行翻耕晒垡，精整细作，开沟作畦，每 667 m^2 用 1～1.5 t 腐熟厩肥和 45%复合肥 20 kg、硼砂 0.5 kg 作基肥。父母本于 9 月 20—25 日同期播种，播前晒种，药剂拌种。制种大田父母本用种量分别为 50 g/667 m^2 和 100 g/667 m^2；苗床播种量 0.5 kg/667 m^2，苗床与大田面积比为 1∶5 左右。播种时，按畦定量，细沙拌种，分次撒播，匀播，浅播不露籽；出苗后及时间苗、定苗，依据苗情及时适量追肥；苗期严防蚜虫及其传播病毒病，可在 3 叶 1 心期用 15%多效唑粉剂 50 g/667 m^2 兑水 50 kg 喷雾。

(3)适时移栽,加强大田栽培管理　苗龄30～35 d,单株绿叶数6～8叶,即10月20—25日及时移栽。制种田父母本行比为2∶4,株行距父本为16.7 cm×50 cm(父本开花较母本早2～3 d,父本稀植,有利于促进父本健壮发育,延长父本开花期)、母本16.7 cm×40 cm,父母本行距40 cm,东西行向开沟做畦,畦沟、腰沟、田头沟配套,畦面宽2.5 m,父母本同期移栽,先栽父本,后栽母本,湿土起苗,拉线移栽,栽正、栽实、栽直,每667 m^2 栽父本3 000株左右,母本6 600株左右。

移栽后及时查苗补缺,中耕松土,冻期来临前壅根培土,浇水蓄墒,防冻保苗,加强病虫防治及杂草防除,尤其重视春季早防蚜虫,适时预防菌核病,遇多雨年份须增加用药次数和用药剂量。杂交油菜对磷钾肥需求量较大,每667 m^2 用磷酸二铵30 kg、氯化钾10 kg、尿素10 kg、硼砂0.75 kg作底肥,边移栽边浇水定根,浇后即刻排干,如遇干旱天气,需增加浇水次数,直到活棵为止,适时追施返青发棵肥,用尿素10 kg/667 m^2 同追父母本,11月底用尿素3～5 kg/667 m^2 对父本偏施一次,原则上不施春肥,如需追施,则以复合肥为主,且宜早不宜迟。

(4)去杂去劣,摘顶保纯　根据父母本品种苗期、蕾薹期和初花期的典型特征,严格去除各时期不具备父母本特征的杂株(混杂株、优势株、变异株)及劣株(长势较差、植株畸形、病虫为害株),尤其是初花期去杂,要及时彻底,严防串粉。苗期父母本的典型特征表现为:母本半直立,叶色淡绿,顶叶椭圆形稍尖,裂叶2～4对;父本近直立,叶色深绿,顶叶较大、椭圆形,叶缘呈波状。蕾薹期:母本心叶紫绿色,顶叶长椭圆形,叶面有较多蜡粉,花蕾黄绿色松软;父本叶色深绿,叶面起皱略内卷,叶面有蜡粉,薹茎绿色略带紫,花蕾绿色饱满。初花期:母本壮而直,植株较高,花瓣秕皱窄小且分离,雄蕊退化,花药无花粉;父本植株稍矮,生长稳健,分枝略偏低,雌雄蕊正常,花瓣宽大平展且侧叠,花药饱满,花粉多。

当母本早期花朵在发育初期遇到低温时,会产生微粉自交结实而影响制种纯度,须在母本初花前2～3 d摘去主花序和上部1～2个分枝花蕾,因母本开花一般迟于父本2～3 d,为使花期相遇,在蕾薹期当父本抽薹10～15 cm时,隔株轻摘父本蕾薹,以推迟父本开花时间,确保花期相遇,授粉良好。

(5)辅助授粉　油菜制种必须进行辅助授粉,方可获得高产。油菜制种最有效的授粉途径是放养蜜蜂,同时有利于提高制种纯度。按0.2～0.3 hm^2 配置一箱强盛蜂群,于母本齐花期安放于制种区内,蜂群转来前须关箱饲喂5 d以上,父本接近终花期时,及时将蜂群迁出,以免制种田蜜源不足时蜜蜂远摄隔离区以外其他油菜花粉而造成混杂。

(6)适时收获、防止机械混杂　当父本70%角果呈枇杷黄时,适时偏早收割父本,并运出制种田,仔细清理检查以防漏枝、漏株。早收父本有利于防杂保纯,改善母本通风透光及肥水供应,提高杂交种子品质;当母本85%角果黄熟时,适时收获(F_1 代杂交种子),不可青割、早收。收获后的父本须远离制种田堆晒脱粒;母本则摊晒于制种田间,以利于短时间内完成后熟,便于脱粒,尽可能不要堆垛,以防发热霉变,影响种子品质;将母本放置于帆布或塑料布上用棍棒敲打脱粒,忌用石磙碾压,防止碾烂种子,减少种子破损;种子忌在水泥场上曝晒,以免灼伤种胚,影响发芽率;种子晒干后要单独贮藏,并于包装袋内外加附种子标签。

本章小结

油菜为常异花授粉作物，是一种油用价值高的经济作物。我国油菜主要产区集中在长江流域，以冬油菜为主，其种植面积和总产占全国油菜的90%以上，每年9—10月播种，次年4—6月收获。油菜生育期包括种子萌发、子叶期、苗期、蕾薹期、初花期、盛花期、成熟期。产量是由角果总数、每果粒数和粒重3个因素构成的，其中尤以单位面积角果总数对产量影响最大。我国油菜生产发展趋势正向着“三高”（高油、高产、高效）品种的培育、推广以及简约化和机械化生产方向发展。在双低的基础上培育和推广高含油量、高产、多抗（抗病、抗倒、抗裂角等）、营养丰富的油菜新品种。油菜种子小，繁殖系数高，但品种种性易退化，且繁殖制种过程中容易造成生物学混杂和机械混杂，在繁殖制种过程中必须在严格隔离条件下进行，并加强品种的提纯复壮。油菜原种生产包括原原种、原种和生产用种3个方面，常规油菜种子生产程序应采用精选单株，株行圃、株系圃鉴定，混系繁殖原种等进行原种生产和提纯复壮；杂交油菜种子生产可采取“三系”或“两系”的亲本繁殖与杂交制种，同时，加强亲繁隔离并注意品种的提纯复壮，提高油菜种子生产质量。

思 考 题

一、名词解释

油菜的主要类型、结籽率、芥菜型油菜、“两用系”繁殖。

二、简答题

1.油菜品质特点与双低油菜的含义。

2.油菜各个种的亲缘关系及主要栽培类型的特点。

3.油菜阶段发育特性及其应用。

4.油菜生育阶段与器官形成及产量构成的主要特点。

5.油菜育苗移栽与直播栽培的主要技术。

三、论述题

1.简述常规和杂交油菜种子生产技术要点。

2.简述油菜品种退化防治措施。

第六章　大麦、小麦种子生产技术

知识目标

◆ 了解大麦、小麦生产概况、分类及其生物学特性。

◆ 理解制定大麦、小麦种子生产技术方案、落实生产基地的措施。

◆ 掌握大麦、小麦原种生产及种子质量控制技术。

能力目标

◆ 能根据生产计划制定种子生产技术方案。

◆ 学会落实生产基地的措施与方法。

◆ 能够利用大麦、小麦原种生产方法实施种子生产管理、质量控制及技术指导。

第一节　小麦种子生产技术

一、小麦类型及主要产区

1.小麦类型

(1)按植物学分类　目前，生产上以普通小麦(AABBDD)种植最广，占全世界小麦总面积的90%以上；硬粒小麦(AABB)的播种面积为总面积的6%～7%。除此之外，还有密穗小麦(AABBDD)、一粒小麦(AA)、二粒小麦(AABB)、波斯小麦(AABB)、圆锥小麦(AABB)和提莫菲维小麦(AAGG)等种类。

(2)按籽粒的皮色分类　按照小麦籽粒皮色的不同，可将小麦分为红皮小麦和白皮小麦，简称为红麦和白麦。红白小麦混在一起的小麦叫作混合小麦。

(3)按照籽粒的质地分类　按照籽粒质地的不同，小麦可以分为硬质小麦和软质小麦，简称为硬麦和软麦。硬麦的胚乳结构较为紧密，呈半透明状，亦称为角质或玻璃质；软麦的胚乳结构疏松，呈石膏状，亦称为粉质。就小麦籽粒而言，当其角质占其中部横截面1/2以上时，称其为角质粒，为硬麦；而当其角质不足1/2时，称其为粉质粒，为软麦。

(4)按照冬春性分类　按照小麦通过春化阶段对温度要求的高低和时间的长短，可将小麦分为冬性品种、半冬性品种和春性品种。

①冬性品种　该类型的品种对温度要求极为敏感，春化要求温度低，时间长，要在 0～5℃下经 30～50 d 才能完成。我国北部冬麦区的品种属这种类型，如‘农大 3291’‘京花 9 号’‘京冬 22’‘中麦 533’‘农大 139’等。

②半冬性品种　在 3～15℃下经 15～35 d 可完成春化阶段。黄淮麦区的品种大多属这种类型，如‘矮抗 58’‘周麦 26’‘济麦 22’‘轮选 988’‘皖麦 68’等。

③春性品种　该类型的品种对温度范围要求较宽，所需时间较短，在 5～20℃温度经 5～15 d 即可完成春化阶段。我国长江中下游地区种植的多是春性品种，如‘扬麦 158’‘扬麦 18’‘扬麦 19’‘扬麦 20’‘扬麦 21’‘宁麦 22’‘鄂麦 596’‘浙丰 2 号’‘温麦 10 号’等。

(5)按照小麦的质粒颜色、质地综合分类　2008 年公布的《中华人民共和国国家标准——小麦(GB 1351—2008)》将小麦分为硬质白小麦、软质白小麦、硬质红小麦、软质红小麦和混合小麦。

(6)按照蛋白质含量和质量分类　按照小麦蛋白质含量和质量，可将小麦分为强筋、中筋和弱筋小麦。

2. 主要产区

小麦按种植季节可划分为三个区域：春小麦区、北方冬小麦区、南方冬小麦区。

(1)春小麦区　主要分布在长城以北、岷山、大雪山以西地区。这些地区大部分处在高寒或干冷地带，冬季严寒，冬小麦不能安全越冬，故种植春小麦；因无霜期短促，常在 200 d 以下，栽培制度绝大部分是一年一熟。

(2)北方冬小麦区　主要在长城以南，六盘山以东，秦岭、淮河以北的地区。是中国最大的小麦集中产区和消费区，小麦播种面积和产量占中国的 2/3 左右。一般实行一年两熟或两年三熟耕作制度，仅北部长城沿线两侧地带为冬、春麦混合的过渡地带。

(3)南方冬小麦区　在秦岭淮河以南、折多山以东，播种面积和总产量约占中国的 30%。本区人民多以稻米为主要口粮，因此，小麦的商品率较高，是中国商品小麦重要产区。

二、小麦生物学特性

1. 小麦阶段发育

小麦从种子萌发到成熟，除需水、肥等条件外，还须在一定的生长发育阶段经历特定的温度、光照等条件，即依次经历春化和光照两个发育阶段。当这些特定条件得到满足后，小麦植株会发生一系列的变化，进而从营养生长转向生殖生长。

(1)春化阶段　小麦种子萌发后便可进入春化阶段，其特点是在所需要的综合条件中必须有一定时间和一定程度的低温，否则就不能通过春化阶段。

春化阶段可在萌动的胚或幼苗的生长点进行，甚至种子成熟过程中的幼胚遇低温也能接受春化反应。一般认为绿体春化比种子春化效果更好。小麦在春化过程中一般长日促进春化，但有些品种具短日春化现象。

不同类型品种的苗期耐寒性和生长特性有明显区别。冬性小麦的幼苗有较强的耐寒能力，有的品种可忍耐－20℃的低温。耐寒性强的品种，幼苗在越冬期间匍匐地面，叶片较狭而色浓；春性小麦幼苗耐寒性弱，易受冻害，幼苗直立，叶片较宽而色淡。

小麦通过春化阶段后，体内的生理代谢发生了明显的变化，如代谢强度加快，蒸腾强度提高，细胞持水力降低，叶绿素含量增加，物质积累速度加快，呼吸强度提高，抗寒力显著减弱。

(2)光照阶段　小麦通过春化阶段后，在一定的条件下便进入光照阶段。小麦是长日照植物，日照时数变长，光照阶段的进程就变快，抽穗就会提前。根据对日照长短的反应的差异，可将小麦品种分为三种类型：

①反应迟钝型　该类型对日照长度的要求不严格，在少于 8 h 日照下也能通过光照阶段而抽穗，不因日照长短而有明显的差异。一般在日照 8～12 h，经过 15 d 左右时间，就可通过光照阶段。通常，低纬度地区的春性品种大多属此类，如'南大 2419''扬麦 3 号'等。

②反应中等型　该类型在 8 h 的光照下不能通过光照阶段，但在日照 12 h，经过 20 d 左右，能通过光照阶段。通常，半冬性品种多属此类，如'浙麦 2 号''鄂麦 23'等。

③反应敏感型　该类型只有在 12 h 以上的日照条件下才能通过光照阶段，一般在日照 12 h 以上，经过 30～40 d，才能通过光照阶段。通常，冬性品种和高纬度地区的春性品种大多属此类，如'克丰 10 号''龙麦 30'等。

光照阶段最适温度为 15～20℃，低于 10℃或高于 25℃都会降低光照阶段的速度。感应日长的部位是叶片，因此营养体生长状况、营养条件及光照强弱、光波长度均影响光照阶段的进程。

(3)阶段发育理论在小麦种子生产上的应用　了解小麦的阶段发育理论，不仅对异地品种的引进具有很好的指导作用，还为小麦品种的布局、播种时期、播种量以及肥水管理提供理论依据。引种时应首先考虑被引进的品种阶段发育特性，以及两地的温度、日照条件是否接近。北种南引，由于南方温度高于北方而日照时间短于北方，不利于北方品种通过春化和光照阶段，通常会使生育期延长，甚至不能抽穗。而南种北引，北方的温度和日照条件会加速南方品种通过春化和光照阶段，使其生育期缩短，但南方品种耐寒性往往较差，容易遭受冻害，不利高产。一般从相同纬度或相近生态条件的地区引种，成功率较高。冬性小麦品种春化阶段要求低温较严，因而可适当早播或在冬季温度低的地区种植，而春性品种对低温要求不严格，秋播过早，年内就有可能拔节抽穗，容易遭受冻害，应在适期范围内迟播，以保证制种产量。通常，冬性小麦品种由于通过春化阶段的时间长，其分蘖能力也强，播种量应少些，而春性小麦品种通过春化阶段的时间较短，其分蘖能力也较弱，其播种量可适当增加。由于小麦通过光照阶段的时期正是其幼穗分化的时期，在施足基肥保证壮苗的同时，中期加强肥水管理，可增加小穗和小花数，实现大穗，提高小麦种子的繁殖系数。

2. 小麦器官发育

(1)种子的萌发与出苗

①种子的构造　小麦的籽粒为颖果，果皮和种皮紧密相连。根据外形，可分为圆形、卵圆形和椭圆形三种。籽粒顶端有一簇"冠毛"，背面隆起，腹面有凹陷的腹沟，腹沟的深浅为品种的特征之一。小麦种子大小通常以千粒重表示，由品种和栽培条件共同决定，为小麦种子生产过程考查的项目之一。小麦种子由胚、胚乳和皮层三部分构成。

皮层　皮层由果皮和种皮组成，占种子重量的 7.8%～8.5%，能对里面的胚乳和胚起到保护作用。其主要成分为纤维素，其厚薄、色泽因品种、气候、栽培条件而异。种皮颜色为种子生产考查的项目之一，分为白色和红色两种。

胚乳　胚乳占种子重的 87%～89%，外层为糊粉层，内层为淀粉层，由胚乳细胞组成，含大小不同的淀粉粒和蛋白质，蛋白质存在于淀粉粒间的孔隙中。胚乳质为种子生产考查的项目之一，可分为粉质、角质、半角质三种类型。通常，角质胚乳含蛋白质较多，籽实透明、较硬，适宜制作馒头、面包和面条，而粉质胚乳含淀粉多，适宜制作饼干。

胚　胚位于麦粒背面的基部，占种子重的3%左右，由胚根、胚轴、胚芽和盾片组成。胚芽位于胚的上方，由胚芽鞘包围，含3～4片未发育的幼叶和生长锥，将来发育成茎叶；胚轴位于胚的中部，将来可发育成根茎；胚根位于胚的下部，由胚根鞘包围，将来发育成种子根；盾片与胚乳相连，萌发时分泌水解酶、吸收养分，供胚生长发育所需。

②发芽　小麦种子经过休眠期后，在适宜的水分、温度、氧气的条件下开始发芽。小麦种子首先吸水膨胀，随着水分增加，种子内部各种的酶的活性增加，将贮存的营养物质转化为可溶状态，供胚生长发育。当胚的体积达到一定程度，胚根鞘伸长率先突破种皮，这称之为“露嘴”或“露白”，随后胚芽鞘破皮而出，当胚根与麦粒等长，胚芽长为麦粒1/2时，称为发芽。

小麦种子发芽的最低温度为1～2℃，最高温度为30～35℃，最适温度为15～20℃，超过30℃，发芽力显著减弱。发芽时种子的含水量必须超过干物重的35%～45%。一般当种子吸水达其干重的45%～50%以上时就可发芽。但若将种子浸在水中，则会由于缺氧而不能发芽。土壤含水量对发芽的影响很大，最适土壤湿度为最大田间持水量的70%～80%，如播种后土壤水分不足，发芽出苗慢而差。相反，土壤水分处于饱和或积水状态，麦粒不易发芽，会发生烂种。我国南方(包括长江中下游地区)，降水较多，需在小麦播种时开沟排水，以利于种子发芽。

③出苗　幼苗向上生长首先露出地面的是略带绿色或紫色的圆筒形芽鞘，芽鞘的颜色因品种而异，可作为小麦种子生产考查的项目。播种越深，光线越弱或温度越低时，芽鞘越长，这样胚乳养分消耗在芽鞘伸长上的也越多，导致麦苗细弱。随着芽鞘顶出土面，第一片真叶从芽鞘顶端伸出，至2～3 cm时，便视为出苗。当田间有50%的苗时，称为出苗期。

出苗的好坏和快慢，受播后的温度、土壤水分、整地质量、覆土深浅等条件影响很大。南方冬麦区在适期播种的条件下，大多数地区此时的外界温度在14～18℃，因此，小麦从播种到出苗需7 d左右。播种越迟，温度越低，出苗越慢。土壤湿度在田间持水量70%～80%时，出苗快，低于60%时，出苗不齐。整地精细，土壤疏松，有利于全苗、齐苗，覆土过厚或不匀，会延缓出苗或造成出苗不齐。

(2)根的生长

①根的种类与生长　小麦根系为须根系，由种子根(初生根、胚根)及次生根(节根、不定根)组成。种子根在种子萌发时从胚轴上陆续长出，至第一真叶展开时就停止发生。一般有3～5条，多的可达7条，依品种、籽粒大小、饱满程度、萌发条件而定。次生根在三叶期后开始在茎节上发生，随节位提高发根力增强，每节上一般发生2～3条，上部节有3～5条。一株小麦次生根多的可达70～80条，少则10多条。次生根发育状况与品种、土质、土壤湿度、气候和栽培条件等有关。种子根较细而坚韧，入土深；次生根较粗，入土浅，但数量多。通常，小麦根系分布在0～20 cm土层内根占全部根量的70%～80%，20～40 cm占10%～15%，40 cm以下占10%～15%。

②根的功能　小麦从种子萌芽发根到孕穗期发根结束，不同时期发生的根，由于生理年龄差异，功能不同。种子根出现较早，出苗至拔节是其发挥功能的主要时期；由于入土深，可吸收深层水分和养分，对旱地麦尤为重要。随着次生根的不断发生与生长，种子根的作用逐步下

降。种子根前期作用大，生长较稳定，与小麦稳产性有关；次生根发根时间长，根量大，后期作用大，对增产起重要作用。

③影响根系生长的条件　通常，小麦根系生长的最低温度为 2℃，最适温度为 16～20℃，超过 30℃生长会显著受到抑制。由于小麦根系适宜生长的温度低于地上部分，因而在低温条件下，小麦根系生长比地上部生长相对较快，根冠比增大。小麦根系生长的适宜土壤水分是田间最大持水量的 60%～70%。土壤干旱，水分不足，种子根生长缓慢，次生根生长不良或停止形成；相反，当土壤湿度超过田间最大持水量的 80%时，由于空气不足，根系生长受阻，甚至部分根系死亡。我国南方(包括长江中下游地区)麦田常由于地下水位高，田间渍水重，而造成麦苗烂根、黄苗、死苗。因此，小麦种子生产时应注重开沟排水，降低地下水位。此外，小麦根系生长还受到施肥、播种密度等因素的影响。合理使用氮、磷肥以及适宜的密度都会促进小麦根系生长。

(3)叶的生长　叶片是小麦光合、呼吸和蒸腾的重要器官，叶片的数量、颜色、形态等是小麦品种的重要性状，对小麦种子生产和高产栽培具有重要的理论指导意义。

①叶的分化与形成　小麦的叶由叶片、叶鞘、叶耳、叶舌 4 部分构成。其中，叶片呈披针形展开，第一片真叶尖端较钝，是田间叶序鉴定上的一个明显标志，同一茎上的叶片，自下而上渐次变长、变宽，一般到倒二叶最长，旗叶最宽；叶鞘着生于茎节上，呈开口的筒状，具有加强茎秆强度，并具光合和贮藏养分的作用；叶舌位于叶片和叶鞘交界处的一无色薄片，可防雨水、灰尘、害虫侵入叶鞘；叶耳为叶基部两侧具有茸毛环抱茎秆的爪状物，呈淡绿或红紫等颜色，是鉴定品种的标志。

小麦主茎上叶数因品种、播期、气候等而不同。通常，冬性品种叶数较多，春性品种叶数较少。我国南方春性小麦品种一般为 9～11 片叶，半冬性品种为 12～13 片叶。同一品种早播及肥水充足时比晚播及肥水不足时多 1～2 片叶。

②叶的功能期及分组　处于伸长期的叶片，因其光合产物为自身所用，很少输出；只有当叶片完全展开定型时，多余的光合产物才会大量输出，这一时期称为功能期；当叶片衰老时，其光合能力下降而不能满足自身呼吸所需，最终致使叶片凋亡。小麦叶片自下而上依次伸出、展开、衰老，具有功能的叶片常保持在 4～6 片。我国南方麦区第 1～3 叶功能期最长，可达 80 d 左右，以后各叶逐渐减少，旗叶最短，通常不足 50 d。

根据叶片的发生时间、部位和作用，可分为近根叶组、中层叶组、上层叶组 3 组。近根叶为拔节前和定型的着生在分蘖节上的叶片，其光合产物主要供给分蘖、中层叶片、根系以及幼穗的早期分化和基部节间的生长，拔节后其功能逐渐减弱；中层叶为着生在伸长茎节最下面的 3 张抱茎叶片，其光合产物供茎的伸长、充实及小花、小穗发育，对壮秆大穗起决定性作用；上层叶为旗叶、倒 2、倒 3 叶，其光合产物供子房、花粉粒的发育及籽粒形成灌浆，对提高结实率、增粒重有重要作用。

③影响叶片生长的条件　在适期播种时，出苗以后 2～3 叶需积温 77℃，4～5 叶为 88℃，6～7 叶为 96℃，8～9 叶为 106℃，10～11 叶为 101℃，随着叶位升高，所需积温也逐渐增大。光合作用适宜温度为 25～28℃；单叶光补偿点为 800～1 000 lx，饱和点为 2 万～3 万 lx，CO_2 补偿点为 0.005%，饱和点为 0.09%。另外，合理施肥、排灌都有利于叶片的光合作用。

(4)分蘖及其成穗

①分蘖节的作用　分蘖发生在茎基部地表下的分蘖节上，分蘖节由若干密集在一起的节

组成，节的数目受品种、播期等因素的影响。每节叶腋内有分蘖芽，条件适宜可成长为分蘖。分蘖节交织着大量以分枝互相连会的维管束群，联络着根系和地上部，是苗期营养物质分配和运输的枢纽。分蘖节是苗期养分贮藏的主要器官，大量糖分累积在分蘖节，使细胞液浓度提高，抗寒力增强，特别是在冬季寒冷的地区，只要分蘖节不死，等春季气温回升后，很快就会恢复生长。北方冬麦区，使分蘖节在土中保持一定深度和贮藏足够的有机养分，是安全越冬的关键。据研究，当播种过深时，小麦胚芽鞘和第一叶间的节间（上胚轴）可自动调节伸长为根状茎，使分蘖节处于土层中适当位置。但播种过深会消耗大量养分，造成弱苗。当播种过浅时，分蘖节会裸露于地表，不利于次生根的生长，而且容易倒伏。

②分蘖的发生　适期播种条件下，主茎出现第三叶时，可长出胚芽鞘分蘖，主茎第四叶伸出时，第一叶腋分蘖伸出；第五叶出生时第二叶腋分蘖长出，分蘖发生和主茎叶片出现保持n-3的关系，称为叶蘖同伸关系。分蘖发生后，主茎每长一新叶，分蘖也伸出一新叶。从主茎上发生的分蘖为一级分蘖，从一级分蘖上长出的分蘖为二级分蘖，也遵循叶蘖同伸规律。大田栽培条件下，叶蘖同伸常随叶序蘖位增高而发生变化，另外，气候不宜或水肥条件不适，会使叶蘖同伸差距拉大，甚至出现缺位现象。因此生产上常利用叶蘖同伸关系作为苗情诊断指标。春麦区及南方冬麦区的春性小麦，分蘖过程短，一般只产生一级分蘖，较少产生二级分蘖。

在小麦种子生产过程中会调查幼苗生长习性，通常是在小麦出苗后一个半月调查，可分为匍匐、半匍匐、直立三种类型。

③分蘖消长与成穗　小麦进入分蘖期后，分蘖数量不断增加，至拔节期其数量达最大值。此后，由于发生较迟的分蘖因缺少自己独立的根系和营养供应而逐渐死亡，而发生较早的分蘖则发育成穗。我国北方冬麦区进入越冬期分蘖停止，在年前及春季各形成一个高峰，分蘖动态呈现双峰曲线。我国南方（包括长江中下游地区）冬季较为温暖，小麦不停止生长或无明显越冬期，其分蘖动态均为单峰曲线。

④影响分蘖成穗的条件　通常，冬性小麦品种因春化阶段较长，其分化的叶原基及蘖芽较多，分蘖力较强。相反，春性品种分蘖力较弱。即便是同一生态类型，不同品种的分蘖能力也有很大差异。因此，在小麦种子生产过程中应根据品种的分蘖能力确定其播种量。小麦分蘖最适温度为13～18℃，低于3℃分蘖就会停止，高于18℃分蘖就会受到抑制；最适土壤湿度为田间最大持水量的70%～80%；播种密度低时，单株营养面积大，分蘖力和成穗率高，反之则分蘖力和成穗率低。另外，合理施肥也利于分蘖和成穗。

（5）茎的生长

①茎的形态　小麦的茎是由节和节间构成的直立圆柱体，大多数品种表面光滑，少数品种粗糙，有的品种有蜡质。通常，小麦的茎有4～7节，节间长度自下而上渐次增长，节间直径自第二节间往上逐渐增大，但穗下节间明显较小，茎壁厚度自下而上渐次变薄。一般情况下，基部节间短而粗壮、茎壁较厚的品种具有较强的抗倒伏能力。根据分蘖与主茎的夹角，小麦株型可分为紧凑（小于15°）、松散（大于30°）和中等（15°～30°），可作为小麦种子生产考核的一个项目。

②茎的生长和影响因素　小麦茎原基早在幼苗生长锥伸长期就已形成，但在苗期茎节集中在茎基部。在光照阶段即将结束，温度在10℃以上时，节间便开始伸长。当基部节间伸长至1.8 cm左右，用手可摸到茎节时称为拔节。大田中有50%以上的茎拔节时，称为拔节期。

茎的伸长在10℃左右开始，适宜温度为12～16℃，超过20℃会使茎秆软弱；光照充足时茎秆粗壮，群体密度过大时，茎秆纤弱。氮肥不足，茎秆细弱；氮素过多，叶片中游离氮浓度较高，大量光合产物消耗于叶片本身合成蛋白质，导致输至茎内的同化产物减少，同时由于叶面积过大，相互遮阴，影响茎秆的充实。磷肥能促进茎的发育，提高抗折断的能力。钾肥促进叶片中糖分向茎秆运输，有利于纤维素的形成，增强茎秆机械组织。从拔节到抽穗，是小麦需水的临界期，需要充足的水分。但水分过多，不仅影响次生根的发育，使地上部与地下部失去平衡，并且在高肥条件下，易使茎叶徒长，木质化程度减弱，使第一、二节细长，容易倒伏。

(6)穗的分化与发育

①麦穗的形态与结构　小麦为复穗状花序，由穗轴、小穗以及每个小穗内多个小花构成(图 6.1)。穗长一般为 7～10 cm；穗轴有明显的节段(节片)，每一节段上着生一个小穗；小穗由两个护颖和 3～9 朵小花组成，无柄，一般基部 2～4 朵小花发育良好，正常结实。每朵小花有 1 枚内颖和 1 枚外颖，外颖的顶端有芒或无芒，中间有雄蕊 3 枚，雌蕊 1 枚，雌蕊由柱头、花柱和子房三部分构成，柱头成熟时呈羽毛状分叉。雄蕊由花丝和花药两部分组成。

图 6.1　小麦的花器结构

A. 麦穗　B. 小穗　C. 小花

1. 穗轴　2. 护颖　3. 小花　4. 外稃　5. 内稃　6. 雄蕊　7. 雌蕊　8. 鳞片

小麦穗部性状是小麦种子生产过程中考查的重要内容。如穗型包括纺锤形、长方形、圆锥形、棍棒形、椭圆形、分枝形；穗长为主穗基部小穗节至顶端(不含芒)的长度；芒包括长芒(大于 40 mm)、短芒(穗的上下均有芒且芒长小于 40 mm)、曲芒(芒的基部膨大弯曲)、顶芒(麦穗顶部小穗有少数 5 mm 以下的短芒)、无芒(完全无芒或小于 3 mm)；芒的颜色包括白(黄)、黑、红；护颖的颜色有红、白(黄)、黑、紫，护颖的茸毛分有和无。

②穗分化过程　穗分化前，茎生长锥未伸长，基部宽大于高，通过春化阶段后进入二棱期，标志生殖生长开始。穗分化过程根据形态变化特征可分为 7 个时期：伸长期、单棱期、二棱期、小花原基分化期、雌雄蕊原基分化期、药隔分化期、四分体形成期。

小麦幼穗分化起止时间及历程，因品种类型、地区、播期等而异。生产上可通过植株外部形态来判断穗分化时期。穗分化各期与叶龄进程、节间伸长和生育期均有一定的对应关系，同类品种表现相当一致。不同品种间，主茎叶片数少的开始早，反之则迟。如江浙一带 9～10 叶的品种，伸长期多始于 3 叶期；11～12 叶的品种，多始于 4 叶期；13～14 叶的品种，多始于 5 叶期；15～16 叶的品种，多始于 5～7 叶期。伸长期经历的时间较短，多数品种约经 1 个叶龄。

单棱期经历的叶龄期，品种间的差异最大，有 1～4 个叶龄期不等。总叶龄少的经历时间较短，总叶龄多的经历时间较长。随着穗分化进程的推移，不同叶片数的品种之间，穗分化期与叶龄余数间的关系逐渐趋于一致。例如二棱期大体处于倒数第 5 叶期，经 1～2 个叶龄期。而至小花原基分化期，各类品种都开始于倒数第 4 叶期，和拔节期相吻合。雌雄蕊分化期处于倒 3 叶期至倒 2 叶初。药隔形成期处于倒 2 叶期至剑叶出生初期。旗叶抽出过程至孕穗期，经历花粉母细胞形成、减数分裂及四分子形成期。

③增加穗粒数的途径　一定生态区内，同一品种幼穗分化时间相对比较稳定，且不同栽培条件下每穗总小穗数、小花数较稳定，但可育小穗及结实小花数受环境的影响较大。肥、水和光照条件适宜时退化小穗较少，甚至完全不退化，但退化小花总有一定的比例。通常，小麦每穗有小花 160 朵左右，但结实率仅有 20%～30%，且变异范围大。因此，增加每穗粒数的途径，主要是在一定可育小穗的基础上减少小花退化，提高小花结实率。

④影响穗分化的条件　幼穗分化的主要时期与光照阶段相伴随，短光照延长小穗小花分化期，增加小穗小花数。雌雄蕊分化到四分体形成是光强敏感期，光强不足会产生不孕花。温度在 10℃以下，光照阶段进行缓慢，穗分化期延长，有利形成大穗。高温加速通过光照阶段，幼穗分化期缩短，小穗、小花数目减少。减数分裂期对低温极敏感，在 5℃以下低温寒潮持续时间较长，就会发生冷害导致花粉粒发育不正常，减少结实粒数，增加不实小穗数。水分不足，幼穗分化期缩短，使穗部性状变劣。药隔和减数分裂期，是水分“临界期”。要求田间最大持水量保持 70%左右，干旱易引起花粉、子房发育不良，结实率显著下降。穗分化期需充足的养分，氮肥可促进小穗、小花分化强度，延长穗分化时间，增加相应器官数目；拔节期施氮对结实小穗、小花数均有促进作用；药隔到四分体期是成花的关键时期，保持适量氮素水平及较高含糖量，可减少小花退化，提高结实率。缺磷影响性细胞发育，导致花粉、胚珠不孕。

(7)籽粒的发育与灌浆成熟

①抽穗、开花和受精　幼穗分化完成后，穗下节间伸长，当穗的顶部小穗露出旗叶鞘时则称为抽穗。通常。主茎穗首先抽出，然后分蘖穗依分蘖发生前后陆续抽出。一般抽穗后 2～7 d 开花，同一穗上以中部稍上小穗先开花，然后向上下依次开花，每一小穗基部小花先开，由下而上相继开花。全穗开花需 3～5 d，全田可持续 6～10 d。小麦昼夜均可开花，但主要集中于上午 9:00—11:00 和下午 3:00—5:00。在大田条件下，花粉散出后仅能存活 3～4 h，而柱头活力可保持 8 d。授粉后 1～2 h 花粉在柱头上萌发形成花粉管，经 40 h 左右完成受精。

开花最适温度为 20℃左右，最适大气相对湿度为 70%～80%。如温度低于 9～11℃或高于 30℃；相对湿度低于 30%或多雨湿度过大，均会影响受精能力。开花时物质代谢十分旺盛，要求有充足的水、肥供应。

②籽粒发育与灌浆　从受精到成熟一般可分为三个阶段：乳熟期、蜡熟期(黄熟期)和完熟期。

小麦从开花授粉至成熟一般需 35～45 d，但在凉爽和温差大的地区，如青藏高原，灌浆成熟时间可达 60 d 以上。麦粒重与品种的灌浆期长短和速度有关，灌浆期长、速度快的品种粒重较高。小麦生长后期温度回升快的地区，往往由于灌浆持续时间缩短，粒重较轻。灌浆速度大的品种一般粒重比较稳定。

③影响籽粒灌浆的环境因素及提高粒重的途径　籽粒形成和灌浆的适宜温度是 20～22℃，昼夜温差大有利于籽粒干物质积累。高于 25℃灌浆加速，但失水过快；叶内碳、氮、叶绿素含量下降，叶片早衰，同化量减少，灌浆期缩短，籽粒瘦小，产量、品质降低。灌浆持续期与温度呈负相关，由 20～22℃升至 25℃，乳熟期由 12～19 d 缩短为 8～10 d；25℃升到 31℃，籽粒减重 16%。据研究，夜温从 9℃升至 26℃，灌浆期大大缩短，产量几乎降低一半。

灌浆期适宜的土壤水分是最大田间持水量的 75%，低于 50%且高温、低湿，则叶面蒸腾加剧，光合强度降低，呼吸加强，根系活动受阻，籽粒过早脱水，灌浆提前结束，籽粒瘦秕。我国南方水分过多，易造成根系早衰，形成青枯逼熟，千粒重大大降低。灌浆期仍有一定量的氮、磷营养吸收，适量施氮可防止叶片早衰，有利于灌浆增粒重，提高蛋白质含量；但用氮过多，叶片中碳水化合物消耗过多，抑制水解作用，减少糖分向麦粒运转，造成贪青晚熟，粒重降低。磷、钾肥可促进糖分和合氮物质向籽粒转移，有利于提高粒重。

三、小麦种子生产关键技术

(一)小麦种子生产概述

1.世界小麦生产概述

小麦是小麦属植物的统称，起源于中东地区，是世界上种植面积最大的粮食作物。2010 年，小麦是世界上总产量位居第二的粮食作物(6 510 亿 kg)，仅次于玉米(8 440 亿 kg)。目前，世界上有上超过 1/3 的人口以小麦为主要食物来源。在我国，小麦的种植面积仅次于水稻，是第二大粮食作物，为北方居民的主要食物来源。小麦籽粒含有 60%～80%的碳水化合物，8%～15%的蛋白质，1.5%～2.0%的脂肪，1.5%～2%的矿物质，以及各种维生素。其中，小麦独有的谷蛋白和醇溶蛋白，使面粉具有良好的黏性、弹性、胀发性及延展性。因此，小麦是食品工业的重要原料，能做成面包、馒头、饼干、蛋糕、面条、油条、煎饼、水饺、煎饺、包子、蛋卷、方便面等食物；发酵后可制成啤酒、酒精、伏特加，或生物质燃料，所以小麦产量几乎全作食用，仅约有 1/6 作为饲料使用。

小麦在世界上分布很广，遍及世界各大洲，几乎自北极圈到非洲和美洲的南端都有分布。亚洲小麦种植面积约占世界生长面积的 36%，其中中国、印度、土耳其和巴基斯坦的种植面积相对较多；欧洲小麦种植面积约占世界生长面积的 23%，其中法国、德国、英国和意大利的种植面积相对较多；以美国和加拿大为主要代表的北美和中美洲地区的小麦种植面积占到世界的 16%；以阿根廷和巴西为代表的南美洲和以澳大利亚为代表的大洋洲小麦种植面积均占到世界的 3%。小麦总量比较靠前的国家有中国、印度、俄罗斯、美国、澳大利亚和法国，单产较高的国家为法国。尽管世界范围内小麦分布相对较广，但世界上出口小麦的地区却相对集中，出口国家主要集中在以美国、加拿大为代表的美洲地区、以法国为代表的西欧地区和以澳大利亚为代表的大洋洲地区；进口地区相对比较分散，以亚洲的部分国家、非洲的大部分家和东欧的小部分国家为主。

2. 中国小麦生产概述

中国小麦分布地域辽阔，南界海南岛，北止漠河，西起新疆，东至海滨，遍及全国各地。从盆地到丘陵，从海拔 10 m 以下低平原至海拔 4 km 以上的西藏高原地区，从北纬 53°的严寒地带，到北纬 18°的热带范围，均可种植小麦，并正常完成生活周期。目前除海南省外，全国其他各省(区)均有小麦统计面积。中国栽培的小麦以冬小麦(秋、冬播)为主，其种植面积和总产量均占全国常年小麦总面积和总产的 90%以上，春小麦面积和总产较小，单产也低于冬小麦。中国小麦主产区也主要种植冬小麦，其种植面积较大的省依次为河南、山东、河北、安徽、江苏、四川、陕西、甘肃、山西和湖北。栽培春小麦的主要省(自治区)有内蒙古、甘肃、黑龙江、新疆、宁夏、青海、辽宁、西藏、吉林等，其中以内蒙古、甘肃两省区面积最大，新疆单产最高。

2017 年，全国冬小麦繁种面积 78.2 万 hm^2，制种基地主要分布在小麦主产区，种子产量 53 亿 kg。

(二)小麦种子生产关键技术

1. 小麦原种生产技术

1998 年，为规范小麦原种生产技术，保持小麦品种的纯度和优良种性，使育成的小麦品种能较长时间地应用于生产，我国颁布了《小麦原种生产技术操作规程》(GB/T 17317—1998)。根据原始种子的来源、种子纯度和具体生产条件，小麦原种生产方法有多种。如果一个品种在生产上利用的时间较长，混杂、退化较为严重，可采用“三年三圃制”生产原种。如果一个品种在生产上利用的时间较短，混杂、退化不是太严重，可采用“二年二圃制”生产原种。对于遗传稳定、刚通过审定的新品种可利用育种家种子直接生产原种。除此之外，还有株系循环法等原种生产方法。

(1)“三年三圃制”生产原种　“三年三圃制”就是指用这种方法生产原种需要株(穗)行圃、株(穗)系圃和原种圃 3 年时间。通常，该方法生产小麦原种的基本程序为：单株(穗)选择，株(穗)行鉴定，株(穗)系比较和混系繁殖(图 6.2)。

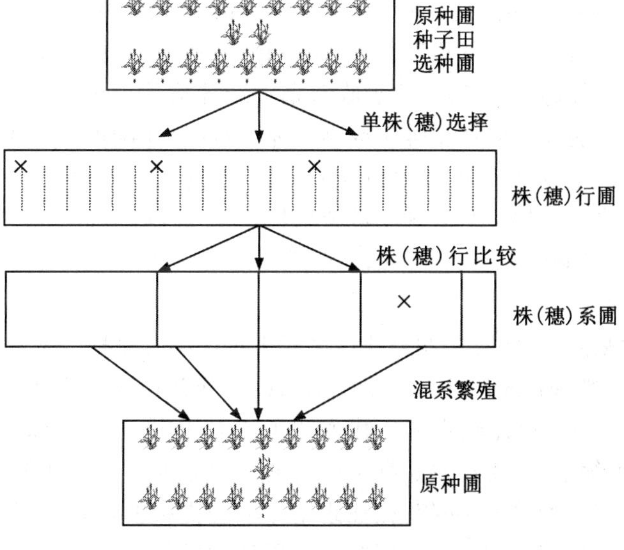

图 6.2　三年三圃制小麦原种生产

单株(穗)选择单株(穗)选择一般在原种圃选择,可在纯度较高的种子繁殖田或专门设置的选种圃进行。通常,用于单株(穗)选择的原种圃、种子繁殖田或选种圃应稀条播种植,以便选择。选择单株(穗)时,除对原品种的典型性和丰产性进行选择外,还对生育期、株型、穗型和抗逆性等主要农艺性状进行重点选择。在抽穗至灌浆期、开花期、株型、株高、抗病性等进行初选,并用毛线、尼龙绳等做好标记;在黄熟期对初选的单株再根据穗部性状、抗病性、抗逆性和成熟期等性状进行复选。田间当选的单株(穗)收获后,在室内考察其穗型、芒型、护颖颜色和形状、穗粒数、粒形、粒色、籽粒饱满度、籽质九个项目,有一项不合格即淘汰。当选单株(穗)分别脱粒、编号并装袋保存。选择单株(穗)的数量应根据下年株(穗)行圃的面积而定,一般每 667 m^2 需 300 个单株或 1 000 个以上的单穗。因此,田间初选时应考虑到复选、决选或其他损失,留有余地,一般按每 667 m^2 株(穗)行圃选 600 个以上单株或 2 000 个以上单穗进行初选。

株(穗)行鉴定播前应绘好田间种植图,按图种植,编号插牌。将上年当选的单株(穗)按编号顺序种植,采用单粒点播或稀条播,按行长划排,排间及四周留 50～60 cm 排水沟,以防水渍。行长 2 m,行距 20～30 cm,株距 3～5 cm 或 5～10 cm。每单选单株播 4 行,每隔 9 或 19 个株行设一对照;每个单穗播 1 行,每隔 49 或 99 个穗行设一对照。株(穗)行圃周围种 8～10 行保护行和 25 m 以上的隔离区。对照和保护行均用同一品种的原种。株(穗)行圃的整个生育期间要有固定专人负责,分别在苗期、抽穗扬花期和黄熟期进行观察、记载,与对照性状进行比较,对入选的株(穗)行进行标记。在苗期,对叶鞘颜色、幼苗生产习性、叶色、叶形、生长势、耐寒性、抗病性等性状进行记载;在抽穗扬花阶段,对株型、叶形、抽穗期、开花习性、穗型、整齐度等进行记载;在黄熟期,对株高、株型、穗部性状、抗病、抗倒性、成熟期、落黄等进行记载,对不符合要求的株(穗)行进行淘汰。分别对当选株(穗)行进行收获、打捆、挂牌。于室内分别对其考种进行决选。入选的株(穗)行单独脱粒、编号、装袋保存。

株(穗)系比较将上年入选的株(穗)行种子按编号分别种成小区,建立株(穗)系圃。小区面积应根据株(穗)行的种子量而定,小区长宽比 1∶(3～5)为宜。长江中下游地区可按行长划排,排间及四周留 50～60 cm 排水沟,以防水渍。行长 2 m,行距 20～30 cm,每株(穗)系播 20～50 行。采用单粒点播或稀条播,播种量按 3～4 kg/667 m^2,各小区播种量、行距相同,每隔 9 个小区设一对照。(穗)系圃的田间管理、观察记载、收获与株(穗)行圃要求相同。另外,入选的小区其杂株率不能超过 0.1%,并于收获期将杂株拔除。对田间入选的株(穗)系分别收获、打捆、挂牌、取样、脱粒。对产量等于或高于邻近对照,籽粒颜色、形状、饱满度、质地以及千粒重和容重与对照一致或高于对照的株(穗)系进行决选。

混系繁殖将上年当选的株(穗)系种子混合稀播,建立原种圃,进行繁殖。一般要求行距为 20～25 cm,播量为 4～5 kg/667 m^2。在抽穗至成熟阶段,进行 2～3 次的去杂工作,严格拔除杂株、弱株,并带出田间。

三年三圃制的优缺点:三年三圃制是我国多年来生产小麦原种的基本方法,对提高品种纯度,尤其是对混杂退化严重和遗传性尚不稳定的品种十分有效,是我国小麦原种生产的传统方法,在过去小麦品种更换周期比较慢的年代发挥了重大作用。然而,随着小麦育种手段的改进,品种育成年限大大缩短,致使小麦品种更换周期从原来的 8～10 年缩短到 4～6 年。而采用三年三圃制生产小麦原种需 3～4 年,往往跟不上品种更换的步伐。目前,一个小麦品种需要 3～5 年才能通过审定,若再用三年三圃制生产原种,等原种生产出来时该品种已是老品种了，正所谓"出师未捷身先死"。另外，三年三圃制生产小麦原种需要多道工序，每道工序都要花费相应的人力、物力，使种子生产成本大大提高。即便是经过多道严格的工序，种子生产单位往往对品种的典型性状不够熟悉，在进行选择时容易选偏，致使生产出来的小麦种子丧失原有的品种特性。

(2)二年二圃制生产原种　与三年三圃制相比，二年二圃制省略了株(穗)系圃这一环节，而是直接将当选株(穗)行种子混合播种于原种圃(图 6.3)，节省了 1 年时间，但提纯效果不及三年三圃制，适合混杂退化不太严重的品种。

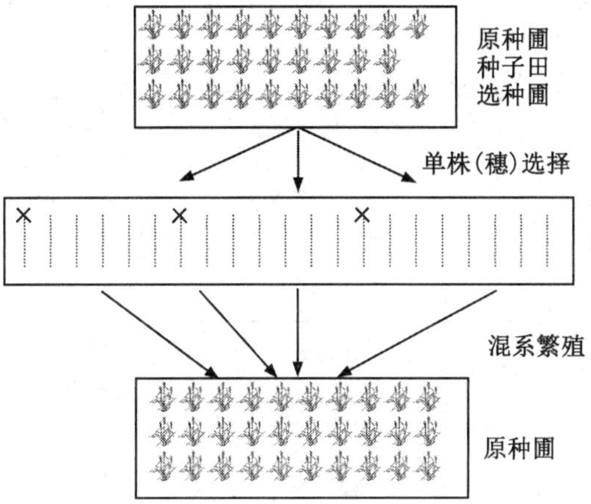

图 6.3　二年二圃制小麦原种生产

(3)利用育种家种子直接生产原种　由育种单位(者)提供种子，于原种圃将育种家种子点播稀植，以进行繁殖。育种单位(者)可按育种家种子标准每年进行扩繁，或者一次繁殖足量种子并于冷库中贮存，以后每年提供一定数量的种子。

该方法简单可靠，由于是育种者亲自繁殖，对自己培育的品种十分了解，可确保种子纯度。同时，有利于保护育种家知识产权，获得一定的专利效益。但由于育种单位自身田块面积较小，加上育种家精力有限，用该方法生产的种子数量较少，不能满足大面积推广的需要。

(4)株系循环法生产小麦原种　株系循环法通常与某一品种区域试验同步进行，是以育种单位的原种为材料，通过单株选择、株行鉴定、分系种植建立保种圃后可一直保持原种质量，且不需每年都鉴定大量单株和考种(图 6.4)。

①单株选择　该法的单株选择基本与三年三圃制和二年二圃制相同。即以育种单位的原种为材料，建立选种田(选种圃)，根据品种的特征特性，在苗期、返青期、拔节期、抽穗期、灌浆期、成熟期进行田间初选、复选，然后再于室内考种进行决选，当选单株分别脱粒、装袋和编号。通常，每个品种决选单株为 300～500 株。

②株行鉴定　将上年当选的单株按编号种成株行，建立株行圃。在苗期、分蘖期、抽穗期和成熟期等不同生育时期进行田间观察，选择整齐一致，符合品种特性的株行，淘汰出现分离、整齐度差、生育期不一致、病虫害及倒伏较重的株行。其方法与三年三圃制和二年二圃制相同。一般保留 200～300 个株行。对当选株行单独收获、脱粒和编号。

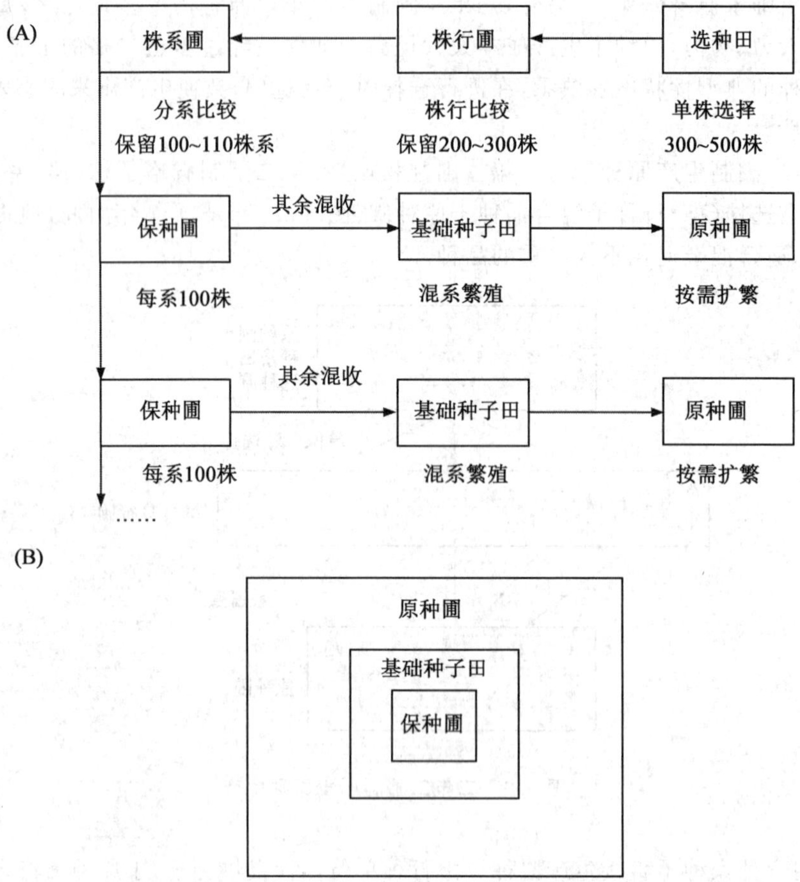

图 6.4　株系循环法原种生产

(引自王建华等,《种子生产学》,2006;欧行奇,《小麦种子生产理论与技术》,2006)

分系比较:将上年当选株系分系种植,建立株系圃。从苗期至成熟期多次进行选择,方法同三年三圃制和二年二圃制。保留 100～110 个整齐度好、具有该品种典型性状的株系,淘汰不符合本品种特征特性及有缺陷的株系。当选株系单独收获、脱粒和编号。

③建立保种圃　将上年中选株系按编号种植,建立保种圃。根据品种典型特征,每系选出 100 株左右的单株,将这些单株以系为单位单独收获、脱粒和编号,作为下年保种圃种子。其余部分在除杂后混收,作为下年基础种子田用种。以后每年照此法从保种圃留出用于下年保种圃的种子和用于基础种子田的种子,不需年年大量选单株和考种。

④株系循环生产原种　上年混收种子稀播种植,建立基础种子田。在整个生育期间,进行多次去杂工作,成熟后收获的种子即为基础种子。将上年的基础种子集中连片种植,建立原种圃。同样,在整个生育期间多次去杂,成熟后收获的种子即为原种。为防止生物学混杂,将保种圃、基础种子田和原种圃按同心环布置(图 6.4B)。

(5)免去杂法生产小麦原种　由于三年三圃制、二年二圃制生产小麦原种所用种源都有不同程度的混杂退化,生产过程中需要大量选择单株、考种等工作,工作量大,生产周期长;而用利用育种家种子直接生产原种时因育种家精力有限,不能大量生产原种。随着家庭联产承包制的普遍实行，原有的种子生产体制受到很大影响，原种生产实际上多是由一家一户分散的农民进行，而且许多年轻人进城务工，农村剩下的劳动力多为老人。虽然去杂可以提高原种质量，但去杂只是辅助手段。即便是去杂，但因小麦去杂工作需要较高的技术要求，农技人员都不一定完全掌握，农民更不易掌握，以致去杂理论上可行，但实际上仅流于形式，多数情况下农民可能只是把少数特别高的植株去掉，去杂质量难以保证。既然严格去杂在实际工作中不太现实，我们就要确保原原种的纯度，严防机械混杂和生物混杂，规范操作，实现“免去杂”生产小麦原种。具体要求是：原原种纯度不低于99.99%，一村一种或一场一种，规模连片，同一品种在同一基地连年繁殖，设置200 m以上隔离带，实行水旱轮作，消灭自生苗等措施。

2.小麦良种生产

原种的数量通常有限，不能满足大田需要，还需各地种子公司进一步繁育，以提供大量的优良种子供大田生产使用。根据需要，可建立一级种子田和二级种子田。一级种子田的种源一般为原种或从外地引进经试验确定为推广品种的种子田。在没有原种圃的地区，也可将从大田或丰产田中选出优良单穗混合脱粒的种子用作一级种子田的种源。当一级种子田生产的种子数量不够时，可建立二级种子田，进一步繁殖良种。值得注意的是，种子田原种一般繁殖1个世代，最多不能超过3个世代。

种子田的面积由良种需求量决定。

具体公式为：

$$\text{种子田面积}(hm^2)=\text{大田面积}(hm^2)\times\text{播种量}(kg/hm^2)\div\text{种子田单产}(kg/hm^2)$$

为确保良种数量的供应，种子田通常比理论面积多7%～10%。

（三）小麦种子质量控制技术

1.小麦种子质量标准

小麦种子质量根据中华人民共和国国家标准《粮食作物种子　第1部分禾谷类(GB 4404.1—2008)》规定执行，小麦种子的质量标准如下（表6.1）。

表6.1　小麦种子质量标准　%

材料	纯度≥	净度≥	发芽率≥	水分≤
原种	99.9	99.0	85	13.0
大田用种	99.0	99.0	85	13.0

引自《国家种子质量标准　粮食作物种子　第1部分禾谷类农作物(GB 4404.1—2008)》。

2.小麦混杂退化的原因

(1)机械混杂　在小麦种子繁殖过程中，如种子处理（拌种、包衣）、施肥（施入未腐熟的麦秸）、播种、收获、干燥、贮藏、加工、运输等环节，操作人员未按种子生产技术规程进行操作，使繁殖的小麦品种混入别的小麦品种或其他作物和杂草的种子。另外，上季小麦在收获过程中洒落田间的种子，有个别籽粒会经过休眠，在小麦播种时生成自生苗，造成机械混杂。

(2)生物学混杂　小麦虽然是自花授粉作物，但仍有一定的自然杂交率。小麦花粉可随风传播200 m以上，因而不同小麦品种相邻种植，很容易发生自然杂交，造成生物学混杂。另外，同一品种内杂株以及田间自生苗也会典型植株发生杂交。

(3)基因突变和染色体畸变　就单一性状而言，基因突变的频率是很低的，但是由于一个品种有许多性状，基因数总量很大，就有可能发生少量突变，从而产生了变异植株。另外，小麦也会产生单体、缺体等染色体畸变。

(4)剩余变异　一般地说，一个小麦良种基本上是一个纯系，但不是绝对的，同一材料个体间在遗传上总会有些变异，特别是那些杂交育成的品种，有的遗传性尚未十分稳定，有些性状仍在继续分离，如果在良种繁育中没有进一步加以选择，会导致品种混杂退化。

(5)自然选择　小麦良种的各种优良性状，都是基因型与环境条件相互作用的结果。某些人类所需要的优良经济性状，在良好的自然和栽培条件下才能得到充分的表现；而在不良的环境条件下，由于自然选择的压力会使小麦朝着有利于自身生存的方向发展，造成一定的性状分离。

(6)人工选择　在小麦种子繁殖工作中，尤其是原种繁殖过程中，操作人员不能按本品种的典型性状进行选择，或者选择的植株数量过少，往往会使品种"走样变形"。另外，在种子繁殖过程中去杂不彻底，也是品种混杂退化的重要因素。

3.小麦品种退化的危害

(1)产量降低　小麦混杂退化会使植株高矮不齐，秆高、穗小码稀、结实性差的植株增加，势必会降低小麦产量。宋成俊等以纯度为 99.00%的'扬麦 16'为对照，人为造成 95.0%、85%、75%和 65%的 4 个混杂退化程度不同的处理。试验结果表明，这 4 个处理的产量分别比对照减产 5.3%、12.3%、22.6%和 36.8%。可以看出，随着品种纯度的降低，其产量呈现递减的趋势，而且减幅增大。孔显民以 99.8%的'烟农 15 号'为对照，人为造成 90.0%、80.0%、70.0%和 60.0%的四个处理。试验结果表明，这 4 个处理的产量分别比对照减产 14.3%、23.4%、18.4%和 25.7%。可见小麦品种纯度对产量的影响十分显著，依每 667 m^2 产量回归，纯度每降低 1 个百分点，产量随之减少 2.43 kg。

(2)品质降低　一个小麦品种适合加工食品的种类是一定的，高筋小麦适合制作面包，也适合制作某些面条，中筋小麦适合制作面条、饺子和馒头，弱筋小麦适合制作饼干、糕点。高筋小麦品种混入了中筋小麦，用其制作的面包品质就会下降，弱筋小麦混入了中筋小麦，用其制作的饼干、糕点品质也会下降。

(3)抗性降低　赤霉病、白粉病是我国南方(包括长江中下游地区)的小麦主要病害，一个小麦品种混入不抗病的种子后，一方面田间花期不一致，易于赤霉病发病；另一方面不抗病植株与抗病植株发生生物学混杂，田间抗病性整体降低。

4.防止小麦品种混杂退化的措施

(1)加强监管　建立健全小麦种子繁育技术体系，加强对种子生产、销售等环节的监管，使种子的生产、销售各个环节都严格执行国家规定的小麦原种生产技术操作规程和小麦种子质量标准，可有效防止不合格种子流入市场，保护育种者、种子生产者、经营者和农民的合法权益。健全的种子繁育体制可以优化社会资源，避免恶性竞争，保证新品种在审定后由各级原种、良种场或种子公司加速繁育，及时跟新品种，使品种尽快应用于生产。

(2)严防机械混杂　做到一个繁育基地只繁育一个品种，集中连片种植，同一品种在一个基地多年繁殖。一个品种及其不同级别应单独播种、收获、晾晒、贮藏和加工，挂好标签，所用农机具严格清理,避免混入别的品种或其他作物种子。另外,注意实行水旱轮作,严禁施用生麦秸或未完全腐熟的麦秸肥,彻底消灭田间自生苗。

(3)严防生物学混杂　小麦种子繁育基地周围应设有隔离带,空间应在 200 m 以上,也可在基地周围种植油菜、大麦等作物进行隔离。同一品种不同级别种子在同一繁育基地时,应依次将纯度要求高的种子布置在基地中心位置,如采用株系循环法生产小麦原种时,将保种圃、基础种子田和原种圃按同心环布置。

(4)保证种源纯度　最好由育种家直接生产育种家种子和原原种,然后由原种场繁殖原种,最后由良种场或特约良种基地扩繁大田用种。其中各个环节都要严格防杂和检验,确保种子纯度。

(5)做好提纯复壮　对于那些推广时间长、退化较为严重的小麦品种应做好三年三圃制或二年二圃制提纯复壮工作。在选择单株时应严格按品种的典型特征特性进行,并保证足够数量,避免选偏走样。

(6)严格去杂　一般在小麦苗期、拔节、抽穗、成熟等关键时期进行多次去杂工作。去杂前应对该品种的典型特征认真掌握,且在开花前完成,以免生物学混杂。去杂时严格认真,做到不遗漏,对可疑植株也要去掉,并且将整个植株连根拔起,避免杂株小分蘖成穗。

(7)加强田间管理　由于不良的环境会使不良变异不断得到积累,致使品种退化。因此,应将小麦品种繁育基地选在水肥条件好的地方,这样一方面有利于提高繁殖系数,增加制种产量;另一方面可以提高小麦种子质量、延缓品种退化速度。

第二节　大麦种子生产技术

一、大麦的类型及主要产区

1.大麦类型

(1)根据小穗在穗轴上的排列和结实情况　根据小穗在穗轴上的排列和结实情况,可分为多棱大麦、二棱大麦和中间型大麦。多棱大麦又可分为六棱大麦和四棱大麦,该类型大麦多用于粮食和饲料,二棱大麦多用于酿造啤酒。

(2)根据稃的有无　根据稃的有无,可分为皮大麦和裸大麦。其中,裸大麦,又名青稞、元麦、米大麦,主要产自中国西藏、青海、四川、云南等地。

2.主要产区

我国大麦的分布在栽培作物中最广泛,但主要产区相对集中,主要分布在长江流域、黄河流域和青藏高原。啤酒工业的发展和对大麦原料的需求,西北和黑龙江等地啤酒大麦发展较快。根据生态因素中的光、温条件以及地理位置、播种期等特点,将中国栽培大麦划分为三大生态区:北方春大麦区、青藏高原裸大麦区和黄、淮以南秋播大麦区。

(1)北方春大麦区　北方春大麦区包括东北平原,内蒙古高原,宁夏、新疆全部,山西、河北、陕西北部,甘肃景泰和河西走廊地区,属一年一熟春大麦区。

(2)青藏高原裸大麦区　青藏高原裸大麦区包括青海、西藏全部，四川甘孜、阿坝两个藏族自治州，甘肃甘南藏族自治州，云南迪庆藏族自治州。大麦种植在海拔 3 km 以上，属高原气候，阴湿冷凉，昼夜温差大，一般无霜期短。3月下旬至4月中旬播种，7月下旬至9月上旬成熟，一年一熟，以多棱裸大麦为主，是藏族人民的主要食粮。

(3)黄、淮以南秋播大麦区　黄、淮以南秋播大麦区包括山东，甘肃的陇东和陇南，晋、冀、陕南部及其以南各省，四川盆地，云贵高原6个生态亚区，是我国大麦的主要产区。

二、大麦生物学特性

1.阶段发育

大麦属长日照低温作物，从营养生长到生殖生长需经历春化阶段和光照阶段。大麦的春化阶段较短，根据通过春化对温度和时间的要求，可分为冬性、半冬性和春性三种类型。春化阶段后就进入光照阶段，原产于高纬度地区的品种对日照反应敏感；而原产低纬度的则反应迟钝。

2.开花授粉习性

大麦是典型的自花授粉作物。一般在穗还未抽出前就已开花授粉，有的在穗抽出后随即开花授粉，以上午6:00—8:00和下午3:00—5:00开花最多。开花适宜温度为16～18℃，适宜湿度为70%～80%。六棱与二棱大麦穗直立类型多闭颖授粉，四棱与二棱大麦穗下垂的类型多开颖授粉，但因花柱短，不伸出颖外，也不易发生天然杂交。

三、大麦种子生产关键技术

(一)大麦种子生产概述

1.世界大麦生产概述

大麦为禾本科大麦属作物，是全球第四大禾谷类作物(小麦、玉米、水稻、大麦)，在世界禾谷类作物生产中占有比较重要的地位。大麦可用于饲料、食品或制成麦芽作为生产啤酒的原料，在世界谷类作物的生产、消费和贸易中，大麦都占有比较重要的地位。

大麦的种植范围遍布世界各地，各大洲中，欧洲的栽培面积最大，依次是亚洲、美洲、非洲和大洋洲。全球种植大麦的国家总共有100多个，主要生产国有俄罗斯、法国、德国、乌克兰、加拿大、澳大利亚等国家。大麦的消费国主要集中在欧洲，世界将近40%的大麦被欧盟国家消费，其次是俄罗斯、加拿大、沙特阿拉伯、土耳其等国。大麦的出口国也集中在欧洲，欧洲的大麦出口量占世界贸易量的60%。目前，啤酒大麦的主要出口国家和地区是澳大利亚、加拿大和欧盟，而饲料用大麦的出口国主要是乌克兰、俄罗斯。世界大麦的进口主要集中在亚洲，进口量占世界大麦进口量的80%左右，沙特阿拉伯、中国和日本是主要的进口国。

2.中国大麦生产概述

大麦是中国种植历史非常悠久的谷物之一，其生育期短，具有独特的早熟性，在多熟制地区，它是个早熟茬口，在高寒地区，它是个早熟保收的作物。因此，大麦在中国的分布地区非常广阔，几乎每个省市都有栽培。中国大麦面积和总产次于水稻、小麦、玉米和粟，居第5位。自20世纪60年代以来，我国大麦栽培面积显著下降。1961年我国大麦栽培面积约为353万 hm^2，以后栽培面积不断减少，2001年降到最低值，仅77万 hm^2。2002年后又以每年

5 万 hm^2 左右的速度恢复增长，但与 20 世纪中期相比，仍有很大的差距。目前，我国主要有苏北、东北、西北三个主要大麦的生产区域，主要省份有江苏、西藏、甘肃、黑龙江、云南、四川、湖北、新疆、浙江、内蒙古等省市。其中，江苏的产量约占全国总量的 1/3。相对于国内各省市大麦品种来说，江苏、浙江的大麦单产较高，品质较优，主要是用作啤酒的原料，而藏区生产的裸大麦（青稞）主要用作食用，其他地区生产的大麦主要用作饲料。根据不同区域的栽培耕作制度特点和生态条件，可以划分为如下几个栽培区，春播裸大麦区（青藏高原裸麦区）、春播大麦区（北方春大麦区）、春、冬大麦混合区（黄河中下游春、冬大麦混种区）、冬播大麦区（长江中下游冬大麦区和华南冬大麦区）。目前，中国是世界啤酒生产第一大国，而酿酒用的大麦有 50% 需要进口，中国已成为仅次沙特阿拉伯的世界第二大大麦进口国。

（二）大麦种子生产关键技术

大麦和小麦都为自花授粉作物，其种子繁育技术基本一样。原种生产的方法有二年二圃制、三年三圃制、利用育种家种子直接生产、株系循环法等方法。目前，从育种家种子到良种生产，一个比较可行的方法是四级种子生产程序，已在大麦种子繁育上得到应用。

农作物四级种子生产程序是 1988 年开始提出，20 世纪 90 年代初经河南省科委立项，河南省教学、科研、种子部门及中国农科院等单位广泛协作攻关，后又扩大到与国家小麦工程技术研究中心、中国农业大学、中国科学院、南京农业大学、天津、河北、新疆、宁夏、内蒙古等地和部门全面协作，结合我国的种子生产实践，提出了育种者种子→原原种→原种→良种的四级生产程序（图 6.5）。

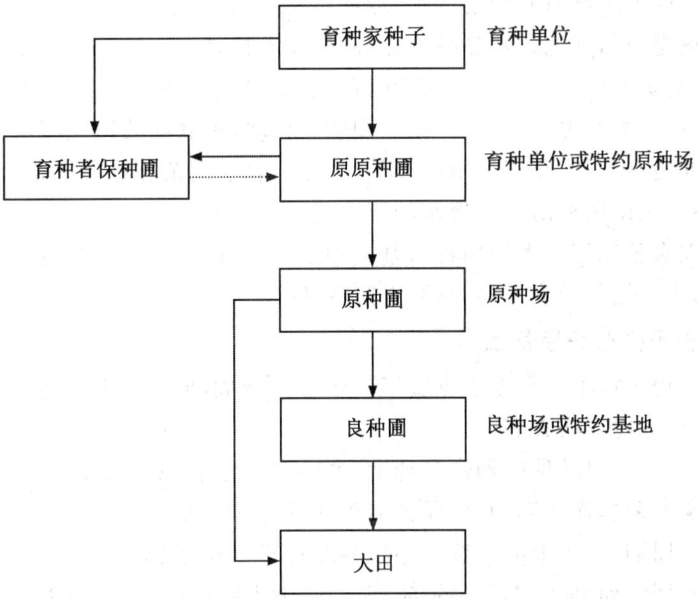

图 6.5　四级种子生产程序

（引自张万松等，《四级种子生产程序及其应用》，1995）

1. 大麦四级种子生产技术要点

（1）育种家种子　育种家种子是品种通过审定时，由育种者直接生产和控制的最原始种子或亲本的最初一批种子，具有该品种的典型性，遗传性状稳定，品种纯度约为100%，世代最低，产量及其他主要性状符合推广时的原有水平。对该类种子主要通过育种者在保种圃中亲自选典型单株，种成株行和株系，然后混合为育种家种子。

育种家种子的生产采用单粒点播、分株鉴定、整株去杂、混合收获的技术规程。种植方式为株距5 cm，行距30 cm，每隔2～3 m设走道，以便鉴定、去杂。在幼苗期和抽穗期进行分株鉴定，拔除非本品种典型性状的株行。从保种圃100个左右的株行中选留50个左右，下年分别种成株系。根据供种量调节小区种植面积，整个生育期进行严格的株系鉴定，淘汰可疑的株系，保种圃中分系留种的种子一部分下年继续种植保种圃，其余种子混系收获用于扩繁原原种。育种者种子最好采取"一年足量繁殖、多年贮存和分年使用"的方法，每年从贮备的种子中提取一定量的纯种繁殖原原种。另外，保种圃周围要有5 m以上的隔离区，前茬不能为大麦。

(2)原原种　原原种由育种者种子直接繁殖而来，或由育种者的保种圃繁殖而来，具有该品种的典型性，遗传性状稳定，纯度100%。一般较育种者种子高一个世代，产量及其他主要性状与育种者种子相同。原原种生产由育种单位或特约原种场承担，原原种圃也不选用前茬种植过其他大麦品种的地块，也要有5 m以上的隔离区。将库存的育种者种子或上一年保种圃中混系留种的育种者种子单粒点播或精量稀播，株距5 cm，行距30 cm，每隔2～3 m设走道，以便鉴定、去杂。按原种用种量计划面积，播种前土壤处理防治野燕麦，拌种防治条纹病，幼苗期喷施除草剂防治阔叶杂草。在苗期、抽穗、成熟等关键时期分株鉴定、整株去杂，最后混合收获。

(3)原种　原种由原原种繁殖的第一代种子，遗传性状与原原种相同，产量及其他主要性状仅次于原原种。原种生产由原种场承担，最好由育种者负责技术指导，在原种圃精量稀播。原种圃选择上尽量避免与其他大麦品种连作，同样要求播种前土壤处理防治野燕麦，拌种防治条纹病，喷施除草剂防治田间阔叶杂草，在幼苗期根据幼苗习性、叶色、长势去杂，抽穗期根据株高、穗型等性状严格去杂去劣，收获时剔除倒伏的田块，收获前要组织多次田间品种纯度、杂草与病害发生情况检查验收，收获后单库存放，严防生物学混杂和机械混杂。

(4)大田用种　大田用种由原种繁殖的第一代种子，遗传性状与原种相同，产量及其他各项经济性状指标仅次于原种。大田用种由基础种子单位负责，在良种场或特约基地进行生产。采用精量稀播，要求一场一种或一村一种，严防混杂。

2.大麦四级种子生产程序优点

四级种子生产程序在很大程度上克服了三年三圃制周期长、操作复杂、成本高、容易走样等不足，其优点具体有以下四方面。

(1)从种源抓起　确保品种的种性和纯度，育种家种子和原原种都是由育种者亲自把关，能够从根本上避免品种走样变形，有效保证品种的种性和纯度。

(2)操作简单、周期短、成本低　该程序在各级种子繁殖过程中，都省去了选择、考种等繁琐环节，仅在苗期、抽穗期、成熟期等关键时期去杂，大大减少用工量，成本有明显降低。同时，原种场利用育种者提供的原原种一年就可以生产出原种，使原种生产时间缩短2年。

(3)减少繁殖代数，延长品种使用年限　用该程序生产种子，是通过育种家种子低温低湿储藏与短周期的低世代繁殖相结合进行的，保证大田用种低世代，保持了品种推广初期的高产稳产性能，进而延长了品种的使用年限。

(4)利于实现品种标准化　育种家种子和原原种都是由育种者生产的，种源统一，避免三年三圃制、二年二圃制种源不一致，有利于实现品种标准化。

3.大麦种子质量控制技术

（1）大麦种子质量按《中华人民共和国国家标准　粮食作物种子　第1部分禾谷类（GB 4404.1—2008）》规定执行，大麦种子的质量标准如下（表6.2）。

表6.2　大麦种子质量标准　　%

材料	纯度≥	净度≥	发芽率≥	水分≤
原种	99.9	99.0	85	13.0
大田用种	99.0	99.0	85	13.0

引自：《国家种子质量标准　粮食作物种子　第1部分禾谷类（GB 4404.1—2008）》。

（2）大麦混杂退化的原因及危害大麦混杂退化的原因及为害与小麦基本相同。

（3）防止大麦品种混杂退化的措施其措施也基本与小麦相同。

应用案例——‘温麦10号’原种生产技术

‘温麦10号’为温州市农科院以‘兴麦1号’为母本，‘偃大72-629’为父本和轮回亲本，通过“杂交-选择-回交-再选择”的阶梯育种方法，在温州赤霉病常发区进行连续回交和选择，选育而成的丰产、优质、早熟、抗病的小麦品种。该品种于1986年育成（原名：86繁1），1997年通过浙江省农作物品种审定委员会审定（浙品审字第160号）。从审定至2017年已有20年的推广应用时间。由于推广应用时间较久，该品种出现一定的混杂退化。为了保证该品种的纯度和种性，温州市农科院采用三年三圃制生产温麦10号原种。由于各种措施比较到位，加上该品种优点突出，‘温麦10号’从2015年至2017年为浙江省惟一自主选育仍在大面积推广的小麦品种。

本章小结

本章主要介绍了大麦、小麦生物学特性。大麦、小麦均为典型的自花授粉作物，生产上所使用的种子主要为常规种，其群体的基因型和表现型基本一致。引起品种混杂退化的原因主要有机械混杂、生物学混杂、基因突变、剩余变异以及不利的自然选择和不当的人工选择。因此，大麦、小麦种子生产的主要任务就是针对这些原因而采取相应的措施，保持品种纯度，防止品种混杂退化。大麦、小麦种子生产方法主要有二年二圃制、三年三圃制、利用育种家种子直接生产、株系循环法和四级生产程序。其中，三年三圃制经过选株（穗）、选行和选系三次选择，最后混系繁殖，即株（穗）行圃、株（穗）系圃、原种圃的三圃制繁育原种，适于在生产上利用的时间较长，混杂、退化较为严重的品种；二年二圃制则省略了株（穗）系圃，适于在生产上利用的时间较短，混杂、退化不是太严重的品种；利用育种家种子直接生产则适于遗传稳定、通过刚审定的新品种；株系循环法通过单株选择、株行鉴定、分系种植建立保种圃后可一直保持原种质量，其核心是建立保种圃；四级生产程序则是经过育种家种子→原原种→原种→大田用种的四级生产程序，可克服三年三圃制周期长、操作复杂、成本高、容易走样等缺点。

思 考 题

一、名词解释

春化作用、春小麦、冬小麦、春性品种、冬性品种。

二、问答题

1. 简述小麦三年三圃制原种生产技术。
2. 简述小麦株系循环法原种生产技术。
3. 简述大麦四级种子生产程序。
4. 简述大小麦品种混杂退化的原因及防止措施。

三、论述题

阐述阶段发育理论在小麦种子生产上的应用。

第七章　大豆种子生产技术

知识目标

◆ 了解大豆生物学特性和种子生产原理、方法。

◆ 理解大豆不同生态类型的生态适应性、品种退化及种子活力丧失的原因。

◆ 掌握大豆品种防杂保纯的措施、繁殖方式和基本技术。

能力目标

◆ 能根据大豆种子生产原理进行生产技术指导。

◆ 学会防止大豆品种退化及种子活力丧失的方法与措施。

◆ 能够利用大豆品种防杂保纯的措施、不同生态型品种种子生产的基本技术，进行大豆种子活力提升和质量控制工作。

第一节　大豆种子生产概况与特性

大豆[*Glycine max* (L.) Merr.]为高蛋白和高脂肪含量作物，营养价值和经济价值都很高。大豆根系的根瘤菌有固定氮素的能力，种植一季大豆可从空气中固定氮素相当于维生素 B_1 262.5～487.5 kg/hm^2，因而大豆又成为轮作复种中提高并维持土壤肥力的天然供氮作物。在中国几千年的传统农业中，大豆以其高质量的植物蛋白质和稻、麦等淀粉为主的热能作物组成优良的膳食结构，以补充动物性蛋白质之不足，为人类的健康做出了贡献。现代农业过多地施用化学氮肥造成的种种弊端，引起人们对大豆作物的重新评价，在今后的农业中大豆将会有更大的发展。

大豆也是重要的油料作物，种子含油量 18%～20%，为优质食用油，其中油酸占脂肪酸总量的 20.5%，亚油酸占 52%～65%，亚麻酸占 10.6%，而饱和脂肪酸占的比例很小。整粒大豆皂苷含量为 5.6%，脱脂大豆中含量 2.2%，豆腐中含 2.1%；皂苷具有降低血清胆固醇、恢复肝功能、改善高脂血症的作用。我国大豆栽培历史悠久，加工和利用的历史也源远流长，现在世界上单是大豆蛋白食品就有 130 万种。

一、大豆的类型及主要产区

1.大豆分类概述

大豆起源于中国,秦汉以前称菽,秦汉以后称大豆,列为“五谷”之一。野生大豆在我国分布最广,类型最多,栽培最早。据报道,我国目前已保存野生大豆资源 5 000 余份种子,是世界上拥有野生大豆资源最多的国家。大豆作为一个栽培作物起源于中国的何地,还有不同的看法。李福山通过总结前人的资料,根据考古发掘有关大豆的遗物、古代文献中有关大豆的记载、野生大豆的分布及实地考察等方面的证据,认为栽培大豆可能是公元前 11 世纪左右首先出现于河北省的东北部到东北的中南部地区。盖钧镒等通过分析野生和栽培大豆的形态性状、等位酶性状和细胞器 RFLP 性状的变异,认为南方原始野生大豆是各地栽培大豆的共同祖先。

大豆属豆科蝶形花亚科大豆属。该属可分为两个亚属,*Glycine* 和 *Soja*。前者绝大多数种都是多年生植物,其染色体大多为 $2n=40$ 或 $2n=80$,在集约化农业中似乎没有价值。大豆栽培种与野生种归入 *Soja* 亚属,对于大豆“种”的划分,曾有 3 个种的划分之说,即野生大豆、半栽培大豆(半野生大豆)和栽培大豆。现在认为只有两个种,即把半栽培大豆归入栽培种。其主要依据为:

(1)野生种和栽培种之间存在的不同大豆品种类型,只是进化程度的差异,而没有种间隔绝性的差别和截然的分界。

(2)半栽培大豆只是一种进化程度较低的大豆类型,并早已进行栽培.在我国南北方都有。如东北的小粒杂色秣食豆、浙江金华泥豆。

(3)野生种大豆未经过人的创造、选择,也未进行过栽培,应单独列为一个种。大豆栽培种和野生种的染色体数皆为 $2n=40$,两者杂交可获正常种子。野生种大豆和栽培种大豆的性状差异见表 7.1。

表 7.1 野生大豆和栽培种大豆性状比较表

性状	野生种大豆	栽培种大豆
种粒大小	百粒重 1～3 g	百粒重 12～20 g
种粒形状	长圆形	椭圆至球形
种皮色	黑色,有个别淡褐色	以黄色为主或其他色
种皮上泥膜	有,个别无	无
种皮健全度	健全	个别种皮不健全而破裂
种皮透水性	不易透水	易透水
茸毛色	棕色(个别灰毛)	棕或灰色
茸毛顶端形状	尖	尖或钝
花色	紫色为主(个别白色)	紫或白色
荚的大小	小而长	大而宽
荚色	黑色	以黄色及淡褐色为主

续表 7.1

性状	野生种大豆	栽培种大豆
荚的炸裂性	极易炸裂	不易炸裂
叶形	披针、线形和卵圆	卵圆至椭圆为主
叶的大小	小叶为主,个别大叶	大～小
茎秆粗细	细	粗
结荚习性	无限结荚习性	无限、有限或亚有限结荚习性
生长习性	极度蔓生	直立为主
主茎明显否	不明显	明显
光照阶段	短光性强	短光性弱
抗不良环境	强	较弱
抗旱力	较弱	有些类型较强
耐渍力	强	较弱
耐碱力	较强	较弱

(引自张子金,《中国大豆育种和栽培》,1987 年)

2.大豆产区及栽培类型

我国大豆的主产区在东北、黄淮流域中下游和长江中下游各省(自治区)。其中北方春大豆区包括黑龙江、吉林、辽宁、内蒙古、宁夏、新疆、甘肃及河北、山西、陕西北部。第二个大豆产区为黄淮春、夏大豆区,包括山东、河南大部、河北、山西的中南部、关中平原,甘肃南部及江苏和安徽北部。第三个大豆产区为南方大豆区,主要是秦岭、淮河以南广大地区,较集中的产区有长江三角洲、江汉平原以及湖南、藏南、闽北等地。中国大豆栽培区各种播期大豆的生育期分级标准见表 7.2。

表 7.2　中国大豆栽培区各种播期大豆的生育期分级标准

栽培区	播种期型	成熟期/d						
		极早熟	早熟	中早熟	中熟	晚熟	迟熟	极迟熟
北方春大豆	北方春大豆型	<100	101～110	111～120	121～130	131～140	141～150	>151
黄淮海流域	黄淮海春大豆型	<100	101～110		111～120	121～130	>131	
夏大豆区	黄淮海夏大豆型	<90	91～100		101～110	111～120	>121	
南方大豆区	长江春大豆型	<95	96～105		106～115	116～125	>126	
	南方夏大豆型	<120	121～130		131～140	141～150	>151	
	南方春大豆型	<90	91～100		101～111	111～120	>121	
	秋大豆型	<90	<95		96～105	106～115	>116	

大豆品种繁多,分布广泛,在一定的地理纬度、自然条件、耕作和栽培条件下以及根据人们对大豆产量的利用与要求,经定向选择,形成了不同的大豆生态类型。

(1)生育期生态型　大豆生育期主要受光、温及耕作栽培制度的影响,其地理分布也较有规律性。

美国和加拿大的大豆科学工作者,通过大量的品种试种、区域试验,根据所有品种在生育期方面的差别,将北起加拿大南部的极早熟类型、南至赤道附近哥伦比亚的极迟熟类型,划分为 13 个成熟期组。这种生育期类型的分类标准,已逐渐为国际通用。

中国各大豆生产区地理纬度相差较大,栽培和耕作制度大不相同,特别是我国中部及南部地区,复种指数高,播种期各异,因而中国大豆生育期类型和地理分布较为复杂。王金陵等(1957)将全国略分为 7 个大豆成熟期类型地带。

从我国栽培区域和播种期划分,有三大栽培区域,7 个播种期型。在不同的耕作栽培制度下,不同的播期使大豆在不同的光照长短与不同温度条件下生长发育。长江流域及其以南地区,4 月初春播时,大豆真叶出现后光照日渐延长,因而只有短光照性较弱的大豆,才能既生长良好,又能适期早熟。5 月中下旬播种的夏大豆属中晚熟类型,但在生育期间为夏季高温,且光照已渐趋缩短,因而生育期只有 110～115 d。至于 7 月中下旬播种的秋大豆,属短光照性极强的迟熟类型,但实际生育期只有 100～110 d。若把以上三种类型同时春播,则各生育期为:春大豆 90～100 d,夏大豆 140～150 d,秋大豆至少到 10 月底成熟,生育期 180～200 d。因此,不同的耕作栽培制度下的大豆品种生态型是完全不同的。

(2)结荚习性生态型　大豆的结荚习性是大豆的综合生长性状,与分枝性、株高、生长姿态、繁茂性及粒茎比等有密切的关系,而这些性状又与生态环境条件密切相关,因此,大豆结荚习性有较明显的地理分布。根据大豆主茎和分枝的生长习性,可把大豆品种分为有限结荚习性、无限结荚习性和亚有限结荚习性三种类型。

有限结荚习性主茎较发达,上、下粗细相差不大,节间较短,开花后茎停止生长,主茎和分枝顶端形成发达的顶花序。其特点是花期短、花荚集中,豆荚多分布在主茎的中上部,顶部叶片大,冠层封闭较严,结荚期和成熟期较一致。株较矮,多为直立。肥水良好时生长粗壮,不易倒伏,产量较高;长江流域、黄淮平原、辽宁东南部大豆以此为主。

无限结荚习性主茎和分枝的顶芽不转变成顶花序,在结荚期间仍继续生长,营养生长和生殖生长重叠的时间长。一般茎秆从下至上由粗变细,叶片越往上越小;花期长,开花后营养生长仍维持相当长的一段时间,结荚分散,成熟不一致。株较高,多属丛生或蔓生型。抗逆性较强,在干旱、缺肥的条件下,仍有一定的产量。吉林以北、内蒙古山区;山西、陕西关中地区以此为主。

亚有限结荚习性植株性状和特性介于上述两者之间,形成顶花序的时间迟。除主茎和分枝顶端有较多的花和荚之外,其他性状更接近于无限结荚习性类型。

不同结荚习性类型品种的选用,在生产上也有重要的意义。在土壤较瘠薄、雨量少的干旱地区,则宜采用亚有限或无限结荚习性类型的品种,若土壤较肥沃或施肥水平较高,雨水较充足或其排灌条件、机械化程度较高的地区,应选用有限结荚习性类型的品种。

(3)籽粒大小和种皮色生态型　栽培大豆是从百粒重小于 2 g 的野生大豆经人类的定向选择,逐步积累变异而演化来的。按种子百粒重可分为大粒形(20 g 以上)、中粒形(12～19.9 g)和小粒形(小于 12 g)。

籽粒较大的品种，在自然条件优越、土壤肥沃、水分供应较充分的地区则生长较好，而籽粒较小的大豆品种较能适应不良的环境条件；其适应力主要表现在：①发芽时吸水较少，在土壤较干旱的情况下，仍能很快正常发芽，且出苗时阻力小，易出苗。②分枝多、繁茂性较好，多为亚有限、无限结荚习性，在较瘠薄土上仍生长较正常。③成熟期较早，小粒种自开花至成熟的日数较少，因而花期相同的品种，小粒大豆表现早熟，生育日数相同的品种，小粒大豆的营养生长期长，繁茂性较大。④每株的荚数与粒数较多。

大豆的种皮色可分为四类：①黄大豆，种皮为黄色。②青大豆，种皮为青色，按其子叶色又可分为青皮青仁和青皮黄仁两种。③黑大豆，种皮黑色，按子叶色可分为乌皮青仁和乌皮黄仁两种。④其他色大豆，种皮为褐、茶、赤及杂花色等。从其进化程度看，一般深色大豆进化程度低，适应能力较强，抗逆性较好。

(4)品种类型和品种　我国栽培大豆的地区极为辽阔，各地都有适合于当地生态条件的品种类型，选用良种是大豆增产的主要环节之一。大豆优良品种应有较多的主茎节数、分枝数、每节结荚数和每荚粒数，同时具有瘪子少等优点。但不同的用途，有不同的品种要求。菜用大豆，应适于早播，且具有结荚早、荚大粒壮、白毛或少毛、百粒重大于 20 g、易煮烂的特点；制豆芽，则应选每荚粒多、荚多、粒小、种皮薄、金黄、脐色淡、发芽能力强的品种；油用大豆应选籽粒圆、种皮光亮、子叶深黄者。适用于间套品种要求株型紧凑、花期短、生育期适中。在不同的生态条件下，大豆良种要具有不同的适应机能，干旱地区或干旱季节栽培的大豆应选叶面积小、根系发达的品种。若要选耐寒性、抗逆性较强的品种，以褐色或黑皮类型为好。

我国大豆品种资源丰富，尤其是江南地区有春、夏、秋大豆各种类型。由于受各生长期光、温的影响，从出苗到开花的天数春大豆比秋大豆长，而从开花到成熟的天数，秋大豆比春大豆长，夏大豆的播种期较宽，从立夏到夏至都可播，品种间的生育期也差异较大，但多数在 135～150 d。对光周期的敏感程度，以秋大豆最敏感，夏大豆次之，春大豆较迟钝。

二、大豆生物学特性

1.大豆的生命周期

大豆的一生包括种子的萌发、出苗、发根、分枝、现蕾、开花、结荚、鼓粒以及成熟等过程。大豆的生长发育过程可分为六个时期：发芽出苗期，幼苗生长期，花芽分化期，开花期，结荚鼓粒期，成熟期。前三个时期是以发根、长叶、发生分枝为主的营养生长期，第四个时期是营养生长和生殖生长的并进时期，后两个时期是以荚实形成为主的生殖生长期。大豆的全生育期依季节生态型和结荚习性生态型等的不同而有很大的差异，其变幅为 80～150 d。

2.生育期和生育特性

(1)种子发芽和出苗期　大豆为双子叶植物，种子无胚乳，有 2 片肥大的子叶，发芽时子叶出土。大豆萌发时，首先胚根穿过珠孔、突破种皮而扎入土中，以后形成主根；其次下胚轴迅速伸长，把胚芽连同子叶一起顶出土面，以后长成主茎和枝叶。子叶出土、种皮脱落时，即为出苗。春大豆播种时气温较低，露地播出苗所需时间较长，一般为 10～15 d，夏秋大豆只需 4～6 d。

大豆种子在适宜的温度、水分和空气条件下，才能发芽。温度达 6～8℃，种子即可萌动，但种子萌动发芽速度极为缓慢；10℃以上时，播后 10 d 才只有部分发芽。18～20℃时，种子发芽快而整齐，播后 6 d 即达齐苗。

(2)幼苗生长期　大豆的叶片分为子叶、单叶和复叶。出苗后，子叶展开变绿并进行光合作用。随着幼茎的生长，单叶展开，此时苗高 3～6 cm，称为单叶期。随后，茎顶端分化出复叶，在苗期，复叶的出叶间隔为 5～6 d。大豆为主根系植物，胚根伸长为主根，发芽后 5～7 d 在其周围形成 4 排侧根，向水平方向扩展和向下延伸。经过 13～18 d，一级侧根的数量可达 17～20 条，之后可分化出二级、三级侧根。大豆根的大部分集中于地表至 20 cm 表土耕层之内。主根可深入到 1 m 或更深的土层；侧根从地表以下 5～8 cm 主根上分生后，先向四方平行扩展，远的可达 50 cm，然后向下，整个根系形如钟罩。从横剖面看，根重的 78%～83%集中在 0～5 cm 的表土内。根瘤在出苗后 5～6 d 开始形成。根瘤菌由侵染丝通过根毛进入内皮层细胞；内皮层细胞因受根瘤菌分泌物的刺激在根上形成根瘤。固氮在出苗后 2～3 周进行，以后固氮能力逐渐增强。幼苗出土至花芽分化需 20～25 d，约占整个生育期的 1/5。叶形与荚粒数有密切的关系。长叶形品种，每荚粒数多为 3～4 个，圆叶形品种，每荚粒数多为 2～3 个。

最适合幼苗生长的日平均温度为 20℃以上，适宜的土壤水分为 19%～22%，但此期幼苗能耐低温和干旱。大豆属短日照植物，光周期影响大豆的发育。大豆出苗后 1 周，对光照有反应，出苗后约 16 d，在一定的短日照条件下处理 10 d，即能通过光照阶段。从形态上看，在子叶出土到单叶期间完成光照阶段。

(3)花芽分化期　一般自出苗后 20～30 d，即开始花芽分化，从花芽分化至始花，为花芽分化期。此期是大豆分枝发生和生长的主要时期，其特点是花芽相继分化，分枝不断发生，营养生长速度日渐加快，是大豆生长发育的旺盛时期。

当植株完成一定的营养生长以后，茎尖的分生组织开始分化花或花序原基。首先出现球状花芽原始体，接着在原始体的前端、后面及两侧发生萼片而形成萼筒，然后是花冠原始体成环状顺次分化，雄蕊中间出现雄蕊原基，于是花器基本形成；随后进入胚珠及花药原始体的分化。当雄蕊和雌蕊生殖细胞分裂完成，雄雌蕊形成，花粉粒成熟时，该花的花芽分化过程结束，从花原基出现到花开放为 25～30 d，经历花芽分化期、雌蕊心皮分化期、胚珠及花药原始体分化期、雄性生殖细胞分裂期、雌性生殖细胞分裂期等时期。

大豆的花包括苞片、花萼、花冠、雄蕊和雌蕊等几个部分。苞片是在花基部的 2 个绿色的小叶片。花萼在苞片内侧，由 5 个萼片组成，基部合成筒状，顶部分成 5 个裂片。花冠由 5 枚花瓣组成，即旗瓣 1 枚，翼瓣 2 枚、龙骨瓣 2 枚。花冠有白、紫(红)二色，5 瓣合拢。花冠内有雄蕊 10 枚，雌蕊 1 枚。

大豆花较小，在叶腋中呈总状花序着生。根据花序轴的长度和花的数目，可将花序分作三种类型。①长轴型，花序轴长 10 cm 以上，每个轴上着生 10～40 朵花。②中轴型，花序轴长 3～10 cm，每个花序着生 8～10 朵花。有限结荚习性品种多属此种类型。③短轴型，花序轴较短，在 3 cm 以下，每花序花数较少，一般 3～8 朵花。无限、亚有限结荚习性品种多属此种类型。

大豆茎上的节是由茎尖分生组织细胞不断分生而产生的，主茎节数与生育期有关。不同结荚习性类型、不同品种和不同栽培条件下的主茎节数差异很大，少的 6～7 个节，多的 30 余个节。

大豆的分枝是由主茎节上的腋芽发育而成的，无论子叶、单叶或复叶的叶腋都可能产生分枝。一般植株下部各节上的腋芽常发育成分枝。分枝的多少和长短与遗传和环境因素有关。不同品种的分枝数差异很大，独秆型的无分枝，分枝型多的达 10 余个。在土壤肥沃、稀植条件下，单株分枝数更多。

花芽的分化受日照长短的影响，短日照促进花芽的分化，长日照延缓花芽的分化。花芽分化也受温度的影响，在 15～25℃的温度下，有利于花芽形成，超过 25℃则延缓分化。花芽分化期要求的最低温度是 11℃，在各生育期中，该阶段对低温最敏感，是大豆生理上低温冷害的关键时期。

花芽分化期是大豆生长发育的旺盛时期，植株生长量较大。这一时期与幼苗生长期比较，矿质养分日均积累速度增加 4 倍，叶片数增加 1.5 倍，叶面积增加 4 倍。植株达最终株高的一半，茎粗增长 70%。

(4)开花结荚期

①开花期及主要特点　花芽分化完成后开始膨大，但花萼仍紧闭，包住花冠；接着花萼略开，可见花瓣。继之雄蕊伸长，花萼逐步开放，花瓣与花萼齐平，雄蕊继续伸长，与雌蕊高度接近，不久花瓣稍高于花萼，雄蕊与雌蕊高度相同，同时花粉囊裂开，花粉粒落于柱头，开始授粉受精过程。随后花冠展开，称为开花，但也有些品种花冠不展开或展开不畅。大豆自然杂交率很低，一般只有 0.3%～1%，为自花授粉作物。

一个花蕾从形成到完全开放一般需 3～7 d，开花只需 1 d 即完成。每天的开花数量以早上为多，占 70%～80%，早晨 6:00 开花，8:00—10:00 盛开，下午 4:00 后基本停止。大豆的花期为始花到终花的日期。花期的长短也因品种和环境条件而有变化，一般为 18～40 d，据杭州观察，开花时期短的只有 14 d，长的可达 58 d。

大豆开花的最适昼夜温度分别为 22～29℃和 18～24℃，最低温度为 16～18℃。过高或过低都会抑制开花。当气温低于 20℃，开花数明显减少；13℃以下时，则开花停止。空气湿度过大或土壤水分供应不足，也不利开花，空气相对湿度在 70%～80%、土壤最大持水量在 70%～80%时对开花最为适宜。如果遭遇过度干旱，则所开的花即行凋萎，甚至引起大量落花。开花期要求天气晴朗，光照充足。开花期连日阴雨、植株密度过大，会造成叶片相互遮阴，增加下层花、荚的脱落。

大豆开花期是一生中生命活动最旺盛的时期，表现在植株含糖、含氮量的增高，如始花期的净光合生产率在全生育期最高，全株含糖绝对值比花芽分化期增加约 15 倍之多；各器官糖、氮代谢旺盛，呼吸强度增高，根系伤流量加大，茎叶的营养物质开始流向生殖器官。此期根瘤数和固氮量也随着生育进程而达最高值。

②种子形成和结荚　花冠未开放前，花药已裂药散粉，延续达 2～3 h，花粉的可育率为 80%～95%，花粉萌发后，穿入珠孔，与胚珠进行双受精。大豆的成熟花粉粒具有一个营养细胞和一个生殖细胞。自花授粉后，落到柱头上的花粉随即萌发，从 3 个萌发孔中的任何一个长出一条花粉管，生殖细胞很快进入其中。花粉管通过柱头进入花柱道，沿着花柱道的表面向子房方向伸长。

受精前的成熟胚囊中有一个卵细胞、两个助细胞和具次生核的中央细胞。花粉发芽 15～20 min 后花冠开放。开花后 7～10 d，分化种皮各组织，15～20 d 分化子叶，随后分化初生叶，开花后 30 d 分化第 1 复叶。开花受精后，子房随之膨大，接着出现软而小的青色豆荚。开花后 10 d，豆荚迅速生长；20 d 时，豆荚长度达全长的 90%左右；25～30 d 才达最大宽度，豆荚伸长结束时开始厚度的增加。种子干物质重的增加比体积的增加稍迟，在开花后 10 d 内增加缓慢，以后的 1 周增加很快，每天平均增长 0.4 cm 左右，绝大多数品种的豆荚在成熟时，荚皮不开裂；但是个别品种的豆荚在成熟时如遇干旱即“炸荚”。荚的两半炸裂，是背、腹缝线上的薄壁组织出现裂缝所致。

大豆的子房单室，内具 2～4 个胚珠。胚珠以珠柄着生在腹缝线上，弯生，珠孔向上，开口于腹缝线一侧。随着子叶的迅速生长，胚乳很快被吸收，在受精后 18～20 d，只剩下胚乳的残余，种子成熟时转变为薄薄的糊粉层。在胚的发育过程中，胚珠的珠被形成了种皮，珠孔变为种孔，种脐即为胚珠珠柄成熟断落后的痕迹。一个胚珠即成为一粒种子。

种子的多数干物质是在开花后 30 d 左右积累的。随着种子的增大，粗脂肪、蛋白质等逐渐增加，淀粉与还原糖则逐渐减少。大豆种子蛋白质和油分的积累比较迟，开花后 30～45 d 才达总量的 1/2 左右。花后 20～40 d 粒重的增长占总粒重的 70%～80%，多数品种在开花后 35～45 d 籽粒增重最快。脂肪的百分含量在开花后 33 d 达到高峰，以后稍有下降，最后维持在 20.16%～22.77%。蛋白质含量在达到最高值 44%～46%之后呈下降趋势，最后维持在 40%～44%。结荚鼓粒期生殖生长占主导地位，植株体内的营养物质开始再分配和再利用，籽粒和豆荚成为这一时期唯一的养分聚集中心。鼓粒期根系逐渐衰老，吸收减弱，根瘤的固氮能力也因光合产物供应不足而显著下降。

大豆结荚鼓粒喜凉爽的天气，但结荚期温度至少要在 15℃以上，至鼓粒阶段则能耐 9℃的低温。种子的蛋白质含量与油分常为负相关关系。一般在南方气温高、湿度大的条件下，种子含油量较低，但蛋白质含量较高；而在北方气温低、湿度小的条件下则刚好相反。鼓粒期如气候凉爽，昼夜温差大，土壤水分适宜，不但有利于籽粒充实，粒重提高，还可以增加油分。土壤中氮素水平有利于提高蛋白质含量，而磷素充足能提高油分含量。

(5)成熟期　随着豆荚的形成，光合产物全部输送给豆荚。豆荚在成熟前保持绿色，并能进行光合作用。种子内养分充实以后，水分逐渐减少，有机物质积累达最高峰，最后种子变硬而呈品种固有的形状、大小和色泽，荚也呈固有颜色，此时称为成熟期。

三、大豆种子生产概况

1.国外大豆种子生产概况

大豆是原产于我国的古老作物，为五谷之一。早在五千年前，我国先民就开始种植大豆，之后传入朝鲜、日本，近百年来大豆在美洲、欧洲和世界其他地区广泛种植，成为全球重要的农作物之一。第二次世界大战以后，大豆在北美和南美洲的播种面积迅速扩大，单产不断提高，总产持续增加，成为国际贸易中最重要的农产品。面积和总产量最高的 5 个国家分别是美国、巴西、阿根廷、中国和印度。这 5 个国家大豆收获面积达到 7 600 万 hm^2，占世界大豆种植面积的 91.0%。

近 10 年来，国外大豆生产的一个重大革新是转基因大豆的推广应用。自 1994 年抗草甘膦转基因大豆获准推广以来，转基因大豆的种植面积迅速扩大。2003 年，全球转基因大豆的种植面积已达到 4 140 万 hm^2，占全球大豆种植面积的 55%，占当年全球转基因作物种植面积的 6.1%，生产国包括美国、阿根廷、巴西、加拿大、墨西哥、乌拉圭、南非和罗马尼亚等 8 个国家。

2.我国大豆种子生产概况

我国是世界第四大大豆生产国，大豆作为我国第一个放开进口的大宗农产品，现已成为中国进口量最大的农产品。1999 年我国进口大豆 432 万 t,2000 年猛增至 1 042 万 t,2001 年则达到了 1 394 万 t,接近国内大豆年产量。2003 年和 2007 年,我国大豆进口分别为突破 2 000 万 t 和 3 000 万 t,2010—2012 年进口量分别为 5 480 万 t、5 250 万 t、5 838 万 t,连续三年超 5 000 万 t。而 2013 年进口量继续猛增,达 6 338 万 t,突破 6 000 万 t,2014 年进口量达 7 140 万 t。

中国是传统的大豆种植国家,随着进口量的逐年增加,国内大豆产量已经由峰值时的 1 740 万 t 萎缩至 1 200 万 t,2014 年我国大豆播种面积为 700 万 hm^2;大豆平均单产约为 122 $kg/667\ m^2$;大豆总产量为 1 280 万 t。

第二节 大豆种子生产关键技术

一、大豆种子产量

1.种子产量形成及其影响因素

(1)种子产量构成 大豆产量由单位面积株数、每株节数、每节荚数、每荚粒数、百粒重等因素构成。简言之,即为单位面积上的有效荚数、每荚粒数和粒重三因素构成,大豆的单位面积产量有时也用单位面积株数和单株粒重的乘积估算;要使单位面积产量达到最高值,就必须使株数、每株荚数、每荚粒数、粒重这四个因子同时增长。对一个品种来说,单位面积株数在一定的土壤肥力和栽培管理条件下有适宜的幅度,伸缩性不大,每荚粒数在遗传上是比较稳定的。粒重是品种特性之一,同时又受籽粒形体大小的限制,环境条件的影响较小。而每株荚数和每株粒数是较为可变的因子,易受环境的影响。各产量构成因子在逆境条件下,每株荚数更易受环境的影响而产生变化,它受有效节数、分枝数、每节荚数的制约,在花芽分化期、开花期、结荚期如遇不良环境条件,都会影响有效荚数。

从大豆干物质同化积累的角度分析,可将大豆的各器官划分为同化物的源与库。根系和叶片为同化物的源器官;绿色的叶柄、茎秆、荚皮也能合成有机物质,是同化物的次要源,同化物可在这些次要源器官中暂时贮存,当籽粒灌浆时才有部分同化产物输出。因此,它们又可看作中间库和过渡库。籽粒则是同化物的最终库。

大豆的高产有赖于源的潜势大和库的容量大,两者需协调发展。当大豆生长过旺时,源的同化能力大于库的贮存能力,同化物会囤积在茎叶之中。相反,当库的容量大于源的供给能力时,则同化物供不应求,往往出现大量的秕荚和秕粒。

大豆的种子产量(经济产量)是生物产量的一部分。大豆种子产量的高低决定于生物产量及其在各器官中的分配,即生物产量和经济系数的乘积。从生物产量看,高肥条件高于中低肥条件的生物产量,晚熟品种往往高于早熟品种。研究表明,在高纬度地区,大豆生育期的长短与生物产量的高低呈正相关,相关系数为 0.940 3,与经济产量的相关系数为 0.885 1,均达极显著水平。品种的生育期与经济系数也有一定的关系,中、早熟品种的经济系数高,晚熟品种则较低,呈明显的负相关。早熟品种的经济系数为 0.46～0.54,而中、晚熟品种为 0.37～0.46。

要获得较高的大豆种子产量，须有较大的生物产量，但随着大豆生物产量的提高，经济系数有下降的趋势。因此，必须采取适当的种植密度和栽培措施，使较高的生物产量与较高的经济系数相协调。

(2)影响大豆种子产量的因素　研究分析表明，在最佳生产状态下，大豆的产量潜力接近11 t/hm^2。在美国及其他国家已不止一次地获得了6 t/hm^2 的大豆产量。日本农民在1984年高产竞赛中也曾获得5.65 t/hm^2 的产量。我国东北有大面积4.05 t/hm^2 的报道，这说明大豆具有一定的高产潜力。但我国大豆种子单产仍然较低，低于禾谷类作物，这虽与品种、栽培管理水平有关，但与大豆本身的特性有很大的关系。

①大豆种子的成分特点　大豆种子蛋白质含量较一般禾谷类高3倍左右，脂肪含量高4～5倍。这些物质都属高热能化学成分，种子贮热量高，在形成籽粒的生化过程中耗热量也大。据Sinchair和Wit(1975)分析，生产1 g脂肪须消耗相当于3 g的光合产物(葡萄糖)，生产1 g蛋白质消耗2.5 g光合产物，而生产1 g糖类只消耗1.2 g光合产物。据计算，在相同面积上，每输入4 184 kJ能量可生产2.69 kg玉米，用同样的能量供给大豆，仅生产1.43 kg，若以蛋白质的产量计，在玉米中可生产蛋白质为215 g，而大豆中可产蛋白质为572 g，即在相同的热能条件下，大豆的蛋白质产量虽高，但籽粒产量要比玉米低。

②大豆的生长发育特点　禾谷类作物如稻、麦等有明显的营养生长期，积累的有机物较多，开花前干物质的积累可达总干重的70%。而且花期集中，营养生长和生殖生长比较协调。而大豆出苗后20～30 d就可开始分化生殖器官，开花也较早；且花期占整个生育期的1/4～1/3。大豆开花时干物质积累量约占25%，至结荚期才达高峰。大豆的营养生长和生殖生长重叠期较长，花荚的发育得不到充足的养料，因而影响了产量。

③大豆的落花落荚现象　大豆单株开花100～200朵，但有40%～70%脱落；脱落包括落蕾、落花、落荚。花荚脱落的原因很多，如机械损伤、病虫害及不良气候条件等。特别是影响养分制造和分配运转的生理因素最为重要。如由于养料供应不足或其他生理因素，使花柄的外围逐渐到里面形成离层，导致蕾、花或荚的脱落。从大豆的植株形态看，花荚一般散生于主茎和分枝各个节上，叶片互相遮阴，通风透光条件不好，尤其在密植的条件下，株间中下部光照不足，对开花结荚不利。

④大豆对施肥的反应　一些禾谷类作物对肥料反应敏感，施用肥料，在很大程度上可获得高产。而大豆对肥料的反应不很敏感，施肥增产幅度小，施肥不当反而引起减产，尤其是氮肥。此外，施氮和固氮之间有一定的矛盾。

⑤大豆群体光能利用及其干物质生产特点　在相同条件下，大豆的光能利用仅及水稻的1/3。一般认为，作为C_3植物的大豆，其光饱和点比C_4植物的玉米低，而同时又具有较高的光呼吸作用。尤其是在低CO_2浓度条件下，大豆所固定碳素的一部分(20%～50%)要被光呼吸所消耗，据测定，大豆的光呼吸速率在4～7 mg $CO_2/(dm^2 \cdot h)$间。其次，大豆的CO_2光合同化的生化途径是C_3途径，由于该途径中的关键性酶——Rubisco对CO_2的亲和力较低，所以大豆的CO_2补偿点高，一般为$(40\sim50)\times10^{-6}$，而玉米为5×10^{-6}以内。

2.种子高产技术措施

(1)种植制度　轮作制中安排种植大豆，是我国农民长期以来合理种植农作物，土壤用养结合，提高轮作周期中作物总产量的传统经验。在北方一年一季的旱作区，大豆常与玉米、高粱或粟等轮作，也有春大豆与春小麦的轮作。夏大豆区则有冬小麦—夏大豆与冬小麦—夏旱粮或春旱粮或棉花的轮作。在稻区，大豆可与水稻轮作，大豆最好的前作是有深耕和施肥基础的禾谷类作物。

在长江中下游流域，栽培的大豆有春、夏、秋大豆。轮作复种方式有：春粮—春大豆—秋粮；春大豆—杂交水稻；春花—早稻—秋大豆等。

大豆不耐连作，连作导致减产10%～20%。研究表明，连作大豆土壤中线虫卵、噬菌体、噬菌素及土壤酸度增加，抑制了大豆根瘤的形成和固氮。据吉林市农科所测定，大豆地留下的根茬落叶为2 955 kg/hm^2，折合氮素55.5 kg，磷素(P_2O_5)9.75 kg。大豆茬速效氮含量较玉米等作物茬高，大豆根系分泌物能活化土壤中的磷、改良土壤结构。此外，大豆的病虫害很少危害其他农作物，与豆类轮作的农作物可减轻病虫害的危害程度。

大豆很适合与其他作物间作套种，如蔗地套种早熟春大豆，薯地间作早熟夏大豆，玉米和大豆间作等。在一般不影响主要作物产量的情况下，还可多收一熟大豆。如玉米大豆间作时，其单位面积总产量高于玉米、大豆单作时的平均总产量。

(2)创造良好的出苗条件　适宜大豆生长发育的土壤紧实度为1.0～1.4 g/cm^3(容重)。翻耕深度20～24 cm为宜。翻耕后，土壤含水量增加，通气条件好、疏松，大豆种子吸水发芽正常，出苗整齐，根系健壮。然而，近年来我国一些干旱区或干旱年份，采用不翻耕，而在冬季和早春耙茬和耢地，保住表层墒情，提高了地温，使大豆生长发育快，成熟早，产量高，比翻耕增产10%以上。南方稻区的秋大豆有时也采用免耕播种。马料豆、泥豆、撒豆在早、中稻收获前撒播于稻田内；利用稻桩富集水分的作用，而把种子播入稻桩中，利于发芽出苗。

播种前施用基肥可以满足大豆幼苗发根、长叶的需要。基肥应以有机肥为主，一般每公顷施质量较好的土粪37 500 kg，混施过磷酸钙225～300 kg。施用氮肥过多，会抑制根瘤的生长和发生，当施纯氮60 kg/hm^{2}以上时，植株根瘤的大小和重量都降低。

①种子准备　不同品种，小粒种易发芽；同一个品种，或同一批次的种子，大粒的饱满，成熟度高，易发芽。

②种子处理　种子播前处理，有利于大豆的发芽顶土，促进大豆植株和根瘤的生长发育，杀灭病虫，提高大豆产量和品质。

a.晒种　在播前晒种1～2 d可增强种子活力，提高出苗率。

b.灭菌剂拌种　用福美双或克菌丹(50%可湿性粉剂)，使用量为种子重量的0.8%，可防灰斑病、霜霉病、紫斑病等多种真菌性病害。

c.根瘤菌接种　接种的大豆，植株增高，节、荚数增加，秕粒减少，比不接种的大豆增产5%～15%。在较长时间不种大豆和新垦土壤上种植大豆，其接种效果更为显著。根瘤菌接种的方法有泥浆黏种法、菌水喷种法、土壤接种法等。在大豆灌溉地区，还可灌水接种。在无市售菌种的情况下，大豆植株上的根瘤，可保存至下季利用。根瘤菌接种后，应避免使用杀菌剂，保持土壤湿润，以利于根瘤菌的侵染和发育。在有机质丰富的土壤中，根瘤菌接种效果较佳。

d.微量元素拌种或浸种　拌种用1%的钼酸铵液0.5 kg和7.5 kg大豆种子拌和，或用1.5%钼酸铵溶液0.5 kg和15 kg大豆种子拌和。其他微量元素可用0.001 mol/L浓度的硼酸或硫酸盐、硫酸锌溶液，在22℃温度下浸种1 h即可。

③适期播种　播种期因品种类型而不同。当土温升至12℃以上时，即可播种。长江中下游地区春大豆在3月底、4月初播种，夏大豆一般在5月中旬至6月下旬播，主要决定于前茬收获期和使夏大豆开花结荚期避开高温干旱季节。秋大豆适宜播种期在7月下旬至8月上

旬，一般在早稻收获前后播种。夏、秋大豆播种，应防止土壤过分干燥。若土壤过干，应在雨后或浇水湿润后播种，以利于出苗。

④种植密度和播种量　适宜的种植密度决定了大豆生物产量的多少，而生物产量与相应的叶面积指数有关，据黑龙江省研究，产量为 1 950～3 300 kg/hm^2 的大豆，其适宜的叶面积指数为：苗期 0.5，花芽分化（分枝期）1.0，始花期 2.5～3.0，盛花期 5.0～6.0，鼓粒期 4.0 左右。

大豆产量构成因素中，有效荚数对产量的贡献最大，也最易受环境条件的影响。研究表明，大豆产量与结荚数为高度相关，$r=0.814\sim0.916$。单位面积播种量则以应播种粒数、发芽率、种子净度以及每千克种子数换算。

⑤种植方式和播种深度　生产上多用单行条播和穴播。条播一般行距 25～30 cm，株距 10 cm 左右。为了截获较多阳光，增加单位面积的干物质生产，目前国内外都趋向于缩小行距，增大株距。其大小以开花期能覆盖地面为最适宜的行距。在 15～50 cm 行距范围内皆比 60 cm 以上行距增产。春大豆穴播 23 cm×27 cm，秋大豆 20 cm×23 cm。每穴播 3～4 粒，留苗 2 株。

大豆窄行密植栽培技术是国家科技攻关项目重点试验研究内容之一，已取得了较为明显的增产效果。在引进美国大豆窄行密植栽培技术的基础上，形成了适合我国不同生态条件、不同生产力水平的"大垅窄行密植""小垅窄行密植"和"平作窄行密植"三种不同的模式。

大豆种子子叶大，出土较难，在顶土过程中常受损伤。大豆的播种深度以 3 cm 为宜。在土壤质地较差、土壤较粗糙时，深度以 4 cm 为好。

(3)育苗移栽　在初春温度较低或季节较紧时，可采用育苗移栽，育苗时要注意床面平整，土粒细，床土湿润，播后塌种、覆土要浅等。有时也采用纸钵育苗等。育苗移栽的要点是：①防止幼苗徒长，在子叶展开至单叶伸展期移栽；②种植密度须比直播大，特别是迟播时应增加 30%；③移栽时应注意深度，子叶节下都应培土。大豆育苗移栽一般可比直播早花 7～10 d，成熟期提早 2～5 d。

(4)全苗对策

①春大豆的全苗对策　春大豆的烂种缺苗在生产上较为常见，主要原因是种子的生活力差、顶土力弱及播种期间受环境条件的影响。春播期间低温寒潮天气较多，土温低于 12℃或水分太多、土壤闭塞皆造成烂种、缺苗。其全苗对策：一是采用高活力的种子播种；二是改善播种条件：主要有抢晴播种、地膜覆盖、育苗移栽等方法，另外，辅之以焦泥灰盖种、清沟排水等措施。

②秋大豆的全苗对策　秋大豆播种期为 7 月底 8 月初，此时正值高温干旱天气，易发芽但又易因缺水而产生烧芽；同时又是雷阵雨频繁的时期，若播后遇雷阵雨，土壤板结，空气不足，造成闷种腐烂。全苗对策有：稻桩豆法，利用稻桩的集水和覆盖作用来保证出苗；抢墒套种法，利用前作的遮阴挡雨作用，把秋豆在雨后播入前作行间；覆盖法，播后采用稻草或其他秸秆覆盖，但忌用地膜或尼龙薄膜。

(5)加强管理、增粒增荚

①查苗、间苗、补苗　大豆出苗后，如有缺苗断垄，应及时查苗，随时补苗；苗密的要间苗，以达到应有的密度。播种后，应在行间播些备用苗，以供移栽补缺用。

②中耕除草　大豆苗期应抓紧中耕除草，防止杂草发生，促进根群发展。中耕除草一般进

行3次，应早而勤，第1次在子叶展开后进行，以后再进行2次，中耕要先浅后深，在封行前把杂草锄灭干净。在进入鼓粒期，还需清除杂草，使豆田光照充足，利于植株生长和豆粒成熟。播种出苗前用四氯苯、利谷隆、除草醚、氟灭灵、苯胺灵或莠可净等除草剂防除杂草都有一定的效果。

③大豆生长调节剂的应用　近年来，用生长调节物质来调控大豆的生长发育已取得了很大进展，显示了良好的增产效益和经济效益。主要有：TIBA（2、3、5-三碘苯甲酸），可增产5%～23%，在初花期，浓度为100～200 mg/L，每公顷用525～750 kg稀释液喷雾；三十烷醇，用0.1～1.0 mg/L的三十烷醇浸种可提早成熟，用0.5～2.0 mg/L的在花期或荚期喷洒可增荚和增粒，花期喷洒后隔10 d再喷一次可提高使用效果。三十烷醇也可以和氮、磷、钾肥配合施用，效果更佳；亚硫酸氢钠，一般在开花期至结荚期用100 mg/L溶液喷洒1～2次；多效唑或稀效唑，为生长抑制剂，可使植株明显矮化，防早衰但延迟成熟。

(6)合理施肥　大豆的蛋白质和油分含量高，形成单位蛋白质和油分所需的光合产物较多，所以，大豆是需肥较多的作物。与生产同量的稻、麦、玉米籽粒相比，需氮高2倍，需磷高1倍，需钾高1～2倍。每667 m^2 产大豆224 kg，需氮20.9 kg、磷2.3 kg、钾6.5 kg、钙5.2 kg、镁2.3 kg；硫1.5 kg、铁0.11 kg、锰37.5 g、锌15 g、铜7.5 g、硼7.5 g、钼7.5 g。大豆除根系直接从土壤中吸收硝态氮和铵态氮外，其根瘤菌从空气中固定的氮素可满足其最高产量所需氮的40%～60%。大豆养分亏缺的症状见表7.3。

表7.3　大豆养分亏缺的症状

养分	亏缺症状
氮	植株变成淡绿色，叶片逐渐明显地全部变黄，常在固氮开始之前就能发现
磷	生长减缓，叶片缩小，颜色呈深绿色，开花期和成熟期延缓
钾	老叶的叶缘发黄，基叶仍呈绿色，种子常皱缩和变形
钙	畸形叶，生长点常发育不良或坏死，由于钙在植株中的固定，大部分新发育的组织部受到了影响，因钙在固氮中的作用，植株常亏缺氮素
镁	叶脉间呈淡绿色至黄色，除基叶外，其他的叶片以后部变成深黄色，症状逐步从老叶发展到幼叶
硫	叶片小，叶呈淡绿色至黄色，类似缺氮，茎伸长且质地变硬
锌	幼叶逐渐发生褪绿病，始发于叶脉间，后逐步蔓延到整个叶片，看不见明显的绿色叶脉，其症状与缺镁相似
铁	症状类似于缺锌，但是一般发生较早，褪绿病首先侵染叶脉间的部位，然后蔓延至整个叶片
锰	叶脉间呈淡绿色至黄色，叶脉乃明显呈绿色，出现褐色坏死斑点
钼	中脉坏死，叶片变形，略有褪绿病
硼	节间缩短，上部叶片变黄或变红，不能开花
铜	幼叶可能皱缩、萎谢，不缺绿，落叶过多，株矮

①氮　在苗期，根瘤尚未形成或固氮能力较弱时，应适量施用氮肥。大豆花芽分化期较苗期需肥多，供氮可促进茎叶和分枝生长及腋芽分化。大豆开花结荚期追施氮肥对增产具有重要的作用，可补基肥及苗肥之不足，以满足开花后对养分的大量需求。氮肥的种类以尿素为

好，它对根瘤菌固氮活性影响较小。

②磷　当 100 g 土壤中有效磷含量小于 15 mg 时，要施用磷肥。施磷肥会促进镁、铁、硫等元素的吸收。磷肥一般作为种肥或基肥，根外追肥也有一定的增产效果。

③钾　钾肥以用作基肥为好，若生长期缺钾，可施速效钾或叶面喷施。每 100 g 土壤中速效钾含量小于 5 mg 时，为大田施钾肥的指标。据研究，当土壤中有效钾为 25 mg/L 时，大豆产量将是最大产量的 50％左右，当土壤钾素为 100 mg/L 时，大豆产量将为最大产量的 97％。

④钙、镁、硫　钙、镁、硫肥一般作种肥和基肥用。

⑤微量元素　钼作种肥或在生育期间施用都是有益的；锌在大豆中，最严重的缺锌症出现于老叶，在成熟叶片和植株顶部中锌≤20 mg/L，就易出现缺锌症。锌在各器官中的含量：根＞叶＞种子＞茎＞荚。大豆株体中 16～20 mg/L 看作缺硼临界区域。缺铁则引起失绿症，防止失绿的最有效方法，是在播种后 3～6 周内施用 10 kg/hm^2 铁螯合物。微量元素的施用方法主要为浸种或拌种：钼酸铵、硫酸锰、硫酸锌皆可用 0.05％～0.1％的浓度浸种，硼砂 0.01％～0.1％的浓度浸种。拌种：每千克种子用锰肥 4～6 g、用硫酸锌 2～4 g 等。

二、大豆种子质量控制

(一)大豆种子质量标准

大豆种子质量按中华人民共和国国家标准(GB 4404.2—2010)》规定执行，大豆种子的质量指标见表 7.4。

表 7.4　大豆种子质量标准

种子类别	纯度≥/％	净度≥/％	发芽率≥/％	水分≤/％
原种	99.9	99.0	85	12.0
大田用种	98.0	99.0	85	12.0

注：长城以北和高寒地区的大豆种子水分允许高于 12.0％，但不能高于 13.5％。长城以南的大豆种子(高寒地区除外)水分不得高于 12.0％。

引自《农作物种子质量标准(GB 4404.2—2010)》。

(二)混杂退化的原因和防止措施

1.混杂退化的原因

一个优良的大豆品种，在生产上种植几年后，常常出现成熟期不一致，植株高矮不齐，结荚习性不同，花色、茸毛色、叶形、粒色、脐色、粒重等失去原有品种的典型性，品质变劣，产量下降，这种现象即是大豆品种的混杂退化现象。造成大豆品种混杂退化的原因很多，归纳起来有以下几点：

(1)机械混杂　在大豆的播种、收获、脱粒、晒种、运输、贮藏、种子处理等过程中，不按良种繁育操作规程办事，对机具、晒场、仓库等清理不净；或晒种、贮藏时与其他品种间隔距离不够；或补种时种了其他品种的种子；或选用连作地块，前作品种自然落粒与后作不同的品种混杂生长等，这是大豆品种混杂退化的主要原因。

(2)生物学混杂　大豆虽为自花授粉作物，但也存在一定的天然异交率(异交率为

0.3%～1%，此外，已有研究表明，豆蓟马等小昆虫在花间也有一定的传粉能力，若将不同的品种相邻种植，不进行适当隔离，就有可能发生品种间杂交，杂交后代分离出不同类型的植株，出现一些不良类型，使品种整齐度下降。

(3)品种遗传特性发生变化　大豆优良品种基本上是一个纯系，但纯是相对的，不纯是绝对的，个体间遗传基础总会有些差异，特别是杂交育成的大豆品种，有的遗传基础尚未稳定，基因型还会发生分离。品种遗传性发生改变还可能来源于基因突变，大豆自然突变率多表现在单一性状上，如不加以选择和淘汰，不良变异类型增多，也将导致品种的混杂退化。

(4)环境条件的影响　一个大豆品种，在特定生境下才能发挥品种应有的特性，若环境条件不适，会出现一些低劣性状，致使产量降低，品质变劣。这种特点尤以菜用大豆或大粒品种较为明显。

(5)不适当的选择　在大豆良种繁育过程中，如不注重原品种典型性的选择，或只注意某些性状的选择而忽视综合性状的选择，都会使原品种群体发生改变，造成品种的混杂退化。

2.防杂保纯措施

(1)建立严格的种子繁育规则，防止人为的机械混杂　从种子准备、播种、收获、脱粒、晒场、运输直到贮藏，都要对不同品种或不同等级的种子予以分别处理，进行单种、单收、单脱、单运、单贮，要合理安排轮作。在栽培管理过程中把好四个关键时期：播种期种子鉴定、苗期胚轴色鉴定、开花期花色鉴定和成熟收获期的种子鉴定。具体有：

种子鉴定所选用品种的种子须有代表性，籽粒饱满、大小均匀、皮色均一，播种前必须精选种子，除去紫斑病的病粒、破碎粒、病虫粒、异品种杂交粒、秕粒及杂物等，并按粒形、粒色和脐色等品种性状去掉杂豆，以提高品种纯度。如混有菟丝子种子或菌核，还需用筛选或风选除去。

胚轴色鉴定苗期根据幼茎色、叶形、幼苗形态淘汰杂苗、劣苗、病苗。下胚轴的颜色分为绿色和紫色两种。绿色的开白花，紫色的开紫花，间苗时可作为品种去杂的特征之一。

花色、毛色和叶形鉴定大豆的茸毛色和花色生态型，表现为棕毛紫花适应性强，灰毛白花适应性弱；大豆的叶形生态类型，表现为宽叶形大豆较适应光照充足、地力水平较低地区，长叶小叶形品种较适应水肥充足、土质肥沃的地区；花期根据花色、叶形和大小、茸毛色泽等除去混杂植株和发育不良、有病的植株。

成熟期鉴定成熟期根据株高、结荚习性、茸毛颜色、荚形和颜色等去杂去劣，同时拔除病株。

(2)采用隔离措施，严防生物学混杂　不同品种的大豆最好不要相邻种植，若必需相邻种植时，要采取相应的隔离措施，或采用高秆作物隔离，或两品种留有一定的间隔。防杂保纯的田间间隔距离：原种田为 100～300 m，大田用种田 5～10 m。收获时，两品种相邻处各去掉 1 m 宽作为商品粮处理。

(3)创造良好的环境条件　优良品种是在一定的外界环境和栽培条件下育成的，适宜的栽培条件指使品种的优良性状得以充分表现，不适宜的栽培条件对品种性状的发育不利，植株生长不良，丰产性能减退。

(4)建立种子田，去杂选优　一般由品种育成单位提供的原种数量较少，需经种子企业繁殖后才能应用于生产，因此，必须建立繁种专用种子田。种子繁殖田应区别于一般大田管理，在生长期间要进行严格的去杂去劣，以提高种子的纯度。并采取选优提纯的办法，生产原种，定期更新繁殖用的普通种子,长期保持品种的种性和纯度。其方法为:株选法、片选法和改良混合选择法。

株选法:又称混合选择法。具体做法是,于大豆成熟后收获前在种子田进行选择,主要根据本品种的典型特征特性,选择若干形态一致的优良单株,混合收获脱粒,留作下一季种子田用。此方法选择细致,对提纯品种效果好。但此法费工,适于小面积种子田繁种用。

片选法:也叫去杂去劣法。具体的做法是,在种子田里去杂去劣,把混杂的异品种植株和生长不良的植株拔除,余下的全部收获,留作下季大田生产用种。

改良混合选择法:即收获前,在种子田中选择若干具有本品种典型性状的优良单株,分株脱粒,单独保存,下季分株种植,单株的种子种成一小区,作为一个品系,经过鉴定,将性状相同的优良品系混合脱粒,作为种子田用种。

(三)大豆种子劣变的原因和提高活力的途径

1.种子劣变的原因

大豆种子含有较多的油分和蛋白质,在种子成熟和贮藏过程中易受环境条件的影响而失去活力,且无明显的休眠期,一般开花后 35～40 d 即具有发芽能力,在高温、多湿环境下在植株上产生劣变甚至“胎萌”或在豆荚内发芽。同时,大豆属子叶出土作物,子叶大,种子活力较差时会引起发芽出苗困难,导致田间出苗率低。

不同地区大豆种子的活力存在着较大的差异。我国东北地区为大豆主产区,从季节类型上看主要为春大豆,成熟时气候凉爽,温差大,利于种子形成和干物质积累,种子质量好。长江中下游地区的大豆为春、夏、秋多种季节生态型并存,春大豆种子成熟时高温、高湿,或贮藏过程的高温,易使种子劣变。

成熟过程中高温、高湿、干旱等因素会导致种子劣变,活力低下,种子质量降低,主要表现为:胚根扭曲、朝上生长;种子在土壤中不转身;萌发后不出苗,或能出苗但种皮粘连、子叶部分腐烂。在南方大豆产区,春播大豆在种子形成期间温度高,平均为 30℃左右,而秋播大豆种子则为 16～17℃。大豆种子在鼓粒期处于高温高湿下会导致种子萌发率、活力的线性下降;高温使种皮皱缩、种子充实度降低,若不及时收、脱、晒、藏,则使种子生活力严重丧失;很多种病会侵染种子,高温、多雨,利于真菌的侵染,使病害加重,轻度不表现,重者烂荚烂种,不明显者侵染潜伏。真菌侵染会间接影响种子的活力;成熟收获期间的高温、干旱会使种子含水量急剧下降,引起种子表皮的机械损伤。

2.提高大豆种子活力的措施

提高大豆种子活力的措施主要有翻秋、北方或高山留种和春大豆及时收获及安全贮藏等。

(1)秋季繁种　在我国南方春大豆收后立即翻秋,利用秋末种子成熟时的低温、凉爽,生产高活力种子;同时翻秋大豆种子较耐贮藏,在贮藏过程中种子活力下降慢。也可利用上一年的秋子翻秋,作为下一年的播种材料。

(2)北方或高山留种　南方地区的春大豆原种或优良品种在北方繁种是获得高活力种子的有效途径,高海拔山区留种也是生产高活力种子的有效方法。

(3)春大豆适时早收　在南方地区,春大豆种子成熟时适当早收优于迟收,即种子成熟时,种脐脱离荚壳,离开母体,如荚壳内湿度大,高温或干湿交替,种子易丧失活力。应抢晴天及时收获，更应避免带叶堆蓬，保持种子的生活力；收获时将留种株连根拔起，捆扎成束，做好标记，倒挂于通风不受雨淋处晾干，可利用种子的后熟作用，生产高活力种子。大豆种子的抗压力只有水稻的 1/7～1/6，脱粒时避免损坏种皮或子叶。

（4）安全贮藏　收获后，及时脱粒，清选，晒干。大豆不耐高温，曝晒会使大豆蛋白质和油分变性，影响发芽和种子品质。贮藏要求低温、干燥的条件，以温度≤10℃、种子含水量≤9%为宜。安全贮藏条件能保存或维持活力，但不能提高活力。农户一般采用石灰坛藏法，种子上面放草木灰，坛口密封；开始贮藏时的种子含水量应不超过 12%～13%，在含水量降低到 10%时则更安全可靠。据试验，如贮藏温度为 20℃，种子含水量为 18%时，5 个月以上便丧失发芽力，而种子含水量为 13.5%时可保持两年。

（四）主要病虫害的防治

病虫害会直接或间接地影响大豆产量和品质。豆荚螟、食心虫、豆象甲等会蛀食大豆种子而影响发芽，大豆毒素病和一些真菌病害亦可影响种子活力。已有的研究表明，拟茎点属菌（*Phomopsis* spp.）和尾孢霉菌（*Cercospora* spp.）可使大豆种子变色、裂皮而使种子质量变差，且高温、高湿有利于此类病菌的蔓延和发展。因此，在大豆生长期间注意病虫害的防治，可以避免对种子的侵染和危害。

1. 蚜虫

常群集于植株生长点和幼嫩茎叶，是大豆前期的主要害虫，并诱发毒素病。蚜虫应早防，用高效内吸性型农药拌种，可防治早期潜入豆苗上的大豆蚜，或采用生物防治。

2. 豆秆蝇

在苗期或生长中期都可蛀入豆秆，造成死苗或枯梢而减产。一般在成虫发生盛期至产卵盛期前，用药剂进行防治。

3. 豆荚螟和食心虫

主要为害豆荚，浙江省一年中可发生 5～6 代，一般在成虫发生盛期至产卵盛期前，用药剂进行防治。

4. 毒素病（SMV）

大豆毒素病（SMV）感染越早，受害越重。表现生长矮小，荚小或不结荚。苗期出现畸形叶，有时籽粒出现斑驳或褐斑粒。防治对策为选用抗病品种，防治蚜虫和加强肥水管理。

大豆花叶病是世界性的重大病害之一。我国主要在黄淮流域和长江中下游等区发病严重。我国绝大多数品种都属感病类型。目前无免疫品种，只有少数抗病和耐病品种。严重时减产 25%至绝收，并在种子表面产生褐斑，降低品质。斑驳粒率可达 30%～90%，种子带毒，有时无斑驳，种子也带毒。其对策为筛选种子传毒率低或不传毒的栽培品种，Goodman（1979）测定了 897 份热带和温带大豆种质的传毒率，其中只有 15 份材料的种子不传毒，因此，采用无病种子显得尤为重要。

5. 霜霉病

霜霉病在湿热条件下易发生，能感染整个植株及种子，影响种子品质。品种间差异明显，以农业防治为主，采用抗病品种及波尔多液药剂防治。

应用案例——‘浙鲜9号’繁育技术

‘浙鲜9号’是早中熟鲜食春大豆品种，适于全国鲜食大豆产区种植。该品种在浙江省春播出苗至采收期约80 d，一般鲜荚每667 m^2 产达800 kg以上，荚宽粒大，商品性佳，口感甜糯。由于春大豆收获季节恰逢高温多雨，再加上菜用大豆本身籽粒较大、含水量高，导致收获的种子极易造成腐烂，留种困难。所以春大豆生产用种一般采取北方繁育为主，繁育技术具体如下：

(1)土地优良是该品种成功繁殖的保障　繁育地块要求地势基本平整，肥力中等，土质良好，非大豆连茬地种植。为防止品种混杂，其周围尽量不要种植其他大豆品种；或做好品种间的田间隔离措施，一般需种植5～10行保护行，所选土地应具备灌溉和排水条件。

(2)因地制宜，适期播种　该品种的适宜播期应因地制宜。春季全国南北气候温差较大，根据当地气候条件和品种适应特性，以及考虑到最后收获季节种子的综合质量，一般气温稳定在10℃以上时抢晴播种。北方地区一般控制在5月上旬播种较为适宜。

(3)严格控制播种条件和播种密度　在墒情条件较好的地块，该品种播种深度一般不超过5 cm，条播穴播都可。在穴播的情况下，穴距25 cm，行距35 cm，每穴下种2～3颗，定苗2株，每667 m^2 用种约6 kg。有效密度为每667 m^2 1.3万株左右。北方地区一般都用大豆播种机播种，株距应控制在12.5 cm，单株定苗。

(4)播期科学施肥与病虫害的及时防治　在肥力中等或以下的地块，每667 m^2 施复合肥30 kg作基肥。播种后为防治地下害虫危害幼苗，施呋喃丹1 kg/667 m^2，播种覆土后喷施除草剂一次，防苗期杂草。苗期还需用杀蚜剂防治蚜虫以防病毒病的发生。

(5)优化营养生长期间的田间管理　大豆幼苗长至3～5片真叶时，每穴定苗2株，多删少补。为保证植株健壮生长，花前应保证松土、除草各一次；营养生长中期，必须及时追施花前根外肥，一般施尿素20 kg/667 m^2。同时根据单株生长情况，及时去杂去劣，保证品种纯度和种子质量。北方繁种，营养生长时间为50～55 d，肥水充足、幼苗生长旺盛，此时不可追肥而是要控制幼苗的过度生长，以防后期倒伏。开花期在7月上旬，此时气温正适25～30℃，有利于开花结实；气温高于32℃时，对结实有影响；气温超过35℃，对结实和最终产量有严重影响，所以生产上选择该品种的播种日期时，应着重考虑花期与当时温度的关系。同时还必须考虑后期当地霜情迟早情况，确保品种能够正常成熟并收获。

(6)重视生殖生长期的田间管理　生殖生长时间50～60 d，大豆开花结荚后用多菌灵800倍液防治青荚褐斑病。该段时期主要考虑土壤水分问题，也是豆荚快速生长和鼓粒，需要适量雨水的时期，如雨量少较干旱的地区或适逢干旱，必须要适时灌水保持土壤足够的水分。同时如有虫害，要及时防治，确保豆荚和籽粒的质量。

(7)适时收获，合理保存　在北方繁种，9月上旬豆荚可鼓粒饱满，逐步转入豆荚老熟期，这一时间大约需30 d，10月上中旬收获。若霜期早的地区，要及时早收。一般分为收割和晾晒两个阶段，收割时间在豆荚由绿色转黄褐色之际，即可考虑收割，不能等到完全老熟，一来以免炸荚落粒，造成产量损失，二来早割可以使种子颜色保持翠绿。大豆收割后，堆积成小堆直接在地里晾晒风干，期间需要进行几次翻晒，至敲打豆粒能弹出后用脱粒机脱粒；豆粒脱出后要及时收集并清理干净，放入室内风干；为保证种子的质量，提高发芽率，不能将种子直接暴晒于太阳下。大豆收获后，若遇雨天或严重霜情，要及时遮盖防雨布，避免种子遇水受损。种子干燥包装前，必须进行净种，主要是挑出杂豆、破损豆、虫食豆、褐斑豆及杂质等。

本章小结

大豆为高蛋白和高脂肪含量作物，营养价值和经济价值都很高，是原产于我国的古老作物，被称为五谷之一。大豆根系的根瘤菌有固定氮素的能力，因而又成为轮作复种中提高并维持土壤肥力的天然供氮作物。大豆也是重要的粮、油、饲兼用作物，种子含油量18%～20%，为优质食用油，我国大豆栽培历史悠久，加工和利用的历史也源远流长，现在世界上单是大豆蛋白食品就有130万种。

大豆的一生包括种子的萌发、出苗、发根、分枝、现蕾、开花、结荚、鼓粒以致成熟等过程。大豆的生长发育过程可分为6个时期：发芽出苗期，幼苗生长期，花芽分化期，开花期，结荚鼓粒期，成熟期。大豆的种子质量可以衍生为大豆本身的遗传特性和大豆发芽时的性状两方面的内容。大豆种子混杂退化的原因有：机械混杂、生物学混杂、品种遗传特性发生变化和不适当的选择等；防杂保纯措施有：建立严格的种子繁育规则，防止人为的机械混杂；采用隔离措施，严防生物学混杂；创造良好的环境条件；建立种子田，去杂选优。大豆的种子发芽和田间出苗质量受到三方面因素的制约，大豆种子的基因型、大豆种子成熟时的环境因素和贮藏条件、大豆播种期的环境条件等。提高大豆田间发芽和出苗质量的对策有：培育和选用高发芽能力的大豆基因型，改善大豆种子成熟时的环境条件，如春大豆种子的翻秋留种、高山留种、北方繁种等；创造大豆播种时的有利条件等。

思考题

一、名词解释

自花授粉植物、生物固氮、双子叶植物、子叶留土和子叶出土、大豆种子的硬实、大豆的生态型、有限结荚习性、大豆种子的胎萌、大豆种子的劣变、翻秋留种。

二、问答题

1.大豆生产在耕作制度、食物营养和国民经济中有哪些意义？

2.什么是大豆生态型？它包括哪几类？不同的生态型对环境条件有何要求？

3.大豆的生长发育包括哪几个阶段？大豆的根系发育有何特点？

4.大豆产量构成因子有哪些？为何大豆的籽粒产量要低于禾谷类作物？如何提高大豆产量？

5.与其他作物相比，大豆对肥料的反应有何不同？大豆如何施好氮肥？

6.为何大豆不耐连作？连作障碍机理有哪些？如何克服？

7.影响大豆种子活力的因素有哪些？

三、论述题

分析南方春大豆种子劣变的原因，阐述提高南方春大豆种子活力可以采取哪些对策措施。

第八章　甘薯、马铃薯种薯生产技术

知识目标

◆ 了解农业生产中甘薯、马铃薯主要推广品种类型。

◆ 理解甘薯、马铃薯生长发育特点。

◆ 掌握甘薯、马铃薯种薯生产与贮藏以及薯苗繁育的技术要点。

能力目标

◆ 能根据甘薯、马铃薯生长发育及特点、种薯生产技术规程指导生产。

◆ 学会甘薯、马铃薯种薯扩繁生产、安全贮藏、种苗快速繁育的技术与规程。

◆ 能够利用甘薯、马铃薯种薯扩繁生产、安全贮藏、种苗快速繁育的基本技术要点，做好保鲜、保种及种苗繁育工作。

第一节　甘薯种薯生产技术

一、甘薯品种类型

甘薯的品种种类很多，一般以甘薯的用途分类，即淀粉型、鲜食型、食品加工型、菜用型、色素加工型等，虽然每个品种的用途各有特点，但各种类型品种可相互交叉使用，没有明显界限。

(一)淀粉型品种

淀粉型品种主要指以淀粉加工为主要目的，干物率和淀粉含量偏高的品种类型。干物率在平原地区一般超过 25%，丘陵地区超过 28%。淀粉型品种鲜产水平高，对薯形外观要求低，大部分品种为紫红皮、白肉，常用的淀粉型甘薯品种有‘徐薯 18’‘徐薯 22’‘商薯 19’‘济薯 25’‘豫薯 13’‘鄂薯 5 号’‘南薯 88’‘南薯 99’‘徐薯 27’等。

(二)鲜食型品种

鲜食型品种主要指以新鲜甘薯销售用于烘烤、蒸煮等直接食用的品种。肉色多为橘红色、黄色、紫色等，一般鲜产水平高，薯形美观，商品率高，糖分含量高，口感好，粗纤维含量少，对干物率与淀粉率要求低。鲜食型品种有'北京 553''遗字 138''苏薯 8 号''龙薯 9 号''红香蕉''广薯 87''济薯 26''烟薯 25''徐薯 32''心香'等。

(三)食品加工型品种

食品加工型品种主要指用于食品加工的品种，因加工产品种类不同对品质的要求也不一致，如加工薯脯用品种要求干物率偏高、糖分含量高、容易糖化、肉色多为黄色、浅紫色、橘红色、容易削皮、耐贮藏性好等，加工果汁的品种要求干物率低、产量高、容易清洗等，代表性品种有'龙薯 1 号''川 8129-4''心香''金玉''浙薯 13''苏薯 8 号'等。加工薯泥、全粉的品种要求薯肉黄色或紫色，干物率较高，淀粉黏度偏低，抗糖化，代表性品种有'徐薯 55-2''徐紫薯 8 号'等。

(四)菜用型品种

菜用型品种主要指以采集茎尖作蔬菜食用的品种。品种特点是分枝多，适合高温高湿，耐肥水，叶柄短，茎尖绒毛少，可用于炒菜、火锅、做汤等。近年来，菜用甘薯发展迅速，在福建、湖北、广东、海南等地已经形成产业，主栽品种有'福菜薯 18''台农 71''莆薯 53''徐菜薯 1 号'等。

(五)色素加工型

色素加工型主要指薯肉深紫色，花青素含量高的品种。一般薯肉花青素含量超过 1.2 mg/g，用于色素提取，提取的色素可作为化妆品、食品添加剂，代表性品种有'济黑 1 号''日本绫紫''山川紫'等。

二、甘薯生物学特性

(一)甘薯生长发育对环境条件的要求

(1)温度　甘薯为喜温作物，中国农业科学院作物研究所(1956)的研究结果提出，最低气温达 18℃以上时，蔓叶生长增快，18℃以下时则生长缓慢，15.5℃时生长基本停止。在 15～30℃，温度越高生长越快，以 25℃为最适宜；超过 35℃生长减慢；低于 15℃生长停滞；10℃以下，则会导致植株因受冷害而死亡。处于适宜温度的生长期越长对甘薯高产越有利。

块根的形成及膨大与土壤温度密切相关，当土壤 10 cm 深处平均温度在 21.3～29.7℃范围内时，土温越高，块根形成越快，数量亦越多，以 22～24℃为最适温。

(2)光照　甘薯藤蔓的形态及生长速度与光照强度和光照时间密切相关，光辐照强度减弱会导致细胞壁变薄，木质化进程减缓，分枝减少，植株的机械强度变弱。在甘薯蔓叶徒长的情况下，下层叶受到上层叶的过度荫蔽，薯蔓失去绿色，组织脆嫩，缺乏韧性。薯蔓长度对光的反应也极为敏感，弱光促进薯蔓生长，强光则对薯蔓增长速度具有很强的抑制作用。

(3)水分　适宜甘薯生长的土壤水分一般为最大持水量的 60%～80%，在此范围内既可满足甘薯的生理需求，又具有良好的空气状况，有利于保持生长旺盛。结薯早期适宜的土壤湿度为田间持水量的 60%～70%。薯蔓并长期以田间持水量的 80%～85%为宜。薯块盛长期则以土壤水分保持最大持水量的 60%左右为宜。

(4)土壤　高产稳产的薯田，除了应具备深厚、疏松的性状外，还必须肥力适度。甘薯对土壤的酸碱度要求不严格，在 pH 4.5～8.5 范围内均能正常生长，而以 5～7 较适宜，过酸则结薯数有减少的趋势。土壤含盐量如超过 0.2%，便对甘薯生长不利。我国南方红壤、黄壤的 pH 5 左右，北方黄潮土 pH 7.5～8.5，在红壤土上施用一定数量的石灰，使土壤偏中性，有利于甘薯生长。

(二)生长发育和块根形成

与有性繁殖作物不同，甘薯根、茎、叶的生长和块根的形成与膨大，都属于营养器官生长范围，没有明显的发育阶段，一般也没有明显的成熟期。按照甘薯一生的生长发育情况，一般可以分为发根分枝结薯期、薯蔓并生长期和薯块盛长期三个时期：

(1)发根分枝结薯期　从栽插到有效薯数基本稳定，是生长的前期。北方春薯历时约需 60～70 d；南方的春薯和北方的夏薯需 40 d 左右；南方夏秋薯需 35 d 左右。这一时期以根系生长为中心，地上部返苗后随温度升高生长加速，北方夏薯及南方夏秋薯一般在 20 d 左右出现团棵，30 d 左右进入封垄期，在 30 d 左右可形成膨大的小薯。

(2)薯蔓并生长期　从结薯数基本稳定到茎叶生长达高峰，是生长中期。春薯薯蔓并长期在栽后 60～100 d，夏薯栽后 40～70 d，秋薯在栽后 35～70 d。此阶段气温高，茎叶盛长，薯块膨大也快，茎叶的生物产量达到高峰，占全生育期茎叶鲜重的 60%以上。

(3)薯块盛长期　从茎叶生长高峰直到收获，是生长的后期。此时生长中心转为薯块盛长，藤蔓开始落黄，叶面积指数下降，藤蔓结构逐渐稀松，落叶增多，通风透光率改善。春薯的薯块盛长期在栽后 90～160 d，夏薯在栽后 70～130 d，秋薯在栽后 90～130 d。这期间积累的干物质约为总干物质的 70%～80%。

甘薯的三个生长期是相互联系相互交错的。在种植管理方面要根据各期的生长特点加以促控，使地上部、地下部生长协调，从而夺取甘薯高产。

三、甘薯生产概述

甘薯为旋花科甘薯属植物，起源于南美安第斯山，于 15 世纪中叶引入中国。中国是世界上最大的甘薯生产国。依据世界粮农组织年报、《中国农业年鉴》和产业技术体系调查报告综合分析，近年来中国甘薯种植面积平均为 450 万 hm^2 左右，占世界甘薯种植面积的 45%左右，鲜薯平均单产 22 t/hm^2，年平均总产量约 1 000 亿 kg，占世界甘薯总产量的 75%以上。

近年来，甘薯的营养保健价值获得了广泛认可，鲜食甘薯效益提高，很多良田改种甘薯，涌现出很多 667 m^2 产鲜薯万斤的高产典型。甘薯之所以能够获得高产，主要由于它是块根作物，薯块的膨大不受植株生长期限的限制，经济产量系数高达 70%～85%，为一般禾谷类作物所不及。此外，甘薯适应性广，植株营养吸收能力和再生能力强，耐瘠薄、耐旱，表现为产量稳定，增产潜力很大。

四、甘薯种薯生产技术

(一)原种生产

甘薯为无性繁殖作物，在长期种植过程中容易感染病毒，目前国内外已经发现 20 余种病毒，主要为甘薯羽状斑驳病毒（SPFMV），甘薯褪绿矮化病毒（SPCSV），甘薯隐潜病毒（SPLV），甘薯轻斑驳花叶病毒（SPMMV），甘薯卷叶病毒（SPLCV）等，单独或复合侵染造成产量品质下降，严重影响甘薯产业发展。研究发现，甘薯茎尖分生组织 0.5 mm 以内部分受病毒侵染机会少，可通过离体培养诱导成苗，培育成无病毒苗。采用脱毒技术生产原种已经成为甘薯良种繁殖的重要环节。

（1）脱毒茎尖苗培育　选具有本品种特征特性的无病甘薯苗茎顶部 3 cm 长的芽段，用 70%酒精、3%漂白粉液分别消毒，在超净工作台内解剖镜下剥离茎尖。将剥离的长 0.2～0.5 mm（一般带 1～2 个叶原基）的茎尖接种在加有 1～2 mg/L 6-BA 的 MS 培养基上，26～28℃下光培养，茎尖膨大变绿后转入无激素的 MS 培养基上培养成茎尖试管苗。待苗长至 5～6 片叶时移至营养钵内进行病毒检测。

（2）高级脱毒苗鉴定筛选　试管苗必须通过病毒检测确认不带病毒才能进入下一步程序。常用病毒检测方法有指示植物嫁接法、血清法检测、分子生物学检测法等。经检测确认的脱毒苗必须进行优良株系评选，淘汰变异株系，保留优良株系。株系评选的方法是：将脱毒苗株系切段快繁成 10 株以上，每系取 5～10 株栽种到防虫网室内，进行形态、长势、产量等多方面的观察评定，选出既符合品种特性又高产的最优株系，与最优株系相同来源的脱毒试管苗混合快繁，即为脱毒原原种。

（3）高级脱毒试管苗培育　高级脱毒试管苗离体切段快繁：将待繁的高级脱毒试管苗在无菌条件下切成一叶一节的切段，扦插在无激素的 MS 培养基上，在 26～28℃，14～16 h 光照条件下离体培养，25～30 d 即可长成 5～7 片叶大小的幼苗，可以进入下一轮切段快繁。

（4）原原种繁殖　在快繁的无毒试管苗长度达到 5 cm 以上时可移出试管，具体做法是先将瓶口打开，在室温条件下锻炼 3～4 d，同时准备防虫网室土壤，在土壤温度达到 15℃以上时可直接移栽到畦中，土壤湿度要求达到手抓成团，丢下散开，施少量营养基质混匀。将锻炼好的试管苗从试管内移出，将培养基用清水洗净，然后带须根直接栽入畦中，株距 10 cm×10 cm 及以上，入土长度达到幼苗的 1/2，少量浇水，盖土，注意防治地下害虫。待薯苗长度达到 20 cm 时可剪茎尖苗扦插快繁，至足够数量薯苗。在防虫网室起垄，垄距 80 cm 左右，将脱毒苗移栽至垄上用于种薯生产，栽插方式和一般大田生产相同，注意从移栽到收获保证有 90 d 生长期，长江流域一般可在 7 月底前完成移栽。

（5）繁殖原种的必要条件

①所用薯苗为原原种苗。

②500 m 内无普通带毒甘薯种植的空间隔离条件。

③田块至少 3 年以上没种过普通带毒甘薯，且为无茎线虫病、根腐病、黑斑病等的无病田。原种繁殖时要密切注意防止病毒再侵染。要在繁殖田内每隔 15～20 m 种植一些指示植物，每 15 d 定期喷洒防蚜虫药剂，以防蚜虫传毒。收获前要观察病毒发病情况，及时拔去病株。收获时严把质量关，不符合质量要求的薯块坚决不入窖。田间起垄等作业同一般大田生产。

（二）生产用种薯繁殖

生产用种薯需求量大，种苗需要采用原种田收获的种薯，在育苗过程中剔除生长异常及变异的植株，将其母薯挖出清除，保持苗床薯苗一致。采用无病田块种植，最好是与水稻等轮作，起垄与田间管理等工作与田间生产一致，注意防治蛴螬等地下害虫，有条件可采用黑光灯诱杀金龟子、夜蛾等害虫成虫。为提高种薯质量,宜缩短生长期,良种田从扦插到收获控制在 90～120 d 为佳,在黄淮地区的移栽时间为 6 月底至 7 月初,长江中下游地区最佳移栽时间在 7 月上中旬。收获的种薯在入窖前晾晒愈合,有条件用 500 倍多菌灵溶液浇淋,表面均匀沾药,预防黑斑病、软腐病等贮藏性病害。

(三)种薯安全贮藏技术

甘薯贮藏适宜温度 9～13℃,相对湿度 85%左右,保持充足氧气。收获时避开阴雨天气,避免伤口沾水感染。入窖后保持通风 5～7 d 促进伤口愈合,避免局部高温高湿。

五、甘薯种苗繁殖技术

(一)甘薯种苗特点

甘薯具有无性繁殖特性,藤蔓和薯块均可作为种用,最常用的是利用甘薯块根萌芽剪下移栽,也可利用藤蔓任意一段栽插。南方薯区多用藤蔓剪段作为种用薯苗,但由于藤蔓在田生长时间长,容易遭受各种病虫侵害,用来作种苗时容易将病虫传播到下季。北方薯区多采用薯块育苗,一般每千克薯块可出苗 100～150 株。甘薯还可将种薯切块直播,由于很难解决地温低出苗慢,茬口衔接困难以及病害传播等问题,在生产上一直没有大面积应用。

(二)甘薯育苗技术

甘薯主要采用块根芽作为种苗,需要根据移栽期提前培育薯苗,一般需要提前 30～50 d,根据育苗方法和温度等条件变化而定。在冬季或早春可利用火炕、电热温床、双层塑料薄膜覆盖温床或加温塑料大棚等提早排种,加强管理,促进薯苗早发快长。种薯排种前可采用 51～54℃热水浸种 10 min,晾干后排入苗床,排种时注意薯块平摆或顶端向上,薯面处于同一平面,浇足水,待水全部渗完后喷施 500 倍多菌灵药液至覆盖全部表皮,然后盖土,种薯上部土层厚度 3 cm 左右,摊平,覆盖地膜,为方便种薯呼吸和采苗,畦宽 100 cm 以内。采用温床时,第一周温床温度最好在 35℃左右,以后逐渐降至 30～32℃。出苗后应注意及时揭膜,避免烧苗。当薯苗长至 12～18 cm、5～7 片叶时剪苗,栽到另外的火炕或温床内成苗,再把先后两级苗床的薯苗剪下扦插到覆盖薄膜的冷床或大棚里继续繁殖。待 4 月气温上升至 10℃以上后再剪栽到采苗圃里育苗。

采苗圃育苗法:小垄密植采苗圃、平畦采苗圃,做成 1 m 宽小畦,浇足底墒,按 10 cm×10 cm 株行距插苗。为促进薯苗生长,可以分次追施氮肥,适当浇水。在采苗前几天停止浇水,促进薯苗健壮生长,提高栽苗成活率。

六、种薯质量控制

注意剔除混杂变异种薯、种苗。从原种田开始仔细检查,发现混杂植株及时拔除,防止进入下一环节。收获时注意清除变异植株,薯块出现表皮条状颜色变异或整株出现单个薯块颜色变异要挑出,可单独育苗用于突变优系筛选。入库堆放要实行不同品种隔离,掉落地上的薯块单独收集处理,不能随意放入种薯间。育苗阶段苗床出现叶色、叶形不一致的薯苗及时拔除,同时将母薯挖出。

第二节 马铃薯种薯生产技术

一、马铃薯品种类型

马铃薯属茄科植物，品种繁多，一般以实用性进行分类。按皮色分，有白皮种、黄皮种、红皮种、紫皮种；按块茎形状分，有圆形种、椭圆种、长筒种、卵形种；按薯块肉色分，有黄肉种、白肉种；按马铃薯块茎休眠期长短分，有无休眠期品种、短休眠期品种（休眠期 30 d 左右）、长休眠期品种（休眠期 90 d 以上）；按用途可分为普通食用品种、加工食用品种、工业用品种（生产淀粉等）；按块茎成熟期可分为早熟种（出苗至块茎成熟 50～70 d）、早中熟种（出苗至块茎成熟 76～85 d）、中熟品种（出苗至块茎成熟 86～95 d）、中晚熟种（出苗至块茎成熟 96～105 d）、晚熟品种（出苗至块茎成熟 106 d 以上）。

二、马铃薯的生物学特性

（一）马铃薯物候期特性

马铃薯从种薯萌芽至新生块茎收获，要经历发芽期、幼苗期、发棵期、结薯期、休眠期 5 个时期。

（1）发芽期　从块茎上的芽开始萌发到幼苗出土，是马铃薯的发芽期。幼苗出土时，地下主茎有明显伸长的 6～8 个节，所以发芽期的生长以地下主茎生长为主，并包含以后茎叶的分化，是马铃薯扎根、结薯、保证后期茎叶健壮生长发育的基础，也是构成产量的基础。块茎萌发出苗的时间长短与土温有关，土壤 10 cm 深度温度达到 13～15℃时，从播种到出苗，需 25～30 d。块茎萌发时所需的营养和水分，主要由种薯本身提供。

（2）幼苗期　从幼苗出土到现蕾一般为 20～25 d，此期为幼苗期。出苗之初茎叶生长量不大，但展叶速度很快。出苗 1 周后主茎的地下部的叶腋处就发生匍匐枝，30 d 左右地上主茎形成 6～8 片叶（第一叶序）。此后茎叶的生长量猛增，并开始形成侧枝，待主茎上叶片分化到 12～16 片后，顶芽便进入孕蕾期。

（3）发棵期　地上部分出现花蕾时，地下匍匐茎已有一定数目，而且匍匐茎的顶端开始膨大，此期为幼苗期的后期，也称为发棵期，要促控结合，秧棵健壮，但不徒长。

（4）产品器官形成期（结薯期）　马铃薯产品器官形成期又可分为块茎形成期（现蕾期）、块茎形成盛期（开花期）和块茎形成末期（淀粉积累期）3 个时期。从现蕾到开花为块茎形成期，地上部现蕾是地下部块茎开始形成的标志，块茎的数目也是在这个时期确定的。从开花始期到开花末期，也正是块茎体积和重量快速增长的时期，尤其是在开花盛期。当开花结实结束，茎叶生长缓慢乃至停止，下部叶片开始枯黄，即标志着块茎进入形成末期。

（5）休眠期　块茎的休眠是马铃薯在长期系统发育过程中形成的特征，休眠期的长短，因品种而异，休眠期长的可达 3 个月以上，休眠期短的 1～2 个月，而在 0～4℃条件下，块茎保持长期休眠。不同品种不但休眠期长短有区别，而且休眠强度也不一样，多数品种在成熟期后

20 d 以内，休眠强度很大，休眠不易打破。休眠期越短，块茎越不耐贮存，休眠期越长，块茎越耐贮存。

(二)马铃薯生长发育对环境条件的要求

马铃薯在生长和发育的每个时期，对环境条件都有独特的要求，这些条件能否得到满足，决定着它的植株生长是否旺盛和协调，是否能获得较高的产量。马铃薯的生长条件主要包括温度、水分、营养、光照和土壤等方面。

(1)温度　马铃薯喜凉怕热，在海拔 5 km 及北纬 70°的地区也可以种植。通过休眠的块茎，当 10 cm 耕层的温度达到 4～5℃时开始发根，5～7℃开始发芽，最适宜的发根发芽温度为 12～18℃。茎的伸长、匍匐茎发生和叶片的扩展，要求较高的温度，以 20℃最宜。块茎膨大要求较低的温度，最适宜的土温为 16～18℃，当耕层温度达到 20℃块茎生长缓慢，25℃块茎几乎停止膨大。当气温降到－0.8℃时幼苗和植株的叶片即受到冷害，降到－2～－1.5℃时幼苗或植株会出现明显的冻害，部分茎叶枯死，降到－3℃时茎叶全部枯死，开花期遇到－0.5℃低温花朵受害、－1℃时花朵死亡。

(2)光照　马铃薯是喜光作物，在长日照条件下，植株生长较快。若生育期间长期光照不足或在荫蔽缺光的地方，茎叶容易徒长，延迟块茎形成，削弱植株抗病能力，对产量影响很大。马铃薯植株在各生长期对日照时间长短要求不一样，在发棵期喜欢长日照，在结薯期要求白天的光照时间短一点，最好有较长的夜间和较大的温差，有利于结薯和养分的积累，使块茎个大、干物质多、产量高。另外，光照对马铃薯块茎的幼芽有直接的抑制作用。如果把休眠期通过后的块茎放在散光下，块茎发芽后就是在比较高的温度下芽也不会长得很长。我国南方的种薯实行架藏，北方春季播种前在室内散光下催芽，都是利用这一特点来控制幼芽生长的。

(3)水分　马铃薯的幼苗期，由于有种薯贮藏的水分，即使土壤中缺水，也能正常萌动、发芽和出苗。此时的土壤含水量一般以最大持水量的 50%～60%为宜，轻微的干旱还可以刺激根系的充分发育，为后期生长创造了有利的条件。从孕蕾期开始到块茎膨大期(即开花至茎叶停止生长)，马铃薯对水分的供应就变得极为敏感。这一时期也是产量形成的关键时期，土壤的含水量应保持在田间最大持水量的 70%～80%，一旦缺水，块茎的产量将大幅度下降，并难以用其他技术措施来弥补。马铃薯生长和块茎的形成需要湿润的土壤水分条件，但每个生育期有所不同。出苗期种薯含有一定水分，可供其发芽所需，土壤缺水将影响出苗和吸收根生长，因此，应保持土壤湿润。

(4)土壤　马铃薯对土壤的适宜范围比较广，除过黏、过酸、过碱的土壤外，都可以栽培马铃薯。土层深厚、土质疏松、通气良好、保水透水力适中的沙壤土和轻沙壤土对马铃薯的生长最为有利。马铃薯的根系分布浅，块茎生长需要有足够的空气。最适合种植马铃薯的土壤是含有机质较多、土层深厚、组织疏松和排灌条件好的壤土或沙土。适宜的土壤可以促进早发芽、早出苗，以后发棵快，结薯早，薯形正常，外表光洁、淀粉含量也高。过于黏重的土壤因通气排水不良，影响根系的发育与块茎的膨大，产量低，淀粉含量少，薯形不整齐。马铃薯耐酸力强，适宜土壤 pH 为 4.6～7.1，在碱性土壤中块茎容易生疮痂病。

(5)营养　马铃薯是高产作物、需肥量大，马铃薯吸收的钾素量最多，氮素次之，磷素最少。据资料介绍，每生产 1 000 kg 马铃薯块茎，需要从土壤中吸收全钾 11 kg、氮素 5 kg、磷素 2 kg。

三、马铃薯种薯生产概述

(一)马铃薯的应用状况

马铃薯具有产量高、适应性强、营养丰富、粮菜兼用及综合加工用途广泛等特性，广泛分布于世界上120多个国家和地区，种植面积达1 830万hm^2多。马铃薯是一种目前尚未被有效利用的具有巨大生产潜力的作物，目前发展中国家甚至一些发达国家马铃薯产量低于理论产量的一半，与其他作物相比马铃薯在单位时间和面积内所产出的干物质最多，并且营养丰富。因此，马铃薯生产得到越来越广泛的重视，在世界农业生产结构中所占比重越来越大，将逐步成为人类21世纪最有发展潜力的健康食品。

马铃薯在我国已经有400多年的栽培历史。近几年来，我国马铃薯种植面积逐年扩大，目前已超过460万hm^2，产量达到6 000万t多，种植面积占世界20%～25%，总产量占世界18%，面积与总量均居世界之首。马铃薯在我国北方和西南高海拔地区分布十分广泛，种植大省首推内蒙古、甘肃、黑龙江、贵州、云南、四川，种植面积占全国总面积的57%，随之其后的有山东、山西、重庆、湖北、陕西，种植面积占全国总面积的25%，剩下不足20%的种植面积分布在除北京、上海、天津以外的其他省市。马铃薯喜低温、短日照，因此，中国北方是马铃薯种植得天独厚的优势区域。

(二)种薯生产概况

马铃薯是无性繁殖作物，供食用的马铃薯块茎都可以作为种薯。但我国许多地区特别是我国南方地区，均不适合或者不是非常适合马铃薯种薯的生产，其主要原因是海拔低，马铃薯块茎形成期间的温度偏高，病虫害发生概率高以及各种病毒容易侵染等，从而导致了马铃薯品种种性退化，失去了种用价值。所以，我国马铃薯种薯的传统生产区域主要集中在北方的高海拔、气候冷凉地区。

利用组织培养技术生产脱毒马铃薯种薯已经成为马铃薯种薯生产的一种主要方式。马铃薯脱毒繁殖技术在全世界广泛地应用，我国从20世纪70年代引进应用该项技术后增产效果显著。经过许多科学家的艰苦努力，我国有关研究机构和科技企业综合应用植物组织培养技术、无土栽培技术、设施农业技术、节水灌溉技术和农业环境控制技术等高新技术方法，在马铃薯脱毒微型种薯大规模、工厂化、优质、高效、低成本周年繁殖生产的核心技术环节上取得了重大突破，逐步实现了脱毒微型种薯的规模化、工厂化和产业化生产。生产实践证明，推广应用脱毒种薯，能有效地降低种性退化速度，从而提高产量和品质。

四、马铃薯种薯生产关键技术

(一)脱毒种薯生产技术

马铃薯品种退化是一个普遍而严重的问题，研究表明，高温和病毒感染是重要原因。种薯脱毒能去除主要病毒，恢复原品种的特性，达到复壮的目的，同时在脱毒过程中也将其所感染的真菌和细菌病原物一并脱除，使其生产力得到进一步提高，可显著改进品质。

马铃薯脱毒种薯生产获得的种薯分为四个级别：原原种、原种、一级种薯和二级种薯。原原种是用育种家种子、脱毒组培苗或试管薯作种薯在防虫网、温室等隔离条件下生产的。原种是用原原种作种薯在良好隔离环境中生产的。一级种薯(生产用种薯)是在相对隔离环境中,用原种作种薯生产用于扩繁生产二级种薯或商品薯的种薯。二级种薯(生产用种薯)是在相对隔离环境中,由一级种薯作种薯生产的,用于生产商品薯的种薯。这四级种薯的质量经检测均需达到国家标准相应级别的指标要求。

1.茎尖剥离与组织培养

(1)选择材料和消毒

①材料选择　在土壤肥力中等的地块,于现蕾期至开花期选择长势强、具备原品种典型特征的健康植株做好标记,生长后期到收获期,在已做好标记的植株中进行薯块复选,选择无病斑、虫蛀、机械损伤而且皮色、肉色、薯形、芽眼等性状符合品种特征的幼龄薯,清洗泥土后催芽作为脱毒材料。

②新芽诱导　块茎通过自然方法和人工方法(用1%硫脲+5 mg/L 赤霉素的溶液浸种5 min)打破休眠,待块茎长出2～3 cm的新芽后,置于(37±1)℃培养箱中处理3～4周,钝化病毒。

③材料消毒　取经催芽和病毒钝化处理的块茎顶芽、2～3 cm的侧芽,剪去外叶,用自来水冲洗30 min后,移入接种室进行严格消毒,即选用75%乙醇浸泡30 s,再用50 g/L的漂白粉浸泡7～10 min或0.1%的氯化汞溶液浸泡5～10 min,然后用无菌水冲洗4～5次。

(2)茎尖剥离和接种　茎尖剥离和接种是在超净工作台上,在无菌的工作环境和解剖镜下,利用解剖针剥开叶片和叶原基,从0.1～0.3 mm处,切下带有1～2个叶原基或不带叶原基的茎尖,迅速接种到盛有茎尖培养基的试管中进行离体培养。

(3)试管苗培养　试管苗培养就是在培养基上将茎尖诱导产生有完整根、茎、叶的植株的过程。即在茎尖接种到培养基后,将盛有接种好的容器在温度20～25℃、相对湿度70%、光照强度2 000～3 000 lx、光照时数16 h/d的条件下进行离体培养,待明显伸长的小茎、叶原基形成可见的小叶时,转移到盛有MS培养基(配方以《马铃薯脱毒试管薯繁育技术规程 GB/T 29375—2012 附录C》的配方要求为主)的容器内培养,培养成带4～5个叶片的试管苗。

(4)病毒检测　利用指示植物法、酶联免疫吸附测定法或RT-PCR(反转录聚合酶链式反应,是一种以指数形式扩增特定DNA序列的检测方法),检测试管苗是否带有各类病毒,不含病毒者为合格试管苗。

2.脱毒苗快繁

茎尖培养只能得到数量很少的试管苗,如何把这些无病毒的试管苗迅速而大量地扩大繁殖脱毒苗,然后用这些脱毒苗生产脱毒的种薯,是马铃薯脱毒种薯生产的重要环节。因此,通常利用经检测不带病毒的试管苗经过试种观察选定核心苗,利用核心苗培养基础苗,利用基础苗再进行扩繁生产脱毒苗。通过单节切段,插入营养基,在一定条件进行培养,待长出7～8片叶子后再次切段扩繁。这种扩繁方法需在工厂化的车间进行。

(1)试种观察　将每个试管苗取出一部分移栽到防虫网棚,结出的小薯再种植在田间进行观察,检验是否发生变异,将符合原品种典型性状的试管苗确定为核心苗。

(2)基础苗培养

①核心苗切段移植　将培养容器置于超净工作台上,对瓶口用75%乙醇擦拭消毒,用镊

子取出核心苗，按单茎节切段，每个切段至少带一片叶。将剪下的切段腋芽朝上插入 MS 培养基（GB/T 29375—2012 附录 C 的配方要求）或其他脱毒苗培养基（GB/T 29375—2012 附录 D 的配方要求），用酒精灯烧烤瓶口，用封口膜封好，注明编号、品种名称和接种时间。

②自然光温室培养　自然光培养室经人工调节，相对湿度一般保持 70%～80%，温度控制在 15～25℃，昼夜温差大，对基础苗的生长有利。调节措施：夏季降温采用打开门、侧窗、天窗及顶部遮阳等；冬季加温时通暖气，必要时加电暖器。光照强度晴天 6 000 lx，阴天平均 900 lx。夏季自然光培养室顶部遮阳，冬季光弱应定期清洗培养室屋顶玻璃。经过培养，15～20 d 可以成苗。

利用阳光的照射，能满足试管苗进行光合作用所需的光源，增强了对自然环境条件的适应性，所以在温度合适的条件下，相对于人工光照培养的试管苗，不仅苗肥、苗壮、好成活，而且适应性强；自然光照培养节省电、用工少、投资少、成本低、方法简单，同时温度变化大，昼夜温差和光照强度相一致，白天光合作用强，积累多，晚上呼吸作用低，消耗少，有利于试管苗的生长发育。

(3)基础苗保存　基础苗在离体条件下多次继代，特别是长期生长在高激素含量的培养基中，有可能引起芽变，同时多次扩繁容易造成污染。为了延长基础苗的使用时间，可分出部分基础苗，选择保存营养基（GB/T 29375—2012 附录 E 的配方要求），置于温度 13～16℃、相对湿度 70%、光照强度 2 000～3 000 lx、光照时数 10～14 h/d 的条件下使其缓慢生长，培养出一定数量的脱毒苗保存。

(4)基础苗扩繁　①对基础苗进行病毒检测，检测按 GB/T 18113—2000 附录 A 和 B 的相关要求执行，确认不带有相关病毒。②选择 MS 固体培养基或其他脱毒苗培养基。③将配置好的培养基装入容器中，每瓶加入 1/5 容量的培养基，用封口膜封好。④将容器置于 1.1 kg/cm^2 灭菌锅 121℃高压灭菌消毒 20 min，取出放置 3～5 d 选用。⑤将检测合格的基础苗在超净工作台上切段，将培养容器置于超净工作台上，对瓶口用 75%乙醇擦拭消毒，用镊子取出基础苗，按单茎节切段，每个切段至少带一片叶子。⑥将剪下的切段腋芽朝上插入 MS 培养基上，用酒精灯烧烤瓶口，用封口膜封好，注明编号、品种名称和接种时间。⑦薯苗培养，培养条件为：白天温度 23～25℃、夜间温度 16～20℃、光照强度 2 000～3 000 lx、光照时数 16 h/d，培养 21～25 d。⑧待长出 7～8 片叶片后可再次切段扩繁。基础苗扩繁获得脱毒苗。

(5)病毒检测　基础苗和脱毒苗必须全面进行病毒检测，确保无病毒的种苗用于下一级生产，其检测方法与试管苗相同。

3.原原种(微型薯)生产

原原种(微型薯)品种纯度应达 100%，且不带国内几种主要病毒和真细菌病害。原原种(微型薯)用脱毒苗繁殖获得，其生产方式主要为无土栽培，分为有基质栽培和无基质栽培。

(1)基质栽培

①栽培床的准备　采用温室、网棚等隔离设施，备 60 目以上的防虫网、遮阳网、棚膜以及保温被或草帘等。土壤除去杂草整平，在地表每 667 m^2 施纯氮 4～5 kg、纯磷 3～4 kg、纯钾 4～5 kg，同时施入土壤杀虫剂（3911 乳剂或甲基异柳磷等）和杀菌剂（多菌灵或五氯硝基苯等）及适当地施用一些腐熟、无病害的农家肥。将化肥、农药及农家肥同时翻于土壤 15～20 cm，最后将地表整平夯实。在整理好的地表面，平铺纱网或其他与土壤隔离且透气的隔离层，在隔离层上面用无菌新砖分成若干小区，将基质（蛭石等）倒入小区内，厚度为 6～8 cm，浇

透水分，再翻松、刮平基质并根据行距划线。上棚膜，关闭门窗，使棚内温度升高并保持 60～70℃，持续 6～7 d。基质主要有蛭石、泥炭土、珍珠岩、森林土、细砂等，蛭石要求 pH≤8.2，颗粒直径 2～4 mm，蓬松，杂质（石头）少。

②脱毒苗的准备　选择苗龄 25 d 左右、株高 5 cm、3 叶以上的健壮无污染的脱毒苗，在自然光温室中炼苗 4～6 d。温室地表洒水湿润，试管间相隔 5 cm，温度 18～20℃。

③脱毒苗移栽　将经过自然光温室炼苗的脱毒苗从试管中取出，洗去培养基，用生根剂（萘乙酸）浸泡 3～5 s 后移于蛭石基质中，栽植密度为 180～220 株/m^2（或行株距 6 cm×7 cm），深 2～2.5 cm，以苗露出蛭石 2 叶为宜。栽后小水细喷。移栽后遮阴网遮阴 5～7 d，保持温度 22～25℃、相对湿度 85%。之后搭塑料小拱棚覆盖（白色棚膜为宜）保湿、保温，持续 7～12 d，使蛭石的湿度保持 100%，温度 25～28℃，不超过 30℃。待组培苗生根成活后揭掉小拱棚。

④生长期间管理　根据苗和蛭石干燥情况及时浇水和补充营养液，整个生育期内基质含水量应保持在 50%～60%（将蛭石用手捏，蛭石不能成块但以不出水为好）。在生长前期 1～5 周内营养液成分为每升中含：0.50 g KH_2PO_4、0.31 g NH_4NO_3、0.50 g $MgSO_4 \cdot 2H_2O$、0.03 g Fe 盐。8～12 周营养液的成分为每升中含：0.12 g NH_4NO_3、0.38 g $NH_4H_2NO_3$、0.53 g KNO_3、0.50 g $MgSO_4 \cdot 2H_2O$、0.03 g 铁盐。有效面积的营养液为 1.5～2.0 L/（次·m^2），每 7～10 d 浇水或营养液一次。病害以预防早疫病、晚疫病为主，虫害以预防蚜虫、斑潜蝇为主。生长中后期要注意防止徒长，控制营养液和浇水的次数，用 0.006%多效唑喷施 1～2 次能有效控制徒长。当植株长到 7～8 叶时，培蛭石一次（5～6 cm 厚）。温棚内严禁吸烟，禁止闲杂人员入内，防止病源入侵。

⑤收获　根据不同品种的生育期，植株生长 80～120 d，85%的薯块长至 3.0 g 以上即可收获。收获前 10～15 d 停止浇水或营养液，收获时先拔出植株，抖掉薯块，拣拾蛭石表面的薯块，再用细筛将蛭石筛一遍，收集其余薯块。收获的薯块风干晾晒，待薯皮老化后筛选分级，以大于 20 g、10～20 g、5～10 g、3～5 g 为标准分为四个等级分别装袋，并在标签上标明品种、数量、规格、收获时间等。

⑥贮藏原原种　原原种收获后在通风干燥的种子库预贮 15～20 d 后贮藏于设备先进的恒温保鲜库中。贮藏前用甲醛熏蒸、撒生石灰、喷杀菌剂等方式对库内进行消毒。种薯按品种、规格摆放，可用贮藏架、透气的塑料箱或木箱分装，贮量最多为窖容量的 2/3，温度控制在 2～4℃，相对湿度在 70%，定期通风，并保持库内清洁卫生。

⑦质量检测　移栽结束后 30～40 d，同一生产环境条件下，对全部植株进行目测检查，对检查出的非正常植株，需马上采集样本进行实验室检测，确认是否带有病毒或细菌，并进行相应的处理，从而确保脱毒苗的质量达标；收获后取块茎样品进行病毒病、类病毒病、环腐病和青枯病的检测，确保原原种入库质量达标；出库前 3 周至出库期间，随机取样分两次进行病毒和病菌等检测检查，确保出库原原种质量达标。

（2）无基质栽培生产技术　无基质栽培有水培法和雾培法，生产上现大多采用雾培法。

①营养池构造　营养池基本结构（具体由专业厂家设计制作）是利用厚度 1 mm 的雪花钢板制成宽 60 cm、长 600 cm、深 30 cm 的水槽，在两端接进水管和出水管，进水管连接雾培管，雾培管连接喷头，水槽上面安装栽苗用压缩泡沫板。

②营养液成分　目前甘肃省内企业普遍使用的配方为：前期 N、P、K 的总量为 0.90 g/L，

其比例为 48.5∶52.0∶54.0，加入 $MgSO_4 \cdot 2H_2O$ 0.5 g/L 和铁盐若干克；后期 N、P、K 总量为 1.10 g/L，比例为 48.0∶57.0∶54.0，加 $MgSO_4 \cdot 2H_2O$ 0.6 g/L 和铁盐若干克。

③栽苗、喷雾和收获　当脱毒苗长出 7～8 叶后用海绵球固定于压缩泡沫板的开孔中，密度为 60 株/m^2。栽苗后前期每隔 2 min 喷 30 s，后期每隔 3 min 喷 40 s。结薯后，随时摘收合格薯(3 g 以上)，直到植株萎蔫失去活力为止，一般每株可生产 60～120 粒合格薯。

雾培法生产的微型薯烂薯率很高，其原因主要是雾培生产的微型薯气孔比有基质生产的微型薯气孔大，病菌易于侵入而致。研究表明，采取 1 400 U 的农用链霉素与杀毒矾混合喷洒微型薯后晾干，防治烂薯的效果非常理想。雾培法生产的原原种贮藏及质量监控同有机质生产。

4.原种生产

原原种(微型薯)可通过春秋两季扩大繁殖，生产原种。原种生产可采用塑料大棚(网室)和大田两种方式进行。

(1)塑料大棚(网室)原种生产　这是南方地区及北方低海拔地区生产原种的一种主要方式，通过搭建防虫网棚实现原种生产田与大田或其他作物进行有效隔离，以减少和降低马铃薯病毒的传播和侵染。适合北方提早播种生产及南方春、秋两茬生产。

①精细整地及施肥　选 3～4 年未种过马铃薯的土地，施足基肥，其中有机肥 4 000～5 000 kg/667 m^2、磷肥 10～15 kg/667 m^2、钾肥 8～10 kg/667 m^2，深松深翻、精细整地并浇足水。

②大棚搭建　整地后搭建塑料大棚，拱高 1.8～2.0 m，拱宽 5 m 或 8 m，长度随地块长度而定，棚膜厚度 0.04～0.12 mm。建棚具体时间因地域而定。

③催芽、播种　播前 20 d 左右将种薯出窖，将种薯堆置在温暖和有光照条件的场地，上盖一层草帘或黑色塑料膜，2～3 d 翻动 1 次，温度保持在 15～18℃，保持黑暗条件催芽或在阳光下晒种催芽。待芽出齐后，放在通风、干燥、有散射光照射的场地壮芽。小芽变绿后即可播种，以等行距或宽窄行种植，密度为 5 000～6 000 株/667 m^2。

④网棚搭建　在未出苗前搭建网棚，跨度 5 m 或 8 m，高 1.8～2.0 m，长度因地而定，用 60 目尼龙网纱覆盖。若播种前已经搭建塑料大棚，则在 4 月下旬及时揭膜换网。

⑤田间管理　以防病害为主，春季防治早疫病，秋季防治晚疫病；培土 1～2 次，并用小水勤灌。以大棚方式生产要注意春播 4 月下旬及时揭膜换网，秋播 10 月上旬去网换膜。

⑥收获、贮藏　以大棚方式生产的，春茬 6 月收获，秋茬 11 月收获。以网棚生产的，9 月中旬收获。收获后及时晾晒，待表皮干燥老化后入窖贮藏。

原原种贮藏：第一，要利用甲醛熏蒸、撒生石灰、喷杀菌剂等方法对贮窖(库)进行消毒；第二，在收获后在通风干燥的种子库预贮 15～20 d；第三，入窖后按品种、规格摆放，贮量为窖容量的 2/3，网袋包装的一般不超过 6 层，温度控制在 2～4℃，相对湿度在 70%，定期通风，并保持库内清洁卫生。

(2)大田原种生产

①合理选茬　选地选择海拔 2～2.5 km 的冷凉地区，前茬以麦类、谷子、玉米等作物为好，其次是豆类、高粱等，而油菜、胡麻、甜菜及茄科蔬菜等茬口不宜。近三年未种过马铃薯或茄科作物，从未施过氯磺隆、腈草酮等除草剂，土地肥沃，土层深厚，灌溉条件良好的沙壤土，500 m 之内没有种植高代马铃薯和“十字花科”作物。秋季深耕地，深度 25 cm 以上。

②科学施肥　每 667 m^2 用农家肥 4～5 t、磷酸二铵 25 kg(或过磷酸钙 30～50 kg)、尿素 20 kg、硫酸钾 1～2 kg,混合后作底肥。第一次培土时追硝铵 10 kg/667 m^2。甘肃等北方旱作区可结合黑色地膜覆盖等技术的应用,整地、施肥、覆膜同时进行。

③精选种薯,困种催芽　选择通过休眠的原原种,挑选中等大小、表面光滑、催芽时出芽整齐一致的薯块为最佳。播前对种薯进行困种催芽,催芽方式与大棚原种生产相同。

④播种　一般宜在 4 月中旬至 5 月中旬 10 cm 地温稳定通过 7℃后开始播种。高寒阴湿、二阴山区,以 4 月中、下旬播种为宜;半干旱地区以 4 月上中旬为宜,均不宜迟播。播种密度一般为 4 500～6 000 株/667 m^2,旱薄地 2 500～3 000 株/667 m^2。隔 1.2 m 起垄,双行种植,播深 10～15 cm 为宜。整薯直播,播种前用 70%甲基托布津(或旱地宝)拌种,拌种晾干后,立即播种。

⑤田间管理　出苗后及时查苗补苗,及时锄草松土,现蕾期中耕培土。在整个生长期土壤水分应保持在田间最大持水量 60%～80%,有灌溉条件的地区,在现蕾至初花期可根据实际酌情灌水。在现蕾期如植株生长过旺,可喷施 700～1 500 倍液的多效唑以控制徒长。及时拔除病株,并连同薯块带出原种田外。在幼苗期、现蕾至开花初期、收获期分 3 次进行拔除杂株。

马铃薯种薯生长期间必须杜绝蚜虫发生,定期一周一次喷药防蚜及白粉虱、潜叶蝇,防治农药要交替使用以免产生抗药性,一般用灭多威、70%吡虫啉、15%的保丰、5%蚜虱净、2 000 倍液的虫螨光等,夏末秋初,特别要防止蚜虫迁飞。秋季注意预防晚疫病,发现病株要及时清除,并做好记载。

⑥收获和贮藏　成熟前挖除感染病毒株及薯块,收获前 20 d 喷施除草剂杀秧或人工割秧。收获时,块茎必须晾晒半天,使表皮老化。除去外部缺陷薯及杂薯,按规格装入网袋。贮藏同大棚(网室)生产。

(3)质量检测　不论是哪种方式,生产原种过程中必须开展种薯质量检测,根据《马铃薯种薯》的相关要求,主要进行以下三项检测:

①田间检验　检查种薯田间杂株、感病株等是否符合种薯生产田间标准,第一次检查在现蕾期—盛花期,第二次检查在收获前 4～5 周进行,结合田间检查,督促种薯生产者落实相应的管理措施,及时彻底清除杂株和病毒感染株。

②室内检测　收获后对种薯批取块茎样品进行室内病毒检测,检测病毒病、类病毒病、环腐病、青枯病等是否达到相应级别的标准,根据检测结果判定是否可做种薯或种薯级别。

③出库前检查　出库前检查是指出库前 3 周至出库期间,随机取样检查种薯在贮藏期间是否感染病菌和是否发生腐烂、冻害等,分两次进行检查,根据检查结果督促种薯企业及时进行挑拣和规范包装。

5.生产用种薯的生产

生产用种薯(合格种薯)包括用于商品薯生产的一级种薯或二级种薯,是必须在一定的条件下,按照合格种薯生产技术规程进行生产。

(1)基地选择　选择土壤较肥沃,海拔 1.8 km 以上冷凉阴湿山区(少蚜区),近三年未种过马铃薯或茄科作物,在 500 m 的隔离区内无其他马铃薯品种和茄科、十字花科(如油菜)等作物种植,相对集中地建立一、二级良种繁殖基地。

(2)种薯选择与田间管理　利用原种生产一级种薯,利用一级种薯生产二级种薯。采用晒种催芽、施足底肥、苗期追肥、适期灌水、喷药防蚜防病、株拔除病、晚播早收、收前杀秧晒地等措施。

6.脱毒种薯田间生产质量控制

加强脱毒种薯原原种、原种、一级种薯、二级种薯生产的田间质量控制，是确保种薯纯度合格、不带病毒的关键。

(1)选好基地 适宜的种植区域是种薯质量控制的基本条件——高海拔、低气温、无霜期短、生长期内日照时间长、昼夜温差大、病虫害发生较轻。选择土质疏松的沙壤土，有机质含量高、不易积水、至少 3 年没有种过马铃薯或茄作物，交通便利、远离商品薯种植地块、正常年雾天少、土壤 pH 6～7，前茬没有使用过任何除草剂。

(2)把好播种质量关

①种薯处理 把种薯置于 10～15℃的条件下，避免阳光直射、种薯见光可导致已切的芽块切面伤口不愈合，从而增加病菌侵染的机会。催芽 20～30 d、待芽长 2～3 cm 时再播种，这种做法可产生较多的茎、大幅度提高结薯率、能够有效地控制大薯率。

切块时剔除病薯、杂薯、内部变色薯块，切刀接触病薯后立即用 70%的酒精消毒。切块后用甲霜灵、代森锰锌、托布津、多菌灵等杀菌剂或旱旱地宝拌种，用量为种薯量的 0.1%。切块后立即播种、严禁堆放和拌炕灰，以免杂菌感染、造成田间群体不良。

②播种 播期适当晚播，较正常播期晚 10～15 d，这样生产的种薯比较“年轻”，具有较高的生理活性和增产潜力。

施肥控制氮肥的使用，降低大薯率，减少收获时的破皮、损伤，进而减少贮藏过程中水分和腐烂损失，对 pH 大于 7 的地块，应施用酸性肥料，如硫酸铵、硝酸铵等，或用石膏、硫黄等进行改良。

隔离不同级别的种薯分别种植，高代种薯和低代种薯之间应有隔离带。

适当密植，密度为 4 500～6 000 株/667 m^2，以控制块茎的大小。

(3)严格去劣、去杂 在团棵期进行第 1 次去除杂株、花叶病株、劣株、弱株。在始花期进行第 2 次去杂，重复第 1 次的操作，每次去杂、去劣必须达到不同级别种薯田间检验所规定的相关标准(具体标准见 GB/T 29375—2012)，这个时期重点还要去除感病株。

(4)防控病虫

①预防蚜虫 蚜虫发生播种时可用 15%铁灭克(内吸性杀虫剂)15 kg/hm^2，直接施入土壤；从团棵期开始每 7 d 喷杀虫剂一次，持续到植株完全死亡，预防蚜虫的发生，从而控制病毒的传播。

②田间防治 防治贮藏病害生长季节至少喷施 2 次内吸性杀菌剂瑞毒霉，第 1 次在初花期，第 2 次在盛花末期，不但能够防治晚疫病，而且可以提高块茎的抗病能力，减轻干腐病、软腐病等贮藏病害。

(5)严格病毒检测 原原种(微型薯)在移栽成活后 1 个月和收获前 20 d 进行病毒检查，其他级别的种薯在始花期、盛花期和收获前进行病毒检查；入库后进行病毒检测；出库前进行检查。各级别种薯不同时期的病毒检查结果应当达到《马铃薯种薯(GB 18133—2012)》中 5.2 各级种薯的质量要求。

①田间检查

a.原原种生产过程检查 温室或网棚中，组培苗扦插结束或试管薯出苗后 30～40 d，同一生产环境条件下，全部植株目测检查一次，目测不能确诊的非正常植株或器官组织应马上采集样本进行实验室检验。

b. 原种、一级种和二级种田间检查　采用目测检查，种薯每批次至少随机抽检 5～10 点，每点 100 株，目测不能确诊的非正常植株或器官组织应马上采集样本进行实验室检验。

整个田间检验过程要求于 40 d 内完成。第一次检查在现蕾期至盛花期。第二次检查在收获前 30 d 左右进行。当第一次检查指标中任何一项超过允许率的 5 倍，则停止检查，该地块马铃薯不能作种薯使用。第一次检查任何一项指标超过允许率在 5 倍以内，可通过种植者拔除病株和混杂株降低比率，第二次检查为最终田间检查结果。

②块茎检验　种薯收获和入库期，根据种薯检验面积在收获田间随机取样，或者在库房随机抽取一定数量的块茎用于实验室检测。原原种每个品种每 100 万粒检测 200 粒（每增加 100 万粒增加 40 粒，不足 100 万粒的按 100 万粒计算）。其他种薯根据生产面积确定检测样品数量（具体规定见《GB 18133—2012 马铃薯种薯》）。在块茎打破休眠后栽植，苗高 15 cm 左右开始检测，病毒检测采用酶联免疫（ELISA）或逆转录聚合酶链式反应（RT-PCR）方法，类病毒采用往返电泳（R-PAGE）、RT-PCR 或核酸斑点杂交（NASH）方法，细菌采用 ELISA 或聚合酶链式反应（PCR）方法。以上各病害检测也可以采用灵敏高于推荐方法的检测技术。

③库房检查　种薯出库前应进行库房检查和抽检。原原种根据每批次数量确定扦样点数（具体见《GB 18133—2012 马铃薯种薯》的有关规定），随机扦样，每点取块茎 500 粒。

大田各级种薯根据每批次总产量确定扦样点数（具体见《GB 18133—2012 马铃薯种薯》的有关规定），每点扦样 25 kg，随机扦取样品应具有代表性，样品的检验结果代表被抽检批次。同批次大田种薯存放不同库房，按不同批次处理，并注明质量溯源的衔接。马铃薯种薯采用目测检验，目测不能确诊的病害也可采用实验室检测技术，目测检验包括同时进行块茎表皮和必要情况下一定数量内部症状检验。

（6）杀秧　进入生长后期、块茎膨大期结束，只是积累干物质，此时田间郁闭易于导致多种病虫害发生，此期杀秧使田间病虫害失去寄主，减少传向块茎的病毒，可有效保护块茎免受病原菌的感染，还可以加速块茎表皮木栓化，提高种薯外观质量。杀秧的方法是把植株压倒，封严土壤裂缝，然后喷施克无踪（无内吸性灭生性除草剂）3 000 mL/hm^2。

（7）适时收获　植株完全死亡后 15 d 开始收获，可减少破皮和腐烂的发生。

（8）贮藏期质量管理　清理库内残留的马铃薯，用硫黄粉进行熏蒸消毒。种薯入库后，迅速把堆温降到 10～12℃，维持相对湿度 90%，提供充足的氧气，保持此条件 10～14 d，使伤口迅速愈合，这样能减轻干腐病的发生。然后逐渐把堆温降到 3～4℃，并长时间保持，高于 4.5℃干腐病菌开始活动，低于 2.5℃会降低种薯的生理活性出库前 15～20 d，逐渐把温度升至 10～12℃以打破种薯休眠。出库时主要目标是控制种薯外观质量，对腐烂的马铃薯要集中深埋。

（二）种薯传统生产技术

1. 常规繁殖方法

脱毒种薯的推广应用，有效地防止了马铃薯品种退化，为我国马铃薯主产区大面积高产做出巨大贡献。但对一些边远地区，由于交通不便，年年购种换种不易做到。实践证明，针对不同地区马铃薯的栽培特点，在换用脱毒种薯后，建立相应的留种田，采取适宜的留种技术，能延缓品种退化，延长品种的使用年限。

（1）选优留种法　这是解决就地留种的一项重要措施。选优的方法包括去杂去劣留种、单株混合留种、株系选种等。

①去杂去劣留种　适用于退化轻微、退化株率低的留种田。生育期间拔除病、杂株 3 次。第一次是在出苗后半个月，将卷叶、皱缩花叶、矮生、束顶等病株拔除。早期去杂去劣最重要，因为植株在苗期最易感染，早期消灭毒源，可以有效地防止病毒扩大侵染。第二次是在开花期，拔除田间表现退化的植株或病株及花色、株型不同的杂株。第三次是收获前将植株矮小或早期枯死的病株拔除，并捡出根部所有薯块。收获后再进行选薯，将畸形薯及病烂薯淘汰，选择具有原品种典型性的块茎入窖。

②单株混合留种　在开花期，选择生长发育健壮无退化表现，并具有原品种典型性状的植株，做好标记。生育后期复查 1～2 次，发现感病的即将标记去除。收获前再复查一次，把最终表现优良的植株挖出，将具有典型薯形、无病的单株块茎混合，供下年留种田用。

③株系选种　马铃薯无性繁殖系不同个体之间，虽然基因型是相同的，但是由于不同块茎和同一块茎上不同部位的芽所含病毒浓度有一定差异，所以在田间可以观察到，同一无性系的不同株间的感病情况存在明显的差异，植株生长状况和产量的差别很大。因此，通过株系选择，可以不断地将带毒量低、生产力高的单株选择下来，提高优良品种的种用价值，减缓退化的速度。

株系选种的具体做法是：

a. 第一年单株选择　选择方法与单株混合选种相同，只是在收获时，各单株分别装袋贮藏。

b. 第二年株系比较　每个单株种 10～20 株称为一个株系，最好整薯播种。如种薯太少，需切块时，必须注意切刀严格消毒。生育期进行多次观察，淘汰感病株系（若一个株系内发现有一株退化的即淘汰），入选高产、生育整齐一致、无退化症状的株系，混合后用作下年原种繁殖。

c. 第三年原种繁殖　按大田生产方式播种，在苗期、开花期及收获前拔除病株，清除病薯，其余优良单株收获后，即可作为留种种薯，在留种田中繁殖一代后生产出的一级种，用于大田生产。

（2）夏播留种法　夏播留种法利用的是时间差，是在一年一季作物地区实行的一种留种方式。在这类地区，一般生产田播种马铃薯是在 4 月底或 5 月初，为了避开蚜虫传毒高峰期，把种薯的播种时间推迟到 6 月底至 7 月中旬的留种法称为夏播留种法。蚜虫大量繁殖迁飞是在盛夏的高温季节，待播种的马铃薯出苗后蚜虫已大量减少，而 8 月雨水较多即使有少数翅蚜虫，在多雨季节也不易迁飞，传毒机会减少。

（3）小整薯播种法　马铃薯后期结的小薯是在冷凉气候条件下形成的，病毒含量也较低，具有类似于夏播留种的效果，因而也有一定防退化的作用。此外，利用整薯播种还有防止通过切块传播病害蔓延的作用，能充分利用顶芽优势，抗地下害虫为害，保证苗全苗壮，因而具有显著的增产效果。但是，在选用小薯时，必须注意选用健株上结的小薯，所以在收获前必须先拔除退化植株和清除退化小薯。

（4）冷凉山区繁殖法　冷凉山区繁殖法利用的是空间差。冷凉山区病毒繁殖较慢，毒源较少，马铃薯生长发育较健壮，因而种薯含病毒量较低。例如，在甘肃省的渭源县南部地区生产的种薯，播种于全国大部分地区，增产效果显著，这已为各地多年来的实践所证实。

（5）实生薯留种法　实践证明，用种子生产的实生薯，种植三年后就无增产优势。为了保持实生薯的增产作用,需三年后重新育苗生产种薯,及时更换实生薯。可以用实生苗产生的实生薯建立留种田,由留种田生产的种子供应大田生产用种薯。

2.高倍繁殖方法

马铃薯用块茎正常繁殖的系数比较低,一般为 10～15 倍,大大地影响优良品种的普及速度。但马铃薯具有多器官繁殖的特点,即其芽眼、地上枝条、匍匐茎和芽皆可繁殖后代。掌握并充分利用这些特点,就可使马铃薯的繁殖系数提高到百倍甚至千倍。在加速繁殖的过程中,应注意防止混杂,防止感染病毒病和其他病害。

(1)切单芽块法　此法是充分利用块茎的每个芽眼或芽眼中的多个副芽进行单独繁殖。块茎每个芽眼都有一个主芽和两个以上的副芽,一般情况下只是主芽萌发,副芽受到抑制。当主芽被破坏后,副芽则可萌发长成植株。

具体操作方法:播种前 1 个月,将种薯放于 20℃左右的条件下催芽,待种薯萌发出芽时,进行切块。先由基部开始,按芽的部位呈螺旋状向顶部切,即按芽眼切块。基部芽眼稀,切块大,可由芽眉中间纵向切开,每个芽眼切成两块,单个切块重量保持在 15 g 以上,这样可提高种薯利用率 40%左右。利用这种切单芽块的繁殖措施,首先应考虑在高海拔、气候冷凉地区建立种薯繁育基地,其次应选择墒情好,整地细致,或有灌水条件的肥沃土地播种,以保证全苗。

(2)掰芽育苗法(芽栽法)　本法适用于新引入或育成的品种及种薯量少的情况。在马铃薯正常播种期前 2～3 个月,将种薯放于暖屋内催芽,幼芽萌出后,置于阳光充足场所晾晒 15～20 d,促使芽粗壮,然后按芽切块,留待育苗播种;选择背风向阳、距水源近的地方,挖宽 2 m、深 20 cm 左右的苗床,床内多施有机肥,配施磷钾肥,与床土拌匀;育苗前浇透床土,把薯块均匀摆放床上,覆土 5～6 cm,盖上塑料薄膜,保持适当的湿度和 20℃左右的温度,待幼苗长到 6～9 cm、具有 4～5 片绿色叶片时,即可分掰第一次苗。注意轻掰幼苗,防止折断,掰苗后,苗床再喷水覆土,继续育苗。一般可掰 3～4 次。最后一次掰苗后,可将薯块也栽植于田间。待 5 月末晚霜过后,定植田间,每 667 m^2 可栽 6 000 株。栽苗后 6～7 d 即可正常生长,同时要尽早中耕培土,保持土壤温湿度,加速生根,促进缓苗。最好栽后 3～4 d 沿沟边浅锄一次,后每隔 10 d 中耕一次,共进行 3～4 次,结合培土 2 次,促进薯块肥大,提高产量。

(3)扦插繁殖法　扦插繁殖法的潜力很大,掌握得当可以获得百倍乃至千倍的繁殖量,对于少、好、新的品种利用此法繁殖,能很快普及。当马铃薯苗长有 7～8 个叶片时,自顶部以下 6 cm 左右处掐下,扦插于土床中(床土可取自肥沃的大田)育苗生根。生长点被掐下的植株,自叶腋中生出许多侧枝。待分枝长到 5～7 个叶片时,自每个分枝基部第一个叶片处掰下,然后将分枝截成带有 1～2 个叶片的条段,及时扦插在土床上进行育苗生根。土床一般在地头做成高 20～25 cm、宽 1 m 左右,长可根据扦插量而定,扦插前要整平床面,浇透水。把掐下来的顶尖和剪成的枝条,在 100～200 mg/L 的萘乙酸溶液中浸泡 5～10 min,按 2 cm 株行距斜插在苗床上,入土 3～4 cm,每个插条必须有一个叶腋露出土面。床面要经常浇水以保持湿润,上搭遮阳网,避免烈日曝晒。扦插 10 d 后便生新根,即可带土栽植到大田。叶腋间很快长出枝条,长到 5～7 个叶片时进行第二次培土,将基部两个叶片埋入土中,最后翻一犁进行封垄,这样可增加结薯层和结薯数量。按上述方法可以进行多次掰杈,分段扦插,直到当地初霜期前 60～70 d 为止,具体视不同品种的生育期而定。以后应在温室内生产,高密度(扦插 18 万～20 万苗/667 m^2)栽植直接生产出微型薯。

(4)分株繁殖法　正常度过休眠期的种薯播种后，都能长出 2～3 个茎，将各茎分开栽植，可显著地提高繁殖系数，即在苗高 10～15 cm 时开始分茎，每穴只留一株，将多余的茎连根从薯块上掰下，直接坐水栽到空垄上。成活后，进行 2～3 次中耕培土，以利于结薯。

3.质量监督与种薯质量检测

以甘肃省为例，自 2008 年起该省启动实施了《马铃薯增产增收项目》，马铃薯种薯生产、质量检测和市场监管体系建设被列为主要项目建设内容，省财政先后扶持了 1 个省级、4 个区域、28 个县级马铃薯种薯质量检测中心基础设施建设及检测人员培训，基本建立健全了马铃薯种薯质量及市场监管体系。2013 年甘肃省种子管理部门在全国种子行业率先启动了马铃薯种薯质量检测、田间检验和种薯生产基地、种薯市场标签标识专项检查等工作。通过近几年在全省开展播前质量抽检、基地生产条件专项检查、田间检验、入库检查检测、包装标签标识专项检查等活动，督促种薯生产企业和单位严格执行脱毒种薯生产技术规程和相关标准，严格落实脱毒种薯生产田间质量控制措施，有效地提高了马铃薯脱毒种薯质量，原原种质量合格率从 2013 年的 92%提高到 2017 年的 98.6%，原种合格率从 2013 年的 56.3%提高到 2017 年的 86.8%。

应用案例 1——甘薯脱毒种薯生产

甘薯在生产上应用的种苗均为无性繁殖，多年应用容易积累病毒及多种病原菌，病毒种类以 SPFMV、SPCSV 等为主，现在已经鉴定出 20 余种，最有效地清除病毒方法是茎尖分生组织分离培养，诱导成苗，经过病毒检测选出无病毒株系，在隔离网室中进行扩繁，应用于生产。相应配套的技术还包括大田隔离繁殖原种、安全贮藏越冬、春季育苗等。江苏徐州甘薯研究中心从 1988 年开始脱毒技术研究，目前在组织培养、病毒鉴定、脱毒薯快繁等方面具有成熟技术，扶持河北邯郸禾下土种业有限公司开展了脱毒种薯全产业链的工作，该公司利用漳河天然隔离条件，及公司拥有 666.7 hm^2 繁种田等有利条件，2011 年以来陆续建立起 600 m^2 脱毒甘薯组培扩繁中心、13.3 hm^2 标准化脱毒甘薯种苗繁育基地、66.7 hm^2 脱毒甘薯原种繁育基地、666.7 hm^2 脱毒甘薯高产示范基地和 6 000 m^2 种薯、商品薯保鲜贮藏设施。年产脱毒甘薯原种 80 万 kg，生产用种 120 万 kg，脱毒甘薯种苗 1.2 亿株。为减少病毒传播机会，公司采用越级加代技术，在冬季大量繁殖脱毒试管苗，在春季扦插到隔离温室进行快速繁殖，当年直接进入原种田，减少病毒传播风险。在管理方面严格要求，进入基地的甘薯必须是脱毒试管苗，杜绝引种带来的病毒及病虫害；采用人工收获，减轻块根破皮，以利贮藏安全。

应用案例 2——雾培法生产马铃薯原原种将成为趋势

雾培法生产技术是当前最为先进的新型马铃薯脱毒原原种薯生产模式，也是发达国家植物工厂化生产的一种重要生产方式，它具有空间利用最大化，操作简易化，环境洁净无公害化的特点。国际马铃薯亚太中心谢开云博士等通过研究，完善了该项技术体系，解决了在实际生产中的一些制约因素，使单株结薯能力达到 50～150 粒，降低了原原种生产成本。2016 年甘肃省两家种薯生产企业成功引进雾培法原原种生产技术，建成生产线 15 条，年生产原原种 3 000 万粒，有力地推动了甘肃省马铃薯脱毒种薯生产再上新台阶，目前，已有两家企业计划今年引进该项技术和设备，以降低原原种生产成本，雾培法生产原原种发展前景较为广阔。

本章小结

甘薯属旋花科甘薯属。甘薯为喜温作物，在15～30℃温度范围内，温度越高生长越快，以25℃为最适宜；当土壤10 cm深处平均温度在21～30℃内时，土温越高，块根形成越快，数量亦越多，以22～24℃为最适宜。甘薯不耐湿，适宜生长的土壤水分一般为最大持水量的60%～80%。甘薯根、茎、叶的生长和块根的形成与膨大都属于营养器官生长范围，没有明显的发育阶段，一般也没有明显的成熟期。按照甘薯一生的生长发育情况，一般可以分为发根分枝结薯期、薯蔓并长期和薯块盛长期三个时期。甘薯为无性繁殖作物，在长期种植过程中容易感染病毒，造成产量品质下降，采用脱毒技术生产原种已经成为甘薯良种繁殖的重要环节。

马铃薯是一种重要的粮食作物。马铃薯属茄科植物，喜凉怕热，土层温度5℃以上时即可以发根发芽，在海拔5 km及北纬70°的地区都可以种植。马铃薯是喜光、耐旱，对土壤的适宜范围比较广，耐酸力强。马铃薯是高产作物，需肥量大，从种薯萌芽至新生块茎收获，经历发芽期、幼苗期、发棵期、结薯期四个时期。马铃薯是无性繁殖作物，品种退化是影响其产量的主要因素，研究表明，病毒感染是品种退化的重要原因，而蚜虫是病毒传播的主要媒介，高温会加重病毒感染。采用种薯脱毒技术生产脱毒种薯能有效保持品种种性和生产力，因此马铃薯脱毒种薯生产是马铃薯种薯生产的一种主要方式。

思考题

一、名词解释

甘薯鲜食型品种、马铃薯安全贮藏。

二、问答题

1. 简述甘薯生长发育对环境条件的要求。
2. 甘薯种薯生产的技术要点是什么？
3. 马铃薯微型薯的特点和主要用途是什么？
4. 简述马铃薯脱毒种薯繁育体系的内部关系。

三、论述题

1. 为提高马铃薯脱毒种薯质量应该从哪些环节入手？
2. 选择马铃薯种薯基地的标准是什么？应该注意哪些事项？

第九章 主要蔬菜种子生产技术

知识目标

◆ 了解瓜类、茄果类、十字花科、豆类等主要蔬菜品种的花器构造。

◆ 理解主要蔬菜作物常规种子的生产技术规程。

◆ 掌握主要蔬菜作物杂交种制种技术和种子质量控制方法。

能力目标

◆ 学会主要蔬菜品种的杂交种制种技术。

◆ 能根据瓜类、茄果类、十字花科、豆类等主要蔬菜作物的生物学的特性和种子生产技术规程指导生产。

◆ 能够应用主要蔬菜种子和杂交种的制种操作技术，开展主要蔬菜种子生产及其质量控制。

第一节 瓜类种子生产技术

一、西瓜种子生产技术

(一)西瓜品种与分类

在植物学分类上，西瓜是一个属，即西瓜属。西瓜属内有 4 个种、5 个亚种、7 个变种。现今普遍栽培和食用的实际上是西瓜种、西瓜亚种的普通西瓜变种。

西瓜被分为 10 种生态型，我国栽培的西瓜品种主要有华北生态型、东亚生态型、美国生态型及新疆-俄罗斯生态型。目前，我国使用的西瓜品种(一代杂种)绝大多数是不同生态型之间的品种进行杂交获得的。市场上主栽品种有：'京欣 1 号''天成''早佳''西农 8 号''丰华 21''美都'，此外还有一些特'小凤''红小玉''拿比特'等袖珍型西瓜品种也受消费者喜爱。

按照果实发育期，西瓜可以分为早熟品种(坐果后果实发育期在 30 d 以内)、中熟品种(坐果后果实发育期在 30～34 d)和晚熟品种(果实发育期在 35 d 以上)。按果实大小，西瓜可以分为小果形品种(2 kg 左右)、中果形品种(4 kg 左右)和大果形品种(6 kg 以上)。

西瓜是我国主要蔬菜作物之一,栽培面积和总产量均居世界第一位,约占世界西瓜栽培面积和总产量的 45%。全国西瓜生产面积大于 6.7 万 hm^2 的有山东、河南、安徽、河北、黑龙江、江苏、浙江、江西和湖北等地,约占全国西瓜总产量和总面积的 80%和 70%以上。

目前,生产上使用的西瓜品种绝大多数是一代杂种。根据西瓜生长发育对环境条件的要求以及有关条件,西瓜种子的生产多数在长江以北地区,其中西北地区(如新疆、内蒙古等)是我国西瓜种子生产的最适宜基地。

(二)西瓜的生物学特性

西瓜的花单生,着生于叶腋。花单性,异花同株,有些品种和部分植株的雌花其雄蕊发育完全,其花粉具有生活力,为雌型两性花(图 9.1)。

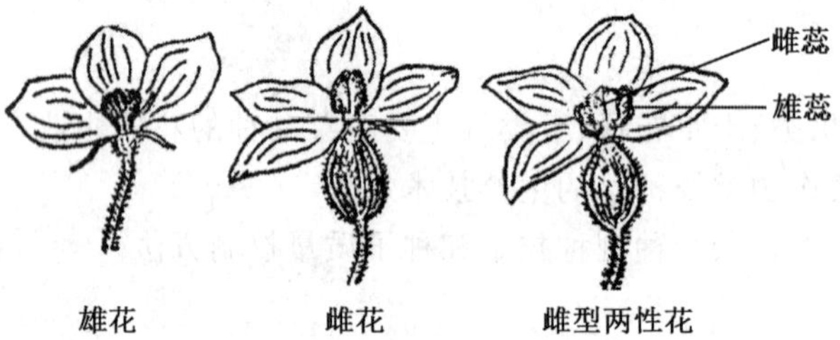

图 9.1　西瓜花的性别

西瓜花萼 5 枚,花瓣 5 枚,基部成筒状,鲜黄色。花药联合成 3 枚,背裂,花粉滞重,雌花子房下位,子房的大小和形状因品种而异。柱头短,成熟时 3 裂,雌花的柱头和雄花的花药均具蜜腺,靠昆虫传粉,为典型的异花授粉作物,品种间极易造成天然杂交。

雌花在主蔓上发生的节位,依品种而不同。早熟品种于 4～5 节发生第一雌花,中、晚熟品种一般于 7～9 节发生第一雌花,子蔓上雌花发生的节位较低。第一雌花后间隔 5～7 节再发生 1 朵雌花,间有连续发生 2 个雌花的情况。在自然情况下,每个西瓜植株可形成 250～300 朵花,其中绝大多数为雄花,雌花仅占 10%左右。西瓜的花朵一般在早上开放。

子房的大小和形状与品种及栽培条件有关。长果形品种的子房呈长圆筒形,圆果形的子房呈圆形,长圆筒形的品种蒂部容易受机械损伤,影响坐果。子房的大小与植株的营养条件有关。一般初期形成的雌花其子房较小,而主蔓或侧蔓上第 2～3 雌花的子房较大。大而充实的子房其坐果率相对较高。

西瓜在坐果后 20 d 左右,其种子已经具备一定的发芽能力,但从开花到种子成熟所需要的时间存在明显的品种间差异,一般早熟品种为 28～30 d,晚熟品种为 40 d 左右,即种子的成熟时间略迟于果实食用成熟期。对于杂交种种子生产以及常规品种生产用种种子的生产,种果的采收期应略迟于果实商品成熟采收期,但对于杂交亲本以及常规品种原种种子生产,为了对果实品质进行鉴定,仍应在适宜的商品成熟期采收种果。西瓜单果种子一般为 400～500 粒,但品种间存在一定的差异,多的可达 1 000 粒,少的不足 100 粒。种子大小品种间差异较大,一般大子品种种子千粒重 80～100 g,中子品种 40～50 g,小子品种 20 g 左右。

西瓜为蔓生植物,尽管在幼苗期西瓜的茎(蔓)呈直立状,但在 4～5 片真叶后,节间伸长并呈匍匐生长。每个叶腋均能发生侧枝,所以,西瓜植株的分枝能力较强。在通常情况下,主蔓第 2～5 节叶腋所发生的侧枝(子蔓)其生长势与主蔓较为接近;而且,在主蔓第 2 雌花前后所抽生的子蔓,其生长势也比较旺盛;当植株坐果后,子蔓发生能力下降。根据西瓜主蔓和侧蔓的发生规律,无论是西瓜制种,或是西瓜栽培,在采用 2～3 蔓整枝时,可以保留主蔓,同时在植株基部保留 1～2 条侧蔓;也可以在主蔓具有 4～5 片真叶时打顶,保留植株基部的 2～3 条侧蔓,在生长势比较强的情况下,常采用这种整枝方式。

(三)西瓜种子生产关键技术

1.常规品种种子生产技术

(1)制种地区和制种地选择　西瓜制种最好在春夏季雨水少的地区进行。西瓜对土壤条件要求不太严格,北方寒冷地区为了提高土温,以沙壤土为宜;温暖地区黏壤土也可以,但以排水良好、土层深厚的冲积土或沙壤土最为合适。西瓜最忌连作,因此要求有 3～5 年的轮作。制种田与其他西瓜品种相距 1 km 以上。

(2)播种育苗　南方地区制种均采用育苗移栽,而北方常采用直播。播种期与大田生产相同,但一般不提倡早熟栽培,也不采用嫁接育苗。

(3)合理密植、加强田间管理　合理密植是提高种子产量的有效措施,因此,除了杂交亲本及常规品种原种的密植度与一般生产相同外,常规品种生产用种种子的生产应适当密植。南方一般 700～800 株/667 m^2,北方则可达 1 000～1 500 株/667 m^2。在制种田的管理上,前期主要是促进早发,及时引蔓整枝。北方地区一般仅留主蔓,而南方地区每株留主蔓及 1～2 个侧枝。在整个生长过程中,特别是留种瓜以前,对品种纯度进行检查,及时拔除异品种株及病株和生长瘦弱的植株。

(4)人工授粉　为了控制坐果部位及提高种子产量(种子数量)和质量应进行人工授粉,人工授粉的具体方法与西瓜杂交制种方法类似。此外,同一品种的种果坐果期应尽量相同,以使种果的成熟期比较接近。

(5)种子采收　西瓜果实的成熟度对种子产量(种子数量)和质量有较大的影响。因此应采收充分成熟的瓜。若遇到恶劣的气候条件(如长期阴雨、台风等)时可采用提前采收适当后熟的方法。虽然果实成熟度越高,种子产量越高,种子播种质量也越好,但一般应适期采收,因为在种果采收后还必须进行果实品质性能的鉴定,再次淘汰不符合品种特性的果实(原种及杂交亲本尤应重视这种鉴定)。种子的制取方法是剖开西瓜果实,将种子用水清洗晾干。

2.杂交种种子生产技术

西瓜杂交制种可采用自然授粉和人工授粉两种方法。但自然授粉常因不能完全去除母本田内的雄花而容易产生假杂种子,故目前常采用人工授粉杂交法制种。

(1)制种地区的选择　西瓜制种地区的选择与一般常规品种制种基本相同,但一般要求有一个严格的隔离区。为了保障授粉质量和提高杂交率,人们提出了杂交西瓜制种"三保险"的配套措施,即"空间隔离—母本去雄套袋—人工授粉"。其中,空间隔离是指方圆 500～1 000 m 范围内只能种植单一杂交西瓜品种的父母本。

(2)父母本的准备　正常的西瓜制种的播种期,南方为 3 月下旬至 4 月上旬,北方 4 月中下旬至 5 月上旬,为保证父母本花期相遇,父本一般比母本早播种 7～10 d。父母本的植株比通常为 1∶(15～20)。南方地区，一般 800～1 000 株/667 m^2，而北方地区则可达 1 500～2 000 株/667 m^2，具体的定植密度还应根据品种特性等因素确定。定植后授粉前应进行整枝理蔓，在北方一般采用单蔓整枝，仅留主蔓，而南方地区常采用 2～3 蔓整枝(1 条主蔓，1～2 条侧蔓)。在开始制种前，应对父母本的纯度进行严格检查，淘汰不符合品种特征特性的植株。一般要求对亲本进行认真考察，看其叶形、叶色、瓜蔓、茸毛、幼果形状及颜色是否符合本品种的标准，及时拔除杂株、劣株。尤其是对父本瓜株更要仔细，须反复观察后方可采花使用，并且摘除将要膨大的果实，以利于父本生长旺盛，多生蔓，多生雄花。

(3)母本去雄套袋　开始制种时，先将母本株上已经开的花或结的瓜全部摘除，以后经常摘除母本植株上的雄花，直到授粉结束、种瓜坐住为止。雌花套袋应在制种时期的每天午后 4:00 起巡视瓜地，将次日开花的雌花蕾(花冠膨大稍微松动，微黄色较挺硬)套上纸袋。纸袋最好准备两种颜色，以醒目的红色和白色为好，纸袋的大小以长 2～3 cm，直径 1～1.5 cm 为宜，纸袋的一端应封口，授粉前套红色纸袋，授粉后套白色纸袋，以视区别。在无雨天可用普通纸做帽，在雨天应采用硫酸纸或其他不透水的纸做袋，也可采用塑料专用隔离帽。为降低成本，目前，在一般的西瓜制种区常用旧报纸制作纸袋，即将旧报纸裁成长方块，用 5 号电池卷制而成。套袋后在旁边插上草棒、树枝等比较显眼的标志，以便于第 2 天授粉。在套袋时应对雌花进行选择，一般在各蔓上理想的坐瓜部位(通常是第 2～3 朵雌花)进行套袋，根瓜不宜留种。另外，在授粉时还要复查，严禁有漏套隔离帽的雌花和雄花存在，并且要将去除的雄花埋入地下，严防串粉引起混杂。在母本株上发现雌花柱头周围长有雄蕊的两性花时要随手摘除，不可再授粉留种。

(4)花粉采集与授粉　在清晨 5:30 以前，采集父本雄花(即将开放的大花蕾连同花柄一并采下)，并盛放于容器中，待自然开放后即进行人工授粉。授粉时间晴天一般在上午 7:00—10:00、阴天 8:00—11:00；授粉时，取出雄花将花柄衔在口中，将雌花上所套的纸袋轻轻取下，拿着雄花花柄，将雄蕊在雌花柱头上无遗漏地轻轻拍打，使柱头上布满鲜黄色的花粉，然后合上雌花花瓣套上白色纸袋。一般一朵雄花可对 3～4 朵雌花授粉。一般品种，在授粉过程中如发现两性花应摘除。

授粉后应做杂交标记。一般每对一朵雌花授粉，即应在花柄上套上用直径为 2～3 cm 的塑料软管制成的红色环，或其他醒目的杂交标记。通常每 667 m^2 制种地需配备 2 名工人。

待植株上杂交果数量达到预定目标，瓜蔓生长稳定，杂交工作即可结束。在实际操作过程中，也会出现自然授粉的果实，故应及时检查，摘除未做杂交标记的果实。

(5)种子采收　根据品种特性及授粉时间、种瓜的生长状况确定种瓜的采收时间，一般分 2～3 次采收种瓜，在种瓜采收时应再次确认杂交标记。采收的种瓜放在阴凉通风处后熟数天即可剖果取种。种子脱粒一般采用发酵法，发酵时间一般在 12 h 左右。

3. 无籽西瓜种子生产技术

目前生产上栽培的无籽西瓜多为三倍体类型，它是由四倍体西瓜作母本，二倍体普通西瓜作父本进行杂交而生产的一代杂种。无籽西瓜制种方法与普通杂交西瓜基本相同。

四倍体西瓜的种子发芽率较低，必须准备足够数量的种子，育苗也需要较好的条件。目前生产上三倍体无籽西瓜的制种常采用人工授粉杂交的方式，父母本的植株比一般为 1∶10，母本定植密度一般是 800～1 200 株/667 m^2。在开始杂交制种前，必须对父母本的纯度进行严格检查，淘汰不符合品种特征特性的植株。

三倍体无籽西瓜的杂交制种也应该采用普通二倍体西瓜的杂交方法，包括空间隔离、去雄、套袋、授粉、标记。授粉结束后，应及时进行植株调整，促进杂交果及种子的生长，以提高种子产量和发芽率。

种子采收的一般方法与普通二倍体西瓜相似，但在剖果取种子时，还必须淘汰果皮特别厚的果实。无籽西瓜种子脱粒不宜采用发酵法，一般在剖瓜后进行清水淘洗，然后晾干（不宜曝晒）。种子产量品种间差异较大，低的仅 2 kg/667 m^2，高的一般可达 6 kg/667 m^2。

4.西瓜种子质量的控制

（1）品种质量控制　西瓜种子在品种方面的质量问题主要包括品种真实性的问题、品种纯度问题。品种真实性问题的发生，主要与工作马虎有关，只要工作认真仔细核实亲本种子来源，即可避免。品种纯度问题相对比较复杂。引起西瓜品种纯度问题的原因主要有以下一些：

未能够严格隔离而导致的生物学混杂；有两性花品种在制种中未能摘除这种两性花而导致自交；不注意选择或选择不当；杂交制种中母本雌花套袋不规范；种瓜采收后的操作过程中马虎导致的机械混杂。针对上述原因，应该可以采取相应的技术措施进行克服，主要采取以下技术措施：严格隔离，在方圆 1 km 范围内只能栽培一个西瓜品种的父母本，即使是一般作为商品栽培的西瓜品种亦不能在此范围内种植；杂交制种中彻底摘除两性花；授粉前严格按照品种特征特性拔除不符合品种典型性的植株；授粉杂交前一天下午严格对母本雌花花蕾套袋，次日授粉后重新套袋；种瓜采收及采收后的一系列处理过程中严格按照操作规程操作。

（2）播种质量控制　西瓜种子质量在播种质量方面的问题，主要包括饱满度低（表现为千粒重低、发芽势低、种子贮藏寿命短）、病虫害（主要是种子能够携带的病菌、虫卵等）、发芽率低、净度低、含水量过高等。

种子饱满度低、发芽率低与以下一些因素有关：定植密度、肥水水平以及单株坐瓜数；采收成熟度及后熟时间；种子脱粒方式；种子贮藏期间和包装时的种子含水量贮藏条件。

种子带病虫的原因与留种地的选择、栽培管理、贮藏条件等有一定关系。

根据种子播种质量方面的问题及其原因，只要有针对性地采取措施即可克服或避免。

二、甜瓜种子生产技术

（一）甜瓜品种与分类

甜瓜包括许多类型，根据法国葫芦科专家 Naudin 对甜瓜的系统分类，作为食用的甜瓜可以分为菜瓜、越瓜、普通甜瓜（薄皮甜瓜）、网纹甜瓜、硬皮甜瓜（也称粗皮甜瓜）和冬甜瓜等变种。目前栽培的甜瓜品种类型大致可分为薄皮甜瓜和厚皮甜瓜两种生态型。其中普通甜瓜、越瓜、菜瓜是近缘栽培种，分布较广，对温度适应性较强，较耐湿；厚皮甜瓜包括网纹甜瓜、硬皮甜瓜和冬甜瓜，主要分布在干旱地区，对温度要求严格，不耐湿。自 20 世纪 90 年代以来，随着大棚等保护地设施的普及，厚皮甜瓜在我国南方地区的栽培面积和分布范围也日益扩大。

目前，栽培的品种类型大致可分为薄皮甜瓜和厚皮甜瓜两类。在薄皮甜瓜中，根据果皮色泽、果肉质地及种子大小可分为白皮香瓜品种群、黄皮香瓜品种群、花皮香瓜品种群、绿皮香瓜品种群、绵瓜品种群和小籽香瓜品种群等六类；厚皮甜瓜包括瓜蛋品种群、白兰瓜品种群、粗皮品种群、哈密瓜夏瓜品种群、哈密瓜冬瓜品种群等，网纹甜瓜也属于厚皮甜瓜。目前，从日本和中国台湾等地引进的所谓“洋香瓜”实际上是既具有厚皮甜瓜血缘，又具有薄皮甜瓜血缘的类型。目前生产中主栽的品种有'东方蜜1号''东方蜜4号''甬甜7号''苏甜1号''绿菇'等。

(二)甜瓜的生物学特性

甜瓜属于异花授粉植物，甜瓜的花有三种类型，即两性花、雌花和雄花，并以雄花和两性花为常见，所以，在习惯上将甜瓜的两性花称作"雌花"。但是，品种不同，其花朵性别差别很大。根据甜瓜植株性别的差异，大致可分为两性花株型、两性雄性株型、雌雄同株型和雌株型，在这些植株性别类型中，以两性雄性株型最为常见，绝大多数甜瓜品种属于这种类型。

由于甜瓜坐果的花实际上是两性花，虽然这种两性花的雄蕊发育程度不及正常雄花，但其花粉具有生活力，能够自花授粉，所以，在杂交制种上必须注意去雄套袋。甜瓜的雄花和雌花构造见图9.2。

图9.2 甜瓜的雄花和雌花构造

通常情况下，甜瓜的雌花(即两性花，下同)单生，而雄花则常簇生(特别是网纹甜瓜)，同一叶腋着生3～5朵雄花(这些雄花一般相隔数天开放，但网纹甜瓜在生长中后期常数朵雄花同天开放)。在自然情况下，一株甜瓜的花朵总数可达500～600朵，其中雌花约占20%。多数甜瓜品种，其主蔓上不产生雌花(即两性花，下同)或在较高节位才发生雌花，但在子蔓或孙蔓上，雌花的着生节位较低。所以，在甜瓜制种上，一般是在子蔓或孙蔓上留种瓜。根据甜瓜的这种开花和坐果习性，整枝成为甜瓜制种中的一项重要工作。一般厚皮甜瓜采用单蔓整枝、子蔓坐果或子蔓双蔓整枝、孙蔓坐果的整枝方式，而薄皮甜瓜则通常采用子蔓四蔓整枝、孙蔓坐果或孙蔓四蔓整枝、孙蔓坐果的整枝方式。

甜瓜的花朵也是早上开放，授粉工作也必须在上午进行。不同甜瓜类型之间以及不同品种之间均容易发生天然杂交，在制种上必须严格隔离。

甜瓜从开花至种子成熟所需时间因品种而异，薄皮甜瓜品种一般仅需20～30 d，而厚皮甜瓜需要30～60 d。果实种子数受种类、品种、留种部位等因素的影响较大，一般每果种子数400～600粒；薄皮甜瓜种子较小，千粒重10～20 g，厚皮甜瓜种子较大，千粒重30～60 g。

(三)甜瓜品种种子生产关键技术

1.常规品种种子生产技术

甜瓜制种目前多在我国的华北、西北地区进行，应选择无病虫害，前作为粮、棉、油料作物的地块，土质应疏松肥沃的壤土或沙壤土，排灌方便，并有1 km以上的隔离条件。严重的盐碱地、地下水位高的河湖床地不适合作甜瓜的制种田。

常规品种制种的播种期与一般的商品瓜生产相似，其苗期管理、定植方式、肥水管理、病虫害防治等亦与商品瓜栽培基本相同，但在制种过程中还应掌握以下技术。

(1)合理密植 合理密植的原因主要是适宜留种的节位相对较少，即单株的种瓜数比商品瓜栽培少，为提高单位面积的种子产量应适当密植。同时，留种前须进行品种纯度的检查，期间必定要淘汰一些不符合品种特征特性的植株，适当密植后，即使拔除了部分植株，也不至于太稀。但由于甜瓜植株的生长势、结果能力、单株留种瓜数在品种间存在很大差异，故具体的密植度应根据品种特性及整枝方式等灵活掌握。

(2)整枝理蔓 在南方地区厚皮甜瓜(特别是网纹甜瓜、哈密瓜)一般采用立架栽培制种，其他则多为爬地栽培制种，在北方地区则一般均采用爬地栽培制种。由于甜瓜的分枝能力极强，故在制种上必须严格整枝。一般厚皮甜瓜采用单蔓(主蔓)整枝、子蔓坐果的方式，薄皮甜瓜则通常采用子蔓四蔓整枝、孙蔓坐果或孙蔓四蔓整枝、孙孙蔓坐果的方式。具体留蔓的多少，应根据品种特性作适当调整。

(3)纯度检查 自播种出苗开始，分次检查品种纯度，根据品种的特征特性及时淘汰不符合品种特性的植株。检查的重点性状，开花结果前为叶形、叶色、第一花朵(两性花)节位、两性花的发生规律、分枝性等；结果后，尤其是达到商品瓜成熟度时，主要检查结果能力，果实外在和内在性状。

(4)选花、促进坐果和人工授粉 一般按照上面介绍的整枝方式整枝后，选择强壮、饱满的雌花坐果。在确保隔离及品种纯度的前提下，可使其自由授粉，否则应在开花前及授粉后分别进行套袋隔离，在开花当天的早晨进行人工辅助授粉，并做好标记。在达到预期的种瓜数后，可将其他花朵摘除，并摘心。单株留种瓜数量随品种、定植密度、整枝方式而异，一般网纹甜瓜、哈密瓜最终每株留 1 个果实，洋香瓜每株最终留 1～2 个果实，薄皮甜瓜每株最终留 3～4 个果实。

(5)种子采收 当甜瓜果实达到其固有的老熟色泽时(在达到商品瓜成熟度后的 10 d 左右)，分次采收种瓜。采收的种瓜在室内后熟 7～10 d，然后剖瓜取种，将种子与瓜瓤一并取出，经 1 d 左右的发酵后即可清洗种子，干燥后贮藏。对于亲本或原种种子制种，应该在果实食用成熟期采收，并对果实内在品质(包括质地、可溶性固形物含量、种子腔大小、果皮厚度等)进行严格的鉴定选择，然后剖果取种。

2.厚皮甜瓜杂交种制种生产技术

(1)制种基地选择 适宜制种的地区和季节，要具备充足的光照、较高的日均温以及避开梅雨、阴雨季节等。适宜厚皮甜瓜制种的地区主要在华北和西北地区，但在长江中下游地区利用大棚等保护地设施也可以制种。

甜瓜制种上土传病害比较严重，因此应选择最近连续 5 年以上未种过甜瓜、西瓜、黄瓜的地块，且有严格的隔离条件(周围 1 km 内无种其他甜瓜品种)、耕作层深厚、肥沃、排灌方便、无或少病虫害的沙质壤土为宜。制种田要连片、相对集中，便于统一管理。

(2)播种育苗 播种时期以地温稳定超过 15℃为准。在我国南方地区，通常采用设施育苗、保护地栽培，其播种期可提前，一般在 2 月中旬至 3 月中旬。种子准备及播种方法同商品瓜栽培。为了在杂交授粉时能够对父本品种纯度进行鉴别，父本品种应比母本提早 10～15 d 播种。在长江中下游地区，厚皮甜瓜可以春、秋两季制种，秋季制种播种期在 7 月下旬至 8 月初，但秋季制种风险较大，特别是容易遭受台风天气影响的地区，另外，遇到冷空气南下早，种果难以充分成熟，种子产量和播种品质下降。在华南地区，秋季亦可制种。

(3)定植 在定植前 15 d 左右进行整地施基肥。整地方式同商品瓜栽培，南方雨水多，宜采用“龟背”形高畦起垄，以利于排水防渍。整地时每667 m^2 施石灰20～30 kg，以调节土壤酸碱度，并在整地完成后，畦面均匀撒施多菌灵500 g，以减少土传病害。整地时结合施入基肥，肥料种类和施肥量基本上同商品瓜栽培，但适当增施磷钾肥可提高种子质量，一般每667 m^2 施入量折合纯氮20 kg，磷(P_2O_5)20 kg，钾(K_2O)25 kg。

厚皮甜瓜制种提倡合理密植，以有利于提高制种产量。露地栽培每667 m^2 定植1 000～1 200株；大棚、温室栽培每667 m^2 定植1 600～2 000株。父母本配置比例1∶(15～20)，父本可适当稀植。

(4)整枝　整枝方法依品种结果习性、栽培方式而定。父本仅提供花粉，所以植株应多留侧蔓或不整枝，以便能够提供足够数量的雄花；母本可采用单蔓整枝或双蔓整枝，坐果节位在第12～16节，对于坐果枝应进行摘心处理，即在该侧枝的雌花(两性花)以上保留1片叶子后摘心。整枝尽量在晴天露水干后进行，整枝后结合喷药，减少病菌由伤口侵入。

(5)杂交授粉　父母本纯度检查与去杂。授粉前针对父本、母本植株形态及其特征，进行逐株检查，并彻底去杂。特别是父本中混有杂株对制种纯度影响极大，在授粉前更应留心观察，发现异株，立刻拔除。

①父本雄花采集　为了防止父本花粉污染，对父本花粉应该进行适当控制。父本雄花可在当天清晨未开放时采集，用培养皿或塑料袋装好，待雌花开放时用于授粉；也可于前一天用小纸帽套住次日开放的雄花蕾，第二天采集使用。

②母本雌花处理　甜瓜结果的花大多属两性花，须提前一天进行人工去雄，由于甜瓜雄蕊的花丝较短，去雄相对困难，必须注意将雄蕊去尽。去雄后立即套袋隔离，并做标记，以便次日授粉。如果同一隔离区内只有单一的组合，也可以在开始杂交制种前将母本田的雄花花蕾全部摘除(去雄授粉期内每天下午巡视母本田，摘除雄花和雄花花蕾)，然后进行母本雌花(两性花)去雄(早晨进行)，并用父本花粉进行授粉，每天去雄授粉完成后对未能及时去雄的母本雌花(两性花)及时摘除(打去该侧枝)。

③授粉　授粉时间在开花后的1～2 h进行最为适宜。晴天早上6:00—9:00，阴天可延迟至10:00。授粉前认真检查雌花内的雄蕊是否剥除干净，须去雄干净方可授粉。授粉要全面，将子房柱头上的3裂均匀地涂满花粉。原则上1朵雄花授2～3朵雌花，如果雄花数量多，可每朵雄花只对一朵雌花授粉。授粉后立即套上隔离帽，并挂上标记环，或挂上注明日期的小标签，供采收时参考。

(6)授粉后的田间管理　授粉后要适时疏果，将多余的或不正常的幼果及无授粉标记的自然授粉果及时摘除。授粉结束后抹去植株发生的侧枝，在生长中后期可在植株基部保留一个侧枝，以维持植株长势。果实发育期间可用0.2%尿素+0.2%磷酸二氢钾根外追肥2～3次。

(7)采收及采后处理　依品种特性及授粉标记采收充分成熟的种瓜，淘汰病果、烂果和标记不清的果实，采收的种瓜应放在通风干燥的室内后熟7～10 d。将经后熟的果实剖开淘种，淘种时去除形状、皮色、瓤色及种子颜色、大小不符合该品种特征特性的果实。淘出的种子不可用金属器具盛放，并注意防止机械混杂。取出的种子用清水洗净，及时晒干。晾晒场所需通风，摊成薄层、经常翻动。种子晒干后，风选过筛，挑除秕籽、石粒、杂物等，种子净度达标后装入袋内干燥贮藏。

3. 甜瓜种子质量控制技术

在甜瓜杂种种子生产上，主要的种子质量问题是纯度(杂交率)低、种子饱满度不高。纯度(杂交率)低的原因主要有以下几个方面：

(1)亲本去杂不彻底　亲本纯度未符合要求，而在杂交制种前未及时拔除不符合品种典型性的植株，特别是父本植株。

(2)基地隔离未符合要求　隔离不严格，包括未对去雄后的母本雌花进行套袋或套袋不规范以及授粉后未套袋或套袋不规范，或在采用不套袋杂交中未摘除母本植株上的雄花(包括雄花花蕾)。

(3)去雄不彻底，造成自交　预防纯度(杂交率)低的主要措施包括：①确保亲本种子纯度，在亲本繁育过程中分次观察植株、花朵及果实表现，并严格防止生物学混杂，在果实采收脱粒时再次检查亲本纯度。②杂交制种中如果采用套袋隔离，则必须规范套袋，最好在去雄杂交期间在每天下午将母本株上的雄花全部摘除，以免在去雄时产生花粉污染；如果采用不套袋制种，则在母本开始去雄前必须将母本株上的雄花及雄花花蕾全部摘除，并经常检查，确保制种期间母本植株上无雄花开放，对于母本株上未去雄的两性花连同侧枝一并及时摘除。③母本两性花去雄彻底，并注意选择大小合适的花蕾去雄，在去雄中若发现花药已经散粉则应摘除着生该两性花的侧枝，去雄工具(手、镊子)用70%乙醇(酒精)消毒。

种子饱满度不高的原因：一个是杂交坐果节位偏高，而后期由于高温天气或病害的大量发生而不得不采收种果，导致果实和种子发育时间短，种子发育程度低；另一个是果实后熟时间短，一般甜瓜种果采收后应该在通风、阴凉处后熟 7～10 d，对于果实发育时间较短的果实，后熟时间应该适当延长，如果后熟时间短或者没有后熟即剖果脱粒，种子饱满度相对较低。所以，为了提高种子饱满度，应该选择适宜的季节播种，并精心育苗和管理，及时去雄杂交，严格控制坐果节位，待每株留足种果后，及时摘除植株上的其他侧枝和花朵(花蕾)，在坐果节位以上保留 15 片左右叶片后摘心，并进行适当的肥水管理及时防治病虫害，集中养分供应果实和种子发育；种果采收后尽可能延长后熟时间，以使果实养分转移至种子，提高种子饱满度。

三、黄瓜种子生产技术

(一)黄瓜品种与分类

黄瓜又名王瓜、胡瓜、青瓜，是我国普遍栽培的一种果菜类蔬菜。目前，栽培的黄瓜是由分布在印度的喜马拉雅山脉至尼泊尔附近的野生黄瓜经长期栽培驯化而形成的。

黄瓜最早在印度、尼泊尔附近开始栽培，在以后的传布和驯化过程中，由于自然条件、栽培条件以及食用习惯的不同，形成了不同的生态类型，包括野生黄瓜、尼泊尔黄瓜、版纳黄瓜、小黄瓜、华南黄瓜型和华北型黄瓜。目前在我国普遍栽培的黄瓜品种多数属于华北型黄瓜或华北型黄瓜与华南型黄瓜的杂交种，主栽的品种有‘津优 35 号’‘津绿 519’‘靓优 901’‘亮丰 1 号’。在部分地区还有作为腌渍用的小黄瓜(乳黄瓜)栽培，常见品种有贵妃 336、碧翠 19、浙秀 1 号、越秀 3 号等。此外，还有一些所谓的日本黄瓜(胡瓜)以及一些水果型黄瓜(生食为主)，前者以腌渍为目的，后者则为生食。

(二)黄瓜生物学特性

花朵性别多数黄瓜品种为雌雄同株异花,花单性,但有些品种除雌花和雄花外,还有两性花(即完全花)。黄瓜植株的性别表现较为复杂,可分为下列7种类型:纯雌株(植株上着生的花全部为雌花)、强雌株(植株上大多数花为雌花,仅有少量雄花)、雌雄同株(这是普通的黄瓜植株,植株上既有雌花,又有雄花,但雄花多于雌花,故有人称其为强雄株)、纯全株(植株上着生的花全部是两性花)、雌全同株(植株上着生雌花和完全花两种花)、雄全同株(植株上着生雄花和完全花)、雌雄全同株(植株上着生雌花、雄花和完全花三种花)。黄瓜的这种性别类型与种子生产存在密切的关系,如可以选育雌性系品种而简化杂交制种。黄瓜花朵的性别见图9.3。

图 9.3　黄瓜花的性别

1.开花时间

在花蕾成熟、而外界条件适合时就开花。黄瓜的雌雄花均是早晨5:30—6:00开始开放的,当花冠的横径达到纵径的2倍左右时,花朵完全开放。花朵平均开放时间一般在早晨6:30—7:00,8:00—10:00开放的花朵很少,之后则几乎没有花朵开放。所以,在制种上,人工授粉的时间一般在早晨6:00—8:00,阴天的授粉时间可以延长到上午10:00。

2.花朵及花粉的寿命

黄瓜花朵的寿命较短,早晨开放的花朵在下午几乎全部枯萎。雄花花药的开裂时间大致与开花时间同步,即在花冠完全开放时花药开裂;没有完全开放的花朵,其花药一般不开裂。黄瓜的花粉粒在开花前一天的下午已经具有萌发能力,在开花前的夜间具备较高的萌发力,但在花药开裂时达到最高萌发力。黄瓜花粉的寿命较短,在自然状态下,开药后4~5 h,花粉就迅速失去活力;尤其在高温时期,这种花粉活力失去得更快。有报道指出,用开花当天的花粉授粉时,结实率达到100%,但用开花次日的花粉授粉,结实率仅18%;如果将花粉贮藏在

10℃、80%的相对湿度下，开花后 2 d 的花粉仍具有较高的萌发率。

3.授粉方式

黄瓜是雌雄异花作物，在自然情况下，授粉依靠昆虫等授粉媒介。在晴天，以昆虫为媒介的授粉活动开始于早晨，刚开花的雄花，花药上充满了花粉粒，在昆虫的多次光临下，大部分花粉被带走，因此，在开花后 2～3 h，雄花的花粉基本消失；在阴天或温度较低时，或者开花较迟或者昆虫不活跃，雄花的花粉残留较多，授粉一般不完全。主要的授粉昆虫是花蜂、蜜蜂、马蜂、蝇、蝴蝶等，在低温期间，马蜂活动较为活跃。通常认为，昆虫活动的最低温度，马蜂为 11℃，而蜜蜂为 15℃。为了对坐瓜数以及坐瓜部位加以控制，在通常的制种中，人们一般采用人工授粉的方式。

有报道指出，在自然条件下，异株授粉较同株异花授粉更加容易，黄瓜的天然杂交率在 50%以上。由于黄瓜属于虫媒花，并以蜜蜂为主，而蜜蜂的飞行距离在 1.6 km 以上，所以，人们认为，采用自然杂交法制种时，制种田的隔离距离应在 800 m 以上。由于黄瓜与其他瓜类作物不能杂交，所以，没有必要与其他瓜类作物隔离；但由于其他瓜类作物的花粉可以促进黄瓜的单性结实，有可能降低种子产量。

4.果实和种子发育

黄瓜雌花在授粉受精后，即迅速膨大伸长，温度适宜时，开花后 7 d 左右即达到嫩瓜采收成熟度。但采收种子的果实，一般要在开花后 40 d 左右。种瓜后熟处理，可以显著提高种子产量。

黄瓜果实由于多种原因而经常发生一些畸形果，这些畸形果一般种子数少，种子产量低（表 9.1）。所以，在制种过程中，应该选择正常的雌花，并进行合理的授粉，以促进果实的正常发育，摘除那些发育不正常的畸形果，以集中养分供应发育正常的果实的生长。事实上，黄瓜制种中畸形果的发生除了与雌花本身有关外，坐瓜部位、坐瓜数量、营养供应状况、坐瓜时期等因素均与畸形果的发生有关。留种瓜坐瓜部位过低或过高、单株坐瓜数过多、植株生长不良、果实发育期间温度偏高、病害为害等均可能发生畸形瓜。

黄瓜单果种子数随品种、制种地区、制种季节以及果实成熟度而异，一般 150～400 粒，种子千粒重 16～30 g，平均约 23 g。

生长发育对环境条件的要求黄瓜属于喜温而不耐热的作物，生长发育对光周期不敏感；其根系分布较浅，不耐涝也不耐旱。一般情况下，制约黄瓜制种地区的环境条件主要是温度以及湿度（包括降水季节和降水量）。从理论上说，适合黄瓜栽培的地区和季节均可以进行制种，但最适宜的制种地区还是在我国北方地区的春夏季。

表 9.1　黄瓜果实形态与种子数和种子重的关系

果形	果重 /g	果长 /cm	种子腔长 /cm	种子总数 /粒	正常种子数 /粒	种子重 /g
正常果	626	18.9	15.0	339.6	313.6	10.4
瘦肩果	331	14.8	7.9	194.8	153.6	4.0
细尾果	228	11.6	8.8	198.8	144.8	3.2

(三)黄瓜种子生产关键技术

目前,在黄瓜栽培上所使用的品种多数是杂交种,在黄瓜杂交种中多数是采用人工杂交制种法制种,也有一些品种利用雌性系制种。

1.常规品种和杂交亲本制种生产技术

(1)制种地区和制种田的选择　根据黄瓜生长发育对环境条件的要求,其制种应在春夏季比较温暖、干燥的地区,如华北、东北地区等。但为了确保品种特性,常规品种的原种及杂交亲本宜在该品种的主栽地区制种。同时,黄瓜为虫媒花,为防止天然杂交,品种间应保持 1 km 以上的空间距离;原种及杂交亲本由于种子量少,可采用大棚制种,进行大棚隔离。黄瓜制种对土壤条件的要求与一般的商品瓜栽培相似。

(2)适时播种,合理密植　为了便于鉴定品种的特性,原种和杂交亲本的播种期应与商品生产相同,生产用种的生产可适当延迟播种。黄瓜在我国的许多地区春、秋均可栽培,但制种常采用春季。具体制种时期因地区和品种而异,如长江中下游地区通常在 1—2 月播种,5 月 10 日前后授粉,7 月初采收种子。同时,由于单株种瓜数的限制,制种黄瓜的定植密度一般比同类型(品种)的商品生产为大,通常密植度提高 20%左右。

(3)品种保纯　除用高纯度的原种播种,并进行严格隔离外,在生长过程中应分次进行检查和选择,淘汰不符合品种特性的植株。一般在初花期根据第一雌花节位、幼瓜(子房)的外形(包括形状、色泽、刺瘤的多少及分布规律、瓜把的长度等)、叶形、叶色等进行选择;然后在第一批瓜达到商品成熟期,对瓜的性状及雌花节率(20 节内着生雌花的节数)进行第二次选择;待种瓜均达到老熟时,对种瓜性状(大小、色泽、形状、网纹)、抗病性等进行第三次选择。

(4)坐瓜部位的控制及人工辅助授粉　黄瓜单株的坐瓜数较一般的商品瓜栽培少得多,一般的品种通常只有 2～3 条瓜,个别大型品种,单株只能留 1 条瓜。根瓜(第一条瓜)不宜留种,因植株生长前期气温较低、昆虫和雄花少、花粉生活力低,故常因授粉受精不良而降低种子产量,而且由于种瓜部位太低果实常着地,在后期容易腐烂,此外,第一条瓜留种会影响植株的正常生长,易早衰。反之,留果部位太高常因营养供应不足使种子不饱满、千粒重低、成熟也迟。

黄瓜为虫媒花,为了提高坐果率和单果种子数、控制坐瓜部位,在制种上一般采用人工辅助授粉的方法。授粉必须在雄花开花、能看到花粉时摘下雄花,去掉花瓣,拿着花柄尽可能轻轻地把多量的花粉涂抹在柱头上。由于这时柱头上的乳头状凸起非常柔嫩,且含有黏液,故稍一接触花粉,就能附着,不必把雄花强按在柱头上。适宜的授粉时间是在春末夏初晴天的早上 6:00—8:00,在这一时间段,雄花开药,花粉露出而隆起,与此同时,雌花柱头上的黏着力也增强,授粉容易成功。由于花粉寿命较短,在花药开裂后应尽早授粉,一般应在 3～4 h 内结束。

(5)制种田的管理　春季制种,在植株定植后覆盖地膜(早期还要搭小拱棚防寒),以提高土温,促进缓苗提早开花为主;中后期以防病治虫、促进果实生长发育为主。肥水管理与菜用栽培基本相同,但后期应控制浇水,以促进种子饱满和成熟一致,并利于防止病害的发生。当单株的坐瓜数达到预期数量后,应及早摘心,一般可在植株长到 19～20 叶时摘心。

(6)种子采收　黄瓜一般在开花后 40 d 左右即达到生理成熟期,可采收种瓜。长江中下游地区黄瓜种瓜采收期之前常常遇到霜霉病流行,为减少损失,可适当提前采收种瓜,并通过后熟的方法提高种子产量和质量。经过后熟的种瓜纵剖,取出瓜瓤置于非金属容器中发酵 1～2 d,然后清洗种子,晾干贮藏。一般可制种子 225～375 kg/hm^2。

2."简易制种法"生产黄瓜杂交种种子技术

目前,生产上使用的黄瓜品种绝大多数为一代杂种,且品种类型有多种,但多数属于普通的雌雄同株类型。这些普通雌雄同株类型的黄瓜品种一般采用简易制种法生产一代杂种种子,个别有利用化学去雄剂生产一代杂种种子。采用人工去雄杂交制种的主要技术要点如下。

(1)父母本的准备 黄瓜杂交种制种的播种期一般较商品瓜栽培迟。如在杭州,一般2月下旬至3月中旬播种。同时为了使父母本的花期相遇,一般父本较母本早播7～10 d,早熟品种的播种期应较晚熟品种为迟。父母本的植株比通常为1∶(3～5),具体视品种而异。栽植密度与常规品种种子生产相似,或略密植。在植株出现第一雌花至开始杂交这一时间段,应根据品种特性进行父母本纯度检查,拔除异品种株及生长不良株。

(2)卡花与采集花粉 卡花的目的是为了防止自交和非目的性杂交。卡花的方法是将次日将开放的母本雌花大花蕾用24号细铁丝或5A保险丝将花冠卡住,不让其任意开放,以免在次日未授粉前由昆虫进行非目的性杂交或自交,每卡一朵花,在花蕾旁边的叶子上再插一枚细铁丝,以供在次日授粉结束后做杂交标记用。花粉的采集可以在开花前一天傍晚将次日要开放的父本花蕾用细铁丝卡住,在杂交当天开花前取下,用于授粉;也可在开花前一天傍晚根据需要量将父本雄花的花蕾摘下,盛于容器中,次日授粉前取出供授粉用。

(3)授粉 授粉时取下雌花花冠上的细铁丝,用当天(或上一天傍晚)采集的雄花(摘除花冠)在柱头上轻轻涂一下即可。授粉结束后仍将原来的细铁丝卡住花冠,以防传粉昆虫进入花内授粉,降低杂种种子纯度。同时,将花蕾旁边叶子上的备用细铁丝套于花柄上(不可套得太紧),以示杂交标记。授粉工作一般在早上6:00左右开始,8:00左右结束,最迟不能超过上午10:00。

(4)田间管理及种子采收 黄瓜杂交制种田的管理与一般的商品生产相似。长江中下游地区,黄瓜授粉杂交时间一般在5月上旬,持续7～10 d即可结束。授粉结束后应将其余的花全部摘除,并及时打顶,以集中养分供应果实和种子发育。种子采收及脱粒与常规品种制种相同,但在采收种瓜时必须确认种瓜具有杂交标记。

3."雌性系"进行黄瓜杂交种制种技术

雌性系是植株只发生雌花而无雄花且能稳定遗传的品系。利用雌性系制种目前在黄瓜上已普遍应用。由于雌性系没有雄花或雄花很少,故可以将雌性系与父本系在同一隔离区内自由授粉,或采用人工辅助授粉的方法生产一代杂种种子。对于有少量雄花的系统应实行人工辅助去雄、自然授粉(或人工辅助授粉)的方法。通常将父母本按1∶(2～3)的行比种植,母本现蕾期到开花期拔除开雄花的植株再行授粉。从母本植株上采收杂交一代种子。制种田的其他管理与采用简易制种法制种基本相同。

由于雌性系无雄花产生,不能自行繁殖后代,故根据黄瓜性别分化的特点,在苗期(一般在6叶期)用1.5 g/kg赤霉素或300～500 mg/kg硝酸银水溶液喷雾,诱导其产生雄花(表9.2)。在隔离区内授粉,以获得雌性系种子。这种诱雄效果不会产生遗传性变异,即不会使雌性系的后代改变成雌雄同株或其他性别系统。

表9.2 不同处理对雌性系黄瓜的诱雄效果

处理			总节数	雌节数	雄花		空节数
制剂	浓度/(g/L)	次数			节数	花数	
赤霉素	1.5	1	17.0	6.9	1.9	2.0	8.4
		2	18.7	6.8	2.4	3.4	9.7
硝酸银	0.3	1	18.2	7.8	4.8	9.2	4.4
		2	20.4	8.3	7.6	17.3	4.5
	0.5	1	19.7	7.2	8.9	20.5	3.6
		2	21.7	6.6	9.8	26.6	5.0

引自尹彦和方秀娟,《黄瓜雌性系诱雄新方法》,1981。

4.种子质量控制技术

黄瓜制种中,种子质量问题一般主要是品种纯度(杂交率)低的问题。引起纯度低的原因主要有以下几个方面:①制种用的亲本纯度不高和(或)在制种过程中没有对亲本纯度进行严格地检查和选择。②常规品种和杂交亲本制种中隔离不严,导致生物学混杂。③采用简易制种法生产杂交种种子时,对母本雌花卡花(隔离)不严格。④利用雌性系生产一代杂种种子时,没有拔除具有雄花的母本植株,导致自交。⑤整个制种过程中(包括种子采收及以后的工作)马虎操作,导致机械混杂。针对引起黄瓜纯度降低的可能原因,应该一一加以预防,完全可能实现对黄瓜种子纯度的控制。

此外,种子饱满度差、千粒重低并导致种子发芽率低也是黄瓜制种中的一个常见问题。黄瓜是瓜类蔬菜中最需要进行果实后熟的作物,在条件允许、果实未腐烂的情况下,尽可能延长果实的后熟时间,以提高种子的饱满度和发芽率。另外,在种果发育期间,确保植株所需的磷、钾肥施用也是克服种子发芽率低的有效措施。

四、瓠瓜种子生产技术

(一)瓠瓜品种与分类

瓠瓜是葫芦科葫芦属的栽培种,在我国南方地区,特别是长江中下游地区是一种重要的蔬菜作物,喜温而不耐高温,可以春、秋两季栽培,随着设施农业的发展,瓠瓜可以实行秋、冬季栽培。

葫芦有瓠子、长柄葫芦、大葫芦、细腰葫芦和观赏葫芦等5个变种,这些变种均普遍栽培,特别是瓠子(即长瓜、夜开花、地蒲、扁蒲)栽培更是广泛。

目前生产上使用的瓠子品种部分是一代杂种,部分为常规品种。主栽品种有:'浙蒲6号''甬瓠2号''越蒲1号''南秀公主'等。目前种子生产一般都在长江中下游地区进行。

(二)瓠瓜生物学特性

瓠瓜属于雌雄同株异花植物,花一般单生,个别成对着生。花朵较大,无论是雌花还是雄花,一般均在傍晚开花。所以,人工授粉多数在傍晚进行,也可在早晨授粉。瓠瓜属于异花授粉作物，在留种中需要注意隔离。瓠瓜花的性别构造见图 9.4。

图 9.4 瓠瓜花的性别构造图

（引自"辣妈帮"网络）

瓠瓜的分枝能力很强，叶腋处容易抽生各级侧枝。一般主蔓第 5～6 节开始发生雄花，而且主蔓很少发生雌花。在自然条件下，子蔓在第 1～3 节开始发生雌花，孙蔓的雌花发生节位较子蔓更低，一般在第 1 节便发生雌花，以后隔数节发生 1 个雌花，也有连续 2～3 节发生雌花的情况，或同节发生 2 朵雌花。

瓠瓜雌花在授粉受精后，果实迅速伸长膨大，一般在开花后 7～10 d 达到商品瓜采收标准，但此时种子尚未发育完成，即使在开花后 25 d 果实干重基本稳定时，种子也未完成成熟。一般在开花后 50 d 左右，果实内的种子才达到充分发育阶段。故采收种子一般应在开花后 50 d 左右。

瓠瓜生长发育对光周期不甚敏感。所以，在春季原种种子数量因种种原因没有达到预定的数量时，可以进行秋季留种。

（三）瓠瓜种子生产关键技术

1. 常规品种种子生产技术

瓠瓜制种栽培与商品生产相似，但由于瓠瓜的类型多，差异大，故这里仅介绍瓠瓜制种中的一些常规技术。

（1）留种地注意隔离，防止天然杂交　瓠瓜为异花授粉作物，不同类型、品种间容易发生天然杂交，故不同类型、品种间应间隔 1 km 以上。

（2）种株选择　在定植前、初花期及商品瓜成熟期应根据品种特征特性进行严格淘汰选择，在种瓜采收期还要对果实的外观性状进行选择。在某些情况下，瓠瓜果实存在苦味问题，所以，在严格隔离的前提下，在商品瓜成熟期，应采摘品尝，一旦发现苦味果实，群体取消留种。

(3)选留种果　留种果的部位一般在离地面1 m左右处，而且种瓜的着生部位应尽可能一致，通过人工授粉，可控制坐瓜部位及单株坐瓜数。有些地区采用爬地栽培制种，需要注意做好引蔓工作。

(4)制种田的管理　瓠瓜制种宜采用支架式栽培，田间管理的一般措施与商品生产相似，但当植株上留足种瓜后，应及时整枝摘心，去除其他花朵，并将植株基部的老叶、病叶及时剪去，以增强通风透光，促进种果成熟。

(5)种子采收　当种瓜外皮变硬，皮色变成老熟瓜固有色泽时可采收种瓜。采收的种瓜一般应按照其原来的着生状态放置室内，让其后熟，然后将果实的花端用刀切去一部分，能够露出种子腔即可，并将果实倒置，使伤口的汁液倒流，促使种子腔腐烂，5 d左右即可将种子及瓜瓤的其他杂质倾倒出，用清水清洗后晾干贮藏。

2.杂交种种子生产技术

(1)制种基地选择　根据瓠瓜生长发育特点及长江流域的天气特点，制种基地应地势高燥、土层深厚、排灌方便，前3年未栽培瓜类作物，并有良好的隔离条件，制种地周围1 km以内无其他瓠瓜品种。为了确保种子产量，一般宜在大棚等保护地设施内制种。

(2)父母本准备　一般父本品种较母本品种早播种10 d左右，如果母本较父本早熟，则父母本可同时播种。父母本的植株比一般在1∶(8～10)，具体根据杂交组合的特点确定。父本可以定植在单独隔离的大棚内；为了方便授粉，一般宜将父母本定植在同一大棚内，在采用这种定植方法时，父本雄花应该在开放前采摘，并在母本雄花开放前及时将母本植株上的全部雄花摘除，以防止花粉污染。畦宽(连沟)1.8～2 m，每畦2行，株距35 cm左右。

(3)植株调整和去杂去劣　当主蔓长40 cm左右时，应及时搭架，可以采用人字架，但最好采用栏式架(直立架)，搭架后即绑蔓。当植株有10片左右真叶时摘心，以促进侧蔓生长。每株保留第7节以上的健壮子蔓3条，并在植株顶端保留1个子蔓的顶芽，其余侧蔓全部去除。另外，在定植前、授粉前、种瓜采收时分次检查父母本，及时拔除异常植株。

(4)选花、去雄与授粉　在主蔓第7～10节位的侧蔓上，每个侧蔓选留1～2朵强壮、子房(小瓜)正常的雌花，在雌花上部留2片叶子后摘心，并摘除母本植株上的雄花和其他雌花。

瓠瓜授粉宜在气温上升到20～25℃时进行，长江中下游地区一般在5月上中旬。由于瓠瓜花朵一般在傍晚开放，而且其雄花在开花前就具有发芽能力，所以授粉可以在傍晚进行，也可以在早晨进行。

傍晚授粉在下午3:00—7:00，采摘父本即将开放的雄花大花蕾，将选择的雌花花蕾用手轻轻剥开花瓣(但不剥落花瓣)，露出柱头，并将父本雄花大花蕾的花冠剥去对母本雌花授粉，授粉结束后用塑料条或24#细铁丝或5A保险丝卡住已经授粉的母本雌花，并在其花柄上套上红色塑料圈，以示杂交标记。也可以用前一天准备的父本混合花粉用毛笔涂抹母本雌花的柱头进行授粉。

早晨授粉前一天傍晚摘除母本植株上的雄花花蕾，对选择的雌花在开放前用塑料条或24#细铁丝或5A保险丝卡住，以防止其自然开放；在傍晚或早晨5:30前，将父本雄花采摘后用湿毛巾或湿纱布覆盖备用。早晨6:00—8:00，用父本花粉对母本选定的雌花授粉，授粉后再卡住其花冠，并在其花柄上套上红色塑料圈，以示杂交标记。

(5)植株整理和确定单株坐果数　在授粉工作结束后，需要对母本植株进行整理，包括整枝、打叶、理蔓、确定种果的选留部位和数量。一般每个植株保留2～3个果实，在幼果直径达到 2 cm 以上时，根据植株的生长势，保留 1～2 个果实，种果的坐果节位应在距离地面 1 m 左右。在植株顶部保留的侧蔓继续向上生长，需要摘除该侧蔓上发生的孙蔓，确保其正常向上生长，待授粉工作全部结束后，将该侧蔓第 15 叶左右打顶。

(6)种瓜采收和种子脱粒　在种瓜采收前再次检查杂交标记，然后采摘种瓜。种子脱粒同常规品种制种。一般种子产量 30～40 kg/667 m^2。

3.种子质量控制技术

在瓠瓜制种中，纯度(杂交率)和果实变苦是最常见、影响最大的两个种子质量问题。引起瓠瓜纯度(杂交率)低的原因主要有以下几个方面：

(1)使用的亲本或原种纯度不高，且在制种过程中未根据品种的特性进行严格选择。

(2)制种田栽培方式不当，在采用爬地栽培制种时，难以对果实性状进行严格选择，而且各留种植株的茎蔓相互交错，难以区分，导致选择困难。

(3)隔离不严，发生生物学混杂(天然杂交)。

(4)杂交制种中，傍晚授粉时母本雌花已经开放(可能已经发生自交或非目的性杂交)，或对雌花花蕾进行授粉后没有进行卡花。

(5)各种原因引起的机械混杂。控制瓠瓜种子纯度(杂交率)就是应该针对上述引起纯度(杂交率)降低的原因，采取相应的技术措施进行一一克服。

瓠瓜果实苦味问题是近年来瓠瓜种子质量纠纷的热点。瓠瓜果实变苦的原因比较复杂，与品种、栽培、环境等因素有关，并存在一些不确定因素。控制瓠瓜果实变苦的措施包括：第一，对曾经发生果实苦味的品种不繁殖、不推广；第二，原种或亲本繁殖过程中，除了进行严格的变种、品种间隔离外，必须做到每一留种株的果实均品尝一遍，发现有苦味，将该植株拔除，杜绝苦味果留种；第三，生产用种、杂交种制种中严格与其他葫芦变种、品种隔离。

第二节　茄果类蔬菜种子生产技术

一、番茄种子生产技术

(一)番茄品种与分类

番茄又名西红柿，为茄科番茄属一年生蔬菜，原产中美洲和南美洲。番茄传入我国历史并不长，但发展非常迅速，南北各地均有栽培，现在已经成为我国城乡各地主要夏令蔬菜和加工出口蔬菜之一。番茄的食用部位为多汁的浆果，营养丰富，风味鲜美，含有蛋白质、糖和矿物质以及较高的胡萝卜素、维生素 C、B 族维生素、维生素 P，属于菜果兼用的高档鲜菜。番茄含有的“番茄红素”具有抗氧化、消除人体自由基、抗癌、防癌等生理功能，含有的苹果酸、柠檬酸和糖类有助消化的功能，深受消费者喜爱。番茄适应性广、通过保护设施可进行周年多茬栽培，达到四季供应。

番茄品种很多，按开花结果习性、花序着生的位置、连续着生的能力和主轴生长的特性可分有限生长型和无限生长型两类。

1. 有限生长型

主茎生长6～8片真叶后，着生第一花序（晚熟种10片叶以后），以后每隔1～2片叶着生一花序。但主茎着生2～4个花序后，顶芽形成花序，不能延伸。由腋芽所生的侧枝，也只能形成1～2花序而自行封顶，因而植株矮小。代表品种有上海合作903，随着产业的不断发展，番茄品种由有限生长、软果类型向无限生长、硬果形、耐贮运的品种类型转变。

2. 无限生长型

主茎生长7～9片真叶后，着生第一花序，以后每隔2～3片叶着生一花序，主茎可连续向上分化生长，腋芽所生的侧枝也能同样发生花序，因此植株高大。目前该类型是生产中主栽类型，代表品种有：'苏粉11号''金鹏系列番茄''浙杂301''杭杂301''瓯秀806''金盾121''倍盈'等。

（二）番茄生物学特性

1. 花器结构与花序特征

番茄为雌雄同花的自花授粉作物，系两性花，天然异交率在4%以下。番茄为聚伞花序，小果型品种为总状花序。花器由雄蕊、雌蕊、花瓣、萼片和花梗组成，花器5～6出，花瓣黄色。雄蕊聚合成圆筒锥状，包围在雌蕊周围，雄蕊包括花药和花丝，每个花药有2个花粉囊，花粉成熟后，花粉囊内侧纵裂散出花粉；雌蕊包括子房、花柱和柱头，有些品种或受环境影响，柱头伸出药筒，可以异花授粉，天然杂交率4%～10%。低温等不利条件下易产生畸形花，花器数增加，柱头粗扁，畸形花发育出畸形果，这类材料不宜做杂交使用，选育时要加以淘汰。

1. 柱头　2. 雌蕊　3. 花药　4. 花瓣　5. 花萼　6. 花梗

图9.5　番茄花器构造图

花序有总状花序、复总状花序和不规则花序三种，因品种不同而异。有限生长类型的品种，主茎长到6～7片真叶时着生第一花序，以后每隔1～2片叶形成一个花序，通常主茎上发生2～4层花序后，花序下面的侧芽停止发育，不再抽枝，出现封顶现象。番茄花器构造见图9.5。此类型品种植株较小，开花结果早且集中，早熟栽培时通常密植。无限生长类型的品种，主茎长到7～10片或11～13片真叶时出现第一花序，以后每隔2～3片叶着生一花序。主茎在适宜条件下可不断延伸生长，并无限着生花序。

2.开花授粉习性

当花瓣展开达90°时成为开花，达180°时成为盛开。花开放后经过1～2 d花冠变为深黄色，花药开裂，此时柱头会分泌出大量黏液。花自基部先开，顺次向上陆续开放，通常第一花序的花尚未开完，第二花序的花已开始开放。一朵花从花冠开放到谢花需3～4 d。开花多在上午4:00—8:00，下午2:00以后很少开花。一般温度在21～32℃时开放最多，通常低于15℃停止开花，高于35℃常发生落花落蕾。雌花在花药开裂前2 d即可接受花粉受精，受精能力可保持4～5 d，但以当天开放的花授粉效果最好。

果实为多汁浆果，由果皮、胎座、种子等组成。果实的形状因品种而异，有圆球形、扁圆形、椭圆形、长圆形、梨形等多种。果实的大小、心室数、颜色除与品种有关外，也受环境条件的影响。樱桃、梨形等小果型品种2室，大果型品种5～6室或更多，果实的颜色决定于表皮和果肉的颜色组合。表皮无色，果肉黄色，则果实为淡黄色；表皮黄色，果肉也黄色，果实为橙黄色；表皮无色，果肉红色，果实为粉红色；表皮黄色，果肉红色，果实为大红色。

种子扁平，肾形，呈灰褐色或黄褐色，表面着生灰色茸毛或光滑无毛，千粒重2.7～3.3 g，种子使用年限一般为2～3年。番茄种子比果实成熟早，一般情况下，开花授粉后40 d左右完成，所以授粉后40～50 d的种子完全具备正常的发芽能力。由于番茄果汁中存在着发芽抑制物质及果汁渗透压的影响，果实内种子不发芽。

(三)番茄品种种子生产关键技术

1.常规品种种子生产技术

(1)制种田栽培管理技术

①育苗　育苗工作如下：

育苗的准备和播期　育苗床要选择地势高燥、灌溉方便、避风向阳、病虫害较少的地块，最好是3年内没有种过茄科作物的地块，在结冻前做成阳畦或在日光温室内做床准备育苗，采种番茄一般较食用番茄晚5～7 d播种。

浸种、催芽及播种　播种前将种子用纱布包好浸入50℃恒温水中25 min，让其自然冷却后浸泡3～4 h。然后用1.5%～2.0%的福尔马林浸种30 min，或用10%磷酸三钠浸种20～30 min，或用1%的硫酸铜溶液浸种15 min，几种方法可参考选用，也可同时选用。用清水反复冲洗后放到清水中浸泡6～8 h。将吸胀水的种子放到25～30℃条件下催芽，经过2～3 d就可发芽。催芽过程中，每天用温水冲洗1～2次。当出芽率达70%时播种。

苗期管理　出苗前，棚内保持昼温25℃以上，夜温18℃左右，4～6 d即可出苗。出苗后，及时揭去地膜，加盖小棚，维持白天20～25℃，夜间10～15℃，超过28℃时要及时通气降温，防止小苗徒长。及时发现、识别和拔除假杂种苗和机械混杂苗。若发现有徒长趋势，除及时通气降温外，可喷洒20 mg/L的多效唑溶液进行控制。为了培养壮苗，定植前要适当降低温度和控制湿度，提高秧苗的抗逆能力。

②定植　定植要在晚霜过后进行，一般于3月底至4月上旬定植，大棚保护地生产，每棚4畦种8行，株距40 cm。

③植株调整　定植后为促进缓苗和根系生长，不要过早整枝，一般在侧枝长到10～20 cm

时进行。对有限生长型自封顶品种，采用三枝整枝法。除主枝外，第一花序的上、下各留一枝。整枝宜早不宜迟。第一枝坐 3 个花序，第二枝 3 个花序，第三枝 2 个花序，每花序坐 5 朵花，花 40 朵花，期望成熟 35 个以上杂交果。若第二、第三枝上花序数不够，可以多留一个分枝。整株坐果数应保持在 40 个以下。番茄侧枝生长很快，应随时除去。对无限生长型品种除主枝外第一花序上部留 2 枝，下部留 1 枝。主枝在第三枝始花时打顶，各枝的期望花数开花以后打顶；主枝坐 3～5 朵花，第一枝 5 朵花，第二、第三枝各坐 3～5 朵花。整株坐花不超过 40 个。

(2)选种去杂　采用株选与果选相结合的方法，株选在定植和整枝时集中 2 次进行，在番茄整个生长期间都要对植株进行严格地选择，苗期可根据叶型、叶色、初花节位进行选苗，合格者定植。生长期间应进行田间的去杂、去劣、去病工作，拔除生长势弱、主要性状不符合本品种特性、得病严重、花序节位高的植株。果选则根据果实的大小、形状、颜色、心室数、是否有裂果、果脐小的果实等指标进行。

(3)采种

①采收的时期及后熟　果实的采收应在完熟期进行，随熟随采，果实采收后，按不同品种的要求后熟 1～2 d，以提高种子发芽率。

②取籽发酵　用小刀横切果实，将果胶和种子挤入非金属容器中，也可用打浆机集中将果实打成糊状，然后放入非金属容器中，于 25～30℃的条件下发酵 20～24 h。发酵期间经常搅拌(使发酵均匀)，当浆液表面生有白色的菌霉，种子周围的黏性胶质消失，或振荡发酵种子的容器，种子下沉时，用大量的水清洗，去除果皮果肉等杂物，漂出秕籽。

③盐酸处理种子　冲洗干净后，放入纱布网内并浸泡在 1%稀盐酸内，15 min 后用清水漂洗种子约 15 s，拧干晾晒。

④种子的干燥、清洗和贮藏　将漂洗好的种子用甩干机甩 5 min，然后薄薄地摊在纱网上，放在通风的地方晾晒，切忌在水泥地或金属容器上直接暴晒，以防高温降低种子发芽率。晒种时经常翻动，使种子含水量迅速降至 8%以下，并清选种皮、果肉、土块等杂质，使种子净度达 99%以上，入库妥善贮藏。

2.杂交制种生产技术

(1)杂交制种地选择　番茄对土壤的适应力较强，要求也不太严格，但以地势高燥、土壤肥沃、排灌方便的壤质土及沙壤土最好。另外，番茄忌连作，制种地还要与茄科以外的其他作物实行 3～5 年的轮作。定植前，结合深耕，施优质有机肥 3 万～3.75 万 kg/hm^2，氮肥 375～450 kg/hm^2，磷、钾肥各 420～450 kg/hm^2，耕地后晒垡，然后细耙做畦。

(2)杂交制种技术要点

①父母本种植　播期早晚可决定父母本花期是否相遇和能否在最适季节杂交制种。为了使父母本花期相遇，促进父本提前开花，一般父本提前 7～10 d 播种。

为便于制种时人工去雄授粉操作需适当加宽定植距离。父、母本应分别连片种植，如相邻种植，则要使父母本田块做好标记，以防取花粉时出现错误。父母本种植比例一般为 1∶(4～8)。

②隔离　番茄制种田应与其他品种番茄隔离 50 m。

③制种时期　根据各地气候条件应选择天气晴朗、少雨、气温为 20～28℃的季节制种，尤其应注意避开雨季。

④制种工具　须准备镊子、玻璃管授粉器、花粉干燥器、取粉管、盛装花粉的小瓶、变色硅

胶、70%酒精等，有条件的可备冰箱。

⑤检验父本　杂交开始前检验父本，彻底拔除杂株，有时认不清宁可错拔而勿漏拔，否则一株的混杂便可造成不可挽回的影响。

⑥采集父本花粉　每天下午 6:00—8:00 采集父本花粉，应采集花瓣鲜黄、雄蕊金黄、花粉未散出、成熟、盛开的花朵取花药，集于白纸袋中，放置于装有生石灰的容器中，使其干燥。过一夜后将干燥的花药轻压，使花粉散落出来，然后用 50～100 目纱布过筛，分离花粉与花药碎片。当天制作的花粉作为当日授粉用，未用完的花粉也可放低温干燥处保存，花粉在干燥条件下可保存 2～4 d。一般花粉在 4～5℃条件下可保存 1 个月。

⑦母本植株整理　有限生长型可留 2～4 干，无限生长型可留 1～2 干。制种开始时摘除第一花序及其他花序上已开放的花和已结的果。

⑧去雄　最迟应在花粉成熟前 24 h 去雄，最好在花瓣伸长期的后期，花冠稍超出萼片、颜色出绿变黄，而花瓣尚未展开之前最适宜。去雄过早，花朵尚未成熟，坐果率低或根本不坐果；过晚则有自交的可能性，成为假杂种。去雄时用左手拇指与食指或中指轻轻夹持花的基部，先用镊子夹往每一部分的中上部向侧上方将花药从基部摘除，不得碰伤雌蕊、花冠等花器。为防止天然杂交，去雄后应立即套袋。

⑨授粉　去雄套袋的花蕾经过 1～2 d，花瓣已盛开呈鲜黄色，柱头油亮有黏液，即可授粉。授粉应在每天露水稍干后，用铅笔的橡皮头蘸取花粉。授粉前先剪取两萼片作为杂交标记，然后授粉。番茄全天都可授粉。如果有条件的可进行重复授粉，授粉后若下雨则须重复授粉。授粉时间一般在上午 8:00—10:00，第二天上午可重复授粉 1 次。

⑩授粉后植株整理　授粉结束后将未去雄的花、蕾全部摘除，摘除多余腋芽。种果以留第 2、第 3 穗果为宜。生长后期则因温度较高，病害一般较为严重，植株衰老而不宜留种果。为了使植株的养分能集中运向果实，在主枝上留 2～4 穗果即可打顶，但最后一穗果的上面应留 2 张功能叶。

(3)种子采收

①采收时期　待果实充分成熟方可采收。

②清除母本田杂株　采收前，根据果实形状和颜色等做最后一次母本田的去杂工作。

③种子采收　注意采收标记，无标记或标记不清的应不予采收。已腐烂或发育不良的杂交果应单收。如果发芽率达到标准则可与好种混合。

④种子调制　果实采收后两天进行发酵脱籽，尽量减少发酵时间，以免影响种子颜色和发芽率，发酵后清洗干净再干燥。种子干燥时尽量采用日光通风干燥，严禁日光曝晒，不要把种子放在水泥晒场或铁器上，以防保存过程中的机械混杂和虫、鼠为害，经常检查，确保种子质量。水分小于 8%即可入库。

(4)种子检验和签证

①送检样品杂交种子收获后，选取有代表性的种子样品 50 g，送上级机关进行室内和田间检验。

②签证杂交种子的各项质量标准均达到要求时即可签发种子检验合格证书。

二、辣椒种子生产技术

(一)辣椒品种与分类

辣椒又叫番椒、辣子、辣角等，是一种茄科辣椒属植物。为一年或多年生草本植物。原产于南美洲的热带草原，明末传入我国，到今已有300余年的栽培历史。

辣椒可分为菜椒和辣椒干两种。菜椒又有辣椒、甜椒和半辣椒之分。辣椒在长期栽培和自然、人工选择过程中，演化出了果肉变厚、辣味消失、心室变多、果型变大的甜椒类型。辣椒类型品种较多，果实色泽艳丽，风味佳，营养价值高，果实中含有丰富的维生素C、胡萝卜素、矿物质等，其中维生素C的含量尤为丰富。辣椒中含有丰富的辣椒素，具有辛辣味，能增进食欲，有助消化，是很好的调味品。辣椒除鲜食外，还可进行腌渍和干制，加工成辣椒干、辣椒粉、辣椒油和辣椒酱等，干椒也是我国出口创汇的重要农产品之一。辣椒的品种类型包括：

(1)樱桃类辣椒　樱桃类辣椒叶中等大小，圆形、卵圆形或椭圆形，果小如樱桃，圆形或扁圆形，红、黄或微紫色，辣味甚强，制干辣椒或供观赏。如成都的'扣子椒''五色椒'等。

(2)圆锥椒类　圆锥椒类植株矮，果实为圆锥形或圆筒形，多向上生长，味辣。如仓平的'鸡心椒'等。

(3)簇生椒类　簇生椒类叶狭长，果实簇生，向上生长，果色深红，果肉薄，辣味甚强，油分高，多作干辣椒栽培，晚熟，耐热，抗病毒力强。如贵州'七星椒'等。

(4)长椒类　长椒类株型矮小至高大，分枝性强，叶片较小或中等，果实一般下垂，为长角形，先端尖，微弯曲，似牛角、羊角、线形。果肉薄或厚，肉薄、辛辣味浓，供干制、腌渍或制辣椒酱，如陕西的大角椒；肉厚，辛辣味适中的供鲜食，如长沙'牛角椒'等。

(5)甜柿椒类　甜柿椒类分枝性较弱，叶片和果实均较大。

根据辣椒的生长分枝和结果习性，也可分为无限生长类型、有限生长类型和部分有限生长类型。

(二)辣椒生物学特性

1.花器构造与花序特征

辣椒完全花，花多单生，少数簇生，多数品种花冠白色，少数浅紫色，辐射状，基部合生，花萼杯状、5齿、宿存，花药紫色，花柱比雄蕊长，花器构造见图9.6。辣椒花朝下开，花药纵裂，一经开放，花药即开裂，花粉散出。在营养不良时，短花柱花增多，授粉不良，易落花。甜椒花较大。

2.开花授粉习性

辣椒为常异花授粉作物，以自交为主，但有一定的天然杂交。不同品种天然杂交类型不同，甜椒类型的花柱短，天然杂交率在5%以下；辣椒类型的品种，花柱长，天然杂交率高于20%。在开阔地区，辣椒最小的安全隔离距离是150 m。由于辣椒的异交率较低，即使是其他方法制种，如雄性不育的利用，也需要人工辅助授粉。繁殖系数高。一般杂交一朵花，辣椒品种可以获得80～200粒种子，甜椒类型可得到200粒以上的种子。农户用种量少，一般只需要450～600 g/hm^2 种子。目前辣椒杂交育种仍以两自交系杂交为主，人工去雄仍是杂交制种的主要手段。

1.柱头 2.花瓣 3.花药 4.花萼

图 9.6 辣椒花器构造图

(三)辣椒种子生产关键技术

1.常规种种子生产技术

(1)制种田栽培管理技术

①育苗 辣椒的育苗方法与番茄基本相似,辣椒育苗期间的生长较番茄慢,不易徒长,肥水也比番茄要求低。从播种出苗到定植,秋、冬冷床育苗时间较长,电热温床育苗时间较短。其具体的操作包括种子处理、播种和苗期管理。详细可参见番茄育苗技术。

②采种田 选择排灌方便、肥力较好的沙壤土地块,pH 6.5~7.5,切忌与茄科作物重茬。为避免品种的相互杂交,采种田隔离距离应在 400~500 m 及以上。小面积生产可用塑料网纱棚隔离。

③合理种植 当 10 cm 土温稳定在 12℃以上,气温稳定 15℃以上时即可定植。定植的株行距为 30 cm×50 cm,每 667 m^2 定植 4 000 株左右。要注意温光调节、水肥管理、植株调整、剪枝再生。

④浇水 缓苗水,水量稍大。之后进入蹲苗期。门椒坐住后,开始浇水,门椒采收后,应经常浇水保持土壤温润;结果前 7 d 左右浇 1 次水,结果盛期 4~5 d 浇水 1 次。

⑤追肥 门椒坐住后,结合浇水进行第 1 次追肥,每 667 m^2 随水施尿素 12.5 kg,硫酸钾 10 kg。盛果期,根据植株长势和结果情况,每 667 m^2 追施复合肥 15 kg。

(2)选种去杂 辣椒为常异花授粉作物,极易发生天然杂交和品种退化。因此,应在保证隔离距离的情况下进行严格选择。开花前及时彻底拔除杂株、劣株。坐果期分三次考察品种典型性:坐果初期主要选择株型、叶形、叶色、第一果着生节位、幼果颜色、植株开张度等符合原品种标准的植株,淘汰杂株、病株;果实商品成熟期,主要对抗病性、果形、果实大小、果色、整齐度、坐果率等;果实成熟期,对熟性、抗病性、果实大小、色泽进行选择。

辣椒第二、三层果实的种子在质量上优于其他层的果实,所以应以第二、三层果实作留种果实，生长势强的品种可留第四层果实，门椒发育差，果内种子少，不宜留种，应及早摘除。

(3)采种　辣椒从开花到种果成熟一般需要 50～60 d，辣椒在种果完全红熟后及时采收。采收后果实后熟 2～3 d，果实变软后掏籽。种子在通风干燥处阴干。先用手搓捻种果，使种子与胎座分离，然后剥开种果，剥出种子。剥离种子时不用水淘洗，经水洗晾晒后的种子色泽多呈白灰色，且遇连阴天时种子不易晒干，还容易发霉变质。最后，放置在通风处的凉席或尼龙沙筛上晾晒，切忌入在水泥地或金属皿中暴晒。辣椒单果种子数因品种不同差异很大，多则达 400 粒，少则 100 粒左右。

2.杂交制种生产技术

(1)杂交制种地的选择　以地势高燥、排水量好、肥沃深厚的土地生长良好。一般沙土、黏土都可以栽培，但不宜在低洼积水的土地上。pH 6.5～7.0 为宜。忌重茬，要求与非茄科作物实行 3～4 年轮作换茬。并无检疫病害。

(2)杂交制种技术要点

①父母本种植　母本和父本从播种到开花所需要的天数来决定双亲播种的最适合时期，原则是父本花期应早于母本开放。若双亲花期相同或相近，一般父本比母本提前 5～7 d 播种；若父本花期比母本晚熟的，父本应提早 15～20 d 播种。父本种植密度可与一般生产相同。为促进父本早期发育可加强前期管理，有条件可进行早期覆盖。为增加父本单株花数，可不整枝。

种植母本时，为了制种操作方便，可以采用大垄双行模式栽培，畦宽为 1 m，畦内行距可为 0.4 m，株距根据不同品种而异，一般辣椒母株数 3 000 株左右，甜椒 3 500～4 000 株，特殊尖椒可达到 5 000～6 000 株。

父母本的比例是以有充足的父本花粉来满足授粉需要为标准。目前辣椒制种父母本的种植比例基本上是 1∶(3～5)。甜椒与甜椒杂交，其比例可大一些，即父本的数量可少些；尖椒为母本，甜椒为父本的组合，因为母本的花多，要求的花粉量也大，父本种植要相对多一些；甜椒为母本，尖椒为父本，父本可适当少些，但要注意尖椒的花虽多，每朵花的花粉量较少；尖椒与尖椒杂交，要求父本的比例亦要大一些。

②隔离　辣椒制种田与其他辣椒品种隔离距离要求在 500 m 以上。虽然辣椒是常异花授粉，且花粉随风力传播的可能性很小，但辣椒花很吸引昆虫，授粉期间由于昆虫的到访，容易引起生物混杂(即通常所说的串粉)，影响种子质量。因此，在选择制种田时，一定要注意隔离。

③授粉技术　操作要点如下：

a.授粉时期　根据各地气候条件应选择天气晴朗，少雨，日气温在 20～28℃的季节授粉，尤其注意避开雨季。一般在 6 月下旬至 7 月上旬。

b.授粉　工具准备镊子、授粉玻璃棒、花粉干燥器、取粉器、盛装花粉小瓶、变色硅胶、70%酒精、冰箱。

c.检验　父本授粉开始前彻底拔除父本田内杂株。

d.收集花粉　每天早晨，选择花药未裂开的最大的花蕾取出花药，自然或用干燥器干燥花药，轻轻压碎花药，筛选花粉。花粉取出后可立即授粉，也可放在低温干燥处保存。在相对湿度 75%左右，温度 4～5℃条件下一般保存不超过 4 d。

e.母本植株　调整辣椒可以早期摘除“根椒”“对椒”花蕾。植株大的也可以摘除“四面斗”

的花蕾，利用“四面斗”以上的制种。

f. 去雄　辣椒选开花前 1 d 的大花蕾，其花冠由绿白色转为白色，冠端比萼片稍长，去雄时可以连同花冠一起去掉。去雄时间以上午 6:00—10:00 和下午 4:00 以后为好，应避免中午高温去雄。用尖头镊子轻轻拨开花苞，夹去 6 只雄蕊，切忌伤害到柱头和子房，去雄速度快则结果率较高。每去完一朵花的雄蕊后，用 70% 的酒精对镊子和人手消毒。也有对辣椒徒手去雄的，具体操作是：用左手拇指、食指和中指轻轻握住花蕾的基部不动，右手的拇指、食指和中指握住花冠中下部，沿顺时针方向轻轻扭转花冠，然后向上一提就能将花冠、花药同时全部从花朵上拿掉，达到去雄的目的。

g. 授粉　每天露水稍干后开始授粉，人工授粉一般在上午 7:00～12:00 进行为宜，也可以在去雄当天或第二天授粉。授粉时用授粉工具蘸取花粉，轻轻涂抹于已去雄的柱头上，授粉量要足，柱头接触花粉的面积要大，花粉分布要均匀，这样可以增加授粉结实率。授粉后将标记铁环栓在花柄上而不要拴在茎上。如授粉后下雨，则必须重复授粉。

h. 授粉后植株管理　授粉后将未去雄的花、蕾全部摘掉，并摘除多余腋芽。

(3)种子收获

①采收时期　果实完全成熟后及时采收。

②清除母本田杂株　采收前，根据果实形状和颜色做最后一次母本的去杂工作。

③种果采收　注意采收有标记的果实，无标记或标记不清的果实应摘下踏破，落地果不收。

④种子调制　辣椒种子可以不用水洗，取出后种子即可干燥。干燥时避免日光曝晒或直接放在水泥晒场或铁器上。以免晒坏种子。

⑤种子保存　待种子含水量降到 7% 时即可装袋，放置低温干燥处保存，严防保存过程中发生机械混杂和虫鼠害，入库种子定期进行检查，以确保种子质量。

(4)种子检验　按照《农作物种子检验规程(GB/T 3543)》对种子进行扦样、净度分析、发芽试验、真实性和品种纯度鉴定、水分测定等一系列操作。经检验后，杂交种子的纯度不低于 98%、净度不低于 98%、芽率不低于 85%、水分不高于 7% 的为合格种子。

3.“雄性不育系”制种技术

利用雄性不育系生产杂交种，以雄性不育系为母本，以恢复系为父本在田间以(3～4)∶1 比例种植，开花时取父本系花粉给不育系授粉，在不育系上收获的种子即为杂交种。注意：授粉前拔除杂株、劣株，摘除已开的花和已结的果。选择当天开放花的花粉授粉。

三、茄子种子生产技术

(一)茄子品种与分类

茄子别名落苏、昆仑瓜，属茄科茄属一年生草本植物，起源于亚洲东南热带地区。我国栽培茄子历史悠久，已有一千多年的栽培历史。茄子适应性强，栽培容易，是夏、秋季栽培供应的主要蔬菜之一，尤其在解决蔬菜秋淡季供应方面有着重要作用，在我国各地普遍栽培，面积较大。茄子是设施栽培的一种重要蔬菜，在不同的设施栽培条件下，可实现周年生产。茄子以浆果为食，营养丰富，含有丰富的蛋白质、脂肪、碳水化合物、维生素以及钙、磷、铁等多种营养成分，还含有少量特殊苦味物质茄碱，茄碱有降低胆固醇、增强生理功能的效应。

茄子和番茄一样，按照熟性早晚也可以分为早熟种、中熟种和晚熟种；按形状分为圆茄、长茄和灯泡茄；按颜色分为紫茄、红茄、白茄和绿茄等。

(二)茄子生物学特性

1.花器构造与花序特征

茄子的花为两性花。花瓣、萼片5～6出，基部合生为筒状，花冠白到紫色，花萼宿存。雄蕊5，花药长为花丝3倍，开花时花药顶孔开裂散出花粉。正常花的柱头高出花药，能正常受粉。单生花为正常花，着生两个以上的簇生花或植株营养不良时，则出现不正常的短柱头花，这种花不能授粉；花器构造见图9.7。

1.柱头 2.雌蕊 3.花药 4.花丝 5.花瓣 6.花萼

图9.7 茄子花器构造图

2.开花授粉习性

茄子的分枝结果习性很有规律。早熟种6～8片叶，晚熟种8～9片叶时，顶芽变成花芽，紧接的腋芽抽生两个势力相当的侧枝代替主枝呈“丫”状延伸生长。以后每隔一定叶位顶芽又形成一花，侧枝以同样方式分枝一次。这样，先后在第1、2、3、4的分枝叉口的花形成的果实分别被称为门茄、对茄、四门斗、八面风，以后植株向上的分叉和开花数目增加，结果数较难统计，被称为满天星。

茄子是喜温性蔬菜作物，最适生长温度为20～30℃，当温度低于20℃时，果实发育不良；在17℃以下时，生育缓慢，花芽分化迟，花粉管的伸长速度迟滞，受精不良，容易引起落花；10℃以下，造成新陈代谢失调，5℃以下出现冷害。但温度高于35℃时，也会使茄子花器发育不良，产量降低。

茄子为自花授粉作物，花大多数在上午开放，茄子花粉在开花前1 d至开花后2 d均有发芽能力，雌蕊从开花前2 d至花后3 d都有受精能力，但以开花当天授粉受精结实率最高，单果种子数也最多。茄子从开花到商品果成熟约需20 d，从商品果成熟至种子成熟约需30 d。

(三)茄子种子生产关键技术

1. 常规种种子生产技术

(1)制种田栽培管理技术

①采种田选择　采种茄子的育苗、定植、田间管理技术与商品生产基本相似,但也存在一些差异。首先茄子虽为自花授粉作物,但仍有一定的异交率。为保证种子的纯度,采种田应与其他茄子品种隔离一定的距离,原种田的隔离距离要求 200 m 以上,良种繁殖田为 50 m 以上。

②育苗　育苗工作包括种子处理、播种、假植、落期管理、定植和田间管理。

a. 种子处理　以降低种子当中的病菌残存率为目的,通常进行浸种处理。播种之前,首先把种子放在温度适宜的水中,浸泡约 15 min,之后将其再放到 55～60℃的热水中,持续时间大概是 15 min,在进行浸泡时,需同时对其进行搅拌,从而使得种子能够很好地受热,当水下降到室温时,不再进行搅拌,将其在此水中浸泡大概 4 h,拿出晾干后待播。

b. 播种　最好在大棚内播种,防止雨水冲刷。播种前应先整平苗床,均匀撒播,播后覆厚 0.5 cm 左右的细土,再铺上一层湿稻草或遮阳网,以防床土过干而影响出苗率。50%以上种子出苗后应及时拿去覆盖物。为了方便假植(分苗),也为了节约种子,也可在秧盘内播种,通常 20 g 的种子可以播种大概 8～10 个秧盘,另外也可直接选择穴盘育苗。

c. 假植　在播种之后约 20 d 的时间,秧苗中出现 2～3 片真叶的时候,应该挑选云多的天气,在下午时间假植,进行假植前的半小时内,应对秧苗浇水,从而促使泥土和根系有较强的黏合力;进行假植之后,要浇透水,并随即覆盖小拱棚膜并加盖遮阳网,保温、保湿的时间应维持在 3～4 d,促生新根。

d. 苗期管理　进行假植后的大概 7 d 内,应该每天都揭开小棚薄膜通风透光。当发展到 4～5 片的真叶期时,在最大程度上促使棚温降低,从而推动花芽进行分化,并尽早开花。在定植之前的 5～7 d,应该提升通风的次数,让秧苗能够进行相应的锻炼,温度应维持在白天 18～20℃,夜间大约 15℃,从而使得秧苗能够很好地适应外界环境。

e. 定植　制种地必须选择 3 年内未种过茄科作物并且保肥、排水良好的地块。每 667 m^2 的土地需要施腐熟有机肥 3 000 kg(或是饼肥 100 kg)、复合肥 30 kg、过磷酸钙 100 kg,全部的肥料都应该放在畦间,通常深度 25～30 cm。

f. 田间管理　定植后要加强中耕和除草,提高地温,加强水分管理,从而帮助缓苗与前期的生长。当门茄开花时,选晴天采用三杆整枝方式进行植株调整,即留主枝和门茄下第一、第二侧枝。以更好地协调营养生长与生殖生长间的关系,使植株能够在最短的时间内结果,在早期时,通常会除掉相应的门茄花蕾,从而使得门茄与四门斗等花蕾尽早开花,短期达到制种的目的,以协调种子产量与千粒重和其的芽势发展状况,枝条的果实产量应维持在 4～5 个。

(2)选种去杂　生长期间进行 2～3 次去杂去劣,选择生长健壮具有本品种特征特性的植株作种株。

(3)采种　当茄子种果果皮变成黄褐色时采收,注意淘汰染病的和腐烂的种果,成熟一批采收一批。种果采收后需经一段时间后熟,一般充分老熟的果实后熟 2～3 d 即可,而老熟度不够的则要后熟 7～10 d,以提高种子发芽率。茄子种子提取方法有两种:一种是湿取法,即把经后熟的种果切成数块,经过发酵变成果浆,使种子与果肉分离,再用水清洗,去掉果皮、果肉和秕籽,收集种子,晒种时要避免在烈日下暴晒,否则影响发芽率;另一种是干取法,即把种果暴晒直到果实萎缩发软,用木棒敲打,然后用手揉搓,使果肉和种子分离,将果实切开,手工挖取种子。将所取种子在席子或筛子上摊成薄层晾晒,当其含水量降至 8%时可装袋贮藏。

2.杂交种生产技术

(1)杂交制种地栽培管理技术　杂交制种地栽培管理技术大致同常规种生产栽培管理技术,详见上述。

(2)杂交制种技术要点

①父母本种植　父本一般比母本提前 3～5 d 或同时播种,父本种植密度可与一般生产相同。为促进父本早期发育可加强前期管理,有条件的可进行早期覆盖。为增加父本单株花数,可不整枝。为了制种操作方便,母本种植可采取小畦单行种植或大垄双行栽培方式,大垄畦宽 1.1～1.2 m,行距 0.5 m,株距 0.4 m。父母本种植比例为 1∶10 左右。

②隔离　茄子制种田与其他茄子品种隔离 100 m 以上。

③授粉技术

a.授粉时期　根据各地气候条件,选择天气晴朗,少雨,日气温在 20～28℃的季节授粉,尤应注意避开雨季。一般在 6 月下旬至 7 月上旬。

b.授粉工具准备　须准备镊子、授粉玻璃管、花粉干燥器、取粉器、盛装花粉小瓶、变色硅胶、70%酒精、标记铁环,有条件的可准备冰箱。

c.检验　父本杂交授粉之前,父本中全部的杂株应进行根除。

d.花粉采集　茄子花粉生活力接近于番茄,且花粉多,制取较番茄容易。一般于开花前一天下午或开花当天早晨 6:00—7:00 采集未散粉的花药,经晾干或干燥处理后,花药即可散出花粉,此种方法适合于较小规模制种时取粉,而且可以在每一花朵上留下 1～2 枚花药,使父本能正常结实。当大规模制种时,把采下的大花蕾放在贮粉盒中,置于干燥器或温度为 32℃的烘箱中烘干,也可在太阳下使其干燥,然后用镊子夹住花朵,让花药顶孔朝下,在花粉容器边沿敲击,这样便可收集较大量的花粉。收集到的花粉应避光、干燥保存,在此条件下保存,可连续使用 2～3 d。

e.去雄　在杂交制种中,一般选用"对茄"和"四面斗"花用于杂交,而把根茄花蕾摘除。因为根茄花的分化及发育时期多处于较低的温度,精结籽的能力不如其后的两层花朵;其次根茄花开放时植株的营养生长还不旺盛,此时结果结籽会影响植株的生长;另外,大果型或长果型的根茄靠近地面,容易受地面感染而发病。

通常选开花前 1 d 的花蕾去雄。去雄时左手轻轻持住花柄,右手用镊子将花瓣拨开,镊子伸入花药基部,夹住花药去除,不要碰伤柱头和子房。去雄时注意选用长柱花,若花序上有 2 个以上花蕾,应选最强健的花蕾去雄,其余全部摘除。

f.授粉　授粉时间以上午 8:00—10:00 时或下午 3:00—5:00 时为佳。选已去雄当天开放的花,用授粉器(如橡皮头、玻璃管授粉器等)将父本花粉涂满母本柱头。授粉后摘去 1～2 个萼片作为杂交果标记,也可用小金属环套在花柄上做标记。当全部授粉完毕,要仔细检查一次，把未标记的花以及所结的果实全部摘除。

g. 授粉后管理　授粉后必须将母本未去雄的花、蕾也全部摘除，并摘除多余腋芽，在最上面的杂交花序以上留 2 片叶摘心。

(3)种子收获

①种果采收　果实充分成熟后及时采收。一般在开花后 40 d 收获，并有 20 d 的后熟期，或者在开花后 50 d 收获，并有 5～10 d 的后熟期。采收前，根据果实形状和颜色做最后一次母本田的去杂工作。注意采收有标记的果实，无标记或标记不清的果实应摘下踏破，落地果不收。

②种子调制　茄子种果采收后应先后熟 15 d 左右，待种果变软后搓出种子或用机器挤碎种果再水洗，清洗干净后做干燥处理，干燥时注意避免日光暴晒，避免将种子直接放在水泥晒场或铁器上，以免灼伤种子。

③种子保存　待种子含水量≤8%时即可装袋，放置低温干燥处保存。严防保存过程中发生机械混杂和虫、鼠害，入库种子定期进行检查，确保种子质量。杂交种子的纯度≥98%、净度≥98%、芽率≥85%、水分≤8%的为合格种子。

(4)种子检验　参照番茄种子检验方法。

第三节　十字花科蔬菜种子生产技术

一、大白菜种子生产技术

大白菜又名结球白菜、黄芽菜，属十字花科芸薹属芸薹种大白菜亚种，染色体数 $2n=2x=20$。大白菜原产我国，是一种具有中国特色的大众化蔬菜，其品种资源十分丰富。大白菜以其细嫩甘脆、汁白如乳的品质，易种植、耐贮藏的特性，在我国的蔬菜生产和消费中占有重要的地位，不仅覆盖面广，且均有相应品种实现周年供应。

(一)大白菜类型及其主要品种

现在所食用的大白菜高级变种——结球大白菜，是经过长期的进化和历代劳动人民在实践中辛勤培育和定向选择的结果，结球白菜亚种逐步由顶芽不发达的低级类型进化到顶芽发达的高级类型，形成了以下四个变种。

(1)散叶变种　散叶变种为原始类型，其顶芽叶不发达，不形成叶球，叶片披张，以中生叶为产品，耐寒和耐热性较强，适于春季或夏季栽培。在大白菜和不结球白菜分布接壤的地区多此种类型。代表品种有‘北京仙鹤白’‘淮海大白菜’‘济南青芽子’‘黄芽子’等品种。

(2)半结球变种　半结球变种是散叶变种受到较好栽培条件的影响而形成的变种。植株高大直立，外叶较发达，抱合成叶球，但内层心叶不发达，叶球内部空虚，球顶完全开放呈半结球状态，以叶球及莲座叶为产品，这类产品耐寒性较强，适应性较广，生长期 60～80 d。现在多分布于东北、河北、山西省北部及西部等高寒地区。代表性品种有‘山西大毛边’‘兴城’。

(3)花心变种　花心变种是由半结球变种进一步进化而形成的一个变种。植株较矮,球叶的先端向外翻卷,翻卷部分颜色较淡,呈白色、淡黄色或黄色,形成所谓的花心。一般都具有早熟性,生长期 60～80 d,较耐热。多用于秋季早熟栽培和春季栽培,代表性品种有'北京翻心白''翻心黄''济南小白心'等。

(4)结球变种　结球变种是由花心变种进一步加强顶生叶的抱合,形成的高级变种,顶生叶发达,形成坚实的叶球,是目前普遍栽培的变种。顶生叶抱合,叶球顶端近于闭合或完全闭合。

大白菜结球变种因起源地及栽培地的气候条件不同而产生了三个基本生态型。

①卵圆形(海洋性气候生态型)　叶球卵圆形,球形指数(叶球高度/直径)约为 1.5,球顶尖锐或钝圆,近于闭合。顶生叶倒卵圆形至阔倒圆形,褶抱;中生叶倒卵圆形,披张。晚熟品种生长期 90～110 d,早熟品种 70～80 d。适宜于气候温和、昼夜温差不大、空气湿润的环境,栽培中心地区在山东半岛、辽东半岛和江浙沿海及四川、云南、贵州等温和湿润的地区。代表性品种有山东的'福山包头''胶县白菜'、东北的'旅大小根''二牛心'等。

②平头形(大陆气候生态型)　叶球倒圆锥形,上大下小,球形指数接近 1,球顶平坦,完全闭合。顶生叶横倒卵圆形,叠抱。中生叶阔倒卵圆形,披张。生长期多数品种为 90～110 d,少数早熟品种 70～80 d,能适应气温变化激烈、空气干燥、昼夜温差较大、阳光充足的内陆地区,栽培中心在河南中部、陕西、鲁南、苏北、豫南、冀中、晋中、晋南一带,湖南、湖北和江西有些地区也栽培这类品种。代表性品种有'洛阳包头''太原包头白''冠县包头''菏泽包头'等。

上述两个生态型的结球习性属充实型,即在结球初期外层的球叶首先抱合成球状,且已接近成熟时的大小,以后心叶不断充实叶球,内叶越多越大,叶球就越结实。

③直筒形(交叉性气候生态型)　叶球细长呈圆筒形,球形指数大于 4,球顶近于闭合或尖。顶生叶及中生叶皆阔披针形,半直立。第三叶环和顶生叶共同构成叶球,拧抱,其结球方式为膨大型或连心状。生长期 60～90 d。栽培中心地区在近渤海湾的冀东及天津等地,基本属于海洋性气候,但因常受大陆性气候冲击,因此它是海洋性和大陆性交叉气候生态型,对气候的适应性强,在海洋性及大陆性气候区均能生长良好,分布地区很广。代表性品种有天津'青麻叶''玉田包尖''河头白菜'等。

上述四个变种和结球变种的三个生态型是大白菜的基本类型,它们之间互相杂交还产生了下列次级类型。

平头直筒形　是由平头形与直筒形杂交而成,叶球长圆筒形,球形指数约为 2,上粗大下细小,球顶钝圆,分布于北京、辽宁一带。代表品种有北京'大青口''小青口''抱头青'等。

平头卵圆形　是由平头形与卵圆形杂交而成,叶球短圆筒形,球形指数约为 1,顶部平坦,叠抱,球顶闭合,代表品种有山东即墨县的'城阳青'等。

圆筒形　是由卵圆形与直筒形杂交而成,叶球圆筒形,球形指数约为 2,球顶钝圆。分布于山东半岛等地区,代表品种有'黄县包头''栖霞包头''莱芜包头'等。

花心直筒形　是由花心变种与直筒形杂交而成,叶球细长呈圆筒形,球形指数大于 4。顶部花心。分布于鲁中等地区,代表品种有德州'香把子'、泰安的'青芽''黄芽'等。

花心卵圆形　是由花心变种与卵圆形杂交而成,叶球卵圆形,球形指数约为 1.5。顶部花心,适于大陆性气候。分布于鲁中等地区,代表品种有'肥城花心''滕县狮子头'等。

以上变种、生态型和次级类型构成了我国大白菜的品种系统。

(二)大白菜生物学特性

1.植物学特征

大白菜的根系较发达,主根上粗下细,生有侧根。根系在土壤中分布范围较广。主要的吸收根系分布在距地表 40 cm 土层内。

大白菜的茎分营养茎和花茎。营养茎的节和节间区别不明显,有密集的叶痕,茎短缩、肥大,皮层和心髓比较发达。花茎上有明显的节和节间,在节上生有绿色的同化叶,茎绿色,一般覆盖有蜡粉。

大白菜的叶片既是同化器官,又是产品器官,在其生长发育的不同阶段,叶片形态有明显差异,具有典型的多型性,有以下五种形态:①子叶,肾形,2 片,表面光滑,叶缘无齿,有明显的叶柄,当种子萌发胚轴伸长后,子叶向上伸展,拱出土面。②初生叶又称基生叶,长椭圆形,锯齿状叶缘,有羽状网状脉,是大白菜幼苗最初形成的两片真叶,对生,与子叶垂直排列成十字形。③莲座叶为从两片初生叶后到球叶出现之前的叶片,叶片肥大,皱褶不平,叶片绿色或深绿色,是大白菜的主要同化器官,并对叶球起保护作用。④球叶是大白菜顶芽是叶原基长成的叶片,向心抱合成一个大的顶芽;叶球是大白菜的产品器官,球叶硕大柔嫩,叶柄肥大,皮层厚。⑤茎生叶,生长于花茎上的叶片,叶片较小,先端尖,基部宽,呈三角形,叶片抱茎而生,无叶柄,叶面光滑,叶缘锯齿少(图 9.8)。

图 9.8 大白菜的叶形态

大白菜花序属于复总状花序,花序轴的顶端原则上是无限的,在其上陆续产生出多次分枝,每个分枝逐渐发育成一个侧枝。花为完全花,花萼 4 枚,花瓣 4 枚,交叉对生,淡黄色,花瓣基部有蜜腺引诱昆虫,为虫媒花。雄蕊 6 枚,排列成两轮,内轮 4 枚,花丝较长,外轮 2 枚花丝较短,称为"四强雄蕊"。花药 2 室,成熟时纵裂以释出花粉。雌蕊 1 枚,子房上位,两心室,花柱短,柱头为头状(图 9.9)。

大白菜的果实为长荚果,圆筒形,较粗短,长 3～6 cm,有柄,成熟时纵裂为两瓣,种子着生于两侧膜胎座上。其种子为圆球形,黄色、红褐色至黑褐色,无胚乳,在一般贮藏条件下,种子寿命为 5～6 年,贮藏条件好可达 10 年。种子使用年限一般为 2～3 年。

图 9.9 大白菜的花及花序

2.生长发育周期

大白菜每一世代的生长过程,可依器官发生过程分为营养生长时期和生殖生长时期。每个时期还可依器官发生过程分为若干分期:营养生长时期分为发芽期、幼苗期、莲座期,除散叶变种外还有结球期和休眠期;生殖生长时期分为抽薹期、开花期和结荚期。大白菜春播时表现为一年生,可以直接从发芽期、幼苗期、莲座期或经过短暂的包心期进入抽薹开花期,继而获得成熟的种子,完成从种子到种子的发育周期;秋播大白菜为典型的二年生植物,在秋季冷凉气候条件下,以营养生长为主,通过发芽期、幼苗期、莲座期、结球期,形成叶球,并孕育花原基或花芽。经过越冬储藏后,于第二年春季在较高的温度和长日照条件下,进入以生殖生长为主的发育阶段,经过返青、抽薹、开化和结荚,完成一个世代的发育。

(1)营养生长时期　这一时期是营养器官生长阶段,这一时期末尾还孕育着生殖器官的雏体。包括发芽期、莲座期和结球期。

①发芽期　发芽期指种胚生成幼芽的过程。从播种开始,经过种子萌动,拱土到子叶展开为止,需 3～4 d。此期为要消耗种子中储藏的养分,称作"异养"。因此,种子质量好坏直接影响到发芽、幼苗生长,对于大白菜的结球状况也有强烈的后效应。

②幼苗期　幼苗期是从"破心",即基生叶出现开始,到完成第一叶环止。两片基生叶展开后与子叶交叉形成十字形,即所谓"拉十字",然后再形成 8 片中生叶,即第一叶环,该叶环形成后后幼苗呈圆盘状,称作"团棵"。从"破心"到"团棵",早熟种需 15～17 d,晚熟种约需 20 d。大白菜进入幼苗期后,由"异养"过渡到"自养",即靠自己制造的养分生长。此期生长量不大,但生长速度却相当快。

③莲座期　莲座期是从"团棵"开始到出现包心长相止。该期要形成中生叶的第二和第三两个叶环。早熟种需 21～22 d,晚熟种需 25～27 d。据调查,莲座期是营养生长阶段最活跃的时期。该期既是外叶形成最多时期,又是球叶分化最快时期;既是叶(功能叶)面积增加最快时期,又是单株重增加最快时期。因此,莲座期也是大白菜生长的关键时期。

④结球期　结球期是顶生叶生长形成叶球的过程。这一时期很长,早熟种需 25～30 d,晚熟种约需 45 d。该期又分为前中后三期:前期外层球叶生长构成叶球的轮廓;称为"抽桶"或"长框",约 15 d(以下指晚熟白菜);中期内层球叶生长以充实叶球,称为"灌心",约 10 d;后期

外叶养分向球叶转移,叶球体积不再扩大,只是继续充实叶球内部,约 10 d。结球期是产品器官形成时期,从生长时间看,约占全生长期的 1/2;从生长量看,约占单株总量的 2/3,特别是结球前中期,是大白菜生长最快时期。

(2)生殖生长期

①抽薹期 抽薹期是从植株返青至开花的时期。在北方,经过休眠的种株切头后栽植,在温度、光照和水分适宜时,球叶生理性活跃,由白色逐渐变绿。抽薹前期,花薹伸长缓慢,花薹和花蕾变为绿色,这一现象称为“返青”。返青后花薹伸长迅速,同时花薹上生长茎生叶,由叶腋中发生花枝、花茎和花枝顶端的花蕾同时长大。

②开花期 开花期是植株始花后进入开花的时期,全株的花先后开放。同时花枝生长迅速,逐步形成一次、二次和三次分枝而大开花序结实的株体。

③结荚期 结荚期是从谢花至果荚成熟的时期。这一时期花薹、花枝停止生长,果荚和种子旺盛生长,直至果荚枯黄、种子成熟为止。

如上所述,大白菜一个世代的生长发育有一定的周期性,可分为若干时期,而每个时期是连续的,从器官发生过程可以看出,每个时期都为后一时期准备营养基础并孕育新的器官,在栽培过程中必须注意,只有使前一时期生长良好,后一时期才能生长良好。

3.开花授粉习性

(1)春化作用 大白菜要求一定的低温,通过春化阶段才能由营养生长转向生殖生长。大白菜属于种子春化型作物,即萌动的种子就可对低温发生感应。在春季,可通过人工处理或自然低温进行春化后,不经结球阶段,就可直接抽薹、开花、结实。一般大白菜品种在 2～10℃的低温下,15 d 左右就能通过春化阶段,而 2～5℃为最佳春化处理温度范围,在适宜(2～10℃)低温下,经受低温时间越长,抽薹开花越早。大白菜属长日照植物。完成春化后,在 14～20 h 的长日照和 18～20℃的温度条件下,有利于抽薹开花。

(2)花序与花数 大白菜属总状花序,在主枝的叶腋生出一级分枝,一级分枝叶腋再生二级分枝,以此有四级分枝。高次分枝上的花较小,种子质量也差。一般大白菜的单花数为 1 000～2 000 朵,常因种植环境条件不同而变化较大。就一个植株上各级花枝花数的分布来讲,主干花枝约占 30%,一级约占 50%,二级约占 15%。可见主枝与一级侧枝花数合占全株花数的绝大部分,也说明种子产量高低取决于主枝与一级侧枝发育的好坏。

(3)授粉与受精 大白菜的柱头先于雄蕊成熟,一般品种于开花前 3～4 d 就可接受花粉受精,开花后 3 d 柱头开始萎缩,也就是说柱头授粉有效期为 6～7 d。开花当天的花粉活力最强,开花一天后花粉活力大幅度下降。一般认为开花后 4～5 d,花粉已基本失去活力。受精时的最适温度一般认为是 15～20℃,低于 10℃下花粉萌发较慢,而高于 30℃时也影响受精作用的正常进行。一天内授粉作用的最佳时间为:上午 8:00—12:00,下午 2:00—4:00。阴天授粉效果不好。

(4)种子发育 大白菜从授粉到种子成熟,一般需要 30～40 d。大白菜果实为长荚果,果形细长,长度 3～6 cm。通常一个植株有效种荚为 600～1 500 个,正常授粉受精每荚 15～30 粒。成熟的长荚果易纵裂而使种子散落,因此,成熟种子要及时收获。

(三)大白菜种子生产关键技术

1.大白菜生产概述

大白菜生态类型多样,分布广,产量高,耐贮运,供应期长,营养丰富,食用方法多样,深受消费者欢迎,且种植简易,省工、成本低。由于其栽培面积大,其丰歉关系到蔬菜的市场供应和市场价格,因此是名副其实的重要蔬菜。

大白菜在全国普遍栽培,其中山东、河北和河南等省种植面积较大,西藏、青海种植面积较小。由于历史、生态、生产和消费习惯的原因,我国北方地区仍为大白菜的主产区。

20 世纪 90 年代以来,随着人民生活水平的提高和对大白菜的喜爱,春、夏大白菜生产迅速发展,基本实现了秋、冬、春、夏大白菜周年供应。据 2006 年统计,播种面积在 10 万 hm^2 以上的省、自治区依次为山东、河北、河南、广西、广东、江苏、湖北、湖南、贵州、云南、黑龙江、江苏、辽宁和四川。由此可以看出,除山东、河北、河南仍然为大白菜主产区外,长江以南地区近年来面积增长较快,可能是作为苗菜食用增多的原因所致。另外,在我国寒冷季节较长的东北、西北广大地区,秋、冬大白菜的生产和供应仍占主导地位。

进入 20 世纪以来,大白菜出口和外运生产基地相继建立,专业化、规模化生产基地正在兴起,如河北、山东、河南、辽宁、陕西、黑龙江、湖北、云南等省都建有大面积的大白菜生产基地,对维护我国南北方大白菜市场均衡供应和出口创汇起着越来越大的作用。

大白菜除了在我国大面积种植外,世界上种植较多的国家(地区)还有日本、韩国、朝鲜及东南亚各国,而且各具特色。在日本称大白菜为“唐人菜”“山东菜”“芝罘菜”,消费量在蔬菜中排第 4 位。韩国和朝鲜种植面积也较大,其中大部分用来加工成泡菜。大白菜在欧、美均有栽培,有人称为“中国甘蓝”。特别在华人居住的地区,一年四季均有供应。总之,大白菜在蔬菜生产和消费中具有极其重要地位。

2.常规品种种子生产技术

(1)采种方法

①大株采种法　大株采种法又称成株采种法、结球母株采种法等。第一年秋季播种培育成健壮种株。当叶球成熟时按照该品种的特征特性进行严格选择,经过越冬贮藏或假植越冬,第二年春季定植于露地采种。大株采种法种子纯度高,抗病性、一致性、结球性等性状能得到较好的保持,但种子产量低,占地时间长,窖贮损失量大,种子的生产成本高,所以,适合于原种繁殖采用。

②半成株采种法　半成株采种法比大株采种法晚 7～10 d 播种,使之达到半结球的状态,密度增加 15%～30%株数,然后选择种株贮藏,第二年春季定植采种。半成株采种法由于密度大,种子产量高,而且抗寒性、耐藏性比大株法强,在南方可露地越冬。但选择效果不如大株法好,所以种子质量不如大株法高。

③小株采种法　小株采种法指当年播种、当年采种的方法。分为春育苗采种、春直播采种、春化直播采种、露地越冬采种。小株采种法占地时间短,种子生产成本低,但无法对叶球进行选择,故种子质量不能保证。因此,只能用于生产用种的繁殖。

(2)大株采种法的技术要点

①秋季种株的培育与选择 采种用的种株秋季播种期与商品生产相比应适当推迟5～10 d(在保证叶球长成的前提下),栽植密度可增加10%～15%的株数。在水肥管理上,为增强种株的耐藏性应减少氮肥的施用量,增施磷、钾肥,前期水分正常管理,结球后期偏少,收获前10～15 d停止浇水。种株收获期比商品菜栽培早3～5 d,以防受冻,特别防止根部受冻。收获时竖直连根拔起,就地晾晒2～3 d,每天翻倒一次,以后根向内露天堆垛,天气转冷入窖贮藏。

从种株培育到种子采收需经过多次选择。第一次在苗期,通过间苗拔除异型株、变异株、有病株等。第二次叶球成熟期,主要针对品种典型性状如株型、叶色、叶片抱合方式、有无茸毛等,同时注意选留健壮、无病虫害、外叶少、结球紧实者作种株。第三次在贮藏期,前期应淘汰伤热、受冻、腐烂及根部发红的种株,后期应淘汰脱帮多、侧芽萌动早、裂球或衰老的种株。第四次在定植后的种株抽薹开花后,可根据种株的分枝习性、叶、茎、花等性状,进一步淘汰非标准株。

②冬季种株的贮藏及处理 种株贮藏最好采用架上单摆方式,也可以码垛堆放,但不宜太高。入窖初期应2～3 d倒菜一次,以后随着温度降低可延长倒垛时间。种株贮藏适温0～2℃,空气相对湿度80%～90%。通常在定植前15～20 d把种株叶球上部切去,以利于花薹的伸出,切菜头常用的方法是在短缩茎以上7～10 cm处以120°角转圈斜切成塔形,然后放在不受冻的场所进行晾晒,使其见光,叶片由白变绿,提高定植后的成活率。

③春、夏季种株的定植及管理 采种田选择大白菜是异花授粉植物,天然杂交率在70%以上,所以采种田应严格隔离,与容易杂交的其他大白菜品种、小白菜、白菜型油菜、乌塌菜、菜心、芜菁等采种田隔离2 km以上,有障碍物应隔离1 km以上。大白菜的采种田应选择土质肥沃、疏松、能灌能排地块,忌重茬,与十字花科其他作物轮作2～3年及以上。

定植在确保种株不受冻的情况下尽量早定植,一般在10 cm土温达到6～7℃时即可定植。辽宁省一般在3月末至4月上旬,河北省3月中下旬。若采用地膜覆盖栽培可使种子提早成熟,饱满度和产量显著增加。大白菜种株定植为防止软腐病一般采用垄作,栽植52 500～67 500株/hm^2,挖穴栽植,定植深度以菜头切口和垄面相平为宜,为防止种株受到冻害,周围用马粪土踩实,不可留有空隙。

田间管理定植时若墒情好,可不浇水。当主茎伸长达10 cm高时,结合追肥浇一次水,开花期应多次浇水,满足水分供应。盛花期后应减少灌水,种子成熟期前停止浇水。种株定植前应施足农家肥75万kg/hm^2,氮、磷、钾复合肥300 kg/hm^2,特别是钾肥对种子生长非常有利,应施草木灰225～300 kg/hm^2。大白菜属虫媒花,传粉媒介的多少与种子产量关系密切,通常每1 000 m^2采种田需设一箱蜂,以辅助传粉,不仅可以提高种子产量,还可以提高种子纯度。种株结荚后,为防止倒伏最好设立支架。种株生长期间注意防治病虫害。

④种子收获与脱粒 大白菜从开花到种子成熟需要35～40 d,当种株主干枝和第一、二侧枝大部分果荚变黄,主枝种子变褐时即可采收。一般于早晨露水未干时用镰刀或剪子从地上部割断,一次性收获,将收获后的种株放在晾晒场上晾晒2～3 d,然后脱粒。

(3)小株采种法的技术要点

①春育苗小株采种法 早春在冷床、阳畦、塑料大棚、塑料小拱棚等都可育苗。南方多采

用阳畦育苗，1—2 月播种，往北依次顺延。出苗后注意给予一定时间的低温处理，使之通过春化阶段。2～3 片真叶可移植一次，6～10 片真叶时定植露地，辽宁省的定植时间为 3 月下旬至 4 月中旬，往南应提早定植，密度 60 000～75 000 株/hm^2。定植时坐水栽苗，5～7 d 后浇缓苗水，然后中耕松土，提高地温，促进发根。开花期应保持土壤湿润状态，当花枝上部种子灌浆结束开始硬化时要控制浇水。在基肥比较充足的情况下不用多追肥，但肥力差的地块，在种株抽薹开花后可能会出现缺肥现象，应立即追施复合肥 225～300 kg/hm^2，盛花期叶面喷施 0.2% 磷酸二氢钾 1～2 次，0.1% 硼砂 2～3 次效果更好。春育苗小株采种法种子的成熟期比大株采种法晚 10～15 d，其他同大株采种法。

②露地越冬小株采种法　华北南部及以南地区冬季平均最低温度高于－1℃，可以采用冬前露地直播或育苗移栽，第二年春季采种的方法。为使幼苗能正常越冬不受冻害，越冬期间幼苗应该保持 10 片叶左右为宜，也可以用稻草、马粪或麦糠等物覆盖。经过一个冬天的低温，第二年的春季即可抽薹开花结实。这种方法花期早，产量高，种子收获早，有利于种子的调运和使用。

③春直播小株采种法　东北地区 3 月中下旬至 4 月初于早春化冻后进行顶浆播种，用种量 3.75 kg/hm^2，间苗 2 次，其他同春育苗小株采种法。

④春化直播小株采种法　东北的吉林、黑龙江及内蒙古部分地区无霜期短，白菜的播种期又早，为使当年采收的种子能赶上秋播，常常采用春化直播小株采种法，即在最适宜的播种期提前 17～25 d 将白菜种子用 45℃ 温水浸泡 2 h 后，放在 25℃ 条件下催芽，经过 20～40 h 种子开始萌动后，将种子装入润湿的纱布袋内放在 0～5℃ 冰箱中处理 25～30 d，每天检查温度和湿度，这样播种后的种株抽薹率可达 95% 以上。

3. 杂交种品种种子生产技术

目前大白菜杂交种品种的种子主要是利用自交不亲和系方法生产的。

(1)自交不亲和系的繁殖保存　采用蕾期人工授粉、CO_2 处理或盐水花期处理的方法繁殖保存。

(2)利用自交不亲和系生产杂交种　通常采用阳畦育苗或冷床育苗的小株采种法，即父母本按 1∶1 比例播种定植，正反交的种子都可用于生产。母本产种多，父母本可按 1∶(2～4) 的比例，播种定植。播种时应注意调节好父母本的花期，早开花晚播种，晚开花适当早播。为确保授粉充足，花期最好放养蜜蜂。其他同常规品种的小株采种法。

4. 种子的质量控制技术

(1)收割　不结球白菜是无限花序，开花延续的时间较长，荚果成熟很不一致，收获过早，籽粒尚未充实饱满，瘪粒多；收获过晚，荚果炸裂丢粒或荚果内种子发芽。因此，生产上一般在全株 4/5 的荚果呈黄色时收获，及“黄八成，收十成”。掌握“三割、三不割”的原则，即带露水割，阴天割，早晚割；露水干后中午不割，下雨不割，青稞不割。采收以人工收割为好，收割时不要带根粘泥。

(2)脱粒　收获后不宜立即晾晒脱粒，应在晒场上堆放后熟 3～4 d，这样不但有利于角果的营养进一步向种子转移，而且有利于脱粒。脱粒时，场地要清扫干净，宜在篷布或水泥场上进行，不可在土场上脱粒，亦不可与其他品种同场脱粒。

(3)晾晒 种子脱粒、扬净后及时晾晒,需在篷布上进行,晾晒时要与其他品种保持较大的距离,同时注意防止雨淋和暴晒,隔 1～2 h 翻动种子 1 次。

(4)加工与检测 晾晒完毕后,种子自然降温后,含水量不超过 7%时即可装袋存放。保持环境干燥和通风,袋内可放 1 片"粮虫净"药片,袋上附上标签,注明品种。采收的种子晾晒后用风选机结合人工进行精选,精选后的种子应达到色泽鲜艳,经室内检验净度不低于 98%、发芽率不低于 85%、含水量不超过 7%的质量标准。

刚采收的大白菜种子一般具有休眠现象,通常在常温下放置 30 d 左右,即可度过休眠期,然后就可以开始室内的发芽率检测和田间的纯度鉴定,经检测纯度不低于 96%、净度不低于 98%、发芽率不低于 85%、水分不高于 7%即为合格的种子,可包装待售。

为了提前进行纯度检测,不耽误当年的种子销售和秋季大白菜生产,可采用物理、化学的方法打破休眠。如对风干后的新种子在恒温箱中用 40～42℃高温处理 24 h,然后将温度降至 35℃继续处理 7 d。高温促进种子后熟,高温干燥使种皮干裂,增加透气性,因而可显著提高种子发芽整齐度。

二、小白菜种子生产技术

(一)小白菜类型及其主要品种

根据形态特征、生物学特性及栽培特点,小白菜可分为秋冬白菜、春白菜和夏白菜,各包括不同类型品种,均为不结球白菜。

(1)秋、冬白菜 秋、冬白菜在中国南方广泛栽培、品种多。株型直立或束腰,以秋、冬栽培为主,依叶柄色泽不同分为白梗类型和青梗类型。代表品种主要有:'南京矮脚黄''矮抗青''广东矮脚乌叶''上海青''杭州油冬儿'等。

(2)春白菜 春白菜植株多开展,少数直立或微束腰。冬性强、耐寒、丰产。按抽薹早晚和供应期又分为早春菜和晚春菜。代表品种如'水白菜''南京四月白''杭州蚕白菜''上海四月慢''上海五月慢'等。

(3)夏白菜 夏白菜夏季高温季节栽培,又称"火白菜""伏菜",代表品种如'热抗白''热优 2 号''南京矮杂一号'等。

(二)小白菜生物学特性

1.植物学特征

(1)根 小白菜的根系属于直根系、浅根系,须根较发达。根系再生能力略强于大白菜,比大白菜适于育苗移栽。根系分布在表土层 10～13 cm 处。

(2)茎 小白菜的茎在营养生长期内短缩,短缩茎的直径为 1～3 cm。遇到高温或过分密植时,短缩茎也会伸长。进入生殖生长期,茎伸长为花茎,花茎上常有 2～3 次分枝。

(3)叶 小白菜的叶包括莲座叶和花茎叶。莲座叶着生在短缩茎上,为主要食用部分,又是同化器官。莲座叶多直立,为 2/5 或 3/8 叶序,一般有 3 个叶环。莲座叶呈倒卵圆形至阔倒卵圆形,亦有圆形、卵圆形等,叶长 15～30 cm,叶片绿色至深绿色,叶片厚,多不皱缩,叶全缘或波状,光滑无毛,少数有茸毛。叶柄肥厚,横切面呈扁平形、半圆形或扁圆形,一般无叶翼,白、绿白、浅绿或绿色。单株叶数一般十几片。花茎下部的茎生叶，叶柄有边缘；花茎上部的茎生叶倒卵圆形至椭圆形，叶基部成耳状抱茎或半抱茎。

(4)花、果实、种子　小白菜的花为复总状花序，完全花，花冠黄色，花瓣 4 片，十字形排列，雄蕊 6 个，花丝 4 长 2 短，雌蕊 1，位于花的中央。异花授粉，虫媒花。果为荚果，角长而细瘦，有棱角，红褐或黄褐色，千粒重 1.5～2.2 g。

2.生育周期

小白菜生育周期分为营养生长期和生殖生长期。

(1)营养生长期

①发芽期　发芽期指从种子萌发到子叶展开，真叶显露的时期。

②幼苗期　幼苗期指从真叶显露到形成一个叶序的阶段。

③莲座期　莲座期为植株从幼苗期再长出 1～2 个叶序的过程，是个体产量形成的主要时期。

(2)生殖生长期

①抽薹孕蕾期　抽薹孕蕾期指抽生花薹，发出花枝，主花茎和侧花枝上长出茎生叶，顶端形成花蕾的时期。

②开花结果期　开花结果期为花蕾长大，陆续开花、结实的时期。

小白菜以莲座叶为产品。秋播小白菜一般 1.5～2 d 分化 1 片新叶。幼苗期叶面积增长速度比叶重增长快；莲座期则叶重增长速度快。到生长后期，叶重增长主要是叶柄的增长，叶柄重常占叶总重的 75%～80%，为营养储藏器官。小白菜的多数品种为叶重型。

3.开花、授粉习性

小白菜性喜冷凉的气候，种子发芽适宜温度为 20～25℃，植株生长适宜温度为 18～20℃，在－3～2℃的低温能安全越冬，有的品种能耐－10～－8℃的低温。一般小白菜处于种子萌动及绿体植物生长时期，在 15℃以下经过 10～40 d 即可通过春化。之后幼苗顶端开始花芽分化，叶片分化停止，进而开花，结实。

不同类型的小白菜品种通过阶段发育达到抽薹开花对温度及光周期的要求有所不同。春性品种如广东‘矮脚白’‘江门白菜’等，不经低温处理，在江南地区几乎全年都能抽薹开花；冬性弱的品种如南京‘矮脚黄’‘高桩’‘苏州青’上海‘矮萁白菜’杭州‘早油冬’常州‘短白梗’等，在 0～12℃温度下，经 10～20 d 可以通过春化；冬性品种如南京‘白叶’、杭州‘半早儿’、上海‘二月慢’‘三月慢’等，需在 0～9℃温度下经 20～30 d 方可通过春化；冬性强的品种如南京‘四月白’、上海‘四月慢’和‘五月慢’、杭州‘蚕白菜’等，需在 0～5℃温度下经 40 d 以上才能通过春化。春化要求严格的冬性强的品种，对光周期要求严格；春性品种，对光周期要求不严格。

小白菜开花习性依品种和当地气候条件而异。开花适温为 15～25℃。开花时间从早上开始，9:00—10:00 盛开，以后又渐少，午后开花更少。花后 3～5 d 花瓣脱落。小白菜的有效花期为 15～25 d，始花后约 2 周进入盛花期。雄蕊花粉从花药开裂至花瓣脱落期间，均有发芽力，以花药开裂当天散出的花粉最好。雌蕊柱头在开花前 2～3 d 已经有接受花粉的能力。当有生活力的成熟花粉落到雌蕊柱头上以后，如果花粉与柱头是亲和的，则花粉粒萌发成花粉管，经 30～60 min 花粉管进入柱头、花柱。18～48 h 完成双受精过程形成合子，受精 7 d 后胚珠开始膨大。

(三)小白菜品种种子生产关键技术

1.小白菜生产概述

小白菜又名不结球白菜、白菜、青菜、小油菜,十字花科芸薹属芸薹种小白菜亚种,染色体数 $2n=2x=20$,一、二年生草本植物,常作一年生栽培。小白菜原产于我国,南北各地均有分布,在我国栽培十分广泛。小白菜生育期相对短,可多茬种植,品种类型多样,在南方基本上可实现周年供应。目前,小白菜在南方各省种植面积最广,在叶菜类蔬菜占主导位置。以浙江省为例,在 2010 年各种植叶菜类蔬菜 23.4 万 hm^2,585.2 万 t,其中小白菜种植面积为 8.3 万 hm^2 为主导,占比 35.3%,总产量 179.41 万 t,占比 30.66%。小白菜具有适应性广,生长期短,栽培简易,类型、品种多样,品质鲜嫩,营养丰富,食用方法多样的特点。小白菜的茎叶均可食用,植株较矮小,浅根系,须根发达。叶色淡绿至墨绿,叶片倒卵形或椭圆形,叶片光滑或褶缩,少数有绒毛。叶柄肥厚,白色或绿色,不结球。花黄色,种子近圆形。据测定,小白菜是蔬菜中含矿物质和维生素丰富的蔬菜。

2.常规品种种子生产技术

(1)成株采种法的技术要点

①种株的培育 普通小白菜的采种田应选择地势高、土壤肥沃及排灌方便的地块,施入腐熟有机肥 75 t/hm^2,磷肥 450 kg,畦作。华北地区一般 8 月中旬播种育苗,苗出齐后,注意保墒,及时间苗和拔除小苗、弱苗、病杂苗。当幼苗长到 4~6 片叶时可定植,苗龄 1 个月左右,株行距 20 cm×25 cm,定植 5~7 d 后浇一次缓苗水,及时中耕。其他的栽培管理与生产栽培相同,只是肥水要少,注意病虫害的防治。收获前应进行选择,淘汰不符合本品种特性的植株及生长势差的、得病的植株及杂株。

②种株的收获及贮藏 华北地区多在立冬前后及小雪前用沟藏法贮藏种株,收获时将种株连根拔起,在田间稍加晾晒,使其水分减少,萎蔫后方可贮藏。贮藏沟宽 80 cm,深 33 cm,北方放在窖里贮藏,温度应保持在 0~2℃。贮藏期间要防止种株伤热、受冻、腐烂。

③种株定植及管理 当土壤解冻后要及时整地,方式同前。定植时间是华北地区多在惊蛰前后,北方可适当推迟,在保证种株不受冻的情况下,尽量早定植。与大白菜、白菜型油菜、乌塌菜、菜心及其他普通白菜品种隔离距离 2 km 以上。

种株定植缓苗后要及时浇缓苗水,然后中耕松土培土,进入盛花期之前要加强肥水管理,保持土壤湿润,可追施 2~3 次复合肥,喷施 0.2%~0.3%的磷酸二氢钾 2~3 次。注意病虫害的防治。为防止倒伏可设立支架。

④种子采收 当种荚变黄时采收。为防止脱粒应在清晨收割,后熟 3~5 d 后进行脱粒,晾晒,精选后装袋入库。

(2)小株采种法的技术要点 小株采种法有春直播采种和阳畦育苗采种,春直播采种的种子质量差,一般不采用。主要采用阳畦育苗采种法。首先冬播前,选好地,挖好畦,播种前配好床土,辽宁省于 2 月上中旬播种,往南依次提前。种子可播在营养钵、营养土块或撒播,撒播的在播后 40 d 可移苗,株距 7~8 cm 见方。苗期要根据秧苗长势及外界气温的高低进行管理。随着温度的升高,可逐渐加大放风量,当秧苗长到 6~10 片叶时定植。株行距为(25~30)cm×40 cm。

其他方面同大白菜种子生产。

(3) 南方小白菜种子生产技术要点

①生产方式与播种　生产方法一般采用中株采种法或小株采种法。播种方式:中株采种法一般育苗移栽,播种应掌握匀播与适当稀播,播种量为(0.75～1.00)kg/667 m^2。中株采种法育苗系数为1∶(12～14)。小株采种法一般直播,播种量为(242～290)g/667 m^2。播种期:中株采种法一般在10月上中旬,小株采种法一般在2月上旬至3月上旬直播。

②定植与田间管理　苗龄35～45 d定植。中株采种法定植株行距(20～25)cm×(20～25)cm,拔秧苗前苗床需浇透水,使苗根多带小土块,拔秧苗时去除不符合品种典型性状的杂株,定植时将全部根茎埋入土中。小株采种法按株行距(18～20)cm×(18～20)cm 定苗 。中株采种法冬季田间管理应注意防寒,在种株生长期间应注意防治菌核病、霜霉病和病毒病。小株采种法应及时间去除不符合品种典型性状的杂株,并于苗期、生长中期及开花前拔除所有杂株、可疑株、病株、劣株以及其他十字花科植株。

③种子收获与贮藏　种株角果黄熟期,籽粒转为红棕褐色或黑褐色,在清晨露水未干时收割。杂交制种的父本、母本须按标记分别采收,防止种子机械混杂。种子脱粒、晒干、扬净,检验合格后入库。种子包装与贮藏按GB/T 7414和GB/T 7415规定进行,严防种子机械混杂,包装物内外各加标签。种子质量检验按GB/T 3543规定进行。经检验后,种子的纯度不低于96%、净度不低于98%、发芽率不低于85%、水分不高于7%的为合格种子。

3.杂交种品种的种子生产

小白菜的杂交种是利用自交不亲和系、雄性不育两用系和雄性不育系为亲本生产的,可以采用半成株和阳畦育苗小株采种法。

(1)雄性不育系及两用系的亲本繁殖　一般采用空间隔离,与大白菜、白菜型油菜、乌塌菜、菜心及其他普通白菜品种的采种用隔离距离2 km以上,株行距(25～30)cm×(40～50)cm。种株盛花期过后,可拔除可育株和保持系,最后在不育株上收获的种子即为两用系和不育系原种。自交不亲和系的繁殖,应将种株定植在纱网棚内,采用人工蕾期系内混合授粉的方法繁殖原种。

(2)半成株法杂交制种亲本培育　与原种生产相同,不同点是:春季定植时的隔离距离为1 km。如果亲本为自交不亲和系,则父母本的行比为1∶1或1∶2,种子混收。如果母本是雄性不育系或两用系,父母本的行比可按1∶(4～5),两用系母本的株距应是父本的一半为13～15 cm,父本的株距为25～30 cm。为保证杂交率,进入初花期后,应拔除母本行中的可育株,当把母本行中的可育株拔净后,摘除不育株上已开的花或结的角果,用父本的花粉给不育株授粉,在不育株上收获的种子即是杂交种。父本可单繁或单收。

(3)阳畦育苗法杂交制种　方法基本同前,不同点是:①花期调节,首先要了解父母本的花期是否相遇,如果不遇,应错开播种期或进行植株调整。②拔除可育株,如果母本是雄性不育两用系,初花期要拔除有花粉植株,为提高种子产量和质量,花期最好放蜂传粉。

4.种子的质量控制技术

种子的采收、脱粒、加工与质量检测技术要点参照大白菜部分。按照《农作物种子检验规程(GB/T 3543.1—3543.7)》对种子进行扦样、净度分析、发芽试验、真实性和品种纯度鉴定、水分测定等一系列操作。经检验后,依据瓜类种子质量标准(GB 16715.2—2010),杂交种子的纯度≥96%、净度≥98%、发芽率≥85%、水分≤7%的为合格种子。

三、萝卜种子生产技术

萝卜为十字花科萝卜属萝卜种一年或二年生植物，$2n=2x=18$。在世界各地广泛栽培。我国栽培的萝卜在分类上称为中国萝卜，起源于我国，属于大型萝卜。欧洲、美洲栽培的为小型萝卜，分类上称为四季萝卜。萝卜在我国栽培历史悠久，有文字记载的就有 2 700 多年以上的历史了，分布极广，栽培面积很大。萝卜品种很多，食用方法多样，既可作菜用，可作水果生食，还可加工腌渍；营养丰富，富含淀粉酶等多种酶，有良好的食疗保健和食用价值；价格便宜，并可长期储藏，为广大市民所喜爱。

(一)萝卜类型及其主要品种

我国作为萝卜起源中心之一，品种资源丰富，萝卜地方品种在 1 500 个以上。可依叶形、根形、根色、根长、用途、生长期长短、栽培季节、地理位置和气候，以及对春化反应的不同等进行分类。

1.按栽培季节划分

(1)春萝卜　又称春夏萝，在春季播种的萝卜，在北方地区春播春收或春播初夏收获，生长期短，一般为 40～60 d。耐寒性强，不易抽薹和糠心，也很耐储运，在中国南北各地均有广泛种植。如北方地区的农家品种'六缨'品系、旅大'小五缨''四缨子春萝卜'、北京'五缨水萝卜'、南京的'泡里红萝卜''山东寿光春萝卜'等。

(2)夏萝卜　夏种秋收，其特点是耐热性强。品种有浙江的'小钩白萝卜'、广东的'蜡烛趸萝卜'、湖南的'枇杷萝卜'等。

(3)秋萝卜　夏秋初播种，秋冬初收获。秋萝卜多为大中型品种，是中国普遍栽培的类型，栽培面积大、产量高、耐储藏、用途多。绿皮萝卜如山东'潍县青萝卜'、天津'卫青萝卜'，山西的'露八分''大青皮'和'翘头青'，内蒙古的'红心脆'、青海的'绿头青'、北京'心里美'等；红皮萝卜如北方各地的'大红袍'、山东薛城的'长红'、陕西的'胭脂红'、河北'玉田早'萝卜等；白皮萝卜如北方各地的'象牙白'、石家庄白萝卜、浙江'浙大长'萝卜等。

(4)冬春萝卜　冬春季节播种的萝卜，如浙江'大缨洋红''蜡烛红'，四川成都'春不老'等。

2.按用途划分

(1)菜用萝卜　主要有板叶大红袍、灯笼红等品种，肉质白色，品质好。

(2)加工型萝卜　江苏的'鸭蛋头''新闸红'，安徽的'定地萝卜'，福建的'短叶六十日'，湖南的'升筒萝卜'，四川的'满身红'，浙江的'北山'和'兰溪小萝卜'等。

(3)水果型萝卜　如北京'心里美'，天津'卫青萝卜'、山东'潍县青'、安徽的'金甜思'、江苏扬州'西瓜红'、四川'团萝卜'、浙江桐乡'水晶萝卜'等。

3.按春化特性划分

可分为四个系统：春性系统、弱冬性系统、冬性系统、强冬性系统。

(二)萝卜生物学特性

1.植物学特征

(1)根　萝卜的根系为深根系,小型的主根深 60～150 cm,大型的深达 180 cm,根系主要分布在 20～45 cm 的土层中。根系生长速度快。肉质根既是产品器官,又是储藏器官。品种不同,肉质根在形状、皮色及大小上也不同,形状有长圆筒形、圆锥形、圆形、扁圆形等,皮色有白、红、紫、绿等。肉质根入土多少也因品种而异,真根部分为主要入土部分。像'笕桥缨红萝卜'等品种肉质根主要在土内,像'心里美''短叶十三'等品种肉质根大部分露出土面。

(2)茎　营养生长期为短缩茎,节间密集,叶片簇生其上。生殖生长时茎伸长成为花茎。

(3)叶　在营养生长期叶丛生于短缩茎上。叶有全缘叶(板叶)和裂刻叶(花叶)之分。叶色有绿、浅绿及深绿。叶柄和叶脉的色泽与肉质根的皮色或肉色有关,一般分为绿色、粉红色及紫色等。叶丛伸展的方式有直立、半直立和平展 3 类。

(4)花　复总状花序,完全花,花瓣 4 片,花冠成十字形,有白色、粉色、紫色等;花萼 4 片,绿色;雄蕊 6 枚,4 长 2 短,基部有蜜腺,异花授粉,虫媒花。开花的顺序是自下向上,先主枝后侧枝,全株开花期 30～35 d,每朵花开放期为 3～5 d(图 9.10)。

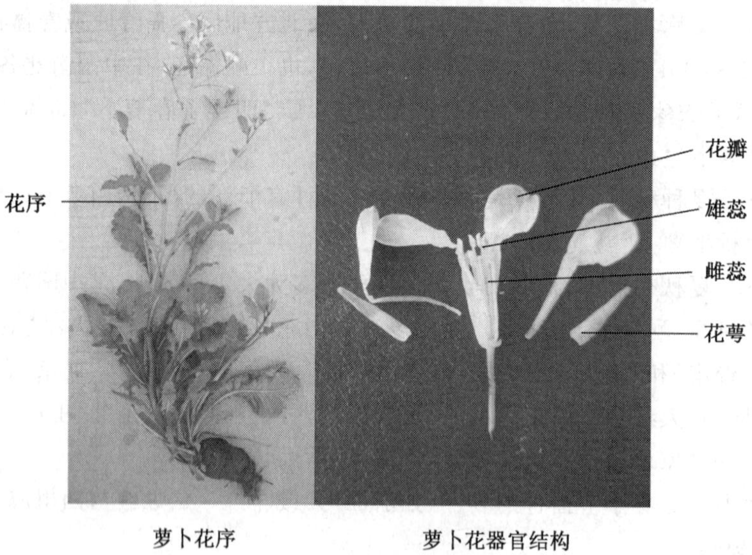

图 9.10　萝卜花序及花器结构

(5)果实和种子　果实为长角果,每个果实内有种子 3～8 粒,成熟时不易开裂,故采种时可以整株收获晾干。种子为不规则的圆球形,种皮浅黄色至暗褐色。一般肉质根白色或绿色的品种种皮颜色较深,红色品种的种皮色较浅。种子千粒重 7～16 g,种子发芽力通常可保持 3～5 年,但生产上宜用当年新种子。

2.生长发育周期

萝卜为一年生或二年生蔬菜。第一年为营养生长阶段,形成叶簇和肥大的肉质根。第二年进入生殖生长阶段,抽薹开花、结实,完成由种子播种到种子成熟的生长周期。如果春季提早播种,萝卜在一年内也能完成整个生长期。

(1)营养生长期　从种子萌动、出苗到肉质根肥大的整个过程为萝卜的营养生长期。根据生长特点的变化,又分为发芽期、幼苗期、叶生长盛期和肉质根膨大盛期。

①发芽期　由种子开始萌动到2片基生叶展开,排列呈十字形为发芽期。在适宜的温度和水分条件下,需为5～7 d。这个时期主要靠种子内部储藏的营养物质进行"异养生活",使其萌动,子叶出土,种子大小及储藏条件和年限,都会对种子发芽率、苗期生长及后期生长产生一定影响。此期要求充足的水分和适宜的温度。

②幼苗期　幼苗第一片真叶展开到形成5～7片真叶为幼苗期。在适宜条件下,约需15 d,此期逐步转入依靠光合作用的"自养生活"。肉质根主要以延长生长为主,后逐渐加粗生长。由于肉质根的次生生长使其不断加粗,而肉质根外部的初生皮层和表皮不能相应膨大,造成初生皮层的破裂,即所谓的"破肚",这也标志着肉质根进入加粗生长。

③叶生长盛期　又称莲座期,肉质根生长前期。从肉质根破肚到"露肩"为叶生长盛期,为20～30 d,露肩是肉质根的根头部分生长变宽如人肩,此时期叶数不断增加,叶面积迅速扩大,整个叶器官生长旺盛,地上部分生长量仍超过地下部分的生长量。这个时期在管理上要注意肥水适当,促进叶片增长,还要适当控制浇水,避免叶片旺长,使肉质根膨大盛期适时到来。

④肉质根膨大盛期　从"露肩"到时肉质根形成收获,是肉质根生长最快的时期,为40～50 d。

(2)生殖生长期　萝卜为低温感应型蔬菜,其萌动的种子,或植株在幼苗期、肉质根生长期以及储藏期,可以通过感受低温影响完成春化阶段;然后在长日照和较高的温度条件下,抽薹、开花、结籽,完成一个生育周期。萝卜经冬季低温完成春化,从种株定植到种子成熟可以分为4个时期。

①返青期　从种株定植到开始抽薹,为15～20 d,此期花茎生长缓慢,主要是发根,花蕾迅速分化。

②抽薹期　从开始抽薹到开花前,一般需要10～15 d。这个时期花薹生长迅速,莲座叶和茎生叶生长也较快,在主茎生长的同时,一次分枝也开始伸长。

③开花期　从开始开花到植株基本谢花,一般需要20～25 d。

④结荚期　从终花期到果荚生长、种子成熟,一般需要25～30 d。花期的变化极大,一般30 d左右,长的达40 d。到种子成熟,还需要30 d左右。自抽薹开花,同化器官制造的养分及肉质根储藏的养分都向花薹中运转,供给抽薹开花结实之用。抽薹开花后,萝卜的肉质根变成空心,失去食用的价值。为了留好种子,这时期需要供给充足的水肥,当种子接近成熟时又需要干燥,以利于种子成熟。

(三)萝卜种子生产关键技术

1.萝卜生产概述

近年来,在全国蔬菜生产规模逐年提高的大背景下,我国萝卜播种面积及总产量都保持增长的态势。2017年,我国萝卜播种面积达130万 hm^2,总产量为4 501万 t,每667 m^2 平均产量2 308 kg。萝卜播种面积较多的地区为湖北、河南、四川、湖南、贵州、云南、陕西、甘肃,北京、上海种植面积较少。其中,90%以上为露地栽培,大棚、小棚及温室播种面积较少。萝卜总产量排名前五的为河南、湖北、湖南、四川和云南,北京、上海萝卜产量最少。

随着生产的发展和生活水平的提高,人们对萝卜产品质量的要求也随之提高,因而品种选择和栽培制度也在不断创新。据中国历史上的栽培习惯，长江以北均以红皮白肉类型和绿皮绿肉类型的品种栽培为主，长江以南，特别是广东、广西、福建、上海、浙江等地以栽培白皮白肉品种为主。随着国外的优质白萝卜品种的引进，长江以北白萝卜品种也得到迅速推广，如历史上以红皮萝卜品种占绝对优势的南京市场，现在是白萝卜品种占了优势，尤其在反季节栽培上，几乎都被新的白萝卜品种所占据。

出口创汇萝卜生产的发展，也是中国萝卜生产上的一大特色，尤其是山东和江苏北部气候适宜、土壤疏松肥沃的地区，出口萝卜生产发展尤为迅速。目前出口创汇萝卜生产有两种情况：一种是外商指定品种并带来他们的种子在中国生产，加工成半成品输出，如日本'干理想''新八洲'等品种；另一种是中国自己的传统优良地方品种，在原产地生产，按外商规定的产品标准出口，如江苏如皋市的'捏颈儿'、四川涪陵区的'胭脂红'、北京市的'心里美'等品种。

随着国内品种的发掘改良和国外品种的大量引进，生产上可利用的品种大大扩展，现在一年四季都有可栽培的优良品种。所以，当前在农业种植结构调整的过程中，萝卜发挥了重要作用。如湖北、江苏、山东、贵州等省都有为出口和加工用的萝卜生产基地，其经济效益远远超过大田作物。为提高种植效益，许多农区安排粮和菜进行间、轮、套作的种植模式，萝卜作为重要的蔬菜作物广为农民所选用。如：玉米—萝卜，小麦—耐热萝卜，水稻—冬萝卜等模式，中国的萝卜生产已上了新台阶。

从目前萝卜生产实际情况看，也存在一些需要改进的问题，主要表现在：

①挖掘丰富的资源　中国是世界上萝卜种质资源最丰富的国家，萝卜的各种基因型(包括野生和近缘野生植物)在中国都能找到，但目前国外大量萝卜品种进入中国市场，且受国人欢迎，说明我国萝卜种质资源利用亟待解决。

②品种创新与改良的体制改进　品种创新、品种改良的体制比较落后，资源、育种、推广没有分开，集于育种者一身，这种体制很难产出高质量产品，育种技术创新难以深入研究，有效技术也未能推广。

③实用技术普及　萝卜生产的实用技术不够普及，传统的粗放栽培相当程度上影响萝卜生产，许多出口品种不能按照品种栽培特点生产，虽然有好的品种种子，但生产的产品不合格，最终影响了经济效益。

④产品较单一　萝卜产品还比较单一，限制了萝卜生产的进一步发展。今后萝卜生产上还有许多技术问题需要改进和提高，总体是朝着高产、优质方向发展。

2.常规品种种子生产技术

萝卜的采种方法也分为成株采种法、半成株采种法和小株采种法。

(1)成株采种法的技术要点

①种株的播种及培育　萝卜的播种期正值高温雨季，所以宜选择地势高，排灌良好，土层深厚、疏松、肥沃的壤土或沙壤土，pH 为 5.8～8.6。忌重茬，应与十字花科作物轮作 3～5 年，每公顷施腐熟有机肥 45～75 t，磷酸二铵 450 kg，硫酸钾 225 kg，一般为垄作，行株距为(40～50)cm×(25～30)cm。

采种萝卜的播种期可以和菜用栽培相同或晚 3～5 d，原则是收获前肉质根充分达到商品成熟期为准。采种萝卜的播种期辽宁为 7 月上中旬，河北 7 月末至 8 月初，浙江为 9 月初。第一次间苗应在子叶充分展开、真叶露心时进行，条播的每隔 3 cm 留一株；第二次间苗在 2～3 片真叶时进行，苗距 13～16 cm、5～6 片真叶时定苗。间苗、定苗时要进行选择，去杂去劣，保证种株纯度。

②种株选择及贮藏　在肉质根收获前要进行选择，淘汰有病虫害、叶色叶形不正、叶片数过多或过少的植株，选择符合本品种特征特性、侧根少、表面光滑、色泽纯正、形状端正、无病虫为害的肉质根，收获后留 1～2 cm 叶柄，留作采种种株。

肉质根冬季多采用埋藏法。即将入选的肉质根在田间稍加晾晒后，于立冬前后埋藏到事先准备好的沟内。北方地区可入窖，初期可不埋沙土堆放，随着窖温下降，可改为分层沙培埋藏，即一层萝卜一层沙，潮湿细沙覆盖，一般以 5～6 层为宜。萝卜冬藏最适宜温度为 1℃。

③种株的定植及田间管理　整地施肥、株行距等同前。定植前把埋藏的萝卜取出，淘汰黑心、糠心、腐烂和抽薹过早的种株。辽宁省中北部 4 月上中旬定植，河北省中南部在惊蛰前后定植，浙江在开春后定植，小萝卜可在元旦定植。定植时肉质根长的可采用卧式栽植，也可将长根切去 1/4～1/3 尾部后再行栽植。红圆萝卜竖直栽植，覆土 3～4 cm，每埯上面覆盖一层农家肥后可镇压，土壤干燥可浇定植水。缓苗后，萝卜新叶新芽抽出土表，可浇一次缓苗水，以后中耕、松土、培土。植株抽薹现蕾开始，满足水分供应，结合浇水、追尿素 150 kg/hm^2，硫酸钾 225 kg/hm^2。盛花期过后进入结荚期，减少浇水次数。并要打顶，去掉花序顶端的花和花蕾。为防止种株倒伏，种株开花前要插好支架。

④种子采收　当种荚变黄时可一次性收获。不同地域收获时间差异较在，长江流域多在 5 月中、下旬，河北省中南部多在 6 月上、中旬，辽宁省中北部可在 7 月上、中旬采收。萝卜脱粒比较困难，可先脱下种荚，然后用磨米机脱粒、晾晒，当含水量达 8%以下时，可贮藏。萝卜的采种量 750～1 200 kg/hm^2。种子标准检验指标参照国家种子质量的标准，一般质量大田用种品种纯度≥94%，净度≥98%，发芽率≥85%，水分≤8%。

(2)半成株采种法的技术要点　目前常规品种的种子繁殖多采用半成株采种法。它与成株法相比有如下特点：

①秋季的播种期比成株采种法晚播 15～30 d。

②半成株采种法种植的密度比成株采种法大，株行距为(20～25) cm×(40～50) cm，增加 15%～30%株数。

③秋季减少肥水管理次数，春季相同。

④半成株采种法，种株病害少，肉质根耐贮藏，采种量较高。

3.杂交种种子生产技术

生产杂交种的亲本有自交系、自交不亲和系和雄性不育系。我国多利用雄性不育系制种、自交不亲和系。

(1)雄性不育系的繁殖与保存　萝卜的雄性不育系属于核质互作不育类型，都是通过自然群体筛选而选育出的。要想繁殖不育系，必须用保持系来繁育。可采用成株采种法，第一年秋季，将不育系与保持系分别种植，在肉质根形成后，选优去劣，做好标记，分别妥善保管；第二年春，将不育系与保持系按(4～5)∶1 的比例栽植，为增加保持系花粉量，保持系可缩小株距，增加株数。采种田周围的隔离距离为 2 km 以上。开花时利用保持系的花粉给不育系授粉，在不育系上收获的种子仍为不育系。如果不要保持系，可在盛花期后将保持系行的植株全部拔除。收获时只收不育系株上的种子。保持系另设隔离区繁殖。

如亲本为自交不亲和系或自交系可将种株定植于纱棚内，采用人工蕾期或花期混合授粉的方法繁殖原种。按照萝卜种子质量标准(NY 2620—2014)进行鉴定，一般亲本原种和大田用种的纯度分别不低于99%和98%，净度不低于98%，发芽率不低于85%，水分不高于8%。

(2)雄性不育系杂交制种技术　利用雄性不育系配制一代杂种，可以采用成株法，也可采用小株法。北方一般采用春育苗的方法，南方可以露地直播。

①播种育苗　春育苗制种可将种子播在冷床或阳畦中，播前15～20 d要扣膜烤床，河北中南部一般于1月上、中旬播种育苗，辽宁省2月上、中旬播种。可采用营养钵或营养土块育苗，雄性不育系与父本系播种量可按3∶1安排。出苗前尽量提高温度，白天控制在20～25℃，夜间8～10℃，出苗后要降低温度，白天20℃左右，夜间5～8℃。并注意放风。当幼苗长到5～6片真叶时，降低温度加大放风量，对幼苗进行低温锻炼。

②定植及田间管理　萝卜制种田应与其他易杂交品种隔离2 km以上。当土壤解冻后要及时整地施肥。河北中南部一般为3月上、中旬定植，辽宁省4月上、中旬定植。行株距为(40～50)cm×(25～30)cm。不育系与父本系的定植比例为4∶1。定植前要进行选苗，淘汰病苗、杂苗、劣苗。定植后及时浇水，缓苗后要及时松土，提高地温，加强培土。植株抽薹后要进行追肥、浇水，盛花期过后应拔除父本系植株。

③花期及植株调整　在进行杂交制种时，要注意花期是否一致。如果父、母本花期不遇，最好用播期调整的方式。否则对早开花的亲本可摘除其主茎的花序，延迟开花期，使与另一亲本的花期一致。萝卜从开花到种子成熟所需要的时间为40～50 d，为促进种子早熟，及时为当年生产提供新种，北方地区可采用地膜覆盖栽培。花期最好放蜂传粉，可以提高种子产量。

④防杂保纯　从苗期、成株期等生长发育时期，对各亲本在植物学性状上进行观察，及时拔除杂株。从初花期开始，每天上午9:00以前对雄性不育系进行花器检查，将有花粉的植株拔除干净，在雄性不育系的自身繁殖中，有时会混入少量保持系种子；当母本行内出现雄性可育株时，应及时拔除。当75%左右有效花序开花授粉结束时，将父本拔除。种角充分黄熟后，从母本株上收获杂一代种子。按照萝卜种子质量标准(NY 2620—2014)进行鉴定，一般杂交种大田用种纯度不低于94%，净度不低于98%，发芽率不低于85%，水分不高于8%。

(3)"自交不亲和系"杂交制种生产技术　萝卜自交不亲和系制种与大白菜、甘蓝等十字花科蔬菜相同，杂交制种时，父、母本按行比相间移栽。以自交不亲和系为母本，自交亲和系为父本时，父母本比例为1∶(3～4)，从母本上收获的种子为杂交种，授粉结束后拔除父本。双亲均为自交不亲和系时，父母本比例为1∶1，双亲上结的种子均为杂交种子，混合采收。

四、花椰菜种子生产技术

(一)花椰菜类型

花椰菜又称花菜、菜花或椰菜花，系十字花科芸薹属甘蓝种1～2年生植物，为甘蓝的变种。原产于地中海沿岸，其产品器官为洁白、短缩、肥嫩的花蕾、花枝、花轴等聚合而成的花球，是一种粗纤维含量少，品质鲜嫩，营养丰富，风味鲜美，人们喜食的蔬菜。

花椰菜品种较多，生产上多数以定植到收获的天数来命名，如50 d、60 d、80 d、100 d、120 d、140 d等。但事实上品种的生育期会因气候条件、栽培技术的变化而有所改变。如甲地的50 d品种到了乙地可能就变成60 d了，也可能不需要50 d。另外，同一品种的个体之间还有差异，因此，品种天数的概念只是一个相对的概念。为了便于栽培管理，品种间依生育期长短与花球发育对温度的要求，大体上可以划分以下四种类型。

(1)早熟类型　早熟类型自定植到初收花球在 50～70 d。植株较矮小,叶片半展开,叶色浅绿,株型紧凑,耐热性较强,冬性较弱,花椰菜(球)分化要求温度 25℃左右,宜夏播秋收。对播种期有严格要求,过早播种易发生“毛花”,迟播易发生“早花”。主要品种有:‘早生 50 d’‘早花 50 d’‘白马王子 50 d’等。

(2)中熟类型　中熟类型自定植到初收花球为 80～90 d。植株叶簇较大,开展或半开展,叶色深浅不一,花球较大而紧实肥厚。较耐热,冬性较强,适应性较广,花椰菜(球)分化温度 15℃左右,宜夏(秋)播,秋、冬收。主要品种有:‘东海明珠 80 d’‘一代金光 80 d’‘龙峰特大 80 d’等。

(3)晚熟类型　晚熟类型自定植到初收花球为 100 d 以上。植株高大,生长势强,外叶多,叶片宽,叶柄较宽,叶色较浓,蜡质较多。花球大而紧实肥厚,植株耐寒性强,花芽(球)分化要求温度 8～10℃,冬至后显花球,元旦至春节前后上市,宜秋播冬(春)收。如‘一代天使 100 d’‘成功 100 d’‘神良 130 d’等。

(4)春花椰菜类型　春花椰菜类型对温度不太敏感,定植至初收花球一般为 90～110 d,在温州 11 月中旬播种育苗,12 月下旬至 1 月上旬定植,4 月收花球。主要品种有:‘温州春花 120 d’‘新金光 120 d’‘富士白 4 号春大将’等。

根据花球的松紧程度,也可以把花椰菜分为紧花菜和松花菜。

(二)花椰菜生物学特性

花椰菜原产于地中海沿岸,1～2 年生。花椰菜植株形态与结球甘蓝很相似,叶面被蜡粉,蓝绿色或浅灰绿色。叶面平滑或稍皱缩,全缘或有锯齿。与甘蓝主要区别在叶片较狭长;顶芽形成花球。在现花时,心叶向中心自然卷曲或扭转,可保护花球免受阳光照射变色或受霜冻。花球成熟后,气候适宜,花球即开始疏散,花苔、花枝迅速伸长,花蕾膨大,继而开花结实。花黄色,为头状花序果实长圆筒形角果,内有种子 10～20 粒。近圆形,褐色,千粒重约 3～4 g。种子可存放年限 3～4 年。如图 9.11 所示。

图 9.11　花椰菜花器构造图

(三)花椰菜种子生产关键技术

1.花椰菜生产概述

花椰菜在我国各地均有栽培,目前的生产格局呈分散栽培与规模化生产基地栽培共存的形式,全国花椰菜栽培面积超过 2 000 hm^2 的种植基地有十几个,主要分布在海河流域、黄河流域、长江流域和东南沿海地区;甘肃、陕西、河北、辽宁、山东、河南、湖北、云南、安徽、浙江、上海、福建、广东等地是花椰菜的主栽地区。由于我国幅员辽阔、气候多样,花椰菜的栽培模式和收获时间差异很大,所以花椰菜的生产可以利用气候差异实现生产上的互补。近年来,我国高速公路网的迅猛发展,蔬菜运输快捷方便,花椰菜生产已经形成全国生产、全国调运、周年供应的格局,我国城乡居民一年四季都可以吃到优质的花椰菜。目前我国每年生产花椰菜 60 余亿 kg,以内销为主、出口为辅。

2.蕾期人工去雄杂交制种技术

将两个自交系亲本,在适宜的栽培季节种植,按常规留种方法进行割花(球)、整枝。待第二年春季(约 2 月上、中旬)花椰菜开花前,进行蕾期人工去雄授粉。具体做法是:

(1)选好亲本　根据育种要求,广泛征集原始材料(亲本),并进行田间种植,鉴定其主要经济性状,如植株形态、花球性状、开花习性、生育期、抗病性、耐寒性和耐热性等,从中选出符合育种目标要求的亲本。

(2)配合检测　对选好的亲本进行配组,测定其配合力即杂种优势。经过两年以上的杂交组合田间种植测试,如产量、品质、生育期、抗性等主要经济指标等,若符合育种目标,即可选定杂交组合及其杂交亲本。

(3)亲本提纯　通常采用母系选择法,即单株选择,株系比较、混系繁殖的方法,或者采用多代连续人工强制自交,严格选择,定向培育,淘汰表现不良的单株后代,直至株系达到基因型纯合、性状整齐一致、遗传性状稳定的自交系后代要求,方可作为杂交亲本进行制种。

(4)建立制种隔离区　一般采用塑料大棚隔离制种,防止昆虫传粉。大棚内父母本种植比例为 1∶10,即 10 株母本种 1 株父本,并调整好花期,确保母本有足够的花粉。

(5)选择花蕾　选择大小合适的花蕾去雄是保证种子质量和提高种子结实率的关键。一般应选用开花前 2～3 d 的花蕾进行去雄,此时花萼呈浅黄色或黄色。花瓣并未开放,花蕾过少,柱头脆嫩,易碰伤。花蕾大时,则可能已接受花粉自交。去雄授粉前先摘除已开放和畸形花朵。选择合适的镊子,轻夹去柱头四周部分花瓣和全部雄蕾,使柱头外露,然后直接用父本的花粉轻抹在柱头上,一般 1 朵雄花可授 5～8 朵雌花。授粉宜选择晴天无风天气,以上午 8:00—11:00 为最佳时期。授粉后按照常规制种田间管理即可。

3.利用自交不亲和系制种技术

利用自交不亲和系制种,每年要生产花椰菜自交不亲和系原种种子,同时采用亲本原种生产杂交一代种子。

(1)自交不亲和系原种的生产　花椰菜自交不亲和系原种种子,主要利用蕾期人工授粉的方法生产。花椰菜自交不亲和性是蕾期逐渐出现,开花后才充分表现出来的一种特性。在柱头尚未完全成熟、自交不亲和性没有充分表现的蕾期人工剥蕾自交,能获得种子。具体做法是:

①种株选择　为确保原种种株的纯度，在苗期、营养生长期、结球初期、花期、结荚期，根据自交不亲和系的特征特性进行严格选种，以其性状典型、植株高度一致、不带病的优良种株来繁殖亲本系原种。

②种株培育　花椰菜的自交不亲和系的播种期，播种后的田间管理，种株的选留，均与自交系的生产相同。

③采取隔离措施　为确保种株的纯度，一般采用大棚生产种子，一个大棚内种一个自交不亲和系。如采用空间隔离，在平原地区以繁殖地为中心 1 km 内不能种植甘蓝、甘蓝型油菜、青花菜、苤蓝、芥蓝和其他花椰菜品种。防止花期蜜蜂传粉杂交。最好选择环山谷地、海岛繁种。

④选择最佳蕾期授粉　自交不亲和系以开花前 1 d 的大蕾到开花前 3～4 d 的小蕾都有受精结籽的能力。但以开花前 2～3 d 的花蕾授粉结籽率最高。为了提高授粉结籽率，还要选用适龄花粉授粉，一般以选用当天刚开花的新鲜花粉授粉最佳，结籽率高。授粉时先用尖镊子轻轻地把花蕾顶端拨开，露出雌蕊柱头，然后用本系统混合花粉涂抹在柱头上。不要拆断花枝，扭伤花柄，碰伤柱头。

⑤选用混合花粉授粉　为避免花椰菜因长期自交繁殖而导致生活力下降，应用本系统的混合花粉授粉，尽量避免单株自交。并选择最佳授粉时间，一般应选择晴天上午 8:00—10:00 进行授粉。

⑥适期收获　当种荚变黄，种粒变黄褐色方可收获。由于花椰菜花期长，同一品种的不同植株之间，同一种株不同花枝之间，种子成熟差异较大，必须采取分期分批采收，及时晾晒、清选，按照花椰菜种子质量标准（GB 16715.4—2010）进行检验，一般原种和大田用种的纯度分别不低于 99%和 96%，净度不低于 98%，发芽率不低于 85%，水分不高于 7%时可入库。

(2)利用自交不亲和系配制一代杂种生产技术　利用自交不亲和系配制杂种一代是花椰菜优势育种的主要途径。它与人工去雄配制杂交种相比，可以免掉去雄手续，节省制种工本 1/2 以上，提高制种产量和质量。

①建立制种隔离区　一般采用塑料大棚隔离制种，防止昆虫传粉。大棚内父、母本种植比例为 1∶1，即 1 株母本种 1 株父本，并调整好花期，确保母本有足够的花粉。

②蜜蜂授粉　提前 1 个月准备好授粉蜂群，根治蜂螨，繁殖新蜂，进棚前授粉蜂群内确保有一筐封盖子、一筐大幼虫和一筐蜜粉脾。开花前 3 d 将蜂群搬入棚内，以训练工蜂认识新环境，培养其适应小空间飞翔习惯。放蜂时间视棚内开花情况而定。蜂群运送到大棚途中需关闭巢门，防止一路颠簸使蜜蜂产生混乱。进棚初，严格限制巢门的尺寸，开一个只能让一只蜜蜂挤出去的小缝（洞），以训练其认巢和熟悉新环境，适应小空间飞翔习惯，待其适应后逐渐开大巢门。蜂箱应放置于离地面高约 0.5 m（放在 2 只长凳上即可）的干燥处，以免大棚内过高的湿气侵袭蜂群。

③适期收获　当种荚变黄，种粒变黄褐色方可收获。父母本的种子要分开采收。

4.利用雄性不育系制种生产技术

利用雄性不育系制种是指用各种雄性不育系作母本配制的杂交种。因雄性不育类型的不同又可分为以下两种：细胞质雄性不育杂交种和细胞核雄性不育杂交种。后者又可分为隐性核雄性不育杂交种，光温敏核雄性不育杂交种。生产上主要利用的是细胞质雄性不育杂交种。

利用雄性不育系制种主要技术如下。

(1)建立隔离区　选择土壤肥沃、地势平坦、肥力均匀、灌排方便、旱涝保收的地块，以保证制种田的产种量。可采用空间隔离、时间隔离和自然屏障隔离。

(2)确定父、母本的播期和行比　确定好父、母本的播期以使父母本花期相遇良好，这是杂交制种的关键。一般确定父、母本播期的原则是使父、母本同期开花，或母本比父本早开花1～2 d。若父、母本花期相同，可同期或母本浸种后同播；若母本比父本早开花2～3 d，也可同播。如父、母本花期相差较大，则应错期播种。父母本的植株比一般为1∶3，母本定植密度一般是2 000～2 200株/667 m^2。

(3)去杂去劣　去杂去劣是保证杂交种子质量的基础，在开始杂交制种前，必须对父母本的纯度进行严格检查，淘汰不符合品种特征特性的植株。

(4)蜜蜂授粉　具体操作方法同自交不亲和系制种技术。

(5)适时收种　适时收种及时晾晒，防止种荚、籽粒霉变，提高种子发芽率。

5.种子质量控制技术

(1)品种退化原因

①生物学混杂　花椰菜是异花授粉作物，花期长，自然授粉异交率高。在自然条件下，由于风媒、虫媒传粉，容易与其他花椰菜、青花菜、结球甘蓝等十字花科蔬菜植物串花授粉杂交，发生生物学混杂。而自然杂交植株有一定的杂种优势易被保留下来，随着种植世代的增加，其混杂程度越来越高。这是花椰菜混杂退化的重要原因。

②机械混杂　机械混杂是指由于人为的因素而发生的不同种子的混杂。由于花椰菜种子较小而且圆滑，在播种、收获、脱粒、晒种、精选、贮藏、运输和种子经营诸多环节上的每一个操作过程中，稍为疏忽，均有可能造成机械混杂。同时，花椰菜种子成熟收获时容易自然脱粒。这些种子翻入土壤后，第二季播种时自然出苗，引起混杂。由于花椰菜为常异花授粉作物，机械混杂的种子播种后便会造成生物学混杂，使种性退化。

③长期自繁退化　由于花椰菜长期多代自交繁殖，其种性及经济性状都会发生不同程度的退化。同时，在自然选择过程中也会变劣，任其自然生存、繁殖，良种逐渐退化。

④不适当的选择　品种在使用过程中，仍然受到人工选择的影响。在亲本繁殖过程中，如果对品种的特性不够熟悉，就有可能偏重对某一性状的选择。由于性状之间的相关性，在选择改良某一性状的同时，可能降低或失去另一性状。不正确的人工选择将会使品种向一定的方向变化，偏离原品种的特性。

(2)防杂保纯措施

①隔离繁殖，防止生物学混杂　花椰菜是常异花授粉植物，异交结实率高。在繁殖制种的过程中必须实行隔离繁殖，来防止生物学混杂。隔离方法可分为自然隔离和人工隔离。自然隔离是利用一定的空间进行隔离。这种方法简单易行，适用于大面积繁殖制种时采用。要求在平原地区做到以繁殖地为中心的四周与隔离异品种的距离不少于1 km。最好选择环山的谷地、海岛作为隔离区。

人工隔离是采用隔离工具，在花期防止异种花粉侵入。这种方法适用于单株原种繁殖与保存，或小面积的繁殖原种和制种。其隔离效果好。但成本高。一般采用纸袋、纱帐或纱罩、网室、塑料大棚等工具进行隔离。大面积制种也可采用塑料薄膜大棚生产，在棚内放养蜜蜂或进行人工辅助授粉。

②防止人为机械混杂　第一，建立严格的管理制度，做到有章可循；第二，设立专人保管种子，责任落实到人；第三，种子袋内外要标明品种名称、数量、等级、种子来源、生产日期等；第四，特别要注意种子精选时，更换品种时彻底清洗检查器具和精选机，杜绝异品种种子混入。

③建立完整的繁种、制种体系　花椰菜种子小，繁殖系数高，而且品种种性易退化。要做到科学的繁种、制种体系，做到集中隔离繁种、制种，克服良种繁育过程中的多、杂、乱现象。保证花椰菜杂种一代种子纯度的关键是提高亲本的纯度和提高杂交率。亲本种子生产应严格按照原种生产程序进行，建立“二圃制”或“三圃制”的原种生产制度。原种生产提倡采用一次繁殖，多年使用，减少原种繁殖次数，以防止种性退化。同时，制定严格的杂交制种技术操作规程。杂交一代种子生产后应当进行纯度鉴定，凡合格的种子才准出售。

④做好品种提纯复壮　花椰菜良种本身会发生变异退化。因此，除隔离繁殖制种外，还必须加强品种的提纯复壮工作，这是保持良种遗传性、典型性，防止品种混杂退化非常有效的途径。

第四节　豆类蔬菜种子生产技术

豆类蔬菜是指豆科一年生或二年生的草本植物，主要是指菜豆、豇豆、豌豆、毛豆、蚕豆、扁豆、刀豆、藜豆、四棱豆等 9 个属的豆类蔬菜。下面主要介绍广泛栽培的几个品种栽培生产技术。

一、长豇豆种子生产技术

(一)长豇豆类型

长豇豆别名豆角、长豆荚、带豆、裙带豆。长豇豆系豆科豇豆属豇豆种中能形成长形豆荚的栽培种，是一种普遍栽培的豆类蔬菜，喜温且较耐高温。我国南方地区在 2—7 月均可播种栽培。

根据生长习性，长豇豆可分为蔓生品种、半蔓生品种和矮生品种，其中蔓生品种栽培最普遍；根据豆荚的色泽，可将长豇豆分为青荚品种、白荚品种和红荚品种。

目前，栽培的长豇豆均为常规品种，多数是通过有性杂交育种获得的。长豇豆种子生产的适宜地区在北方，目前以内蒙古、辽宁等地最多。南方地区不适宜长豇豆种子的规模化生产。

(二)长豇豆生物学特性

长豇豆是耐热性蔬菜，不耐霜冻。植株抽蔓以后在 20～25℃ 的温度下生长良好，35℃ 的高温下仍能生长和结荚。15℃左右生长缓慢，在 10℃ 以下的时间较长则抑制生长。接近 0℃

时，植株冻死。长豇豆喜光，多数品种对日照长短要求不严格，但少数品种开花需要短日照条件。长豇豆在开花结荚前对肥水要求不高，若肥水过易引起蔓叶生长过旺，开花节位提高，花序数量减少，形成中、下部空蔓，故生长前期宜控制肥水。当开花结荚开始，要增施肥水，促进形成更多的花序，从而为多结荚奠定基础。

长豇豆的整个生长发育周期中，大部分是营养生长与生殖生长同时进行的，各生育阶段的日数因栽培季节和环境条件而异。一般自播种到现蕾为 60 d 左右，从现蕾至种子成熟约 60 d。

长豇豆为腋生的总状花序，每一花序着生 1～3 对花，第一花序在主蔓上抽生的节位为 4～7 节，以后每节均可出现花序，直至植株的顶部。主蔓第一花序以上各节位，多为混合节位，既有花芽又有叶芽，所以，长豇豆一个叶腋可长出一个花序和 1～3 个侧蔓。侧蔓各节也形成花芽，但由于受植株营养条件所限，一般情况下，花序数明显少于节位数。通常单株有花序 30 个左右，多者 50 个以上。相邻两对花之间间隔 5～10 d 开花，整个花序开放完毕需时间 25～30 d。

长豇豆为蝶形花，萼片钟状，花冠淡紫色或黄绿色，长 2～3 cm，龙骨瓣包被着雄蕊，翼瓣的上部平展，可供传粉昆虫停留；花冠的颜色随着花的发育由浅到深；雄蕊 10 枚，9 合 1 离，雌蕊 1 个，前端钩状，一侧有须毛。花器构造见图 9.12。

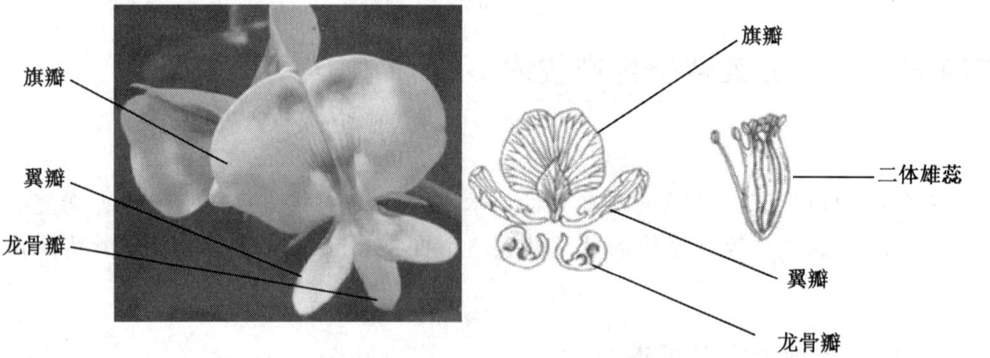

图 9.12 长豇豆花器构造图

开花前 1 d，花冠仍闭合，花药已露出龙骨瓣，药大、黄色、未开裂，此时雌蕊稍长于雄蕊，开花（上午 8:00 左右）时，旗瓣及翼瓣均裂开，雄蕊下部呈筒状，紧包雌蕊，上部分开，花粉充分成熟并已开裂授粉，柱头和花药均露出龙骨瓣。

长豇豆为自花授粉作物，其花药在开花前 1 d 晚上 21:00 左右开始开裂散粉，但此时柱头黏液尚不多，次日晨随温度增高，柱头黏液增多，完成授粉。由于长豇豆花大、色鲜，开花时常有土蜂、蜜蜂扑花，且在花未开放时，有极少数花的雌蕊、雄蕊露出龙骨瓣，故有一定的杂交率。

长豇豆植株一个花序中两对花同时着果的情况极少，大多只有一对花着果并成熟。果实为长荚果，每荚含种子 10～25 粒，单株结果花序（有效花序）占总序数的 70%左右。另外，每穴植株数的多少，对花序结果率影响不大，均可达到 70%左右，但对穴内各单株平均花序结果数影响较大，每穴植株数越多，单株花序出现越少，结果花序数也越少。

(三)长豇豆种子生产关键技术

1.原种繁殖技术

目前,所选育的豆类蔬菜品种均为常规品种(或称固定品种、定型品种),由于长豇豆行自花授粉,在原种繁殖上常有疏忽,以致品种退化现象严重。所以,长豇豆品种的原种繁殖应予以重视。

在原种繁殖上,除了尽可能在生产主栽区繁殖外,原种繁殖主要应注意以下几个方面:

(1)严格实行重复繁殖路线　重复繁殖路线的特点是原种必须由原原种播种繁殖,原原种由育种家保存并提供(生产);原种及生产用种由专门的种子生产基地生产;生产用种只用一季,不再留种。

(2)隔离　尽管主要豆类植物属于自花授粉类型,但仍有一定的异交率,且品种间有较大的差异。所以,在繁殖原种种子时,应注意做好隔离工作。一般豇豆品种间的隔离距离为 100 m。

(3)严格选择　根据长豇豆的生物学特性,结合品种的具体情况,可采用单株选择或混合选择的方法。在选择上关键是注意选择的标准和选择时期。同时,选择应由对品种非常熟悉的专门技术人员负责。

①播前选种　播种前种子选择主要根据品种种子所固有的特点(如色泽)进行选择,淘汰明显不符合品种特点的种子。

②苗期选择　根据幼苗的特点,结合品种固有的特征(特别是胚轴的色泽),淘汰不符合品种典型性幼苗,同时去除弱苗、病苗。

③花期选择　这是选择的重点时期。根据植株生长习性、花序出现的节位、花朵数量、花朵色泽、分枝习性、叶形、叶色等进行选择。

④商品豆荚成熟期选择　在嫩荚达到商品成熟期时,注意选择豆荚大小基本一致、植株上下部豆荚在荚形、荚色、长短、表面形态均符合品种典型性的植株和豆荚留种。这是选择的关键时期。

⑤种子脱粒后选择　在种子脱粒后,根据种子的形状、大小、色泽再次进行选择。

2.生产用种种子生产技术

(1)种子生产地区和田块的选择　适宜的长豇豆繁殖地区应该比较干燥、排灌方便、开花结果期以晴朗天气为主,目前大多在东北辽宁、内蒙古等地繁殖。长豇豆的生长发育对光照条件的要求一般不严格,但部分品种需要短日照,这些品种不能在北方留种,南方也应采用秋季留种。同时,品种间的间隔应在 100 m 以上。

(2)适时播种　长豇豆是喜温较耐热的蔬菜,具体的播种时期应根据各地的气候条件定,南方各地自 4 月至 7 月均可露地直播;沈阳等北方地区通常在 4 月底至 5 月初直播。

(3)田间管理　长豇豆繁种田的管理主要包括:第一,及时补苗和引蔓搭架。第二,施足基肥,并结合中耕除草及时追肥,基肥以有机肥为主,并配施磷、钾肥。在长豇豆种子出苗及雨后应进行中耕除草,以疏松土壤。开花结荚后,结合浇水追肥 2～3 次。以后使畦面保持湿润,严防中期土壤过于干旱导致结荚率降低、减少单荚种子数。当种荚充分生长后宜控制浇水,促进种荚成熟。第三，植株调整。长豇豆的荚果较长，如'之豇 28-2'的豆荚在 60 cm 左右，而且早中熟品种的始荚部位较低，为了防止早期结的豆荚着地腐烂，并促进植株中上部开花结荚，一般对植株下部的豆荚在商品成熟期采收上市。此外，有的品种分枝能力较强，在制种上应及时除去侧枝，以集中养分保证种荚发育。第四，病虫害防治。长豇豆生长过程中的主要病虫害是煤霉病、锈病、枯萎病、菌核病、蚜虫、豆野螟等，应及时防治。

(4)品种保纯　长豇豆的品种保纯重点是根据品种典型性进行选择，并注意豆荚的整齐性，选用结荚率高的植株留种。

(5)种子采收　当长豇豆种荚枯黄时即可采收，通常是分数次采收。采收的种荚应晾干后脱粒，并放在阴凉干燥处贮藏。一般每 667 m^2 可产 75～150 kg 种子。种子产量因品种、地区、播种时期等而异。贮藏长豇豆种子要严格防潮防虫(豆象)，一般在种子袋中放入一些樟脑丸，并经常保持种子干燥；对于批量生产的大田用种种子入库后须先进行熏蒸防虫工作，然后在阴凉干燥仓库贮藏。

3.种子质量控制技术

生产长豇豆种子质量控制的关键是纯度。在实践中发现，长豇豆品种经常发生严重的混杂退化现象，表现为豆荚色泽不一致、"鼠尾荚"、结荚节位上升、结荚性降低等。这些退化现象的发生除了与长豇豆作物自身的生物学特性外，未按照相应的种子生产技术规程操作制种也是重要原因。

长豇豆属于较为严格的自花授粉蔬菜作物，发生天然杂交的可能性较低，所以，在一个长豇豆品种推广应用的最初几年，品种退化的主要原因并不是生物学混杂；但是，在温度较高、湿度较低的季节，长豇豆的部分花朵会出现柱头外露现象，这种现象使偶然发生天然杂交成为可能，一旦发生天然杂交，而在制种过程中又未能及时将这些植株拔除，则会加速品种退化，所以，一个品种在多年繁殖后，存在因生物学混杂而发生品种退化的可能性。

长豇豆的繁殖系数较低，一般仅 30～50，对于制种单位或个人而言，严格按照原原种—原种—生产用种这种种子生产技术路线有一定的难度，多数单位在长豇豆制种中不仅未按照这种重复繁殖技术路线制种，而且，对制种田也没有严格按照品种的特征特性进行选择，于是，一个原本优良的品种在经过几代(年)的繁殖后，就会发生严重的品种退化。这是引起长豇豆品种退化最主要的原因。

另外，机械混杂也是引起长豇豆品种退化的一个原因。

为了预防长豇豆品种的退化，在制种过程中应该着重做好以下四方面工作：①严格采用原原种—原种—生产用种这种重复繁殖技术路线，建立原原种、原种繁育基地，杜绝用生产用种进行制种。②在制种过程中，根据品种特征特性严格进行选择。③在制种基地，不同品种间需要有 100 m 左右的隔离距离，这样既能够预防可能发生的生物学混杂，又能够预防机械混杂。④在种子采收、脱粒、干燥、包装、贮藏、运输等过程中严格预防机械混杂。

长豇豆种子播种质量最主要的问题是豆象为害以及发芽率低。豆象为害的问题与开花期未及时、合理用药以及种子干燥不够、种子贮藏不规范有关；种子发芽率问题主要与种子采收期间雨水偏多、种子干燥不充分以及种子贮藏条件不合理有关。应根据播种质量降低的原因采取相应对策预防。

二、菜豆种子生产技术

(一)菜豆类型

菜豆是一种重要的蔬菜作物,全国各地均有栽培,在我国南方地区春秋两季均可以栽培。目前生产上大面积应用的菜豆品种有蔓生和矮生两种类型,其中蔓生菜豆无论是菜用栽培还是种子生产均需要搭架。常见的栽培品种有'浙芸3号''丽芸2号''红花青荚'等。

(二)菜豆生物学特性

菜豆系豆科菜豆属菜豆种,菜豆属于喜温植物,不耐霜冻,可以在10～30℃条件下生长,并以20℃左右最为适宜。较高的温度可以促进发育,提早开花,但30℃以上温度常出现落花落荚。在豆荚和种子发育过程中,如果遇到高温,则豆荚变短,种子数和种子千粒重降低。

菜豆在15～25℃温度范围内生长7～15 d就开始花芽分化。从播种到开始开花所需的积温,矮生品种一般700～800℃,蔓生品种860～1 150℃。在春季播种情况下,从播种到种子成熟矮生品种约90 d,蔓生品种约110 d,但品种间有一定差异。

菜豆为总状花序,每花序花朵数品种间差异颇大,且蔓生品种每花序花朵数远多于矮生品种;矮生菜豆的腋生花序的花朵数约占植株总花的80%以上,菜豆花器构造见图9.13。蔓生品种腋生花序自下而上逐渐开放,但矮生品种的开花顺序不规则,通常是主花序先开放,然后是侧枝花序的开放。由于菜豆同一节位能产生许多侧枝,而这些侧枝的发生又有先后,所以,当温度和植株营养状况良好的情况下,矮生菜豆的开花时间也会达到30 d以上,甚至60 d。

图9.13 菜豆花器构造图

菜豆花朵一般在凌晨2:00—3:00开始开放,至上午10:00左右结束。雌蕊在开花前3 d即具备受精能力,在花朵开放前花粉散落后即完成自花授粉。由于在开花后雌蕊仍有受精能力,且当蜂类昆虫落在花朵上产生压力时,雌雄蕊会自动伸出龙骨瓣外;又在自然状况下,开花的当日早晨约有8%左右的花朵雌雄蕊露出龙骨瓣外。上述两种情况都有可能使雌蕊接受外来花粉。所以,菜豆虽然为严格的自花授粉植物,但仍有0.3%～10%的异交率。

多数菜豆品种对光周期的反应不敏感,属于中光性作物。但生长发育对光照强度要求较高，弱光容易导致植株徒长，加剧落花落荚。

菜豆种子的成熟过程呈现慢—快—慢的特点。矮生菜豆一般在开花后 40 d 左右种子干重即达到恒定水平。但品种之间、种子发育环境等亦有一定影响。菜豆种子千粒重一般在 250 g 左右，种类和品种间差异较大，种子千粒重小的品种仅 100 g/千粒左右，大的则高达 400 g 以上，一般矮生型品种种子千粒重大于蔓生型品种；每荚种子数在品种间也有较大差异，一般矮生型品种仅 5 粒左右，而蔓生型品种在 7 粒左右。

另外，菜豆种子基本没有休眠期，不少菜豆品种在种子发育期间，如果空气湿度大，很容易发生荚内发芽现象（称“胎萌”），这种现象在软荚型矮生菜豆品种中较为常见。但一些蔓生品种（尤其是白花白子品种）也容易发生胎萌。所以，结合菜豆生长发育对温度和光照条件的要求特点，我国北方地区是菜豆种子生产较为适宜的地区。

（三）菜豆种子生产关键技术

1.常规种生产技术

（1）繁种地区和繁种地的选择　菜豆喜温但不耐低、高温，应选用凉爽、温差大、收获期雨水少的地区繁种。菜豆有矮生菜豆和蔓生菜豆两种，一般矮生菜豆不宜在长江以南地区繁种，蔓生菜豆南北方均可，但仍以北方为佳。留种地应是排水良好、地势高燥、土质疏松、肥力中等的田块，避免连作。菜豆品种间应相距 100～200 m 及以上。

（2）适时播种　我国除无霜期很短的高寒地区为夏播秋收外，其余南北各地均可春、秋两季播种，但北方以春播秋收为主，而南方则以夏末或早秋播种晚秋采收较为适宜。春季露地播种，多在终霜期后，气温稳定在 10℃ 以上时进行，不宜早播，如内蒙古一般在 5 月上旬播种。秋播的适宜播种期应在距当地初霜期 110 d，可借助苗期较耐热的特点，度过炎夏，秋凉时开花结荚，如长江中下游地区可在 7 月下旬播种。菜豆可采用直播或育苗移栽。一般早春采用育苗移栽的方式，而春末夏初播种及秋季繁种一般采用直播。

（3）合理密植　矮生菜豆的种植密度通常秋季高于春季。春季穴距为 30 cm，每穴 2～3 株，行距 30 cm；秋季穴距为 25 cm，每穴 2～3 株，行距 30 cm。蔓生菜豆应双行定植，行株距为(50～60) cm×20 cm，每穴 2 株。

（4）留种田的管理　第一，要及时补苗，补苗宜在两片真叶期进行，若苗太大，补苗成活率较低。苗期在雨后或施肥前应中耕除草，保持土壤疏松。蔓生菜豆应及时搭架引蔓。第二，施足基肥并及时追肥。第三，进行合理的水分管理。菜豆在开花结荚期如果水分过多，容易导致植株徒长增加落花落荚、并诱发病害的大量发生；但过于干旱，也容易导致落花落荚，并加速植株衰老，降低种子千粒重和种子产量。第四，防病治虫。菜豆的主要病虫害为炭疽病、菌核病、角斑病、锈病、蚜虫、红蜘蛛、豆野螟，应及时防治。此外，当矮生菜豆在生长势过于旺盛，植株出现倒伏时，在畦边应用横杆撑起植株，以改善通风透光条件。

（5）品种纯度检查　菜豆是自花授粉作物，但在生产上常出现品种退化现象，因此，在菜豆繁种过程中应严格管理，做好纯度检查工作。就矮生菜豆而言，品种纯度检查应分三个阶段进行：一是在初花期除去病株、畸形株、生长不良株，同时拔去蔓生株和顶端缠绕的半蔓生株，以及在花、茎、叶等方面不符合本品种特征的植株；二是在第一批豆荚达到商品成熟期时，根据植株的结荚性和豆荚性状（包括形状、大小、色泽等）除去非本品种的植株及其他不良株；三是在种荚采收前，根据成熟荚性状和豆粒性状（如种子大小、形状、色泽等）淘汰混杂或变异株，并根据后期感染病害情况淘汰不良株。

(6)种子采收 在开花后 40～50 d 种荚变黄、种子充分成熟时即可连株拔起，晾晒后即可脱粒。一般种子产量为 750～1 500 kg/hm^2。

2.种子质量控制技术

菜豆是深受消费者喜爱的一种重要豆类蔬菜，全国各地均普遍栽培，需种量大，但从目前情况看，菜豆繁种上主要存在种子纯度低、发芽率低的问题。

菜豆种子纯度低的原因主要有以下一些方面：第一，在繁种过程中没有进行严格的选择。由于菜豆的繁殖系数较低，繁种面积一般均较大，若不严格选择去杂易导致纯度降低。第二，在菜豆繁种上没有严格按照原原种—原种—生产用种这种种子生产技术路线进行生产，而直接用生产用种的种子进行繁种。第三，隔离不严以及种子采收、脱粒、清选等操作不规范也可能导致生物学混杂和机械混杂。为了对菜豆种子质量(纯度)进行有效的控制，必须严格采用“原原种—原种—生产用种”这种技术路线，并对繁种基地的植株进行严格而有效的选择，特别是需要在原原种和原种种子生产过程中进行严格的选择。

菜豆种子发芽率低的原因也是多方面的，一方面，菜豆种子的寿命本身比较短，一般只能存放 1 年；另一方面，繁种地区和开花结荚期以及种子采收期的天气条件也有重要影响，一般在雨水多、湿度大的地区和季节繁种，其种子发芽率相对较低，且可能发生种子“胎萌”现象，进而降低种子净度。所以，为了确保菜豆种子的发芽率，除了选择繁种季节气候相对干燥的地区外，必须合理安排繁种数量，避免种子过多而超期存放。

三、蚕豆种子生产技术

(一)蚕豆类型

蚕豆系豆科豌豆属蚕豆种，一年生或二年生草本植物。蚕豆是粮菜兼用作物，我国是蚕豆主产区。按蚕豆籽粒大小，蚕豆分为大粒种、中粒种及小粒种 3 个变种。根据蚕豆的栽培季节，我国的蚕豆有冬蚕豆和春蚕豆两种。冬蚕豆主要分布在长江流域，尤其是四川和云南，长江中下游的湖南、浙江、安徽、江苏、湖北等地也有较大的面积；春蚕豆主要分布在西北地区，如甘肃、青海、新疆、内蒙古和西藏等地。

(二)蚕豆生物学特性

蚕豆主茎第 7～8 节及分枝的第 4～5 节以上直到 20 节左右的叶腋能够形成花芽。花簇生，一般每簇花有花朵 2～9 朵，以 4～7 朵居多，形成短总状花序。蚕豆的花为蝶形完全花，花色有紫色和白色之分；雄蕊 10 枚，为二体雄蕊，雌蕊内着生 1～7 枚胚珠，并以 2～3 枚胚珠居多。

蚕豆花器的构造特点(图 9.14)是雄蕊的花药紧贴着羽毛状的雌蕊柱头，但雌蕊的柱头成熟早于雄蕊花药，柱头的伸长速度比花药伸长快，加之开花时放出豆花香味和有较鲜艳的花冠，利于蜂类传粉，所以，蚕豆属于常异花授粉植物。异交率因天气、品种等因素而异，一般在 30%左右。因此，蚕豆种子生产上，不同品种间需要隔离。隔离的方式因种子级别而异。原原种和原种种子生产一般采用机械(网室)隔离的方式，而生产用种种子生产常采用空间隔离的方式，隔离距离因天气条件、品种间障碍物等因素而异。有报道指出，不同的品种间相距

10 cm、40 cm、1 m、50 m 种植时，其异交率分别为18.3%～47.0%、7.4%、3.9%和2.6%，说明隔离距离对异交率影响显著。在一般繁种过程中，品种间的隔离距离要求在200 m以上。

蚕豆开花的次序是自下而上，一般下部花簇（第1、2、3簇）的花朵数较少，约占总花数的34%，结荚率较高，所结荚约占植株总结荚数的52%；中部花簇（第4、5、6簇）的花朵数较多，约占植株总花数的40%，结荚数约占植株总结荚数的43%，上部花簇（第7簇及以上）的花朵数约占植株总花数的26%，但结荚数仅占植株总荚数的5%左右。在同一簇花序上，第一朵花（优势花）的结荚率较高，第一朵花所结豆荚数约占植株总荚数的90%，第二朵花结的荚约占植株总荚数的10%，其余花朵基本不能成荚。

图9.14 蚕豆花器构造图

蚕豆的分枝能力较强，当主茎出现4片真叶时，第一节上就有分枝产生，直接发生在主茎的分枝为一级分枝。一级分枝主要从主茎基部两个节的叶腋中发生，也有从第三叶或子叶节的叶腋中发生。每个分枝的基部一、二节上还能形成二级分枝，在营养条件较好的情况下，在二级分枝上还能发生三级分枝，甚至在三级分枝上发生四级分枝。一般冬蚕豆的分枝能力较春蚕豆强，冬蚕豆能够发生10个左右的分枝，而春蚕豆仅2～3个分枝、甚至无分枝。一般情况下，一、二级分枝开花结荚较多，而三、四级分枝有时虽然有花发生，但多数不能结荚而成为无效分枝。所以，无论在蚕豆生产或是繁种上，一般均需要对植株进行打顶处理，以促进一级分枝的发生。

蚕豆每个豆荚内的种子数品种间存在一定的差异，同一植株上每荚种子数也有差异，一般每荚有种子2～3粒。种子千粒重品种间差异很大，其中大粒变种其种子千粒重在1.2 kg以上，高的可达2.5 kg，中粒变种种子千粒重560～840 g，小粒变种其种子千粒重则在560 g以下。蚕豆由于种子较大，栽培密度较高，所以，其繁殖系数较低，在生产用种种子生产上，需要备足原种。

蚕豆属于喜光的长日照植物，延长光照时间能够提早开花结荚。所以，我国南方的蚕豆品种在北方繁种，其生育期缩短。但也有一些品种对光周期不敏感，光照时间的长短对其生育期影响不大。从对温度条件的要求看，蚕豆性喜温凉湿润气候，不耐暑热，耐寒性不强，北纬63°以上地区不能栽培。虽然幼苗能忍受－4℃的低温，但在－7～－5℃的低温条件下，地上部分受冻，特别是主茎和分枝的顶芽受冻。花形成和开花的适宜气温为16～20℃，当气温在26℃以上时发生严重落花现象，结荚期的适宜温度为18～22℃。根据蚕豆生长发育对温度条件的要求，在繁种上，需要确定适宜的播种期，使植株能正常生长，并在开花结果期有适宜的温度条件，在种子发育的中后期为晴朗少雨水天气。

（三）蚕豆种子生产关键技术

1.常规种种子生产技术

（1）种子生产技术路线　严格按照原原种—原种—生产用种的种子生产技术路线，建立原原种、原种繁育基地。在原原种和原种繁育上，需要严格隔离。原原种一般采用网室隔离的方式，原种采用空间隔离的方式，品种间的隔离距离在 500 m 以上；在种子生产基地的选择上，一般应该在该品种的主栽区进行，播种期与一般的菜用栽培相近；在初花期、豆荚嫩熟期、结荚盛期、种子采收期根据品种的特征特性进行严格选择。无论是冬蚕豆品种还是春蚕豆品种，生产用种种子生产，可以在品种推广地区繁种，也可以在我国北方地区繁种(主要在西北的甘肃、新疆等地)，并采用空间隔离的措施，品种间隔离距离必须在 200 m 以上。

(2)选择适宜的播种期，合理密植　一般而言，冬蚕豆产区生产种子，播种时的适宜温度在 15～20℃，一般在 10 月至 11 月上中旬，由北往南逐渐推迟；春蚕豆产区生产种子，播种时的气温需要稳定在 3℃以上，并略迟于一般的蚕豆栽培播种期，通常在 4 月至 5 月上旬。蚕豆种子生产均采用直播。

(3)植株调整　蚕豆种子生产中，植株调整是一个重要的高产技术措施。植株调整包括摘心、整枝和打顶，摘心指打主茎，一般在主茎具有 6～7 片真叶、已有 1～2 个分枝时进行，摘心应保留 7～10 cm 的主茎，以促进一、二级分枝的发生。整枝是在二、三级分枝大量发生后，在初花期去除小分枝、细弱分枝，去除这些无效分枝有利于集中养分供应花朵和种子。打顶是在中上部已经达到盛花期、下部已经结荚时进行，提倡打小顶不打大顶，即在第 7 簇花以上，打去带有花蕾的顶尖而不是带有花朵的顶尖，对于土壤肥力较低、植株生长不旺盛的繁种田可以不打顶。

(4)种子采收与贮藏　我国南方地区蚕豆种子采收一般在 5 月中下旬至 6 月上旬，而北方则在 8 月前后。当蚕豆中下部豆荚变黑褐色并表现干燥状态时即应采收，若采收过迟，中、下部豆荚容易开裂脱落而降低种子产量。蚕豆种子基本无休眠期，所以，在蚕豆种子成熟后遇到阴雨天气容易在豆荚内发芽，因此，需要及时干燥。蚕豆种子采收方法一般是整株拔起后晾晒，干燥后进行脱粒。蚕豆种子贮藏中的最大问题是豆象为害，预防豆象为害的主要措施是种子干燥，将种子含水量降低到 12%以下，然后进行低温干燥贮藏。蚕豆种子产量因品种和繁种地区以及天气等而不同，一般在 1.5～2.25 t/hm^2。

2.种子质量控制技术

蚕豆种子质量主要涉及纯度(品种质量)与发芽率(播种质量)两个方面。

品种纯度的质量控制重点从两个方面着手：一是严格隔离，二是根据品种特征特性进行选择。具体如前所述。

发芽率的质量控制重点需从以下四方面考虑：第一，选择适宜的种子生产基地及种子生产田块，其中花期及种子成熟采收期雨水少尤为重要；第二，开花结果期控制氮肥、适量增施磷钾肥；第三，适时打顶；第四，种子适时采收，并经充分干燥后贮藏。

四、豌豆种子生产技术

(一)豌豆类型

豌豆是豆科豌豆属的一个栽培种，这是一种适应性很强的作物，地理分布很广，只要有农业耕作的地方均有豌豆种植。但是，豌豆的分类比较混乱，目前没有统一的标准。根据花色可以将豌豆分为白花豌豆和紫花豌豆两个变种；根据荚型、花色和株型，可以将豌豆分为软荚豌豆(食荚豌豆)、谷实豌豆和早生矮豌豆(矮豌豆)；根据荚型可以将豌豆分为软荚豌豆组群和硬荚豌豆组群，而每个组群可再分为薄荚壳型和厚荚壳型，这两种荚壳型均再可分为光滑种子型和皱粒种子型，软荚豌豆组群内的所有光滑和皱粒种子型及硬荚豌豆组群中的薄荚壳型内的皱粒种子型又合称为蔬菜豌豆。

作为蔬菜的食用型豌豆按其茎的生长习性可分为矮生、半蔓生和蔓生三种类型。其中蔓生种节间长，需支架保护，分枝性强，高 1.5～2 m；矮生种节间短、直立生长、分枝性弱、高 40～60 cm；半蔓生介于二者之间。

(二)豌豆生物学特性

豌豆的花着生于从叶腋长出的花轴上，属于总状花序，也有花集中于顶部的类型和品种。第一花序一般着生于植株第 7～18 节，早熟品种一般发生于第 7～10 节(矮生型品种第 3 节即可发生第一花序)，中熟品种发生于第 11～15 节，而晚熟品种则着生于第 15 节以上。每一花序上有花 1～3 朵，有的品种有 5～6 朵。花朵白色或紫色或红色。如图 9.15 所示，豌豆开花顺序是自下而上，先主茎后分枝，通常豌豆在中午前后开花。单株开花数的多少因品种和栽培环境而不同。一般同一株上开花早的花朵结荚率较高，后期开花的结荚率低。

豌豆属于蝶形花，为较严格的自花授粉作物，但在干旱和炎热的气候条件下，偶能发生异交。所以，在繁种上，需要采用一定的隔离措施。豌豆的花在授粉受精后，子房迅速膨大，经过 15～30 d，荚果生长达到最高峰，种成熟时豆荚子接近成熟。软荚豌豆因内果皮或子房壁的内表皮在成熟时保持软而嫩的状态，即使种子也不开裂；硬荚豌豆的内果皮为干硬的薄膜，成熟时膜干燥收缩使荚果裂开，所以这类品种种子采收更应及时。

图 9.15　豌豆花器构造图

豌豆每个荚果内的种子数因品种和栽培环境而不同，一般 2～10 粒。种子大小也存在显著的品种间差异，小粒品种种子千粒重 150～180 g，而大粒品种则为 300～400 g。豌豆种子较大，且播种密度较高(常行散播)，繁殖系数低(一般只有 20～30)，所以，在繁种上需要准备充足的原种。

豌豆适宜凉爽而湿润的气候，其幼苗较耐寒，生长期内气温以 15℃左右较为适宜，但开花前后需要 15～18℃的气温，结荚成熟期需要 18～20℃的气温。一般而论，豌豆从种子萌发到成熟需要 1 700～2 800℃的积温，但品种间存在较大的差异。豌豆属于长日照作物，绝大多数豌豆品种在延长光照时提早开花，而缩短光照则延迟开花，所以，南方的豌豆品种到北方地区繁殖繁种时，大多提前开花；但有的品种，特别是一些早熟品种对光周期不敏感，在较短的日照下也能正常开花。

(三)豌豆种子生产关键技术

1.菜用豌豆种子生产技术

(1)种子生产的技术路线　在豌豆繁种上必须实行原原种—原种—生产用种这种重复繁殖技术路线。其中，原原种必须在该品种的推广地区或育种单位所在地繁育，原种可以在与原原种繁育的相同地区繁育，也可以异地繁育，而生产用种则通常进行异地繁育。利用原原种繁育原种，再用原种繁育生产用种，生产用种用于豌豆栽培，不再留种。

(2)生产用种中繁种地区和繁种地的选择　根据豌豆生长发育对环境条件，特别是气候条件的要求，豌豆生产用种繁种一般在我国北方地区，特别是黄河流域及我国西北地区进行。豌豆繁种田应选择地势平坦、肥力中上的沙质土壤，前茬以小麦、玉米和十字花科等作物为宜，禁止以豆科作物为前茬。并以不易遭人、畜为害的地块进行繁种。繁种基地要求不同品种间至少有 50 m 以上的隔离距离。

(3)适时播种，控制密植度　播种前进行整地，并在前茬作物收获后深耕灭茬，播前浅耕并耙拾净根茬、平整地面、做到上虚下实、地面平整无结块，使种子生产田处于待播状态。当 10 cm 土层温度稳定在 5～8℃时播种。播种季节如果天气干燥土壤缺水严重，应在播种前 5 d 左右灌水，播种后出苗前不宜灌水或浇水，以免烂种。豌豆宜深播，其目的是为了确保种子发芽所需的水分。采用机械播种时，播种前应对播种机进行清理，防止机械混杂。

(4)去杂去劣　幼苗期结合间定苗去杂去劣，根据本品种典型性状，拔除高脚苗、异株、劣株、病株及畸形苗和叶缘、幼茎颜色不同的杂苗。现蕾开花期根据株高、株形、花色等性状，及时拔除变异株及杂株。

(5)种子采收　当植株叶片枯黄，豆荚呈现固有色泽时一次性采收，一般将植株拔起后在田间适当干燥，然后集中干燥、脱粒。种子产量因品种、繁种地环境而不同，一般 2.25～3 t/hm^2。

2.种子质量控制技术

豌豆种子质量控制与菜豆相似，可参考菜豆种子生产相应内容。

应用案例 1——花椰菜‘瓯松 60 天’制种技术方案

花椰菜‘瓯松 60 天’是以温州市农业科学研究院选育的松花菜新品种，适宜浙江省域秋季种植。该品种属杂交种，早熟，抗病性强，丰产性好，株型紧凑，蜡粉较厚，花球松散洁白、枝梗淡绿、商品性好。其具体制种技术要点如下：

(1)制种田块的选址　选取土壤肥沃，排灌方便的田块作为制种田。若在温州地区制种，则要利用大棚避雨，且大棚四周围防虫网作为安全隔离。

(2)制种技术

①播种　要注意调节父、母本的播期及定植时间，使父、母本花期充分相遇。温州地区父本一般 9 月 25 日左右播种，母本 10 月 2 日左右播种，父本比母本早 1 周左右。苗期 25～30 d。

②培育壮苗　选择地势高燥、土壤肥沃、团粒结构好、通风良好、排灌方便的地块作苗床。播种前苗床翻晒整细整平，施有机底肥，并用70%甲基托布津或50%多菌灵进行土壤消毒。父、母本都需搭棚避雨育苗。父、母本出苗在70%以上时，都要及时揭开遮阳网，并注意浇水、追肥、防病防虫工作。

③及时定植　定植前对土壤进行深翻晒白，施足基肥。温州地区花椰菜杂交制种均须搭棚避雨并用防虫网隔离，6 m 棚做畦 4 条，8 m 棚做畦 5 条，做畦时一起将基肥翻入畦内。苗高 8～10 cm、真叶 5～6 张即可定植。父、母本可同一批定植，父本比母本早 1 周左右。定植时按株距 30～40 cm，父母本比为 2∶3，均匀定植，定植密度 2 000 株以上。

④定植后田间管理　肥水用量和次数要视天气、土壤和植株生长情况而定。结球前追施稀薄肥料 3 次，结球期施复合肥每亩 15 kg，花期亩施复合肥 15 kg、过磷酸钙 15 kg；制种地避免单施尿素。在定植后至开花前要进行多次去杂，拔掉不具备本品种特征特性的杂株劣株，以及病害严重的植株。在采收期至抽薹前对花球进行切割处理。割球要避过阴雨天气，割后立即在伤口涂上多菌灵粉和托布津粉或农用链霉素＋代森锌；割球时同时除去基部老叶，割球后至伤口愈合前停止浇水，同时加强通风，降低棚内湿度，促进伤口愈合。在抽薹后开花前要进行 1～2 次整枝，割去未抽薹的多余花枝，疏去病弱细短的、花蕾发育不良的花枝以及茎叶腋中发生的侧枝。3 月下旬开始给母本打顶，摘除未开花的枝头和顶端；打顶之后若出现返花，马上剪掉，以免消耗养分降低产量；在授粉结束后及时拔除父本，以免混杂。病虫害防治要采取预防为主、综合防治的方针，注重农业防治与化学防治相结合。特别在开花前集中防治病虫害，严格控制病虫发生，尽量避免花期喷药。为防止串粉、控制病虫害、防止蜜蜂外逃等，割球前盖好棚膜防雨，开花前用防虫网对大棚进行空间隔离。为防止开花结籽时植株倒伏折断，开花前要栽桩拉线固定植株。

⑤壁蜂授粉　用于制种的母本是雄性不育系，可采用壁蜂授粉，同时也可以人工辅助授粉。从始花之后 15 d 内分三批共放 10 000 只蜂茧。

⑥适时收获　当种荚发黄种子变褐时及时采收。由于花期较长，荚果成熟不一致，可分批采收，同时不能采收过迟，否则会裂荚而降低产量。带枝梗采收，收后放置通风干燥处后熟 5 d，晒干脱粒，除去杂质，晒干或烘干（40℃，通风 10 h），使种子水分达 7%以下，检查纯度，密封包装，入库储藏（库温 4～10℃）。

应用案例 2——‘瓯秀 816’番茄杂交制种技术总结

‘瓯秀 816’番茄为温州市农科院与浙江科诚种业公司共同攻关，新育成的多抗大红番茄新品种，为做好该品种制种工作，科诚种业公司委派专业技术人员在甘肃省制种基地开展生产试制种，经过几年的技术研究和生产摸索，结合当地制种大户多年制种经验，现总结出了一套制种技术可供日后较大面积制种推广。采用此技术，目前 667 m^2 可生产‘瓯秀 816’番茄 11.6 kg，现把该套制种技术介绍如下：

（1）制种时间　根据甘肃省制种基地多年气象资料统计，该地每年 6 月上旬至 7 月上旬平均气温 23～25℃，此间日平均气温较平稳，介于 20～28℃，是番茄杂交授粉的最佳时期，根据番茄生育特性推算和多年制种经验总结，在该地开展番茄制种一般时间安排为：3 月上旬播种育苗，5 月上旬移苗定植，6 月上旬至 7 月上旬进行杂交授粉，8 月上旬至 8 月下旬完成采种。

(2)育苗

①播种 一般于3月8日左右大棚播种育苗。一般父本较母本早播10～15 d,父、母本比例为1∶3.5为宜。

②苗期管理 播种后如大棚内温度过低,可搭建小拱棚,要求大棚内温度白天28～30℃,夜间不低于15℃。齐苗后即可揭去小拱棚,以防徒长,此期尽量不要浇水,棚内温度以白天20～25℃、夜间10～15℃为宜。定植前20 d(苗龄50～60 d)可根据幼苗长势逐渐揭棚炼苗,并严格控制浇水,以防幼苗徒长。

(3)定植

①选地、整地 选择耕层深厚、富含有机质、灌水方便、3年未种过茄科作物,且四周没有树木及高秆作物、通风良好、与其他品种番茄隔离区不小于100 m的沙质土壤地块。定植前结合整地每667 m^2撒施优质农家肥3 000 kg、过磷酸钙40 kg、磷酸二铵50 kg、硫酸钾10 kg,后整地作垄覆膜。

②适期定植 于5月上旬每垄两行定植,父本定植在母本田附近。行距70 cm,株距45 cm,每667 m^2定植2 000株左右。定植前要严格去杂,把不符合亲本特征的植株清除。

(4)田间管理

①水肥管理 定植后立即浇足浇透缓苗水,此后视天气情况小水勤浇,通常每隔7～10 d浇水1次,每次每667 m^2随水追施硝酸铵15～20 kg。结果盛期,可叶面喷施0.1%的磷酸二氢钾液2～3次,以补充底肥的消耗,促使果实增大,提高结实率。采收前30 d内不再追肥,以免贪青晚熟。

②植株调整 父本植株不进行任何整枝。母本植株进入始花期,要及时搭架绑蔓,结合绑蔓进行整枝,一般采用4干整枝法,即保留主枝和第一花穗的上、下各1侧枝作为主要结果枝,主枝留3穗花、两侧枝留2穗花及时打顶,要求每穗花只坐5个果,其余花果及时去除。另外,在主枝第二花穗的上方需选留一侧枝留作营养枝条。

(5)杂交授粉

①亲本去杂 授粉开始前,首先拔除父本的和母本的不纯株或变异株。要及时清除自交果,去杂工作由经验丰富的育种人员、技术人员进行。

②花粉采集 于晴天9:00—11:00,选择健壮父本植株上当天完全开放的花朵,采摘后除去花瓣,取下花药,置于白纸上自然干燥。禁止采用太阳晒干干燥,尽量不采用生石灰干燥器干燥;8 h内将干燥的花药轻压,使花粉散落出来,分离花粉器把花粉取出来作为当日授粉用。

③去雄 选择发育正常、花蕾饱满、花药呈黄色、将在6～12 h后开放的花蕾去雄,方法是用左手轻轻捏住花萼基部,右手拿镊子拨开花冠将雄蕊全部摘除,动作要求轻快,严防伤及柱头及子房,更不能捏伤花梗。去雄要干净彻底,防止留有少许雄蕊。每个花序选择发育正常的5个花蕾进行去雄。

④授粉 一般采用花期授粉,即选择去雄后即将盛开的花朵,以花瓣展开180°时授粉为最佳。也可采用蕾期授粉。授粉一般在上午9:00露水干后进行,11:00前结束,如果上午没有授完,可在下午3:00后再授。授粉时先去掉两个相邻的萼片作为授粉标记,然后左手拇指与食指轻轻夹住花的基部,右手将花粉管轻轻靠近花柱,将花粉均匀地授在柱头上,授粉后轻轻放开植株,以防刚刚授在柱头上的花粉振落。为了提高产量,在人力充足的情况下,可进行2次授粉。花期重复授粉,可于隔1～2 d的上午再授粉1次为最佳,蕾期重复授粉,最好在同一天的下午再授粉1次。

授粉结束后要将父本植株全部拔除，对母本植株要进行检查，彻底清除自交果及标记不清的果实和花蕾，以保证杂交纯度。

(6)病虫害防治　常发生的病害主要有灰叶斑病和早晚疫病，虫害主要有蚜虫和白粉虱。灰叶斑病发病初期可选用世高10%苯醚甲环唑水分散粒剂1 500倍液、阿米西达250 g/L嘧菌酯悬浮剂1 500倍液，或杀毒矾64%恶霜·锰锌可湿性粉剂400倍液防治；早晚疫病可在种植前每亩用硫酸铜5 kg进行沟施或穴施处理土壤预防；发病时可用72.2%普力克水剂600～800倍液或72%普力克可湿性粉剂600～800倍液防治。蚜虫、白粉虱发生时可喷施10%蚜虱净水剂3 000倍液防治。

(7)种子采收

①采收果实　种果一般在授粉后55 d成熟，成熟果采后可直接收种，未完全成熟的果实应适当后熟，然后取种。注意果实不可采收过晚，否则种子在果内发芽影响质量。另外，需要淘汰无标记或标记不清的果实，以及畸形果、烂果、落地果。

②取籽与脱胶　取籽可用人工或机器两种方法，大量制种建议用机器取种，一方面种子损耗少，另一方面节省时间且大大降低生产成本。

取籽后挤出的种子和果肉混合物进行脱胶处理。脱胶一般采用发酵法，在20℃下发酵2～6 d或在30℃下发酵2～3 d，可脱去种子外面的胶质层且不影响种子发芽率。发酵时应注意以下几点：

a. 发酵过程中不能加水，也不能淋入雨水；

b. 当天挤出的种子要单独发酵，不能把几天挤的种子混合在一起发酵；

c. 切果、盛装、发酵器皿禁用铁器；

d. 发酵时间不宜过长，发酵过程中经常用手或木棒搅动，搅动后种子下沉时结束发酵。

另外，为加快脱胶速度，可在每升种子和果肉混合物中加入7～21 mL浓度为35%的HCl溶液，隔几分钟搅动一次。20 min后可脱去种子外面的胶质层且不影响种子质量。

③洗籽　将发酵好的种子放在纱布或尼龙纱窗上过滤，用手反复搓洗，尽量使果浆及纤维组织与种子分离，最后用清水漂洗，洗掉果肉、果胶、果皮，漂去秕籽，用干净的纱布滤去水分后将种子放在阴凉处晾晒，严禁将种子放在水泥场或金属器皿中晾晒，防止种子烫伤。待种子含水量小于8%即可进行过筛、精选、整理、去杂，最后注明标签，装进干净布袋入库存放。

本章小结

本章介绍了瓜类(西瓜、甜瓜、黄瓜、瓠瓜)、茄果类(番茄、辣椒、茄子)、十字花科(大白菜、小白菜、萝卜、花椰菜)、豆类(长豇豆、菜豆、蚕豆、豌豆)等四大类蔬菜中主要蔬菜作物的类型及其主要品种，讲解了各作物的花器构造与生物学特性。讲述了主要蔬菜作物制繁种基地选择、播种育苗、定植与密度、整枝、授粉、田间管理、采收及采后处理等常规与杂交品种种子生产关键技术，分析了种子生产存在的主要问题，阐述了主要蔬菜作物种子生产质量控制技术。

杂交种品种的种子生产可以采用自交不亲和系、雄性不育系等方法生产杂交种。在杂交制种之前，首先要进行亲本的繁殖。自交不亲和系的繁殖，采用人工蕾期授粉的方法，或花期喷洒5%的盐水，或夜间施入CO_2以提高花期自交的亲和性。雄性不育系的繁殖必须有保持系，在田间不育系与保持系按4∶1种植，保持系给不育系授粉，在不育系上收获的种子仍然是不育系。这些都是亲本原种，应采用大株采种法。而杂交种的生产可以采用大株采种法和半成株采种法，自交不亲和杂交种的生产父母本行比为1∶1或1∶2，种子混收；如果母本是雄性不育系或两用系，父、母本的行比为1∶(4～5)，两用系母本的株距应是父本的一半，花期结束，及时拔除父本行。在亲本繁殖和种子生产过程中，注意防杂保纯。

思考题

一、名词解释

雌性系、小株采种、自交不亲和、雄性不育、蕾期授粉、原种繁种。

二、问答题

1.西瓜的哪些生物学特性与制种关系比较密切？

2.西瓜杂交制种中采用的“三保险”是什么？每一种“保险”的作用是什么？

3.甜瓜生长习性与种子生产有什么关系？

4.黄瓜种子生产关键技术有哪几点？

5.与瓠瓜种子生产关系密切的开花生物学特性有哪些？

6.常见的瓠瓜种子质量问题有哪些？如何预防？

7.番茄杂交制种的技术要点有哪些？

8.辣椒生长习性与种子生产有什么关系？

9.茄子花粉采集有哪些技术要点？

10.简述大白菜的阶段发育特性和开花授粉习性。

11.大白菜结球变种中有哪几种基本生态型？各有什么特点？

12.简述利用大白菜雄性不育两用系杂交制种的技术要点。

13.简述小白菜的类型及其主要特点，代表性的主要品种。

14.简述小白菜杂交种品种的种子生产的技术要点。

15.按栽培季节划分，萝卜有几种类型？各有什么特点及代表性品种？

16.简述萝卜的常规品种和杂交品种的种子生产过程。

17.试比较小白菜与萝卜的生育周期。

18.简述花椰菜利用雄性不育系制种关键技术。

19.如何预防菜豆种子“胎萌”？

20.从蚕豆的生物学特性分析蚕豆种子发生纯度问题的可能原因。

21.如何降低豌豆种子的生产成本？

三、论述题

1.试论述大白菜杂交种种子生产的方法、技术及过程。

2.详细比较萝卜与大白菜在杂交种种子生产的异同点。

3.如果在杂交一代西瓜生产田中出现少数母本植株，你认为发生这种情况的原因是什么？如何避免出现这样的问题？

4.分析长豇豆发生种子质量问题的可能原因，并提出预防措施。

第十章　花卉种子(苗)生产技术

知识目标

◆ 了解主要花卉种子、种苗的种类和特点、生物学特性和生产概况。

◆ 理解花卉种子、种苗生产的关键技术、质量控制技术。

◆ 掌握常规花卉种子、种苗生产和杂交制种的技术要点。

能力目标

◆ 能根据草本花卉常规种子生产及杂交制种的基本技术规程指导和安排生产。

◆ 学会常见花卉种子的采种技术、种子加工与检测方法。

◆ 能够利用花卉常规种子、种苗生产和杂交制种的技术要点进行生产。

第一节　花卉生产概述

一、花卉类型

(一)草本花卉

1.一、二年生草花

(1)一年生草花　此类花卉春季播种,夏季开花,秋后种子成熟,入冬枯死,均为草本植物。它们在一年内完成一个生命周期,如百日草、凤仙花、一串红、鸡冠花、半支莲、羽叶茑萝、紫茉莉等。

(2)二年生草花　此类花卉第一年秋季播种,第二年春季开花,夏季种子成熟后枯死,亦均为草本植物。它们的生长周期虽不满两年,但跨年度生长,如三色堇、石竹、金盏菊、瓜叶菊、紫罗兰、雏菊、风铃草、矢车菊、花菱草、矮雪轮等。

2.宿根草花

此类花卉冬季地上部分枯死,根系在土壤中宿存,来年春暖后重新萌发生长,为多年生落叶草本植物，如菊花、芍药、荷兰菊、蜀葵、耧斗菜、萱草、玉簪、鸢尾、桔梗等。

3.球根类草花

此类花卉是指地下部分肥大呈球状或块状的多年生草本植物。

(1)按形态特征分

①球茎类　球茎类为地下茎呈球形或扁球形，外被革质外皮，内部实心，质地较硬的种类，如唐菖蒲、仙客来、小苍兰等。

②鳞茎类　鳞茎类指地下茎呈鳞片状，外被纸质外皮的叫作有皮鳞茎，如水仙、朱顶红、郁金香等；在鳞片的外面没有外皮包被的叫作无皮鳞茎，如百合。

③块茎类　块茎类为地下茎呈不规则的块状或条状，新芽着生在块茎的芽眼上，须根着生无规律，如白头翁、马蹄莲、海芋等。

④根茎类　根茎类指地下茎肥大呈根状，上具明显的节，并有横生分枝，每个分枝的顶端为生长点，须根自节部簇生而出，如美人蕉、玉簪、鸢尾等。

⑤块根类　块根类的主根膨大呈块状，外被革质厚皮，新芽着生在根茎部分，根系从块根的末端生出，如大丽花等。

(2)按生物学特性分

①常绿球根类　常绿球根类指常绿草本植物，如仙客来、马蹄莲、朱顶红等。此类在北方多作为温室花卉培养。

②落叶球根类　落叶球根类为落叶草本植物，如唐菖蒲、水仙、美人蕉等。此类在南北各地均作为露地花卉培养。

(3)按生态习性分

①春植球根类　春植球根指春季将球根栽种后，夏、秋开花，入冬地上部分枯死的类型，如晚香玉、大丽花、唐菖蒲等。

②秋植球根类　秋植球根类秋凉后栽植，冬、春开花，夏季休眠的种类，如水仙、郁金香、石蒜等。

(二)木本花卉

1.落叶木本花卉

本类花卉植物大多原产于暖温带、温带和亚寒带地区，在花卉栽培中多数地栽或入冷室越冬。按其性状又可分为以下三类：

(1)落叶灌木类　落叶灌木类为地上部分无主干和侧生枝，多呈丛状生长的种类，如月季、牡丹、迎春、榆叶梅、贴梗海棠等。

(2)落叶乔木类　落叶乔木类指地上部有明显主干，侧枝从主干上发出，植株直立高大，一般高于 5 m 的树木，如玉兰、梅花、石榴、紫薇、金银木等。

(3)落叶藤本类　落叶藤本类指地上部不能直立生长，茎蔓多攀缘在其他物体上，如紫藤、葡萄、金银花、木香、凌霄等。

2.常绿木本花卉

本类花卉植物大多原产于热带和亚热带地区，也有一小部分原产于暖温带地区，有的呈半常绿状态。在我国除华南和西南的部分地区外，其他地区多在温室中培养，只有一小部分可在华中和华东露地越冬。按其性状又可分为以下四类：

(1)常绿亚灌木类　常绿亚灌木类多指比灌木矮、枝条匍匐的木本多年生植物，其越冬的木本高生长不超过 10～20 cm；以及仅有半木质化茎和寿命较短（几年）的植物。如薰衣草、百里香、蓬蒿菊、八仙花、天竺葵、倒挂金钟等。

(2)常绿灌木类　常绿灌木类指地上茎丛生，在花卉栽培中为了艺术造型，常保留中央一根老枝，让侧枝从老枝上发出，从而形成小乔木状的植物，如杜鹃、茉莉、山茶、栀子、含笑等。

(3)常绿乔木类　常绿乔木类为树体高大，其中阔叶树种占的比例较大，针叶树比例较小，在北方盆栽时多呈小乔木状，如云南山茶、白兰花、广玉兰、棕榈、橡皮树、五针松等。

(4)常绿藤本类　常绿藤本类指株丛多不能自然直立生长，茎蔓需攀缘在其他物体上或匍匐在地面上的植物，如常春藤、络石、南五味子、龙吐珠等。

(三)多浆植物

这类花卉植物多原产于热带半荒漠地区，茎部多变态成扇状、片状、球状或多棱柱状，叶则变态成针刺状。茎多肉多汁并能储存大量水分，以适应干旱的环境条件。常可分为以下两个类型：

1.仙人掌类

仙人掌类均属于仙人掌科植物，共有 150 个属，2 000 多种。用于花卉栽培的主要有仙人柱属、仙人掌属、量天尺属、昙花属、蟹爪属等 21 个属的植物。

2.多肉植物类

在花卉栽培中常见的这类植物分别属于几十个科的植物，如景天科、番杏科、大戟科、龙舌兰科、凤梨科、菊科、百合科的植物等。

二、花卉种子(苗)生产概况

(一)花卉种子生产概述

我国草花种子先前生产技术比较落后，1978 年以前基本上是传统农业自给型的种子生产；1978 年农业部提出种子“四化一供”工作方针后，对草花种子生产有很大的促进作用。据不完全统计，我国自产草花种子 100 多种，其中绝大多数为常规种子。其原种的生产程序依繁殖方式和品种类型而定。自交、常异交和无性繁殖的花卉常采用单株选择、分系比较、混系繁殖的改良混合选择法。按照种子或植株的起源，生产上的花卉常规种子可分为自交系品种、无性系品种等，目前，有 20 多种花卉有自交系品种，如美女樱、鸡冠花、香雪球等。通过分株分球或扦插繁殖，生产上使用的草花无性系品种至少有 10 种，如秋海棠、彩叶草、菊花、大丽花等。其他木本盆花如倒挂金钟、天竺葵、五色梅亦是。无性系品种的个体是杂合的，但无性系不分离，而且群体同质，其种子生产特点与自交系品种相同。

1.杂种优势利用

杂种优势利用是 20 世纪以来作物育种最突出的成就之一。早在 1909 年已经育成了四季秋海棠的 F_1 杂种，50 年代日本把杂种优势成功地用于矮牵牛、金鱼草、三色堇、天竺葵、霍香蓟等花卉。70～80 年代美国在培养百日草、万寿菊、金鱼草、霍香蓟、三色堇、半支莲、秋海棠

F_1 杂交栽培品种中收到显著的效果后，F_1 花卉种子生产及应用得到迅猛发展与普及。我国自 70 年代开始引进花卉杂种一代，主要草花种类有三色堇、金鱼草、矮牵牛、万寿菊等。我国花卉生产用种子 F_1 大多从国外引进，如 1986 年全国良繁协作组成立时，北京林业大学陈俊愉教授从德国一次引进 77 种 627 个品种中，F_1 品种占 30 个，主要种类除上述提及的常见种外，还有仙客来、石竹、凤仙等。近几年来，我国不少科研院校、生产部门致力于草花杂种一代的研究，取得了可喜进展。如中国农业大学与北京园林科学研究所在一串红、金盏菊、凤仙、矮牵牛、万寿菊、仙客来等种类，包头市园林科学研究所在万寿菊，杭州花圃在鸡冠花、孔雀草、金鱼草等花卉的杂交制种已取得了一定成果，这些工作为我国草花种子生产专业化、质量标准化奠定了基础。

2.草花良种繁育及生产技术研究

以三色堇为例，获得原种后，要把原种繁育 1～4 个世代供生产使用，称良种繁育或良种生产。但由于各种因素的影响，花卉在繁殖过程中发生退化劣变，如不少引进的三色堇品种开始花大色艳、花瓣质地厚实，经几年栽培后退化的植株衰弱、花小、色杂、无光泽、瓣薄等，失去观赏价值。这样的例子在草花种植中屡见不鲜。故保持良种种性或典型性是草花良种繁育工作之关键。

花卉的良种繁育技术在品种防杂保纯、防止退化中同样具有重要地位。良种繁育技术包括防杂保纯措施，先进的栽培管理措施，利用低温、低湿条件贮藏原种等，这些技术与措施的保证可使品种的优良性状得以充分表现，保持品种应有的种性和典型性。20 年来良种繁育技术已有了巨大进展，在花卉繁种、花卉种子播种前处理，穴盘育苗技术等方面有不少报道，主要花卉有仙客来、天竺葵、一串红、宿根福禄考、鹤望兰、瓜叶菊等。生物技术在花卉种苗繁育中也有广泛的应用。我国 20 世纪 70 年代发展起来的组织培养技术已应用在多种草花上，在草花的快繁、保纯、脱毒等方面均取得了一些成绩，获得了较大的经济效益。

近年来，我国的良种繁育工作虽然取得了较大进步，但与国外先进的良繁体系与程序相比还有一定差距。我们应借鉴发达国家先进的花卉良种繁育的经验，重点抓好以下工作：

(1)重视良繁体系建设　对原原种和原种安排在种子公司直属的专业化基地或农场(如美国、法国)，或种子生产者协会(如加拿大)繁殖，确保原原种和原种质量，为整个良种繁育打下基础。栽培用种(商品种子)的生产可采取“公司＋农户”形式(如美国、法国)或种子生产者协会会员(如加拿大)或专业良种场(如苏联)等特约繁殖。

(2)确保原种纯度和质量　原种由育种者提供并继续生产和保存，这从根本上保证了原种的纯度和质量。

(3)合理利用良种，良种结合良法　良种的高产、优质表现是品种基因型与环境条件共同作用的结果。只有因地制宜地综合运用各项措施，重视良种繁育技术，才能充分表现品种种性和典型性。品种合理布局、品种搭配、品种更新和栽培技术等都是合理利用良种的重要方面。

(4)种子生产现代化　农业发达国家都很重视原种繁育体系建设，使种子生产专业化，并给予现代化条件，以保证原种的数量和质量。特别是 20 世纪 90 年代提出的种子工程建设方案，是今后花卉供种科学化、生产现代化的努力方向。随着 21 世纪生物技术的应用与成熟，现代花卉繁育手段已对我国花卉良种繁育工作产生了深远影响。随着新技术应用领域的不断拓展，花卉良种繁育工作还将取得更大进展。

(二)花卉种苗生产概述

随着我国改革开放,国民经济的发展和人民生活水平的提高,花卉产业呈现生机盎然、蓬勃发展的大好形势,花卉种苗也呈现较好发展势头。我国的花卉种苗生产历经了由20世纪80年代初的以自繁自用为主,逐渐走向自用有余而出售,到20世纪90年代形成了种苗专业化生产及技术成熟这一个发展过程。种苗生产的种类和品种主要有:月季、菊花、香石竹、满天星、补血草、花烛、兰花、凤梨、观叶植物和一、二年生花卉及观赏树木等。当然,这些成果都是经全国广大科研工作者及企业、专业等技术人员的努力工作的结果,且也是他们科研成果的利用和转化而成的。

1.传统种苗繁殖技术

花卉原种生产技术可分有性繁殖(种子繁殖)和无性繁殖(营养器官繁殖),而近来有不少种花卉已采用组织培养方法进行繁殖。

(1)有性繁殖技术　有性繁殖技术的研究如中国农业大学观赏园艺系、中国农业科学院蔬菜花卉研究所、北京园林科学研究所、吉林省蔬菜花卉所等单位进行三色堇、矮牵牛、一串红等花坛花卉的品种收集、选优、自交系选择,杂交组合试配及 F_1 种子生产等试验研究,以及北京市园林局进行翠菊的分色、分型及种子优质保存,为生产优质种苗打下了良好的基础。

(2)扦插技术　扦插技术的研究为促进扦插生根,进行生根剂的研制,如目前使用较为广泛的 ABT 生根粉系列、广谱性植物生根剂 HL43、3A 系列促根粉等均经多年研究试验,进而推广,适于多种花卉扦插生根,并解决一些难生根植物的繁殖,如观赏树木中的樱花、梅、杉、银杏、火棘、落叶松、山茶花、桂花、红枫等,其生根率达90%以上,且根系发达,吸收根数量众多。主要研究单位为中国林业科学研究院、华中农业大学林学系、昆明市园林科学研究所、中国科学院植物园等。

(3)水插生根技术　园林植物的水插生根的研究由昆明市林业科学研究所、中国农业大学观赏园艺系通过不同激素及浓度试验,获得数百种园林植物水插生根繁殖方法,为优质种苗生产找到理想途径。

(4)扦插育苗技术　露地遮阴覆膜扦插育苗技术的研究,该技术设备简单、管理方便,效果显著,成本低,经济效益高,适于大面积种苗生产,并为科研与生产提供影响插穗生根的理论依据。主要研究单位为沈阳市园林科学研究所。

(5)种苗嫁接繁殖技术　种苗嫁接繁殖技术对云南山茶花嫁接难点进行攻关,主选嫁接砧木及操作方法,进行全年嫁接,且设备、规模可因时因地而异。山东曹州牡丹花木开发总公司应用凤丹实生苗嫁接观赏牡丹,提高了单位面积上砧木产量,降低育苗成本,嫁接苗整齐一致,利于商品化生产,并比芍药根嫁接牡丹成活率提高,生长旺盛,抗逆性强。中国农业大学观赏园艺系、中国农业科学院蔬菜花卉研究所、天津园林科学研究所等单位,通过对不同多花蔷薇资源的收集、观察,选育出具有生长量大、生长势强、无刺、抗根癌等优点的切花月季专用实生砧木品种系列,并通过嫁接技术研究,提供了优质种苗。

(6)种苗组培快繁技术　组培快繁技术研究在我国花卉种苗生产中广泛进行,组培花卉种类(或品种)极多,如切花类的月季、菊花、香石竹、唐菖蒲、百合、补血草,配叶植物及蕨类,多种盆花、观叶植物及观赏树木等。中国农业大学、中国农业科学院蔬菜花卉研究所、北京市园林局、上海市园林科学研究所等开展了花卉脱毒种苗快繁技术研究,如香石竹、唐菖蒲、菊花、大丽花、文心兰、大花惠兰等建立了脱毒的无性系，生产出来的种苗，保持了原品种的优良特性，植株生长健壮，花多，花大，花色鲜艳，花期长，并在国内首次鉴定出16种病毒2种类病毒和1种类菌原体病毒，制备出多种花卉病毒抗血清。提出了包括鉴别寄主、血清检测、免疫电镜、电泳及cDNA探针等整套检测技术，提出菊花等花卉的检疫、检验操作规程的建议等。这些研究确保了优质种苗的生产。

(7)种苗栽培基质　种苗栽培基质的研究成果让广州花卉研究中心、北京垦辰公司、中国农业科学院蔬菜花卉研究所等研制出多种以泥炭、珍珠岩、河沙等为主的人工栽培基质，其效果明显优于普通土壤栽培。包头市园林科学研究所进行了新型栽培基质的研究，筛选出沸石基质应用在花卉育苗上，其产品无菌、无毒、无异味，肥效较长，操作技术简便。

中国科学院植物所研究并建立了花卉等观赏植物离体种质库。通过收集、保存其离体种质，建立组织培养数据库供查询，并可提供部分所保存的试管植物原种及快速繁殖技术，为提供优质种苗奠定了可靠的基础。

2.工厂化育苗技术

通过研制种子的良种繁育技术，保证了种子纯度及高质量，从种子的生理及采后技术，如种子发育及萌发生理、种子贮藏、种子精选与质量鉴定技术和种子包衣等进行了系列研究，为工厂化育苗提供了可靠技术。主要研究单位为中国农业大学观赏园艺系、北京市园林科学研究所、重庆市园林科学研究所、乌鲁木齐市园林管理处等，研制出了组培苗的快繁、出瓶时间、移栽技术、组培苗(种苗)的栽培、包装、贮运、销售系列技术。主要研究单位为中国科学院植物所、北京林业大学、中国农业科学院蔬菜花卉研究所、深圳农业科学院等，开展育苗环境因子的控制、扦插、播种育苗技术研究，摸索出香石竹、丝石竹、大花萱草、石斛兰、蝴蝶兰、花烛、菊花等花卉一年多次育苗的最佳环境条件，达到了经济上合理、技术上先进，且可批量提供种苗。

当前我国种苗业发展的首要问题是亟需发展我国特色花卉品种。科研单位应该进行花卉品种的育种，提高自育自繁能力。只有这样才能改变我国目前依靠引进国外品种的局面。种苗工厂化、专业化标准的研究制定，使种苗生产走向规范化。其研究内容包括对种子质量、播种方法、栽培基质、环境控制、病虫害防治、育苗钵(器)、肥料、水分供应系统控制等方面。通过标准的研究制定，促进种苗业的规范化。另外，还进行了种苗生产作业流程的研究，种苗的经销与包装运输的研究，种苗业的宏观调控研究，种苗业的计算机应用等研究。

第二节　主要花卉种子(球)生产技术

一、主要草本花卉种子(球)生产技术

(一)一、二年生花卉种子生产技术

一、二年生花卉种子生产可参照育种家种子、原原种、原种和良种的四级繁育程序进行。各级种子只能重复繁殖1次，确保种子质量。本节主要以一串红和万寿菊为例说明一、二年生花卉一代杂种种子的生产技术。

1.一串红种子生产技术

(1)一串红的生物学特性　一串红为唇形科多年生草本,茎四棱,光滑,茎节常为紫红色,茎基部多木质化,高可达 90 cm,有的矮生种株高仅 20～30 cm。叶对生,有长柄,叶片卵形或三角状卵形,先端渐尖,缘有锯齿。花深红色,2～6 朵轮生,密集成顶生总状花序,被红色柔毛;苞片卵形,深红色,早落;萼钟状,2 唇,宿存,与花冠同色;花冠唇形有长筒伸出萼外。小坚果卵形,内有黑色种子,容易脱落。花期 7—10 月;果熟期 8—10 月。一串红还有一串白、一串紫、一串粉等变种,其观赏价值一般不如一串红。性不耐寒,多作一年生栽培。喜阳光充足,但也能耐半阴,忌霜害。最适生长温度为 20～25℃,在 15℃以下生长缓慢,叶黄至脱落;30℃以上则花叶变小。长日照有利于一串红营养生长,短日照有利于生殖生长。一串红秧苗需水较多,忌干旱,缺水时叶片容易萎蔫,严重时叶片易脱落,但又怕涝,水多时叶片也容易脱落,积水 1 d 就能涝死。喜疏松肥沃床土,忌用重茬田土作育苗床土。

图 10.1　一串红花序及花器官构造图(陈丹维等摄)

(2)一串红 F_1 种子生产关键技术　一串红 F_1 种子的杂交制种可以在保护地进行,也可以在露地进行生产,主要采用人工去雄的方法生产杂交种。

①定植　根据品种特性,一般父本比母本提前 10～15 d 播种、定植,父、母本比例为 1∶1,定植密度为 5 500～6 000 株/667 m^2。

②去杂、去劣　去杂、去劣是保证一串红杂交种纯度的主要措施。应于定植、开花前、开花后,根据品种典型特征特性,分 3 次集中去杂、去劣。植株定植 2 个月以后开始开花,授粉之前对不符合亲本性状的不良株、变异株和可疑株要全部拔除,在整个生长季内要反复进行除杂工作。

③整枝　一串红开花期长,花序多,花期需要营养量大,如果枝条留得过多,花序多,花期养分不足,则每序结果少,且每花的种子不饱满。因此,必须在开花期及时疏去部分花枝。方法是:选择晴天,每株选留 5～6 条分布均匀、粗壮的一级分枝,割去分布过密的分枝;10 d 以后,在上次选留的一级分枝中选留 2～3 条二级分枝;并摘去花穗末端的小花及花蕾。

④去雄　在母本植株每朵小花开花前剪掉花萼的 1/2,挑开柱状花冠,剪掉雄蕊,注意用力适度,不能伤及雌蕊。

⑤采粉、授粉　常采用一边采花粉一边授粉的方法。最佳授粉时间在上午 10:00 前和下午 16:00 后。当已去雄的母本花柱头发亮(内有分泌液)时,即可授粉。采下父本即将盛开的

花朵，剪开花冠，将花粉轻轻授在母本的柱头上，一般一朵雄花授一朵雌花。如果雄花多，可用两朵雄花授一朵雌花，这样可提高坐果率及果实内种子的数量。

⑥种子采收 授粉后 20～25 d 受精胚珠发育成为成熟的种子，一串红种子成熟期不一，采收过早，种子成熟度差，瘪粒多；太晚采收种子会弹出花萼，要掌握采收时期。成熟的果实花萼为白色，种子（坚果）外皮由绿白色变为黑（黄）褐色，即可采收。将花萼采下后，阴干收集种子，去掉秕粒、杂质，装入布袋中置于通风干燥处贮存。

2. 万寿菊种子生产技术

(1)万寿菊的生物学特性 万寿菊为菊科多年生草本，常作一年生栽培。茎粗壮。叶对生或互生，羽状全裂，裂片披针形，叶缘背面具油腺点，有强臭味。头状花序单生，花黄色或橘黄色，舌状花有长爪、边缘皱曲。常见品种有‘印加（Inca）’，株高 35 cm，花重瓣，花径 10～12 cm，播种后 60 d 开花，抗 33～38℃高温，花色有金黄、黄和橙等。‘皱瓣（Crush）’，株高 25～30 cm，花径 8～10 cm，播后 65 d 开花。喜温暖、湿润和阳光充足环境。万寿菊生长适温 15～20℃，冬季温度不低于 5℃。夏季高温 30℃以上，植株徒长，茎叶松散，开花少。10℃以下，能生长但速度减慢，生长周期拉长。万寿菊对土壤要求不严，以肥沃、排水良好的沙质壤土为好。常用播种、扦插和组培繁殖。

图 10.2 万寿菊花器官构造图

(2)万寿菊 F_1 种子生产关键技术 万寿菊 F_1 种子多采用雄性不育系生产。雄性不育系包括雄性不育两用系和核质互作雄性不育系（简称“三系”），在万寿菊一代杂种的生产中，主要是利用雄性不育两用系制种。即以原种体系形成的雄性不育两用系作母本，用筛选出的优良自交系作父本。

①定植 在制种田内，父本与母本定植株数之比为 2∶1。按父母本配置比例采取直线定植，父本比母本早定植 15 d。

②去杂 开花期根据形态标记，拔除母本中的全部可育株，保持父本与母本株数比为 4∶1。同时还要去除不符合亲本性状的不良株、变异株和可疑株。

③授粉 当母本花外围的一层舌状花和数层管状花开 3～4 层，柱头呈“Y”形时即可授粉。父本的花粉从管状的外层自内成熟，授粉时先把带花粉的父本花剪下或掐下，用肉眼看到管状花顶端有花粉，用父本花对准母本花的柱头授粉，可轻轻地蘸，也可围绕母本花蕊抖动父本花，使花粉尽可能地撒落在柱头上，一般每朵母本花需连续授粉 3 次。花粉少的时候，为增

加花粉量,可以把用过的父本花粉放在阳光下晒 1～2 d,剩余的那一部分洒落花粉还可利用。授粉后花蕾膨大,母本的柱头顶端凸起,说明授粉已成功。

④采收　万寿菊从授粉到种子成熟,不同品种和在不同的环境条件下成熟时间也有差异,当授粉花苞由绿变黄、变褐,柱头黑褐色时,扒开花苞若已变黑即已成熟。不要等花苞完全干燥再采,要适时采种,早采种子还未成熟,过晚采则种子在花苞内易发霉、出芽,会影响种子的质量和产量。成熟的花苞随熟随采,采后放在遮阴处晾干,采下的花苞用剪刀剪去柱头顶端 2～3 cm,留种子以上 0.5～1.0 cm,扒开晾干的花苞,剔除花萼、花座、腐烂物及杂质,晒干后将成熟合格种子统一包装封样。

(二)球根花卉繁育技术

球根花卉栽培中常出现品种退化,常出现品种退化与种球繁殖系数低,种源扩繁困难的两个问题。因此,大多数球根类花卉,在生长发育的继代繁殖与种球的生产过程中,主要是依靠分球为主的营养体繁殖。花卉种球繁育主要包括子球繁殖、花卉种球生产管理、种球的采收、种球晾晒、清洗消毒、分级与贮藏等。

1. 郁金香种球繁育技术

(1)郁金香的生物学特性　郁金香别名洋荷花、郁香,百合科郁金香属多年生球根类草本植物,原产伊朗和土耳其高山地带。郁金香属一共有 150 余个种,原产地中海一带及中亚细亚、土耳其等地,中亚为其分布中心。中国也有部分原产,大约有 14 种,主要分布在新疆、西藏等地,如伊犁郁金香、准格尔郁金香。适于冬季冷湿,夏季干热、温暖、凉爽干燥的环境,耐寒性强,有些品种球根能耐－35℃的低温,但不耐热。生长适温 15～20℃,花芽分化适温 15～18℃,生根造温 9～13℃,冬季低于 5℃根停止生长。夏季超过 35℃花芽分化受抑制。地下具有圆锥状鳞茎,长 3～4 cm,直径 2～4 cm,皮膜棕褐色;茎生叶披针形或卵状披针形;花单枚着生在茎顶呈杯状直立生长,似卵形,大型花长达 5～8 cm,原种为洋红色,花被 6 片;变种和栽培品种繁多,单瓣、重瓣均有,花色有白、黄、红、深红、玫瑰红等,还有杂色的镶边花和斑纹等复色花。自然状况下,花期多为 4—5 月。要求腐殖质丰富、疏松肥沃、排水良好的微酸性沙质壤土。忌碱土和连作。郁金香可采用播种和营养繁殖。

a. 郁金香花　　b. 郁金香种球(鳞茎)

图 10.3　郁金香花器官构造图及种球

(2)郁金香种球繁育关键技术

①子球繁殖技术 球根花卉的子球繁殖技术包括自然分球法和组织培养繁殖法两种。

球根花卉在普通的栽培过程中大都可以形成子球，因此，通过自然分球就可以实现增殖。郁金香每年更新，花后即干枯，其旁生出一个新球及数个子球。子球数量因品种不同而有差异，早花品种子球数量少，晚花品种子球数量多。子球数量还与培育条件有关，北方 9—10 月栽子球，南方可延至 10 月末至 11 月初。

球根类花卉无论采用哪种方法繁殖子球，与有性繁殖植物方法相比，其繁殖率仍偏低。如果想短期内获得大量种球，最有效的方法是采取组织培养繁殖法。将郁金香的鳞片和茎段分离，挑选无病斑的材料，用 10 ml/L 洗洁精洗涤并用自来水反复清洗。流水冲洗 2 h，用 75% 酒精消毒 30 min，0.1%升汞溶液中消毒 10 min，最后用无菌水冲洗 5～6 次。将消毒好的鳞片横切成上、中、下 3 部分，大小为约 0.8 cm×0.8 cm 的块，茎段切成长约 1 cm 小段，并将 0.8～1 mm 茎尖分离出作为外植体备用。将经消毒准备好的鳞片、幼茎和茎尖外植体分别接种在下列培养基：①丛芽诱导培养基为 MS＋BA 0.4～1.0 mg/L＋NAA 0.4 mg/L；②茎尖诱导培养为 MS＋BA 2 mg/L＋NAA 0.1 mg/L；③茎段诱导培养为 MS＋BA 1.0 mg/L＋NAA 0.2 mg/L。其中培养基的 pH 5.6～5.8，琼脂 0.8%～0.9%。培养期间，光照强度为 2 000 lx，光照时间为 12 h/d。培养温度为(24±2)℃。经过 20～30 d，外植体上会分化出小芽，再将其继代在丛芽增殖培养基 MS＋BA 0.4 mg/L＋NAA 0.2 mg/L，将会形成大量芽丛，然后将增殖培养基中已经长至 5 cm 以上的丛芽切成单芽后，接种在生根诱导培养基 1/2 MS＋KT 0.4 mg/L＋NAA 0.1～1.0 mg/L 中培养，24～30 d 即可炼苗移栽，并在温室或苗床培养子球。

②商品球的生产技术 球根花卉商品球生产可以通过播种繁殖，也可以用子球繁殖。

播种繁殖应在秋季播种，经过冬季低温于春季发芽。温室内、露地播种均可，在 10—11 月播种。播种的用土以腐殖土为好，经过筛选后装入播种盆中，需离盆口 2～3 cm。然后以 3 cm 的间距进行播种，覆土约 1 cm，用木板略压平，喷水使土壤充分湿润。之后盖上薄膜或玻璃，以利保湿，防鼠害，注意经常保持盆土的湿润。如露地播种，需搭棚架并盖塑料薄膜。种子发芽时日温差以 20℃左右为好。如在温差不大的温室内进行，需在播种前将种子进行低温处理。郁金香种子一般 2—3 月发芽，种子发芽率 80%左右。播种苗当年就能形成小鳞茎，但从种子播种到能开花的商品种球，要经过 3～5 年的连续栽培。

子球繁殖是利用从母球或经组织培养产生的子球，经过种植、田间管理和采收，周径符合商品等级要求的可直接采收作为商品种球。周径过小不符合商品要求的子球，需重新栽植并经过一定时间的培育才能形成商品大球。郁金香子球一般在 10 月中下旬至 11 月定植。子球用 10%～20%多菌灵溶液浸泡 10 min，滤掉水分当天种植，平均种植密度约为 60 球/m^2，株距 8 cm，行距 20 cm，4 万株/667 m^2。种植后立即浇水一次，入冬前浇一次防冻水，冬季一般不需要浇水。越冬时，覆土 10 cm，顶芽朝上。来年春天幼叶出土后要及时浇水，保持土壤湿润。天气炎热干旱时，要及时浇水，一般在傍晚进行，每次浇水后，根据土壤墒情，适时除草、松土。

③种球的质量控制技术 种球采收的时间取决于以下三方面因素。

种球的成熟度 种球必须具有一定的成熟度，种球达到一定的周径，形成一定的花芽尺寸和叶子数目。如果采收的种球未成熟，就不会对今后生产切花或盆花过程中的诱导开花处理产生反应。郁金香种球采收时期必须等地上部叶子完全衰败才能进行。采前控水，可保证种球后期生长、叶片营养回流、表皮角质化等生理过程的顺利完成。与植物的生长或衰老生理相适应。其主要目的是控制生长期,适时进入休眠。从生理上提高种球的抗病性、耐贮性。

种球采收　种球采收后,控制好种球含水量、表皮角质化程度、伤口及愈合情况;这直接关系到种球的抗病性及贮藏时间。因此,在生产上通常使用鼓风机、排风扇、短时间曝晒、自然风干等方法,使种球快速晾干,增加表皮保护功能,促进伤口愈合,以期获得健康种球,从而达到安全贮藏的目的。郁金香的种球挖出之后,不急于除去附着的泥土和残根,晾晒 10 d,掰下小鳞茎,一定不能破坏种球的根部,否则会影响第二年种球的发根,要注意不能阳光暴晒,放在通风处阴干。郁金香种球采收去泥后,需浸在 1%～2%的福尔马林稀释液中消毒 40 min 左右,再充分晾干。待其种球干燥后,入库前要做好分级工作,这有利于贮藏、种植和销售。根据郁金香种球直径和周长的大小将其分为五级。一级:直径 3.5 cm 以上,周长 12 cm 以上;二级:直径 3.1～3.4 cm,周长 8.1～11.9 cm;三级:直径 2.5～3.0 cm,周长 6.0～8.0 cm;四级:直径 1.5～2.4 cm,周长 3.1～5.9 cm;五级:直径 1.4 cm 以下,周长 3.0 cm 以下。

种球贮藏　不同的贮藏条件如贮藏时间、贮藏温度、贮藏环境,都可能对种球的品质和下一季的生长发育及开花产生影响,目前一般采用冷库贮藏种球。郁金香种球冷藏时,库内温度要恒定在 5～10℃,空气相对湿度控制在 60%～70%。其次,冷藏时介质种类、介质含水量、介质消毒方式、贮藏箱摆放方式、种球摆放方式等都对种球贮藏的安全性产生影响。元合玲(2006)研究认为,休眠期沙质壤土土藏,并上覆盖马尼拉草坪的方法,是贮藏郁金香种球合格率最高、最经济、最简单、最值得推广的贮藏方法。

2.水仙的繁育技术

(1)水仙的生物学特性　水仙又名中国水仙,是石蒜科多年生草本植物。鳞茎卵球形。叶基生,直立而扁平,宽线形,长 20～40 cm,宽 8～15 mm,先端钝,全缘,粉绿色。花茎中空,扁平,几与叶等长;伞房花序有花 4～8 朵,花轴平伸或下垂;总苞片佛焰苞状,膜质;花芳香;花梗突出包外;花被管细,近三棱形,长约 2 cm,灰绿色;花被裂片 6,卵圆形至阔椭圆形,先端具短尖头,扩展而外反,白色,副花冠浅杯状,淡黄色,不皱缩,短于花被;雄蕊 6,着生于花被管内,花药基着;子房 3 室,每室有胚珠多数,花柱细长,柱头 3 列。蒴果室背开裂。花期春季,果期 4—5 月。水仙喜光、喜水、喜肥,适于温暖、湿润的气候条件,喜肥沃的沙质土壤。生长前期喜凉爽、中期稍耐寒、后期喜温暖。采用鳞茎、播种等方式繁殖。

图 10.4　水仙花器官构造图及种球

(2)水仙种球繁育技术　水仙的繁育常用以下三种繁殖方式。

①侧球繁殖　侧球着生在鳞茎球外的两侧，仅基部与母球相连，很容易自行脱离母体，秋季将其与母球分离，单独种植，次年产生新球。

②分割鳞茎　分割鳞茎一般于8～10月进行，将消毒过的鳞茎纵切成数块，每块均需带有鳞茎盘，切后稍晾干后，与清洁的河沙或蛭石混合。沙与蛭石的含水量为6%～10%，体积为植物材料的3倍左右，将混匀后的材料装入黑色塑料袋中并封口，置于18～20℃的条件下保存。至11月，每个切块的鳞茎盘处均可形成2～3个小腋芽，并生有根系。此时即可植于苗床，翌春出土形成小的植株，至6月下旬地上部逐渐枯黄，将小鳞茎挖起贮藏，每穴一般可得小鳞茎15～20个。

③播种繁殖　一般于5月底至6月进行，播于保护地中，翌年3月发芽，6月地上部变黄，地下形成小鳞茎。这种小鳞茎需精心养护4～5年，方可开花供观赏。此法多用于培育新品种。

此外，水仙也可采用组织培养的方法进行繁殖。

(三)宿根花卉繁育技术

宿根花卉繁育可以通过播种繁殖的方式，但通常以营养繁殖方式为主，在营养繁殖中又以分株与扦插繁殖为主，一般压条及嫁接繁殖应用相对较少。下面以几种主要宿根花卉为例介绍宿根花卉的种子生产及种苗繁殖方法。

1.宿根福禄考种子生产技术

(1)宿根福禄考的生物学特性　宿根福禄考为花葱科福禄考属，多年生宿根草本植物，喜光、耐寒，喜温暖湿润气候，不耐酷暑、炎热；喜排水良好、疏松土壤，不耐干旱、忌涝、忌盐碱；株高为50～70 cm，枝茎从生而粗壮，有部分基部半木质化，无分枝。叶对生，呈卵状披针形。圆锥花序顶生，花径约为2.5 cm，花冠红紫色，花期较长。

图10.5　宿根福禄考花器官构造图

(2)宿根福禄考种子生产关键技术　宿根福禄考的一代杂种种子通常采用人工去雄的方法生产，其要点如下。

①确保父本与母本花期相遇　父母本的种植行比以1∶2(即1行父本2行母本)较合适，每667 m^2可栽植6 000株苗。

②去雄　福禄考为两性花，为避免母本自花授粉，在母本柱头未开裂前，将雄蕊全部摘除掉。

③授粉　授粉方式有两种：一种是取来父本花，用小镊子将5个花粉粒，分别放到4～5个雌蕊柱上，这样较费人工，但成功率较高，结子率较好，产量较高；另一种授粉方法为筒授法，即在父本散粉的条件下，边去雄边授粉，在柱头开裂前去掉花冠，剩下花的基部全筒状(花筒)，将有粉部分露出，用有粉部分接触柱头，进行授粉。这种方法较省人工，结子率高，速度快，但产量较低。

④采收　花朵经杂交后4～5周可采收种子。

(3)宿根福禄考种苗繁殖技术　宿根福禄考种苗繁殖技术可分为分株、压条、扦插繁殖，以及组织培养繁殖。

①分株繁殖　此法操作简便，成活迅速，但不适合大规模繁殖。时间以早春或秋季为宜。利用宿根福禄考根蘖分生能力强、在生长过程中易萌发根蘖的特性，将母株周围的萌蘖株挖出栽植。萌蘖株尽量带完整根系，以提高成活率。

②压条繁殖　压条繁殖在春、夏、秋季均可进行。又可分为堆土压条与普通压条。前者是将枝条基部培土呈馒头状，使其生根后分离栽植的一种方法；后者是将接近地面的一二年生枝条，使下部弯曲埋入土中，枝条上端露出地面。压条时，预先将埋进土里的部分枝条的树皮划破（可释放养料，利于生根），30 d 生根成活后，即可与母株分离栽植。

③扦插繁殖　可分为根插、茎插和叶插。根插是在春、秋季进行，结合分株栽植，把部分根截成 30 cm 长的小段，平埋于河沙中，在 15～20℃条件下，保持土壤湿润，30 d 即可生长出新芽。茎插是在春、夏、秋季开花后进行，茎插适用于大批量生产，结合整枝打头，取生长充实的枝条，截取 3～5 cm 长的插条，插入干净无菌河沙中，株行距为 2～3 cm。保持土壤湿度即可，一般 30 d 可生根。叶插是在夏季取带有腋芽的叶片（叶片保留 1/2），带 2 cm 长茎，插于干净无菌的沙中，注意遮阳，保持土壤湿润，30 d 可生根。

④组织培养繁殖　采用组织培养繁殖宿根福禄考，不但能大幅度提高种苗的质量和产量，提高繁殖系数，打破季节局限，而且可以解决福禄考植株携带顽固的白粉病及叶斑病等问题。郭旭欣（2009）取宿根福禄考带芽茎段为外植体接种在诱芽培养基 MS＋6-BA 1.0 mg/L＋NAA 0.1 mg/L＋蔗糖 30 g/L 中，在温度（25±2）℃、光照强度 2 000～3 000 lx、光周期 12 h/d 下培养，经 20～30 d，将芽继代在增殖培养基 MS＋6-BA 1.0 mg/L＋NAA 0.3 mg/L＋蔗糖 30 g/L 中培养 30 d 后，增殖倍数可达 7.5。再转入生根培养基 1/2MS＋IBA 0.5 mg/L＋蔗糖 15 g/L，生根率高且生根快、根粗壮；试管苗移入田间，在珍珠岩∶草炭＝2∶1 的基质中移栽成活率高达 88.5%以上。

2.地被菊种子生产及种苗繁殖技术

（1）地被菊的生物学特性　地被菊是以地栽为主的菊花，别名千头菊，为菊科菊属多年生草本宿根性植物。地被菊的花（实为头状花序）每株上百朵甚至更多，具有花色鲜艳、株型矮小紧凑、管理粗放且抗逆性强、花期较长等特点，适宜布置花坛、花境，也可盆栽或做切花，被越来越广泛地应用于园林绿化。地被菊多采用扦插繁殖、分株繁殖及组织培养繁殖，也有部分采用播种繁殖。

图 10.6　地被菊头状花序

（2）地被菊杂种生产技术　地被菊的育种方法有常规杂交育种、辐射育种、自然芽变选种等，其中以杂交育种最为普遍。毛洪玉等（2006）报道地被菊具有自交不亲和性，因此在地被菊一代杂种种子生产中，可以采用不去雄、不去瓣和重复授粉（2～3 次）的方法，提高地被菊的杂交结实率。具体做法是在地被菊自然花期 9—10 月，选择杂交的父母本株，待父本花粉散出用毛笔扫集备用。母本重瓣性强的，剪去过长的舌状花，露出雌蕊柱头，当母本柱头伸出张开时即可授粉。授粉最好选晴天上午 9:00—11:00，用毛笔或者海绵球将父本花粉轻涂于母本柱头上。每隔 2～3 d 授粉 1 次，重复授粉 2～3 次，每次授完粉后注意套袋。一般授粉 5 d 后即可观察到柱头褐化，表明已成功授粉受精，此时即可去袋，以利于结实。授粉后 1～2 个月种子成熟，此时便可采种。

(3)地被菊种苗繁殖技术

①扦插繁殖　地被菊的扦插繁殖可四季进行。①春季扦插可在早春 3 月进行。把贮藏的地被菊老根掩藏在温室内准备好的沙床上，并浇水管理。新芽萌发 3～4 cm 时剪下，扦插在播种箱内。上面铺 2～3 cm 厚经消毒的沙子。扦插后浇透水，温度保持在 15～30℃，7～10 d 出现愈伤组织，生根后 1 个月移到温床，以后移栽露地。②夏季扦插可取植株上的侧芽和根部萌发新芽，长度 3～4 cm，在塑料棚内经消毒的沙床上扦插。扦插后浇透水，盖好塑料棚，保持温度在 20～30℃。适时通风，1 个月左右生根，即可栽植。③秋季扦插可取根部、茎部萌发的新芽，如苗源不足可取现蕾的顶芽，把花蕾摘去。芽长保持 3～4 cm，扦插在地热温床上，浇透水，盖好塑料棚，中午 10:00—16:00 盖上遮阳帘。温度保持 10～30℃。生根后上盆，供室内观赏。④冬季扦插要取入冬前根部萌发的茎、芽，长 3～4 cm，扦插到温室沙床、盆内或播种箱内，浇透水，温度保持在 10～30℃。生根后上盆，可供元旦、春节观赏。

②分株繁殖　分株繁殖可在夏、秋及入冬前进行，即挖出新萌发的带有根系的茎、芽进行栽植。亦可在春季、冬季进行。方法是入冬前将老根挖回贮藏，可分株盆栽。这种方法繁殖可供小规模花苗生产需要。

③组织培养快繁　地被菊的茎尖、茎段、侧芽、叶片、花托、花瓣、花蕾等都可作外植体，其中以茎尖和侧芽较好。选用优株的嫩芽，除去叶片，消毒后作接种材料。接种大小为茎尖小于 0.5 mm，嫩茎 2～4 mm。培养基用 MS＋6-BA 1～3 mg/L，温度 15～23℃，光照 10～15 h，1～2 个月后即可诱导出小芽或愈伤组织。当长出绿芽时，即可转入生根培养基中进行生根培养，生根形成完整植株后即可移入苗床，经 30～40 d 后可移入大田栽植。

④播种繁殖　地被菊播种育苗分离严重，在苗期就可看出部分分离，一般只用于育种，当生产上需大量用苗又缺少扦插苗时可以采用此法。育苗时间控制 60 d 左右。地被菊种子无休眠期，10 月末种子成熟采种后，可于翌春 1—3 月播种于温室内，种子发芽后在出现 2～4 片真叶时移栽 1 次，5 月中旬便可移植露地栽培。

(四)草本花卉种子(球、苗)质量控制技术

1. 一、二年生花卉种子质量控制技术

一、二年花卉种子生产需要严格按照种子生产规程进行，防止品种混杂和品种退化。

(1)防止混杂的措施　花卉种子混杂主要有机械混杂和生物学混杂。防止机械混杂应派专人负责及时采种，宁缺毋滥，标清品名、时间，装种用品必须清洗干净，无杂质。播种前种子处理(选种、浸种)，必须做到不同品种分别处理，用具干净；不在同一苗床内播撒相似品种；播种后应及时插上标牌，并记下播种位置和数量；应尽量避免重茬，应合理轮作。种植时最容易使品种混杂，移植前要认真核对，并且按品种逐个进行；移植后，及时画出品种小区分布图。在移苗、定植、初花、盛花期和末花期等不同时期严格进行去杂，这些也是防止机械混杂的有效措施。

防止生物学混杂主要措施是采用空间隔离。异花授粉的观赏植物生物学混杂主要媒介是昆虫和风。因此，隔离时应综合考虑到本地区风向情况、风力大小以及不同品种花粉易飞散程度、花粉量、天然杂交率、繁殖地面积等多种情况，决定适宜的隔离间距。此外也和天然杂交率高低有关。一般花粉量多的种类之间隔离间距要大，重瓣程度小的隔离距离大，天然杂交率高

的隔离距离大，反之亦然。如波斯菊、金莲花、万寿菊、金盏花等的最小距离为 400 m，蜀葵、石竹为 350 m，矮牵牛、金鱼草、百日草等约 200 m，一串红、半支莲、翠菊、香豌豆等为 50 m，而三色堇和飞燕草 30 m 就可以有效隔离。在实际生产中完全依靠空间隔离往往是不可能的，因此应利用建筑物和跨年度隔离两种方式。花期隔离就是把同一品种在一年的不同时间播种，使它们的花期自然错开，这种方法主要适合于对光周期不敏感的植物，如翠菊。跨年度隔离就是将易发生混杂的品种，在不同的年份播种繁殖，这种方法适用于种子寿命较长的品种，如凤仙花。

(2)防止退化的措施　尽管良种是一个纯系，但各株之间的遗传特性或多或少地存在差异，由于这些内在因素的作用，加之环境条件、栽培技术等外界因素的影响，在繁育过程中，繁殖材料本身不断发生变化，由量变过渡到质变后会使良种失去原有的优良性状。防止品种退化首先要提供良好的栽培条件和栽培制度，控制并促使优良性状表达出来。选择排水良好、土质疏松的土壤进行种植，在栽培管理中合理施肥，多用有机肥，并适当增施磷钾肥，加大株行距，增加营养面积，及时修剪和捆扎支架。

2.球根花卉种球质量控制技术

球根花卉的种球质量主要涉及品种退化、球根发育质量和种球贮藏。

(1)品种退化　球根花卉由于长期营养繁殖，植株体内病毒积累并传递给后代，造成植株严重感毒而退化；而且不断进行营养繁殖后，会造成有机体的衰老与劣化，植株衰老退化；气候环境与土壤条件等不利因素的影响，特别是高温而诱发植物种性退化。目前，采用组织培养脱毒，选择高纬度、高海拔地区改善气候环境、改善土壤理化性能，加强病虫害防治，严格实行轮作等方法，是有效防治退化的重要举措之一。

(2)球根发育质量　球根发育质量是构成商品球的重要因素，种球的发育与生长环境条件有关。通常约 20℃条件是球根发育的最适温度，生长前期促进地上部分生长，增施钾肥，增加同化面积，有利于提高光合产物的形成和养分的运转与储存。蕾期与花后通过摘花与水分、矿物质营养的调节，可以促进球根的发育。

(3)种球贮藏　种球贮藏是球根花卉种球生产的一个重要组成部分。一是要注意贮藏防病害，采收的种球应经过消毒处理；二是注意贮藏温度的调控，根据不同球根花卉的生育特性与市场供求需要，解决打破种球休眠，促进花芽分化，延迟种球发芽，适时供应不时栽培等问题。例如，唐菖蒲在秋季球根收获后通常有 2～3 个月的自然休眠期，进行促成栽培，种球通常需要在 6～8℃低温条件下经 5～6 周打破休眠，并转到 20℃适温下促进根的形成与芽的伸长。如进行抑制栽培则球根需要 2～4℃的低温冷藏。

3.宿根花卉种子(种苗)质量控制技术

宿根花卉的种子生产按照常规种子生产技术规程进行，注意品种的混杂和退化，种子质量控制与一、二年生花卉相同，具体如前所述。

宿根花卉种苗主要是通过营养繁殖的方式分株或扦插，其种苗质量控制主要体现在母本种苗的纯度与营养繁殖苗存活率两个方面。母本种苗要选择纯度较高、生长良好、无病虫害的宿根花卉，营养繁殖时繁殖材料需要及时消毒及生根处理，后期管理注意合理的施肥，控制氮肥、适量增施磷、钾肥。

二、主要木本花卉种苗生产技术

(一)乔木型种苗生产技术

1.落叶乔木大苗生产技术

落叶乔木常见的有玉兰、无患子、黄山栾树、银杏、合欢、南酸枣、槐、杨、柳、椿、白蜡、落叶松等。对于乔木来说，无论是扦插苗还是播种苗，第1年生长的高度一般可达1.5 m左右。第2年以后可采取两种方法。一种做法是留床保养1年，因未移植，苗木没有受到损伤，生长很快，加上肥、水等管理措施，留床保养1年的苗木，一般可达2.5 m左右。第3年以120 cm×60 cm行株距移植，第4年不动。第5年将株距扩大，隔一株移出一株，行距不变，行株距变成120 cm×120 cm。加强培养管理，快速生长1年，第6年或第7年即可长成大苗出圃。另一种做法是将一年生苗移植，行株距为60 cm×60 cm，尽量多保留地上部枝干，加强肥水管理，促进根系生长，地上部不修剪，这一年重点是养根，第3年于地面平茬剪截，只留一芽，当年可形成2.5 m以上、具有通直树干的苗木。第4年不动，第5年隔行去行，隔株去株，变成120 cm×120 cm行株距。第6年快速生长1年，第7年或第8年即可长成大苗。移植出的苗木还以120 cm×120 cm定植，第5年和第6年快速生长2年，第7年或第8年也可出圃。落叶乔木大苗出圃应有高大通直的主干，干高2.0～3.5 m，胸径5～10 cm，具有完整紧凑、匀称的树冠和强大的根系。

在培育期间，树干2 m以下的萌芽要全部清除，每年均需要加强肥水管理和病虫害防治，否则效果将不理想。上述落叶乔木大苗培育的株行距是众多树种的平均值，具体某一树种最适合的移植株行距，还需根据该树种的生长速度而定，快速生长的树种可适当加大行距，慢速生长树种则减小行距。

2.常绿乔木大苗生产技术

常绿乔木大苗出圃要求具有该树种本身的冠形特征，如尖塔形、胖塔形、圆头形等。树高3～6 m，不缺分枝，冠形匀称。

(1)轮生枝明显的常绿乔木大苗培育　树种主要有雪松、黑松、油松、华山松、红松、云杉、江南油杉、柳杉等，这类树种有明显的中心主干，每年向上长一节，分生一轮分枝，幼苗期生长速度很慢，每节只有几厘米、十几厘米，随着苗龄增大，生长速度逐渐加快，每年每节达40～50 cm。培育一株大苗(高3～5 m)需15～20年甚至更长时间。这类树种具有明显的主干，而且一旦遭到破坏，整株苗木将失去培养价值，因此要特别注意在培养过程中保护主干。

一般一年播种苗再留床保养1年，第3年开始移植，苗高为15～20 cm，行株距为50 cm×50 cm，第4年、第5年、第6年迅速生长3年不移植，第6年时苗高为50～80 cm，第7年以120 cm×120 cm的行株距移植，第8年、第9年、第10年又迅速生长3年，这时苗木高度为1.5～2.0 m，第11年以4 m×4 m的行株距进行第三次移植，第12年、第13年、第14年、第15年又迅速生长4年不移植，这时苗木高度可达3.5～4 m，注意从第11年开始，每年从基部适当剪除部分分枝，以促进高生长。

(2)轮生枝不明显的常绿树大苗培育　树种有侧柏、龙柏、杜松、柏木等。这些树种幼苗期的生长速度较轮生枝明显的常绿树稍快，因此在培育大苗时略有不同。一年生播种苗或扦插苗可留床保养1年，第3年移植时苗高为20 cm左右，株行距可定60 cm×60 cm，第4年、第5年迅速生长2年，第5年时苗高为1.5～2.0 m，第6年进行第二次移植，行株距为150 cm×130 cm，第7年、第8年速长2年，可达3.5～4.0 m的大苗。同样在培育过程中要注意剪除与主干竞争的枝梢，或摘去竞争枝的生长点，培育单干苗。

(二)灌木型种苗培育技术

1.落叶灌木大苗培育技术

(1)具主干落叶灌木大苗培育技术　具主干落叶灌木主要有碧桃、梅花、樱花、樱桃、紫叶李、海棠、红瑞木、矮紫薇等。这些有播种苗，有嫁接苗，也有扦插苗。无论是哪种苗，在第1年培育过程中，都可在苗长至80～100 cm时摘心定干，留20 cm整形带，促生分枝，增加干粗。整形带中多余的萌芽和整形带以下的萌芽全部清除。第2年可按60 cm×50 cm行株距移植，移植后注意去除萌芽和肥水管理。第3年快速生长1年，第4年可隔行去行隔株移出一株，变成120 cm×100 cm行株距。移出的也以同样的行株距定植，再培养1～2年即可养成干粗3～7 cm的大苗。

这类大苗树冠冠形有两种:一种是开心形树冠，定干后只留整形带内向外生长的3～4个主枝，交错选留，与主干成60°～70°开心角。各主枝长至50 cm时摘心促分枝，即培养成开心形树冠。另一种是疏散分层形树冠，有中央主干，主枝分层分布在中干上，一般一层主枝3～4个，二层主枝2～3个，三层主枝1～2个。层与层之间错落着生，夹角角度相同，层距80～100 cm，这类大苗培育出圃要求具有一定主干，高度60～80 cm，定干部粗(直径)3～7 cm，具丰满匀称的冠形和强大的根系。

(2)丛生落叶灌木大苗培育　丛生落叶灌木主要有丁香、紫珠、紫荆、迎春、玫瑰、贴梗海棠、木槿、杜鹃、蜡梅、牡丹、木芙蓉及竹类等。这些树种大都为播种、分株、扦插苗。一年生苗大小也不均匀，特别是分株繁殖苗差异更大，在定植时应注意分级定植。播种和扦插苗，一般第二年应留床保养1年，第三年以60 cm×50 cm行株距定植，培养1～2年即成大苗。分株苗直接以60 cm×50 cm行株距定植，直至出圃。在培育过程中，应注意每丛所留主枝数量，不可太多，否则容易造成主枝过细，达不到应有粗度。这类大苗出圃要求为每丛分枝3～7枝，每枝粗1.5 cm以上，具有丰满冠丛和须根系。

2.常绿灌木大苗培育技术

常绿灌木树种很多，主要有大叶黄杨、小叶黄杨、大花六道木、无刺枸骨、南天竹、金森(花叶)女贞、花柏、千头柏、胡颓子等。这类树种大苗出圃规格为株高1.5 m以下，冠径50～120 cm，具有一定造型、冠形或冠丛。主要用作绿篱、组形、造型等，以扦插和播种繁殖为主。一年生苗高约为10 cm，第2年即可移植，行株距为50 cm×30 cm，第3～4年速生不移植，这时苗高和冠径可达25 cm左右。这期间要注意短截促生多分枝，一般每年要修剪3～5次，第4～5年以1 m×1 m行株距进行第二次移植或养冠、造型。注意生长季剪截冠枝，增加分枝数量。这时株高和冠径可达60 cm以上。

(三)木本观赏植物种苗的出圃标准

1.苗木出圃的质量指标及要求

种苗是园林绿化建设的物质基础，是城市绿化效果的关键，因此必须把握好出圃苗木的质量关，确保出圃苗木为优质壮苗，在城市绿化中充分发挥其观赏价值和绿化效果。

(1)苗木的质量指标　凡能反映苗木质量优劣的形态指标和生理指标统称为苗木的质量指标，在生产中一般选用便于测量的形态指标，如苗高、苗重、地际直径(地径)、根系、根茎比等来鉴别苗木的优劣。

(2)苗木出圃的质量要求

①苗木移植次数　在圃繁殖苗宜需移植过 2～3 次，外引山苗必须在圃地养护 2～3 年及以上。

②出圃苗木树体要求　出圃苗木应是生长健壮，树形、骨架基础良好的苗木在幼年期就应培育出良好的树体和骨架基础，使之树形优美、长势健壮，符合绿化要求。

③苗木根系要求　根系发育良好，有较多的侧根和须根，主根短而直，起苗时不易受到机械损伤。根系的大小根据苗龄、规格而定。一般由苗木的高度和地际直径来决定，如一般出圃的裸根苗木的根系直径以相当于苗木地际直径的 10～15 倍为宜。带土球出圃的常绿苗木，其土球规格主要由苗高来定，如苗高在 1 m 以下时，土球直径、高为 30 cm×20 cm；苗高为 1～2 m 时，土球直径、高为 40 cm×30 cm；苗高 2 m 以上时，土球直径、高为 70 cm×60 cm。

④苗木茎根比、高茎比要求　苗木的茎根比小、高茎比适宜。茎根比是指苗木地上部分鲜重与根系鲜重的比值。茎根比大的苗木，根系少，根系与地上部分比例失调，苗木质量差；茎根比小的苗木，根系多，质量好。但茎根比过小的苗木，地上部生长小而弱，质量也不好。各树种的茎根比依树种而异，如一年生播种苗的茎根比，落叶松多为 1.4～3.0，柳杉多为 1.5～2.5，二年生油松以不超过 3 为好。

高茎比是苗高与地径(D)的比值，它反映了苗木高度与苗粗之间的关系。高茎比适宜的苗木，生长匀称，质量好。高茎比过大或过小，表明苗木过于细高或过于粗矮，都不理想。

苗木的全株重量能比较全面地反映苗木的质量。同一种苗木，在相同的条件下栽培，重量大的苗木一般生长健壮，根系发达，品质优良。

⑤苗木无病虫害和机械损伤　苗木无病虫害和机械损伤，有严重病虫害及机械损伤的苗木应禁止出圃。

评定苗木质量的优劣，要根据苗木的质量指标进行全面分析。

2.出圃苗木的规格标准

(1)落叶乔木规格标准　落叶乔木主枝匀称、树冠丰满、分枝点到位。胸径 5.0 cm 以上，快长树胸径 7.0 cm 以上，落叶小乔木胸径(地径)3.0 cm 以上。用于行道树的落叶乔木分枝点高度不低于 2.8 m，园景树及孤植树分枝点高度为 2.5 m。

(2)针叶常绿乔木规格标准　针叶常绿乔木树冠圆满匀称，具有地表分枝，要求不偏冠、不脱腿，高度在 2.5 m 以上。

(3)灌木规格标准　灌木灌丛形，灌丛丰满，主枝不少于 5 个，主枝平均高度达 1.0 m 以上。匍匐型灌木，应有 3 个以上主枝，主枝达 0.5 m 以上。单干圆冠型，主枝分布均匀，地径 2 cm，树高 1.2 m 以上。

(4)藤木规格标准　藤木要求生长旺盛，根系发达，枝蔓发育充实，腋芽饱满，每株苗木分枝数不少于 3 个，主蔓直径在 0.3 cm 以上，主蔓长度在 1.0 m 以上。

(5)植篱苗规格标准　植篱苗灌丛丰满，分枝均匀，常绿苗不脱腿，苗龄在 3 年以上或 50 cm 以上。

(6)嫁接苗规格标准　嫁接苗包括花灌木和高接乔化苗木，要求嫁接后3年以上，接口愈合牢固，无砧木滋生现象的苗木。

(7)竹类散生竹规格标准　竹类散生竹，2～4年生苗龄，中型竹苗具竹竿1～2个以上，小型竹苗具竹竿3～5个以上；丛生竹具竹竿5个以上。

苗木规格标准对促进苗木市场发展具有重要意义。表10.1列出了不同苗木的规格标准，可供木本苗木生产者、园林设计与绿化施工者参考。

表 10.1　木本苗出圃规格标准一览表

苗木类别	指标	分级	极差
绿篱苗	高度	0.8～1.0 m、1.0～1.2 m 1.2～1.5 m、1.5～1.8 m	0.2～0.3 cm
常绿大乔木	高度	2～2.5 m、2.5～3 m 3～3.5 m、3.5～4 m	0.5 cm
落叶大乔木	胸径	4～5 cm、5～6 cm 6～7 cm、7～8 cm	1 cm
小乔木	基径(地径)	2.5～3 cm、3.5～4 cm 4.5～5 cm	0.5 cm
单干灌木	基径(地径)	2.5～3 cm、3.5～4 cm 4.5～5 cm	0.5 cm
多干灌木	基径、分枝(主枝)数及粗度	有3～5个主干，每个主干粗1.0～1.5 cm	分枝点高于30 cm的要求地径粗度
丛生灌木	按主枝数、丛高(不同树要求不同)		
小灌木(如月季、迎春、牡丹等)	按几年生为指标	最小2～3年生	
嫁接苗	按嫁接几年为指标、乔木按干径	如龙爪槐按主干胸径指标外还应嫁接3年以上	

(引自巩振辉，《园艺植物种子学》，2010年)

(四)木本观赏植物种苗的起苗

起苗又叫掘苗，就是把已达到出圃规格或移植扩大株行距的苗木从苗圃地上挖掘起来。这一工作是木本观赏植物育苗的重要生产环节之一，它直接影响苗木的质量和移植成活率、苗圃的经济效益以及城市绿化的效果。因此，起苗工作必须认真细致，方法得当，严格掌握技术要求，保证苗木质量。

1.起苗季节

落叶树种起苗时期原则上应在苗木秋季落叶后或春季萌芽前的休眠期进行，有些树种也可在雨季进行。常绿树种的起苗，北方大都在雨季或春季进行，南方则在秋季天气转凉后的10月或春季转暖后的3—4月以及梅雨季进行，具体起苗工作要求如下：

(1)秋季起苗　早春发芽较早的树种，应在秋季起苗。秋季起苗应在苗木地上部分停止生长，叶片基本脱落，土壤封冻前进行。

(2)春季起苗　春季起苗主要用于不宜冬季假植的常绿树与假植不便的大规格苗木。春季起苗一定要在树液开始流动前进行，最好是随起随栽。

(3)冬季起苗　冬季起苗宜于南方。北方冬季起苗是指大苗破冻土、带土球进行起苗。

(4)雨季起苗　雨季起苗多用于常绿树种，如侧柏、雪松、香樟、冬青等，应随起随栽。

2.起苗方法

可分为人工起苗和机械起苗两种。

(1)人工起苗　包括裸根起苗、带土球起苗和冻土坨起苗。

①裸根起苗　绝大多数落叶树种和容易成活的针叶树小苗均可裸根起苗。起小苗时，沿苗行方向距苗行20 cm左右处挖一条沟，在沟壁下侧挖出斜槽，根据根系要求的深度切断苗根，再于第二行与第一行插入铁锹，切断侧根，把苗木推在沟中即可取苗。大苗裸根起苗时，宜单株挖掘，带根系的幅度应为其根颈粗的5～6倍，在稍大于规定根系的幅度范围外挖沟，切断侧根。再于一侧向内深挖，切断主根，然后将苗木推倒，再打碎根部的泥土，并尽量保留须根。

②带土球起苗　一般常绿树、名贵树种和较大的花灌木常采用带土球起苗。土球的大小，因苗木大小、根系分布情况、树种成活难易、土壤质地等条件综合测算。多数树木土球直径为胸径的8～10倍，土球高度约为直径的2/3，应包括大部分根系。

③冻土坨起苗　当苗根层土壤冻结后，一般温度降至－12℃时，开始挖掘土球。冻土坨大小的确定以及挖掘方法基本同带土球起苗。

(2)机械起苗　使用机械起苗可以大大提高工作效率，减轻劳动强度，而且起苗的质量也较好。现在一些规模较大的苗场较普遍地应用机械起苗。

3.掘苗包装质量要求

掘苗包装有以下要求：

①按规范要求掘苗，保证根冠幅长度或土球大小。

②裸根苗尽可能多带护心土。

③土球打包及箱板苗要求球形规整，包装牢固。

④裸根小灌木包装保湿完好。

⑤裸根小苗蘸浆均匀、饱满，保护完好。

(五)木本花卉种苗质量控制技术

木本花卉种苗的质量涉及木本花卉的品种纯度、出圃种苗质量。

品种纯度就是要选择纯度高的木本花卉种子或母本进行繁殖，对于木本花卉要求种的纯度达100%。

出圃种苗质量与木本花卉栽培生长过程的管理有关。为达到壮苗出圃的效果，木本花卉在培育过程和出圃环节中，还需加强栽培措施管理：

①要进行合理的修剪，促进树冠的形成；出圃环节中在保留原有树形的基础上，根据不同

树木和不同季节，可修剪30%～50%，严重时可修剪掉70%的枝叶甚至更多。

②要合理的施肥，苗木在快出圃时少施N肥，可适量增施P、K肥及微量元素肥，增强树木的抗逆境能力。

③做好病虫害防治，加强病虫害防治及检查和检疫，是木本花卉出圃的重要内容，也是防止检疫性病害传播的有效措施；严重的，自身无法控制的病虫害，一要上报检疫部门，另不仅不能出圃，可能还要销毁。

④要正确的起苗包装，要根据种苗的大小、常绿与落叶性、不同的出圃季节，选择不同的包装方式。总体上，胸径大于5 cm的乔木，尤其是常绿树木，宜带土球包扎出圃。这样才能保证移栽后成活率达到95%及以上。

应用案例1——仙客来穴盘育苗技术

仙客来是冬春季优美的名贵盆花，花期长达5个月，常用于室内布置，摆放花架、案头，点缀会议室和餐厅等。仙客来在栽种过程中形成了相对成熟的种植技术，下面重点介绍其穴盘育苗技术。

(1)播种前准备　根据生产需要选择具备良好特性的仙客来品种，采用连栋式智能温室或具有升降温与遮阴设备条件的日光温室、催芽室和育苗架等进行育苗生产，其中采用200、288孔氏育苗专用穴盘，催芽室温度24 h保持在21℃，相对湿度为90%～100%，并保证完全黑暗。

(2)播种方法与时间　采用专用仙客来育苗基质。播种前对催芽室、温室进行灭菌、消毒，用百菌清烟雾剂熏蒸，3～4 d 1次，连续熏蒸3次；或用高锰酸钾1 000倍液或多菌灵500倍液对穴盘进行灭菌消毒。播种前24 h，将种子用高锰酸钾1 000倍液浸种，播种时捞出并用清水淋洗干净。首先将育苗基质装入穴盘中，装盘时应用微力将基质稍压实一些，用打孔器打0.5 cm的孔，将种子播入孔内，上覆0.5 cm蛭石，用细洒水器将基质喷透，稍控水后移入催芽室。

根据仙客来上市目标选择播种期，结合确定品种的生育期特性，一般大花系列上市前31～41周播种，中花系列上市前27～36周播种，微型系列上市前25～28周播种。

(3)催芽期管理　将播好的穴盘整齐摆放在育苗架上，保持全黑暗状态，温度控制21℃、相对湿度90%左右。每隔3～5 d检查1次，若发现边缘有发干现象，及时用小喷壶补水，或经常里外倒换位置。21 d左右当种子有70%露白时，将穴盘从催芽室移入温室。

将穴盘苗整齐的摆放在温室的苗床上，穴盘上下覆盖一层白色无纺布，用竹板(竿)或铁丝制成简易拱棚，上覆60%遮阳网，使幼苗逐渐接受光照。1周后种子基本出齐，将无纺布去掉，10 d后去掉遮阳网。

(4)幼苗期管理　温室保持温度18～20℃。根据穴盘基质湿度情况，及时用细雾喷水浇水。当幼苗苗龄8～9周(第2片真叶刚展开)时，用2 000倍N∶P∶K(15∶15∶30)专用肥喷施，1周喷施1次。当幼苗2片真叶展平(大约9周)时，开始分苗。将小苗由288孔移入72孔或50孔穴盘；移苗时将球茎露出1/3～1/2；且移苗后遮阴1周。1周后光照强度控制15 000～20 000 lx，晴天光强较大时，应于上午11:00至下午3:00用80%～90%遮阳网进行遮阳。

(5)肥水管理　移苗1周后开始施肥，用N∶P∶K(15∶15∶30)仙客来专用肥2 000倍液浇灌，或选择N∶P∶K(20∶20∶20)加螯合微肥的专用肥2 000倍液浇灌，每周1次。保持土壤pH在6～6.8，EC值保持在0.8～1 ms/cm。

(6)炼苗及病虫害防治　幼苗销售前 1 周,对幼苗进行炼苗,适当控制肥水供应,增强光照,提高幼苗抗性能力。生产过程中注意通风换气,换气时应于上午进行,当温度上升至 18～20℃时,打开通风口,下午当温度下降至 18～20℃时关闭通风口。7～10 d 喷 1 次以预防为主的杀菌药,几种不同杀菌药宜交替使用。螨虫对仙客来的幼苗质量危害影响很大,应经常观察,发现后及时用三氯杀螨醇、杀螨特、速螨酮等药物按说明书方法喷治。注意蚜虫、菜青虫、棉铃虫、根结线虫等虫害的发生,及时防治。

应用案例 2——波斯菊种子生产技术

波斯菊系菊科秋英属,原产墨西哥,一年生草本花卉。日本人特别钟情,是日本秋天代表性的花卉品种。近几年来,盛开的波斯菊也成为国内大中城市夏、秋季绿地的一道亮丽风景线,十分美丽壮观。其主要种子生产技术如下。

(1)原种处理　繁育波斯菊种子需对原种种子进行处理,一方面可防止种传病害进入我国,另一方面可为提高种子发芽率和培育壮苗打下基础。操作步骤:

①晒种　原种在播种前,宜选晴天并在阳光下晾晒一天,晒种过程中要翻动种子数次。

②筛选　如波斯菊原种中可能有菌核病的菌核混于其中,可用筛子筛出和除去粗大菌核。

③手工选　如波斯菊原种中混有小的菌核,由于原种数量较少,可手工捡出。

④温水浸种　将种子浸渍在 50℃的温水中 10～20 min,可有效防治炭疽病和白粉病。

⑤药剂浸种　温水浸种后在冷水中冷却,随即用 200 倍的 40%福尔马林稀释液浸种 3 min,浸种后用清水冲洗数遍,可有效防治菌核病、白粉病、炭疽病发生。

⑥拌种　药剂浸种后晾干,可用 50%的多菌灵拌种,用药量为种子量的 0.3%,可有效防治菌核病、白粉病、炭疽病。

(2)播种育苗

①苗床消毒　播种前 2～3 周,用 40%福尔马林对苗床进行消毒。施药前要保持土壤湿润,喷洒农药后覆盖地膜,防止农药挥发,增加效果。

②苗床选择　肥沃的壤土或新垦地育苗最佳,土地深翻后充分暴晒杀菌。

③播种期　如江南地区波斯菊适宜播种期为 7 月 15—20 日。一般采用育苗移栽方法,具体育苗播种时间为大田预定移栽期前 16～18 d。

④育苗方法　每 667 m^2 大田需要苗床 15 m^2,育苗方法与旱育秧相同,出苗后及时揭膜。若上年是水稻旱育秧的地方不宜做苗床。

⑤苗龄　一般苗龄不超过 20 d,也不要少于 15 d,叶龄 4～5 叶时移栽。

(3)定植

①基肥　每 667 m^2 用 20～30 kg 复合肥做基肥(撒施)。

②密度　连沟宽 1.5 m 做垄,每垄栽 3 行,行距 40 cm,株距 33 cm。具体密度根据播种移栽期而定,早栽的稀点,迟栽的密点,株数控制 3 500～4 000 株/667 m^2。

(4)栽培管理

①水肥管理　前期要少浇水,促进根系生长。为了减少田间采摘次数,防止倒伏,促进开花整齐,7～8 片叶时将主枝顶部打去 3 cm 左右即摘心,以促进分枝的发生。波斯菊对肥力要求不高,只需活苗后追施一、二次水粪。

②去杂保证　去杂对种子纯度有较大影响。在生长期要依据品种的特性多次去杂,防止

串花、退化，以达到种子纯度生产要求。

③病虫防治与田间检疫　在生长期间把发病的叶花及时摘除，以免病原物在田间扩大蔓延。种子收获后把遗留在地面上的病残株集中销毁。育苗移栽时穴孔需施防地下害虫药 1 kg/667 m^2。出苗后及移栽前各浇一次防霉宝和敌杀死混合液。中后期视发病情况选用高效低毒的内吸性杀菌剂，如速克宁、多菌灵、代森锰锌、粉锈宁等，防治菌核病、白粉病、炭疽病等。选用高效低毒农药防治地下害虫 1～2 次。在波斯菊开花结果期，邀请种子生产所在地植物检疫部门对所生产的波斯菊种子进行病虫害检疫。

(5)采收　当花球呈褐色、种子也呈褐色并略有裸露时，带 3～7 cm 花茎采摘。在连秆收割前，隔 3～5 d 连续采收 3～5 次。下初霜时将花球一齐收割后熟。采收时要防止品种混杂，防止混入泥土。为防霉变发芽，及时脱出种子晒干、扬净，并及时用水洗掉种子中的泥土。晒干的种子要用塑料袋扎好并扎几个小孔，存放阴凉干燥处，防止种子还潮。

(6)种子质量标准　色泽一致，呈淡褐色。净度在 99.5%以上，破损率在 1%以下，含水率 7%以下，种子发芽率 85%以上。达到外部无菌核、无杂草种子及籽粒饱满度 430 g/L 左右的标准。

(7)加工处理

①预选　种子成熟后要及时脱粒，降低水分，筛去小籽，除掉轻、重杂质，以提高种子的净度。

②风选　用风筛精选机或风车精选掉菌核、土块、病虫残体、茎、叶残体等轻杂重杂。按种子质量要求精选至容重、发芽率达标。

③筛选　用三层筛分级、分别用 10 目筛除去大籽粒、大菌核、大土块，用 25 目筛除去小籽、草籽、小泥块、小菌核，使种子饱满、色泽一致。

④水选　用清水浸泡 5 min，融化掉直径和种子差不多的泥块，除去浮在上部的轻杂。

⑤定量包装　根据波斯菊种子市场销售情况和消费者对使用种子数量的特点，按农作物种子标签和使用说明管理办法要求制作种子包装袋，并进行种子定量包装。

本章小结

花卉是种类繁多的一类观花植物。花卉种子(苗)生产的任务是要按照需要(计划、合同等)生产数量充足、质量合格、成本低廉的种子(苗)。目前花卉种子(苗)生产的品种类型主要包括一、二年生花卉种子、球根、宿根和木本花卉种子(苗)。

一、二年生花卉种子生产过程较为简单，技术重点是除杂保纯。花卉种子生产主要利用人工去雄杂交制种和利用雄性不育系杂交制种。利用人工去雄杂交制种是在花期人工去除雄蕊，边采花粉边授粉，方法简单，易操作。利用雄性不育系杂交制种，雄性不育系包括雄性不育两用系和核质互作雄性不育系(简称“三系”)。雄性不育两用系制种即以原种体系形成的雄性不育两用系作母本，用筛选出的优良自交系作父本，获得杂交种子。核质互作雄性不育系制种即以不育系、保持系和恢复系，“三系”配套的方式获得杂交种子。

球根花卉种球生产主要是依靠分球为主的营养体繁殖，技术重点是防止品种混杂和退化。花卉种球繁育主要包括子球繁殖、花卉种球生产管理、种球的采收、种球晾晒、清洗消毒、分级与贮藏等。采用空间隔离方法防止生物学混杂，采用组织培养脱毒防止品种退化。

宿根花卉生产分为种子生产和种苗生产。种子生产按照常规种子生产技术规程进行，技术重点防止品种混杂和退化。种苗生产主要是通过营养繁殖的方式分株或扦插，技术重点确保母本种苗的纯度与营养繁殖苗存活率。营养繁殖材料及时消毒和生根处理，可提高营养繁殖苗存活率。

木本花卉种苗包括播种苗、扦插苗和嫁接苗。技术重点是保证品种纯度和出圃种苗质量。保持品种纯度要选择纯度高的木本花卉种子或母本进行繁殖，出圃种苗质量与木本花卉生长过程的管理有关。

思考题

一、名词解释

一、二年生花卉、球根花卉、宿根花卉、种子繁殖、扦插繁殖、组织培养。

二、简答题

1. 以一串红为例，简述一、二年生花卉的种子繁殖技术。
2. 球根花卉有哪些类型？球根花卉如何繁殖？
3. 宿根花卉有哪些特点？其繁殖方法有哪些？
4. 简述木本观赏植物大苗的培育技术。
5. 简述仙客来穴盘育苗及技术要点。
6. 简述波斯菊种子生产技术要点。

三、论述题

1. 请阐述花期调控的技术途径有哪些？
2. 试阐述如何防止草本花卉良种的退化及可采取的措施。
3. 试述木本观赏大苗的起苗技术要点。

第十一章　牧草与草坪草种子生产技术

知识目标

◆ 了解我国草坪草、牧草种子的类型、生物学特性、生产现状和发展前景。

◆ 理解主要草坪草、牧草种子生产过程、病虫害防治及种子收获、贮藏的技术与规程。

◆ 掌握主要草坪草、牧草的品种特性及其种子生产过程与技术。

能力目标

◆ 能够利用草坪草、牧草种子的生物学特性，识别高羊茅、草地早熟禾、沟叶结缕草及紫花苜蓿、黑麦草、紫云英等草种。

◆ 学会高羊茅、紫云英等的播种、施肥、除草、病虫害防治及种子收获、贮藏的技术要点。

◆ 能够利用草坪草、牧草种子生产的主要技术与规程，完成高羊茅、紫云英等本地主要草种的种子生产、质量控制与技术指导。

第一节　草坪草种子生产技术

一、草坪草类型及其主要品种

目前，长江流域应用的暖季型草种主要是结缕草属的沟叶结缕草、狗牙根属中的杂交狗牙根和普通狗牙跟。沟叶结缕草和杂交狗牙根采用草皮繁殖，普通狗牙根用种子或草皮繁殖。暖季型草种中还少量应用结缕草(日本结缕草)、中华结缕草、假俭草、海滨雀稗和钝叶草等，它们既可用种子繁殖也可用草皮繁殖。冷季型草种主要应用羊茅属中的高羊茅(苇状羊茅)、紫羊茅、黑麦草属中的多年生黑麦草和一年生黑麦草，少量使用早熟禾属中的草地早熟禾和翦股颖属中的匍匐翦股颖。生产上常采用播种建草坪，某些品种也应用草皮建坪；且生产用的种子主要依赖于国外引进。

(一)冷季型草坪草品种

1.高羊茅(苇状羊茅)

该草种在冷季型草中耐热性最好,耐践踏性强,耐粗放管理,故为长江流域应用最多的冷季型草坪草。最适 pH 5.5～7.5。播种量为 20～40 g/m^2,一般在 9—11 月和 3—4 月播种。近些年应用的主要品种介绍如下。

(1)'猎狗 5 号' '猎狗 5 号'属耐热性和抗旱性较强的高羊茅品种。其叶片色泽深绿,质地良好,极耐践踏。内生菌含量高达 80%及以上,对食叶昆虫和线虫有较好的抗性。

(2)'翠碧' '翠碧'是优质的高羊茅混合品种,非常耐干旱、耐热和低修剪。对褐斑病的抗性强,草坪密度和质地非常适宜,颜色深绿。

(3)'缤狗' '缤狗'是高羊茅最新改进型品种。其叶片蓝绿色,质地良好,叶片细腻,极耐践踏。草坪密度大,对褐斑病具有较强的抗性。内生菌含量在 90%及以上,对害虫有较强的抗性。

(4)'耐力' '耐力'耐热性很强,其叶片深绿色,生长速度慢,修剪次数少,内生菌含量高,对褐斑病等抗性强。适用于公园、广场、庭院等地的草坪建植。

(5)'星火' '星火'是炎热干燥或炎热潮湿地区理想的高羊茅品种。其根系发达,可利用深层土壤中的水分,在炎热干燥的季节仍能维持良好的深绿色。质地良好,耐粗放管理,耐中等程度低修剪,对褐斑病等病害表现出良好的抗性。适用于庭院、公园、运动场、高尔夫球场及其他养护绿地草坪。

(6)'沙漠绿洲' '沙漠绿洲'是对高温湿热气候有较好适应能力的高羊茅品种。其叶片质地中等,根系发达,土壤适应范围广,耐高温,越夏能力强,耐频繁修剪,耐强践踏,常应用于公园、广场、道路、住宅区等草坪,也是水土保持的理想草种之一。

2.多年生黑麦草

在长江流域多年生黑麦草,对多种病害抗性强。质地细腻、颜色深绿,是暖季型草坪秋冬季交播的理想草种,主要品种介绍如下。

(1)'太阳岛' '太阳岛'系草坪致密、耐热抗病的品种,该品种在气候比较寒冷的冬季仍能保持绿色和密度。

(2)'赛车' '赛车'是多年生黑麦草混合品种,秋、冬季气温较低时叶片仍保持深绿色,同时对叶斑病、币斑病、褐枯病、雪霉病有较好的抗性。适用于冬季交播,特别耐践踏,非常适用于运动场草坪。

3.草地早熟禾

作为冷季型的先锋草种,常与高羊茅等混播,或用于暖季型草坪草冬季交播使用。出苗成坪快,整个冬季为深绿色。适宜 pH 6.0～7.0。南方一般秋播,播种量 15～30 g/m^2,播种后 4～7 d 出苗。其主要品种介绍如下。

①'高原' '高原'是新一代的草坪型多年生黑麦草品种,冬季交播的理想品种。草坪色泽浓绿,质地细腻,致密均一。耐践踏性强,对叶斑病等病害抗性强。常用于高尔夫球场、运动场、公园绿地、庭院草坪及草皮卷生产。

②'选手' '选手'系生长健壮型品种,在长江流域草地早熟禾常少量混播于高羊茅中,以

提高草坪对环境的适应性。适宜 pH 6.0～7.0。一般播种量 8～15 g/m^2。

③'优异' '优异'属改良型品种,草坪质量较好,深绿色。常混播于高尔夫球场的球道、发球台和障碍区,也被用于多种草籽的混播。种苗活力高,根系发达,侵占性和竞争力较强,建植后杂草较难侵入,特别适用于草皮生产及要求快速建成的草坪。

④'蓝博' '蓝博'系色泽浓绿、草坪致密均一、耐超低修剪性强、耐寒性好、抗病能力强的品种,适宜于各类草坪建植及草皮卷生产。

⑤'新星' '新星'系色泽浓绿、叶质细腻、地面覆盖效果好的品种,具有较强的抗旱性和抗病能力。

⑥'男爵' '男爵'系叶色翠绿、叶片中细、绿期长、抗病能力强的品种,可用于公共绿地、运动场和高尔夫球道的草坪建植。

⑦'巴润' '巴润'系叶色翠绿、根系健壮、成坪致密、种子活力强、抗强践踏的品种,适宜做耐磨性要求较高的草坪。

4.匍匐翦股颖

这类草坪草品种耐热性差,在公园、绿地中较少使用。但因其特耐低矮修剪、叶片细,适用于高尔夫球场果岭(进球区)或发球台。匍匐翦股颖种子非常细小,播种时宜与细沙搅拌混播,播种量 3～8 g/m^2。

'L-93'是目前最流行的匍匐翦股颖品种之一,具有色泽浓绿,草坪致密,极强的生态扩张力特点。

其他品种还有:'本特草'、'攀可斯'、'眼镜蛇'等,播种量一般为 3～5 g/m^2。

(二)暖季型草坪草品种

(1)沟叶结缕草 别名马尼拉草、半细叶结缕草,是长江流域应用最多的暖季型草坪草。我国台湾、广东、海南等地有天然分布。具有根状茎和匍匐茎,其密度大、生长速度快、耐热、耐低修剪、颜色深绿、抗病抗杂草能力强。叶长约 3 cm,叶宽 1～2 mm。花多,花期长,但通常无可育种子,采用匍匐茎繁殖,约 2 个月可成坪。我国 20 世纪 80 年代由美国等地引进栽培品种,主要品种有:'开丝米'、'钻石'和'骑士'等。

(2)中华结缕草 海边沙滩、河岸、路旁有天然生长的群体。叶长可达 10 cm,叶宽 1～3 mm。耐盐、耐践踏性好。通常与结缕草混合在一起,植株形态和种子均较难区分,在生产上大多将中华结缕草与结缕草混合在一起使用。

(3)结缕草(日本结缕草) 结缕草在长江流域有天然的分布。叶长约 3 cm,叶宽 2～3 mm。耐磨损,耐践踏。采用种子或营养繁殖。种子直播播种量为 9～15 g/m^2,播种前需应用湿沙层积或 0.5% NaOH 对种子进行催芽处理。国外培育的品种有:'梅耶'、'绿宝石'、'帝国'、'伊尔-吐蕾'和'比莱尔'等。美国培育的'德安赞'和'维多利亚',两者冬季的色泽均有一定改良。最近美国又推出'Zenith'、'Sunrise'和'SR9150'等结缕草品种。

(4)松南结缕草 松南结缕草由中国水稻研究所玄松南选育。形态介于结缕草与沟叶结缕草之间。株高 10～15 cm,修剪高度 3～5 cm,叶长 5～8 cm,叶宽 2～3 mm。近年在杭州植物园的试验应用表明,其长势等综合性状好于沟叶结缕草,具有良好的推广前景。

(5)普通狗牙根 普通狗牙根别名百慕大草、天堂草。长江流域各地有野生分布。叶长约 3.8～8.0 cm,叶宽 1～2 mm。是暖季型草中生长最快的品种。耐磨损,耐践踏,耐低修剪,修剪高度1.5～3.0 cm。采用种子或分根繁殖。种子直播播种量为5～10 g/m^2，播种后2周出苗。近年国外培育的新品种有：'金字塔''米瑞格'等。

(6)杂交狗牙根　杂交狗牙根是由四倍体的非洲狗牙根与二倍体的普通狗牙根杂交选育而成的三倍体植株，不产种子，只能采用营养器官繁殖。长江流域目前栽培的大多是从美国引进的品种，主要为'天堂328''矮生狗牙根''天堂419'等。比普通狗牙根叶片细、节间短、密度大，但比普通狗牙根对肥力的要求高。

(三)国内选育成功的草坪草品种

(1)'兰引Ⅲ号'草坪型结缕草　甘肃省草原生态研究所1995年登记，系1988年从美国加利福尼亚引入。匍匐茎扩展性强，生长速度为青岛结缕草的2倍。茎叶细密，耐磨性强，耐高温。种子产量低。适应长江以南地区种植。

(2)青岛结缕草　山东省青岛市草坪建设开发公司等1990年登记。材料来源于胶州湾野生结缕草群落。草坪平整，美观，弹性好，耐践踏，耐寒性强，抗高温，与杂草竞争性强。全国各地可种植。

(3)华南半细叶结缕草　中国热带农业科学院1999年登记。材料系1990年从甘肃草原生态研究所引进。叶色深绿，质地优良，成坪速度快，密度高，耐践踏，耐修剪，恢复生长快，抗热性强，耐旱。适应长江以南的热带、亚热带地区种植。

(4)兰引Ⅰ号草坪型狗牙根　甘肃草原生态研究所1994年登记。材料系1990年泰国引入并选育。极耐低矮修剪，可剪至3 mm，耐践踏，耐高温，适应长江以南地区种植。

(5)喀什狗牙根　新疆农业大学等2001年登记。系1992年从新疆南疆平原绿洲野生狗牙根群落中采集的种子和营养体中选育出的。耐践踏，耐低修剪，易管理，耐热耐盐碱，再生能力强。适应我国南方和北方较寒冷、干旱和半干旱平原区种植。

(6)南京狗牙根　江苏省中国科学院植物研究所2001年登记。采集于南京东郊路边天然草地。低矮纤细，草坪细密，生长快，耐践踏，耐寒性强。适应长江中下游地区种植。

(7)新农1号狗牙根　新疆农业大学2001年登记。是1985年从新疆伊宁市农田边野生狗牙根群落中采集的营养体中选出。质地细软，色泽较好，持久性强，绿色期较长，较耐低修剪，耐践踏，耐瘠薄，易管理，抗寒性强。适应我国南方和北方较寒冷、干旱和半干旱平原区种植。

(8)新农2号狗牙根　新疆农业大学2005年登记。是从采集于新疆南疆莎车县农田边的野生狗牙根营养体和种子材料中选出。低矮，质地纤细，色泽深绿，绿色期较长，抗旱、抗热、较抗寒、耐瘠薄。适应我国南方和北方较寒冷、干旱和半干旱平原区种植。

(9)粤选1号匍匐翦股颖　仲凯农业技术学院等于2004年登记。为匍匐翦股颖Penncross的变异株，Penncross由美国宾夕法尼亚大学育成。主枝节间短，分蘖致密，叶片较小。耐热、耐践踏性较好。在华南地区不能抽穗，生产上采用营养体繁殖。适应长江流域及以南地区种植。

二、草坪草的生物学特性

长江流域目前生产性应用的草坪草种均为禾本科草坪草，其花器官为穗状花序或圆锥花序，与水稻等其他禾本科植物类似。

结缕草的花序为穗状花序，小花着生在穗轴四周，是具有 1 个雌蕊和 3 个雄蕊的两性花，被内外稃包围(图 11.1)，花期 4—6 月。首先是直立茎上生出的短小叶片在抽穗时膨起，进而把全部雌蕊顶端露出稃外。其后，花茎和雄蕊继续伸长，抽穗后约 1 周雄蕊露在外面的花药裂开；而此时先露出雌蕊的柱头已经枯死，因此，难以实现在同一小花上授粉。通常雌蕊提前 7 d 左右成熟；但结缕草的出穗期较长，在同一草坪中还存在不同发育阶段的个体，因此天然授粉不是障碍。在同株的穗中，成熟一般是从上方开始向下方转移。结缕草开花受精后 30～45 d 成熟，种子被较薄的内稃和厚的外稃所包围。结缕草种子的外形为椭圆状的披针形，前端有芒或无芒，侧面扁平。

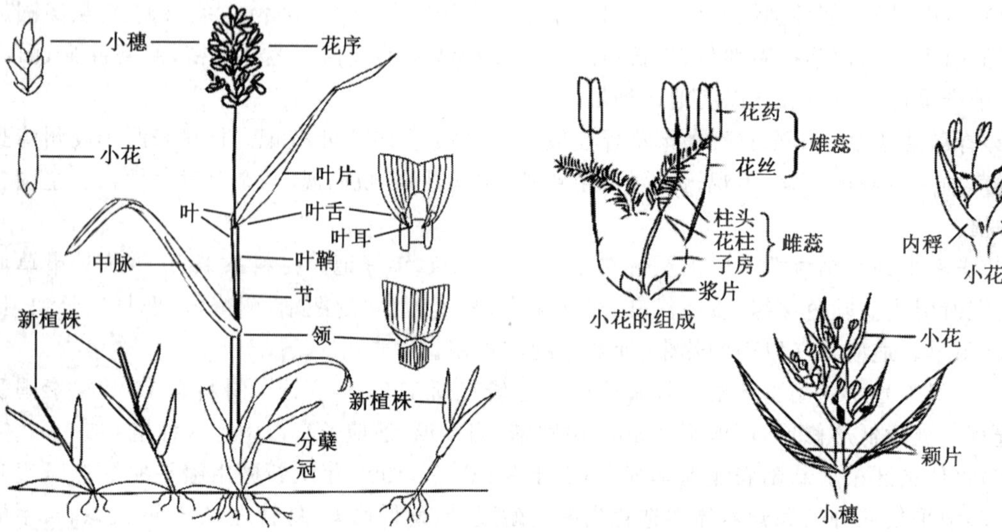

图 11.1 草坪草禾草类植株、小穗和小花示意图

(金玉婷仿自杨秀珍和王兆龙,《园林草坪与地被》,2015;赵雁,《草坪学(南方本)》,2017)

根据草坪草对生长温度的需求，可分为冷季型和暖季型草种。冷季型草种最适应较冷的季节，在 15～24℃生长最旺盛。暖季型草种最适温度在 27～35℃。冷季型草种为 C_3 草，暖季型草种为 C_4 草。春季，冷季型草种解除休眠并迅速生长，不太忍耐夏季胁迫，而在盛夏生长减慢，到秋季又恢复长势，但达不到春季快速生长的程度。冷季型草种在秋季绿色保持完好，有可能在整个冬季皆能保持绿色。暖季型草种解除休眠较慢，直到夏季达到生长高峰，在秋季生长减缓，土温低于 10℃时进入休眠，失去叶绿素，保持棕色或枯黄直到翌春转绿。冷季型草的根层大多分布在 30～45 cm 的上部土层；而暖季型草种的根群常深达 90 cm 或更深；根系的纤维化和丛生性强；磷在土壤中相对不移动，故成熟草坪无需施用大量磷肥。

三、主要草坪草种子生产关键技术

(一)草坪草概况

草坪草为生长低矮、草质优良、扩展性强、长势均匀的禾本科或极少量的莎草科植物。草坪业近年来在世界各地取得了重大发展，尤其在美国等发达国家，是美国近几十年来与种植业有关的行业中发展最快的行业，被列为十大产业之一。截至 2005 年美国草坪业每年的产值约 400 亿美元。现代草坪业作为一项新兴产业，到 20 世纪 80 年代才进入我国并以 1990 年北京亚运会会场绿化为契机，在我国逐步走向正规化、专业化、市场化的发展道路。

绝大多数草坪草的新品种是由栽培或天然草坪的优良变异株杂交而成的。因草坪草多为异交，自然群体或栽培群体异质性高；对自然变异材料进行单株选择是草坪草育种最富有成效的方法之一。在自然群体中选择优异单株加以鉴定而育成品种，如结缕草‘Meyer’，狗牙根‘Tifton 10’，野牛草‘Prairie’；在栽培品种群体中发现优异单株加以鉴定再形成品种，如从杂交狗牙根‘Tifgreen’选出‘Tifdwarf’，从匍匐翦股颖中选出‘Arlington’‘Cohansey’等。

(二)草坪草种子生产关键技术

用作生产草坪草种子的地块，应选择地势开旷、通风良好、光照充足、土层深厚、排灌水方便、肥力适中、杂草较少，便于隔离、交通便利的地段建立种子生产基地。

为防止繁种时同种不同品种或近缘种间混杂，草坪草种子田在种植某一品种之前或之后的一段时间不得种植同属种的其他品种或近缘种品种。间隔时间至少为 1 年，具硬实种子的草坪草要求至少间隔 4 年。草坪草种子的生产采取自上而下逐级生产繁殖制，即由原种生产基础种子，由基础种子生产审定种子。可以隔级进行繁殖生产，即可以用原种直接生产审定种子。为了减少种子生产过程中品种退化，应限制各级种子繁殖的世代数。多年生草坪草在规定生产一定年份的一个等级种子之后可降级生产低一级的种子。生产低一级种子时应遵照该等级种子生产的年限要求。由于草坪草多为异交植物，故生产一种草坪草的不同品种及近缘种时种子田间应设有隔离带，隔离带可为刈割带、围篱、沟、其他种作物带或未种植带，隔离带的宽窄根据异花授粉草坪草的最小授粉距离和种植面积决定。通常异花授粉植物种子田生产原种和基础种子时，种子田面积≤2 hm^2，隔离带宽为 200 m；种子田面积＞2 hm^2，隔离带宽 100 m；生产审定种子时，种子田面积≤2 hm^2，隔离带宽 100 m，种子田面积＞2 hm^2，隔离带宽为 50 m。自花授粉的草坪草，同种不同品种间的隔离带为 5 m。生产同一品种不同等级的种子田，隔离带宽可缩短 25％。

草坪草种子质量等级按净度、发芽率、纯度和含水量指标综合评价(表 11.1)。国家标准一级产品的草坪草种子净度应达 90％及以上；种子发芽率不低于 70％(结缕草属)，其他多数种类应达到 85％～90％；纯度不低于 99％；含水量不高于 11％或 12％。

表 11.1　部分草坪草的播种量和种子质量标准

草种	播种量 /(g/m^2)	最小纯度 (重度百分比)/％	最低发芽率 (数量百分比)/％
高羊茅	20～40	95	85
紫羊茅	14～17	97	85
多年生黑麦草	25～35	97	85
一年生黑麦草	25～35	97	85
草地早熟禾	6～8	92	75
小糠草	4～6	92	90
细弱翦股颖	3～5	97	85

[引自赵雁，《草坪学(南方本)》，2017 年]

下面以冷、暖季型的高羊茅和结缕草为例，简介其种子生产技术。

(1)高羊茅种子生产技术　因长江流域气候条件不适合高羊茅种子生产，故该地使用的草坪型高羊茅草种大多从美国等地进口；而美国的主要种子生产地是俄勒冈州和密苏里州，适宜的播种量为 5.7～9.0 kg/hm^2，条播，行距 45 cm。国内宁夏、四川尝试过少量生产种子。下面以西北宁夏回族自治区高羊茅种子生产基地为例，说明其生产过程与技术环节。

①选地　高羊茅留种田最好远离村庄，减少畜禽人为影响；留种田要相对连片，便于种植管理和品种保纯；不同品种的高羊茅要严格分区隔离留种，防止不同品种间串粉杂交。

高羊茅因苗期生长较慢，需在播种前对地块进行翻耕做畦，有条件的在翻耕前可施入有机肥，翻耕深度为 30～35 cm，细耙 1～2 次，清除杂草后开沟做畦，畦宽 1～2 m，排水沟深 30 cm，宽 20 cm。

②播种　高羊茅最好选用当年收获的新种子，宜早秋播种，播种量 20～40 g/m^2，条播，行距 30 cm(留种地要加大行距)，播种深度 1～2 cm，并用细土覆盖。播种时施磷酸二胺 225 kg/hm^2。采用机井灌溉，灌溉时间为返青期、拔节期、开花期和灌浆结实期。灌水量以每次灌透土层为宜。

高羊茅也适合与白三叶、红三叶、苜蓿等豆科牧草混播，但白三叶不宜过多，它们的合适比例为每公顷：高羊茅 7.5 kg，白三叶或红三叶 3.75 kg，即高羊茅与白三叶或红三叶按 2∶1 混播。

③施肥与田间管理　高羊茅对肥料敏感，特别是施足基肥后增产明显。对土壤肥力较差的地块，每公顷可施有机肥 20 t 或氮肥 50 kg、过磷酸钙 200 kg。每年刈割利用后，要及时追有效氮肥，每公顷可施尿素 50 kg 或硫酸铵 120 kg 或用栏肥稀释液浇地表根部，以促进再生。但若留种用的，刈割后就不用追肥了。肥足地块，种子产量可达 3 533 kg/hm^2。

高羊茅苗期生长较慢，适时中耕除草有利于齐苗和壮苗；耕地前要彻底除草 1 次。每次刈割后要进行中耕除草；如遇干旱要及时灌溉，以利早发增产，防止植株枯萎。

④种子收获　在 6 月初至 7 月初，高羊茅穗子 80%～90%变成褐色时，选择无露水、晴朗天气收获并及时脱粒；收获后的种子及时干燥处理至含水率小于 12%；并进行清选分级包装。

(2)结缕草种子生产　我国结缕草种子的主产区是山东省胶州市，通常是在天然群体中采集种子。研究表明，人工栽植或直接播种方式建立结缕草种子田至第 3 年才能达到较高的种子产量，种子产量可达 844 kg/hm^2。适量施氮肥可提高种子产量，以秋施氮肥 20 kg/hm^2 加春施 10 kg/hm^2 效果更好。冬季火烧草坪可提高种子产量和质量，种子的适宜收获期为盛花后第 36 d，即 6 月 15 日前后，其他环节与高羊茅类似。

(3)紫羊茅种子生产　主要产区山东省济宁市。茎少叶多，叶狭窄而绿，可形成厚密、均匀而又柔软的层，由于返青早，形成草层快，绿色期长，抗寒性强。能充分利用弱光，而且簇叶多，绿化效果好。圆锥花序狭窄稍下垂，花药黄色，颖果细小，千粒重 0.72～0.75 g。适宜播种量 7.5 kg/hm^2，种子产量可达 662.5 kg/hm^2。主要品种有：'SGSA-05054''SGSA-05056''极地'等。

(4)种子质量控制技术　按照《GB/T 24866—2010 牧草及草坪草种子贮藏规范》的标准，把种子贮藏于通风、干燥、相对湿度低于 50%、温度不高于 10℃的环境中，同时做好防水、防鼠、防火及定期检查种子质量工作，确保种子质量稳定。

第二节 牧草种子生产技术

一、牧草的类型及其主要品种

我国疆域辽阔，资源丰富，南北跨越30多个纬度，具有多样的气候类型和复杂的地形地势，为各种牧草的繁育和种子生产提供了有利条件。特别是近年来，随着人们生活水平的提高，人们对优质奶品的需求旺盛及生态建设的快速发展，加速了我国草地改良和优质牧草种子的生产。目前主要的牧草作物种类有：多花黑麦草、杂交狼尾草、紫花苜蓿、紫云英、白三叶等。

二、牧草种子生产概况

(一)我国牧草种子生产概述

我国牧草育种工作始于20世纪50年代，80年代后迅速发展；到90年代中期，选育出新品种55个，地方品种37个，引进品种42个，野生驯化栽培品种29个，这些品种在全国推广近200万hm^2，取得了可观的经济效益；但与美国、澳大利亚等牧草发达国家相比，仍有差距；因此，在牧草种子生产实践中，要特别重视新品种选育和良种繁育工作，将选育的新品种及时进行繁育推广，以提高草地的经济、生态效益。

优良牧草品种的种子内在的遗传特性决定了优良品种具有较强的生长势和适应性，优良牧草种子是获得高产优质牧草的基础。随着牧草及饲料作物需求量大幅度提高，通过培育和繁殖优质牧草品种种子、改善牧草品质、提高家畜适口性和消化吸收率，已经受到普遍重视。

人工草地的建植以及退化人工草地的改良是以绝大多数豆科和禾本科牧草种子直播建植完成的，多数城市绿地主要是依靠直播牧草种子或草坪草种子建成的。但由于优良牧草种子的结实受阻，或是劣质杂草种子繁殖难以得到有效控制，以及水分、光照、温度、土壤或人为利用不当，以及某些饲用价值低的植物种子的无序繁殖造成了优良牧地的退化；因此，及时补播良种，保护和改良天然草地势在必行。

近年来，我们加大了牧草种子的栽培措施管理，使得单位产量提高至100～300 kg/hm^2，这个数值虽与其他国家平均产量相当，但总体产量不稳定，就每年生产的种子总量而言，许多牧草种子仍是在非种子田中生产的。

大多数牧草为多年生植物，种植的当年往往没有收益，加之国产牧草种子价格较低；因此，牧草种子生产者利益得不到保证。种子经营普遍存在着投机性强，经营混乱等现象，许多经营者无执照经营，出售种子不提供任何质量证明，牧草种子供应十分紧张的年份，价格暴涨。另外，许多生产经营者对牧草种子生产不做任何市场预测，生产与经销的盲目性较大。

20世纪80年代，自党中央提出种草种树的政策后，全国各地种草形势发展迅猛。80年代初，全国人工种草867万hm^2，2000年达到了3 333万hm^2，截至2008年已有4 333万hm^2的人工种草面积。根据饲草发展态势，我国每年至少以200万hm^2速度在增加，需草种3万t。据统计，近10年来我国已建立牧草种子生产基地30万hm^2，每年可提供种子约3万t，虽数量上基本能满足,但由于我国牧草种子生产条件和世界牧草种子生产大国相比,还存在种子田条件差、管理粗放,其种子生产的手段还较原始的问题,导致了种子产量低、质量较差,严重制约草地建设及饲草生产的效益。但这也正是我国牧草种子业发展的契机,只要加强种子田管理,借用国外的一些成功生产经验,种子的产量和质量将会大幅度提高。并且随着种子质量的提高,种子的价格也会提高。退耕还草、持续发展、保护生态,很大程度上都将促进我国牧草种子产业的发展。因此,对它们的关注程度以及投资建设程度、管理力度将会不断加大,优良、完善的牧草种子市场将会逐步建立起来。

随着国家对西部地区的投资和开发力度的加大,草地的生态、经济效益越来越显现,退耕还林还草的重大决策成为草业发展的新起点。政府已在一些典型的牧草生长地区启动了一批牧草种子生产基地建设项目,这些牧草种子基地的建设将吸取国外牧草种子生产的先进经验,使种子生产区域化、产业化、科学化,并实现生产、加工、经营的一体化,通过种子质量标准制定,健全种子质量管理体系,规范种子经营,加大牧草种子选育与生产关键技术的科研投入,我国的牧草种子产业逐步走向成熟。

由此,当前我国牧草种子生产中还应重点解决以下问题:

(1)种子生产不够规范,技术不先进,总体生产水平较低。

(2)牧草种子的生产管理水平较落后,造成种子产量和质量不高。

(3)牧草种子质量检验和监管体系有待进一步完善。

(4)牧草种子生产较混乱。

(二)浙江省牧草种子发展概述

近几年来,随着饲草资源的开发利用等项目的实施,浙江省在饲草品种选育和高效利用方面进行了一些研究,比如浙江省农业科学院的耐逆紫花苜蓿新品系选育以及金华市农科院青贮饲用玉米的品种选育等,虽获得一些研究成果,但进展较缓慢,远远不能满足浙江省草业发展的需要,目前的牧草种子生产仍存在:牧草种子生产水平低,优质高产牧草品种缺乏,从播种到收获、贮存、清选、质量检验等一系列技术环节机械配套不完善,产量不高、品种单调,特别是农户自繁的一些品种,存在品种退化、质量低下的问题。目前浙江省所需的饲草种子 90%以上从省外乃至国外调入,很难保证优良品种的持续性,严重限制了浙江省草业发展。近些年来浙江省从事牧草种子生产的有新昌白云建设公司,生产的牧草种子主要为杂交狼尾草,还有少量的草坪草种子;另有龙泉市草业技术中心的宽叶雀稗种子基地以及金华的墨西哥玉米种子基地,但种子的生产量都不大;紫云英种子生产基地主要在宁波市的奉化区和鄞州区,生产的种子主要作绿肥利用,少量作饲用或菜用。

为了加速浙江省建植人工草地,提高牧草产量和质量,促进农区进行草田轮作,必须进一步推进浙江省种子生产业的发展。一是要大力加强牧草引种和自主育种工作,育成一批适应性强、产量高、质量优的牧草新品种,开展牧草制种技术的研究;二是在严格考察和论证的基础上,建立不同牧草品种适宜的制种基地;三是建立种子质量标准及其检验机构,确保牧草种子质量。

三、主要牧草种子生产关键技术

本节以浙江省的气候条件和牧草种子生产发展现状为例,重点介绍紫花苜蓿、黑麦草和紫云英种子的生产技术。

(一)紫花苜蓿种子生产技术

1.紫花苜蓿主要品种类型

紫花苜蓿是国内外研究最多的饲草，紫花苜蓿研究投入大、应用面广、品种多，但国内登记注册的品种仅约 40 个，休眠级较低，品质一般，只适合在北方种植。在多数地方表现好的基本是进口品种；浙江省近 10 年来引进国内外 50 多个品种进行评比，表现好的有‘WL-4167’‘WL-324’‘Arriba’‘多叶王’‘WL-525HQ’‘盛世’‘WL-414’等品种，主要是美国培育的，其休眠级在 3～8 之间。休眠级即种子的休眠等级，反映种子的休眠程度。对于紫花苜蓿而言，休眠等级越高质量越好，最高的可以达到 7～8 级，一般市场上的产品大多是 6 级及以下的。

以表现稳定的‘WL-525HQ’和‘盛世’为例阐述品种特性。‘WL-525HQ’是第一个采用近红外辐射育种技术培育的冬季不休眠品种，具有极好的再生性、持久性和抗病虫害能力，休眠级为 8，适宜在华南、西南种植。‘盛世’产于美国，休眠级 7～8，分枝能力强，再生性和持久性好，利用年限长，叶茎比高，茎秆中粗纤维含量低，粗蛋白质含量高，年产鲜草约 90 t/hm^2，耐湿热性突出，适合华东、华南、西南大部分地区种植。

2.紫花苜蓿的生物学特性

紫花苜蓿为多年生草本，高 60～110 cm，根系发达，主根入土深度达 2～6 m，多数品种侧根不发达，着生根瘤，但在南方根瘤较少。茎直立或斜生，绿色或带紫色，多分枝，两年以上的植株分枝可达 10 个以上，每个主枝具有 10～17 个节。羽状三出复叶或多出复叶，小叶长圆倒卵形或倒披针形，长 3～30 mm，宽 3.5～15 mm，先端略凹，为一针状物，基部楔形，叶缘上部 1/3 处有锯齿，两面无毛或疏被绒毛；短总状花序腋生，具花 5～20 余朵，紫色或蓝紫色；花萼筒状针形；花冠蝶形，属于严格的异花授粉植物，授粉以虫媒为主。荚果螺旋形，通常卷曲 1～3 圈，黑褐色，内含 2～8 粒种子；种子肾形，黄褐色，有硬实性，陈旧种子变为深褐色(图 11.2)。

1.生长第二年的植株　2、3、4.花及其各部分
5.荚果和种子　6.根和基部分枝情况

图 11.2　紫花苜蓿花

(引自杨青川，王堃，《牧草的生产与利用》，2002)

3.紫花苜蓿种子生产技术

(1)紫花苜蓿种子生产概述　紫花苜蓿原产于伊朗，是世界上栽培最早的牧草，由于营养价值高，产量高，素有“牧草之王”的美誉。现在世界各国都有栽种，种植面积约 3 300 万 hm^2，其中以美国种植面积最大，达到约 1 000 万 hm^2。紫花苜蓿在我国分布范围甚广，西起新疆、东到江苏北部，包括黄河流域及以北的 14 个省区，主要是西北、华北地区。湖北及长江以南的四川、浙江、云南等南方省份近几年来也有种植，发展较快，效果良好。紫花苜蓿一般春秋季节表现较好，但不耐夏季湿热，酸性土壤必须施以石灰才能生长良好。苜蓿不仅适应性广泛，能量利用率高，而且也具有较好的生态功能，可以改良土壤，治

理草地退化，提高后作产量。苜蓿寿命很长，一次种植可利用多年，在我国畜牧业中起着不可替代的重要作用。我国的苜蓿种子生产主要集中在北方的甘肃、陕西、宁夏、内蒙古、新疆等地，但种子产量和品质都不高。由于苜蓿的花期一般在5—6月，在长江中下游地区或南方正好遭遇雨季，空气湿度大，不利于授粉，因此南方繁种难度较大。

(2)常规种子生产技术

①播种　紫花苜蓿种子田要求地势高、开旷平整，通风好，光照充足，土层深厚，排水良好，肥力适中，肥沃、杂草较少的中性或微碱性沙壤土，最适宜的土壤pH为7～9，播种温度以15℃左右为宜。

紫花苜蓿种子小，苗期生长特别慢，容易受杂草为害，所以播种地要精细平整。播前要施入足量的有机肥做底肥，施入量一般22.5 t/hm^{2}左右，在有机肥料不足的情况下，也可施一定数量的氮、磷混合肥，施入量为150～225 kg/hm^2，其氮磷比为1∶1或磷肥比例稍多一些。播种时间一般春秋都可。插前可将苜蓿种子浸泡在50～60℃温水中，30 min后放置阳光下暴晒，夜间移置凉处，并经常洒一些水，使种子保持湿润，经2～3 d后可趁墒播种。此法适宜在较湿润的土壤上进行。另外，可用去谷壳的碾米机进行处理，这样可使苜蓿种皮产生裂纹，有利于种子发芽。处理程度一般以压碾至种皮已起毛但不破碎为宜。播种前，最好使用根瘤菌剂，接种后应立即进行播种，不能让日光直接照晒。播种多采用条播和穴播。条播适宜大面积机械宽行播种，行距为45～60 cm，播种量约7.5 kg/hm^2。穴播一般适宜小面积种子生产。播种深度2 cm，稍覆土并镇压。表11.2为部分牧草种子田的播种技术。

表11.2　部分牧草种子田的播种技术

草种	播种量/(kg/hm^2)	行距/cm	草种	播种量/(kg/hm^2)	行距/cm
紫花苜蓿	6.0～7.5	45～60	多年生黑麦草	15.0～22.5	15～30
白三叶	3.0～4.5	30～40	多花黑麦草	7.5～10.5	30～40
红三叶	4.5～6.0	30～40	苏丹草	15.0～22.5	45～55
小叶锦鸡儿	15.0～22.5	80～100	草地早熟禾	3.0～4.5	20～30
多变小冠花	1.5～3.0	45～60	羊草	22.5～37.5	30～50
红豆草	30.0～37.5	50～60	猫尾草	4.5～7.5	50～90

引自中华人民共和国农业部，1989年。

②田间管理

去除杂草　紫花苜蓿在条件适宜的情况下，经5～6 d出苗，15 d左右齐苗。紫花苜蓿幼苗期生长缓慢，行间距又大，很容易受到杂草的为害，所以要及时进行中耕除草，种用的紫花苜蓿杂草面积大时，要用化学除草剂，德国产的普施特效果较好；待苜蓿长到20 cm左右，进行第二遍除草，此时要深锄。

追肥、浇水　紫花苜蓿对磷、钾肥的需要较高，所以对紫花苜蓿种子田应以追施磷、钾肥或其他复合肥为主。追肥最好在花期进行。由于现蕾期根瘤菌活力降低，此时根外追施一定量的氮肥，可使种子产量提高20%～30%。另外，施微量元素对紫花苜蓿的种子生产有帮助，特别是硼肥和钼肥效果较好，一般在播前整地时施入土壤中，也可以用这些微量元素在播前处理苜蓿种子，还可以作根外追肥用，最好在孕蕾期到始花期进行。作微量元素用的有硼酸、钼酸铵或钼酸钠。灌溉是获得牧草种子高产的重要措施之一，一般种子田应有良好的排水、浇水条件，种用紫花苜蓿的灌溉期与灌溉次数视具体情况而定，一般每年灌3次，在分枝后期灌头水，现蕾期灌二水，盛花期灌三水，在结荚时应控制水量，限制生长，防止倒伏，否则过度生长密度大，透气性不好，不利于授粉，影响种子产量。

辅助授粉　紫花苜蓿是一种比较严格的异花授粉植物，其自交授粉率一般不超过2.6%。它的授粉主要是借助昆虫进行。在初花期开始引蜂授粉，可提高授粉率，增加种子产量，野蜂、蜜蜂和切叶蜂都是紫花苜蓿主要的授粉者。也可人工授粉，选择晴天，于上午10:00至下午15:00采用10～15 cm(比畦宽略长的)绳子，由两人拉着绳子一边前进一边拖动，从而达到授粉目的，这个方法使用较少。

病虫害防治　紫花苜蓿的病害主要有褐斑病、霜霉病和白粉病，常见的是褐斑病和白粉病。褐斑病，又称叶斑病，病原是由假盘菌引起的。该病发生在苜蓿叶片上，病斑褐色，近圆形，小点状，直径0.5～2.0 mm，边缘不整齐，呈细齿状。病株自下部叶片向上蔓延，病期叶片变黄，大量脱落，以致枯死，可用杀菌剂75%百菌清500～600倍液，或50%苯莱特可湿性粉剂1 500～2 000倍液，或50%多菌灵可湿剂500～1 000倍液定期喷洒防治。苜蓿白粉病是由白粉病菌属鞑靼内丝白粉菌引起的，主要表现为植株叶片、叶柄、茎、荚果等受到侵染，出现白色粉霉斑。防治方法：硫黄粉是防治白粉病的有效药剂，其有效用量为37.5～45.0 kg/hm^2；或用胶体硫喷雾、百菌清防治效果也较好。

紫花苜蓿虫害主要是蚜虫类。蚜虫聚集在苜蓿的茎、叶、幼芽和花的各个部位上，以刺吸口器吸取汁液，造成被害植株叶子卷缩，蕾和花变黄脱落，影响植株生长发育、开花结实。治蚜虫最好使用烟草石灰合剂：1 kg烟叶加10 kg水浸泡24 h，滤出水后再加10 kg水，揉搓挤出汁液。用生石灰水0.5 kg，加水配成石灰乳过滤。使用前将石灰水和烟草水掺一起，并加水至60 kg搅匀后喷用，可防治各类蚜虫而保护天敌。

③种子收获　紫花苜蓿种子的收获时间，应当根据种子的成熟情况，即产量和品质以及收获时所用的机具来确定。一般认为，90%～95%的荚果变成褐色时，可用大型收割机。而用小型的农机具来收割，可待荚果有70%～80%变成褐色，种子发黄变硬即可收获种子。刈割后，应马上捆成小捆，进行干燥。收割时应在无雾、无露水的晴朗天气里进行，机械行速不宜太快。种用紫花苜蓿地的种子产量以第2年至第4年最多，一年中以第一茬的花最多，种子产量最高，达200～600 kg/hm^2。

④种子的贮藏技术　脱粒后的种子，经过苜蓿种子清选机械，按照规定的工艺流程精选后，根据种子的质量，按原种、一、二、三级良种的纯净度、发芽率固定的标准定级，采用规定的包装袋进行定量包装，贴好标签等。另外，收获的种子在入库之前，一定要注意检查种子的湿度。在我国北方地区，种子含水量超过13%时要进行干燥处理。种子在贮藏期间，还必须进行定期、定点、定层及定时检查和种子质量抽检，防止种子堆积升温。另应注意虫、鼠害的发生和预防工作。

(二)黑麦草种子生产技术

1.黑麦草主要品种类型

多花黑麦草属禾本科黑麦草属一年或多年生草本。原产于欧洲南部、非洲北部及小亚细亚等，13世纪已在意大利北部栽培，故又称意大利黑麦草。后来传播到其他国家，目前广泛分布在英国、美国、新西兰、日本等温带降雨量较多的国家。我国20世纪40年代从国外引种栽培,目前在生产上有较大的推广面积。

自交繁种的多花黑麦草种性稳定,又被称为二倍体黑麦草。不同产地的黑麦草商品名称不同,但种性差异不大。随着育种技术的进步,国外已经开始生产杂交性质的黑麦草,又称四倍体黑麦草。与传统二倍体黑麦草相比,四倍体黑麦草具有早发性好、植株健壮、生物产量高等特性。我国目前使用的四倍体黑麦草种子主要依赖进口,近年来国内一些种子公司也开展了四倍体黑麦草繁种。四倍体黑麦草由于带有杂交特性,不适合连续留种,生产上虽有一定产种能力,但连续留种会导致种性退化,生物产量降低。

图 11.3 多花黑麦草穗状花序
(引自中国植物图像库)

2.黑麦草的生物学特性

多花黑麦草呈穗状花序结籽,总穗长 20～50 cm,宽 5～8 mm;小穗以背面对向穗轴,长 10～18 mm,结籽 10～15 粒;颖质较硬,具 5～7 脉,长 5～8 mm;外稃质较薄,具 5 脉,第一外稃长约 6 mm,芒细弱,长约 5 mm;内稃与外稃等长。多花黑麦草小穗对数 15～20 对,千粒重 3.2～3.8 g,一般结籽 750～1 500 kg/hm^2。黑麦草植株的穗型和花序如图 11.3 所示。

3.黑麦草种子生产关键技术

(1)黑麦草种子生产概述　多花黑麦草因生物产量高,栽培技术难度低,深受草食动物养殖户的喜爱。江苏盐城等地是我国多花黑麦草的主要生产基地。浙江嘉兴、金华等地 20 世纪 80 年代曾建有较大面积种子生产基地,后因加工技术和气候原因逐渐萎缩,但一些养殖户根据生产需要每年会自发留有一定数量的种子。

(2)黑麦草常规种子生产技术

①选地　多花黑麦草适应性强,能在不同土壤特性地区生长。留种地只要选择在排水良好,肥力中等的地块就可以了。过度肥沃的土壤会导致黑麦草的营养生长过旺,易倒伏,影响产量。

②播种　多花黑麦草播种时外界气温最好不超过 30℃,否则影响种子萌发。浙江一般在 10 月上、中旬开始播种,海拔高的地区还可适当提前。播种方法可以是条播或撒播,一般留种地以条播为宜,便于收割。播种量 15.0～22.5 kg/hm^2。播种前翻耕土壤,开好浅沟,播后覆土。一般行距 45～55 cm,播幅 20～25 cm。

③田间管理　多花黑麦草的总体特点是喜湿又怕水浸渍,因此田间管理应紧紧围绕浇水、施肥这两个环节。播种前要施足基肥,有条件的农户出苗后在三叶期或分蘖期追施 75～150 kg/hm^2 尿素或复合肥以壮苗。牧草利用结合留种的地块每次割草 3～5 d 后(为避免肥料灼伤草茬、草尖,引起腐烂)根据长势追施 150～225 kg/hm^2 尿素或复合肥,割草追肥后要及时进行灌溉。田间有积水则要及时排出以免发生烂根病。苗期主要有地老虎和蛴螬等为害植株,可用敌百虫、百树得等相关药物在晴天下午喷雾防治,地老虎可采用灌水方式进行防治。多花黑麦草对水分条件反应比较敏感,在分蘖、拔节、孕穗期适当浇水,遇干旱要及时灌水,保

持土壤湿润，增产效果明显。留种的多花黑麦草在4月初以后要停止刈割并做好培株壮苗工作，否则会影响种子产量。

④种子收获　多花黑麦草种子一般在6月上、中旬成熟，当黑麦草植株开始由绿转黄并出现枯萎状，籽穗外稃由绿转淡黄后种子开始成熟。此时选晴天收割籽穗置于硬化地面晾晒，至籽穗较干时用棍棒敲打或借助机械脱粒，使籽粒从籽穗脱落，除芒去杂质后就可得到成品种子。黑麦草种子去杂困难，目前国产的二倍体黑麦草种子净度和发芽率普遍略低于进口种子。

⑤种子贮藏技术　黑麦草种子的贮藏和大多数禾本科种子一样，主要注意做好防水、防杂、防鼠、防虫、防菌等工作，在地势高、气候干燥、冬暖夏凉的普通贮藏库可贮藏1～2年，在低温冷藏库可贮藏3～4年或更长时间。南方地区湿度变化大，雨量多，普通贮藏的种子容易失去活性、发霉，最好采用密封贮藏，防止湿气进入仓库。

(三)紫云英种子生产技术

1.紫云英主要品种类型

我国紫云英品种资源比较丰富，按选育类型可分为地方品种和选育品种两类，按开花和成熟期迟早又可分为：特早熟品种、早熟品种、中熟品种和迟熟品种四个大类。在农业生产上一般根据地域特点，按品种熟性特征选择适合本地区栽培的品种。特早熟种主要分布在气候温暖的广东、广西、福建等省(区)；早熟种分布的地域较广，有广东、广西、福建、四川、江西、湖南、湖北、河南等省(区)；中熟种主要分布在浙江、安徽、江苏、上海等省(市)；迟熟种主要分布在江苏、浙江两省。同时，在种子紧缺情况下，不同品种熟期类型品种可以交叉使用，即特早熟种地区也可使用早熟品种，早熟种地区也可使用中熟品种，中熟种地区也可使用迟熟种。浙江省是迟熟紫云英品种的主要原产地，以宁波种最为典型，种子生产基地主要集中在宁波市的奉化区和鄞州区。

下面主要介绍适合浙江省留种栽培的紫云英主要优良品种：

(1)‘宁波种’(或称宁波紫云英)　由鄞县姜山种和奉化大桥种组成，这两个品种的生产历史比较悠久，达500年以上，因生产地域接近，生物学性状差异并不明显，主要以产地不同命名，1993年浙江省农业厅对该品种进行认定(浙品认字第186号)，将鄞县姜山种和奉化大桥种统一定名为宁波紫云英，简称宁波种。该品种是一个纯度较高的优良地方迟熟品种。一般鲜草产量40～50 t/hm^2，繁种产量450～600 kg/hm^2。

(2)‘平湖大叶种’　因原产于浙江省平湖市等地而得名，也是一个栽培历史比较悠久的优良农家迟熟品种。该品种一般鲜草产量38～45 t/hm^2，种子产量450～650 kg/hm^2。

(3)‘浙紫5号’　是原浙江省农业科学院土壤肥料研究所于1970年春以宁波大桥种的优良株系66～140为母本，日本种为父本进行杂交，经系统选育而成。该品种一般产鲜草40～50 t/hm^2，产量高的可达80 t以上，种子产量与宁波大桥种相仿，是一个迟熟品种。

(4)‘闽紫6号’　是福建省农业科学院土壤肥料研究所1980年以江西省南城县的株良种为母本，‘浙紫5号’的优良株系为父本进行杂交，经系统选育而成。是一个鲜草产量和种子产量都较高的中熟偏迟品种。

(5)‘弋江种’　原产安徽省南陵县弋江镇，为安徽省优良农家品种，栽培历史悠久，属中熟偏早品种。近年来，由于浙江省自产紫云英种子较少，多引进该品种在浙江地区种植。该品种一般鲜草产量25～35 t/hm^2，繁种产量600～750 kg/hm^2。

2.紫云英的生物学特性

紫云英雌雄同花,花药在开花前就开裂,并把花粉散落在柱头上。因柱头上有两种茸毛着生,内侧的茸毛短而多,盖在柱头突起部,外围的茸毛长,向内外弯曲展开,以致散落在柱头上的花粉多附在这两种茸毛上,而不能与柱头表面接触,故如无蜜蜂传粉或无人工辅助授粉时,结实率较低。试验表明,在天然状态下,各株受精的花粉以来自附近的植株概率最高,因此紫云英属于异花授粉作物,在品种保存和良种繁殖时,实行隔离措施是很有必要的。

紫云英的果实属荚果,每荚有种子4～10粒。种子呈肾形,长约3 mm,表面光滑,多有蜡质。新鲜的种子一般为黄绿色或黄褐色,有光泽;陈籽呈红色,无光泽;变质的种子呈黑色或红褐色,无光泽。没有光泽的黑籽一般都不会发芽。种子千粒重3～3.5 g。紫云英花器构造见图11.4。

1.花瓣 2.花柱 3.花粉 4.花丝 5.花萼 6.花梗

图11.4 紫云英花器构造图

3.紫云英种子生产关键技术

(1)紫云英种子生产概述 紫云英属于豆科黄耆属植物,原产中国,现在主要在中国、日本、韩国等国栽培,美洲国家也有少量种植。我国的长江流域和东南沿海各省是紫云英主要栽培区。紫云英是一种多用途作物,20世纪六七十年代我国的紫云英种植面积每年达500万 hm^2 以上。紫云英既是一种重要的绿肥作物,又是一种重要的牧草作物,它具有鲜草产量高、植株茎干粗蛋白含量高等特点;紫云英嫩梢还含有较高的维生素C和氨基酸,也是一种营养较丰富的蔬菜作物。由于历史的原因,紫云英的栽培面积波动较大,但总体来说,它还是除主作物外一种栽培面积较广的作物,目前在浙江省宁波市、安徽省无为市、河南省信阳市等地仍保留较稳定的留种面积,每年有一定数量的商品性种子供应市场。

(2)紫云英种子生产技术 浙江省目前栽培面积最大的紫云英品种是宁波种。下面以迟熟品种宁波种为例,简要介绍紫云英种子生产技术。

①选地 紫云英喜湿但怕涝,留种首先要选择排水良好、灌溉方便的田块;其次要选择光照良好、土壤肥力中等的田块,过肥田块易使紫云英疯长,不利于结荚产籽;另外,紫云英留种田需远离村庄,减少畜禽人为影响;留种田要相对连片,便于管理和保纯;不同品种的紫云英要严格分区隔离留种,防止串粉杂交。

②播种 紫云英种源最好选用当年生产的新种子,播种前晒种半天,然后加等量的细沙,

装入编织袋内用力揉擦，磨伤种皮以破开蜡质。将处理好的种子拌接紫云英根瘤菌，新区种植紫云英尤为重要，是新区种植紫云英成败的关键措施，老区拌菌种也可显著提高产量。紫云英根瘤菌的用量和使用方法按紫云英根瘤菌供应商的使用说明操作。拌好根瘤菌后再用 75 kg/hm^2 钙、镁、磷肥进行拌种，随拌随播。但在多年没有种植过紫云英的地区留种，尽可能进行根瘤菌接种。在浙江留种紫云英一般都是和晚稻套播，套播紫云英一定要把握好共生期，一般在水稻收割前 10～15 d 将处理好的紫云英种子均匀地套播到水稻田中。播种时气温以 20～25℃为宜。浙江省播种紫云英在杭州以南地区 9 月底至 10 月上中旬为宜，杭州以北地区宜在 9 月底至 10 月初。10 月下旬以后播种易受冻害，不利于紫云英幼苗越冬，影响紫云英植株正常生长和种子产量。留种田的紫云英播种量不宜过高，一般 15 kg/hm^2 就可以了，最多不要超过 18 kg/hm^2。对于立地条件好，灌排有保障的稻田可适当减少种子用量；对于立地条件差，灌排没保障的稻田需适当增加种子用量以保证基本苗。一般来说，留种田的群体结构大体是基本苗 330 万～390 万株/hm^2。

③田间管理　紫云英怕水渍，晚稻收割后，紫云英播种田要及时开好排水沟，排水沟间距 2～3 m，中间开腰沟，四周开边沟，沟深 20～30 cm，保证排水通畅。紫云英苗期重施磷肥，晚稻收割后 1 个月内根据苗情在雨前施过磷酸钙 300～375 kg/hm^2。紫云英冬季生长缓慢，根据气温上升变化不同，一般在次年 3 月上中旬开始返青，返青后生长明显加快，对生长偏旺的留种田，可根据需要喷矮壮素或多效唑等植物生长抑制剂加以控制，以达到壮秆防倒伏的目的。正常情况下，宁波大桥种紫云英 4 月上旬进入始花期，4 月中下旬进入盛花期，5 月上旬进入始荚期，5 月底至 6 月初结荚成熟进入收种期。紫云英是异花授粉作物，它的授粉主要通过昆虫进行。通过放蜂可提高紫云英授粉结实率，尤其是基部花的结实率。根据生产实践，适宜放蜂密度为 7～15 箱/hm^2。通过放蜂可明显提高紫云英的种子产量。紫云英开花结荚期间有蚜虫、蓟马、潜叶蝇等害虫和菌核病、白粉病等病害发生，可用 70%吡虫啉、80%敌百虫、70%托布津粉剂、50%多菌灵可湿性粉剂等药物进行防治，确保荚多粒饱。喷药在晴天傍晚进行为好。

④种子收获　紫云英花期较长，结果成熟期不一致，一般整株的黑荚率在 85%以上就可以采收。浙江紫云英种子成熟期一般雨水较多不利收种，因此各地要根据气象情况在晴天上午露水未干时及时连株收割。收获的带荚紫云英放在干净的硬化地面晾晒，等果荚完全干燥后用棍棒敲打带荚植株，荚内果粒会因敲打脱荚，然后掠去茎干并用风机吹净荚壳，将获得的裸子晒干后即获得可用于留种的成熟种子。正常情况下紫云英的种籽产量可达 600～750 kg/hm^2。紫云英留种费工费时，随着机械化水平的提高，一些地方总结出了用水稻收割机收获紫云英种子的方法。该方法的要点是：在紫云英收割前用触杀型除草剂将紫云英茎干快速催枯，一般在除草剂使用后 3 d 用水稻收割机对催枯的紫云英进行连株收割，由于收割机有脱粒功能，带荚紫云英经机械脱粒后荚果破碎籽粒脱落，经籽、荚分离后得到杂质较多的种子，经晒干风净后可得到商品性较好的紫云英种子。紫云英种子具有休眠特性，新种子需在阴凉、干燥、通风条件下贮藏。

⑤种子与草体质量控制技术　紫云英的种子产量与土壤肥瘠、播种期迟早及收获期有密切的关系。在南京 9 月 15 日以前播种，产量高，迟于 10 月下旬后播种，种子产量明显下降。此外，紫云英鲜草刈割利用宜选择开花初期至盛花期，此时粗蛋白含量较高，可达 22.27%，粗纤维含量较低，适口性好，可利用植株上 2/3 作饲料，利用植株下 1/3 作绿肥，也是调制干草的最佳时期。

应用案例——多花黑麦草种子生产技术

多花黑麦草又名意大利黑麦草，营养丰富、生长速度快、产草量高、易消化，对各种草食家畜和鱼类具有很好的适口性，深受广大养殖户的青睐。

(1)确定播种期　多花黑麦草对温度较敏感，当用于饲草生产时，可以充分利用秋季的有效积温尽量早播以延长饲草的供草期，提高产量。当以种子生产为目的时应重点考虑播期对多花黑麦草越冬及第二年植株倒伏的影响。多花黑麦草种子生产的关键时期是二棱期，该时期主要通过低温诱导来促进种子的幼穗分化过程和植株抽穗结籽。在我国南方地区，因降雨量较多，牧草株高越高，倒伏率越大，适宜的播种期为 9 月下旬至 10 月下旬。

(2)播种量　播种量的大小影响牧草整个生长期的群体动态和个体发育，另外，还影响光合产物的分配。研究表明，播种量以 0.25～1.0 g/m^2 较佳，种子产量随播种量的增加而增加。另外，不同播期下相同播种量之间也存在差异。因此，不同的播种期应适当调整播种量，如晚播应适当加大播种量有利于争取更多的基本苗和有效穗数。

(3)施肥　肥料是高产牧草生长的基本需求，肥料的种类和施用量可改变土壤中养分的比例关系，为植株生长提供良好的养分环境。氮肥可以提高大多数牧草种子的产量，但是获得高产种子的施氮量因种而异。多年生黑麦草在抽穗期施肥其千粒重和种子产量最高；返青期和分蘖至拔节期可配施 N∶P∶K＝40∶15∶15(kg/hm^2)，提高种子产量。

(4)收获时期　多花黑麦草种子成熟前易脱落，给留种带来困难，并且给后茬作物带来严重草害。一般在基叶变黄，种子蜡熟期，穗呈黄绿色时收获。在长三角地区，多花黑麦草种子适宜的收获期为花后 18～24 d。

本章小结

从繁制种实践来看，发芽率、纯度、含水量等是影响种子质量的关键因素，多功能草坪草是生态环境建设的重要载体，优质牧草生产是草食动物发展的基础。

本章介绍了常见的冷季型草坪草和暖季型草坪草，以及紫花苜蓿、紫云英、黑麦草等牧草的种子生产关键技术；叙述了其种子生产的生物学基础和不同草坪(牧)草花器官的构造；然后详细阐述了不同草坪(牧)草的制繁种技术，并对其制繁种过程中的一些核心技术、关键问题进行了解析。

本章还重点讲解了高羊茅、结缕草和紫云英的制种技术，并从优良母株的选择、播种期的确定、播种量的把握、制种、肥水管理、收获时期的确定、种子贮藏等方面阐述了草坪(牧)草种子的质量控制技术规程。另外，紫云英和黑麦草也是很好的绿肥作物，若它们与主作物轮、套种对培育耕地，提升土壤肥力有重要的促进作用，同时对发展生态农业也有一定辅助作用，值得应用推广。

思 考 题

一、名词解释

实际播种量、种子用价、种子净度、种子的纯度、冷季型草坪草及主要品种（常见的5种以上）、暖季型草坪草及主要品种（常见的5种以上）。

二、简答题

1. 长江流域常用的暖季型草坪草有哪些种类？各自有何特点？

2. 相比较而言，冷季型草坪草中哪个种最适宜在长江流域应用？该种是采用播种为主，还是采用草皮繁殖为主？

3. 简述紫花苜蓿种子生产关键技术。

4. 简述适合浙江省栽培的紫云英品种类型及留种田的选择要点。

三、论述题

1. 黑麦草主要有几个品种类型？各有什么特点？

2. 长江流域要营造草坪草周年基本常绿状态有哪些途径？

实验实训

实验实训一　种子生产技术方案的制订

一、目的

通过实训，熟悉制定种子生产技术方案的方法和内容要求，能够根据种子生产计划或合同制定出符合生产品种特性和种子生产基地实际情况的技术方案。

二、实训场所

校内、校外实训基地。

三、内容说明

按照种子类别的不同，种子生产可以分为常规品种种子生产和杂交种子生产，杂交种子生产又可以分为亲本繁殖和杂交制种。按照种子质量等级的不同，可以分为原种生产和大田用种生产。在具体教学工作中，可根据当地农业生产实际选择水稻、玉米、大豆、小麦、大豆、油菜、马铃薯、棉花等大田作物中的一种作物学习制订种子生产技术方案，本实训以水稻杂交制种为例学习种子生产技术方案的制订。

水稻杂交制种是一项技术性很强的工作，为了保障各项技术措施的切实实施，生产开展前，必须制订制种技术方案。技术方案的制定是以调查研究为基础，根据种子生产计划或合同制订出符合生产品种特性和种子生产基地实际情况的制种操作规范和技术措施。

(一)调查研究内容

(1)种子生产计划或合同种子生产数量和质量要求　根据往年该组合的一般产量为基础计算确定制种面积。

(2)生产对象情况　包括制种组合名称、所用父本和母本的基本特性(主茎叶片数、播始历期等)、生长发育对气候(温、光特性)等条件的要求等。

(3)基地生产及隔离条件　现场考察基地田块,了解、分析基地的气候(温度、湿度、降雨、光照、风等气候因素的年度变化)、交通、灌溉、土质以及劳力(数量、成本)情况,以及空间隔离、时间隔离的可行性。

(4)拟建基地往年病虫害发生情况　是否为水稻某种病虫害重发区,是否有检疫对象。

(5)查阅国家种子质量标准　如《粮食作物种子——禾谷类(GB 4404.1)》和相关作物(如杂交水稻)制繁种技术规范。

(二)确定主要技术措施

(1)生产季节　依据父母本的主茎叶片数、播始历期和对气候等条件的要求等,确定生产季节和始穗日期。

(2)父母本播种期　依据父母本的主茎叶片数、播始历期等资料,确定父本、母本的播种日期,打好花期相遇基础。

(3)浸种催芽方法确定　浸种催芽方式,包括种子清洗、浸种时间长短、催芽方法,要求用药剂浸种。

(4)播种与秧田管理　要求备足秧田;按照方案安排播种,后播亲本具体播种日期根据播亲本生长进度适当调整;水肥管理以苗健苗壮分蘖多为目标。

(5)移栽要求　要求母本秧龄短,密植和苗数多;父本看生育期长短,长则秧龄可长、可稀植;行比 2∶(10～14),视父本长势强弱而定。

(6)大田水肥管理、病虫防治措施　水肥管理以促早生快发、后期稳健为目的,强化父本培养;根据父本、母本抗病性提出防治病虫害措施,确保收成。

(7)花期预测与调节方法　采用适宜的方法及时进行花期预测,预制花期调节技术措施,保障花期相遇。

(8)喷施"九二〇"办法　根据母本不育系特性确定"九二〇"用量和见穗指标,并预制不同花期相遇状况下的"九二〇"喷施方法。

(9)种子纯度田间保障措施　检查、处理隔离情况,安排关键时期除杂,确定验收方法和标准。

(10)收割和摊晒要求　制订杂交稻种子收割和晾晒干燥措施,确保种子不芽、不沤、不混。

(三)制定方案

水稻制种的技术方案,其内容基本要素是一致的,但因组合不同、生产基地不同,水稻制种的技术措施存在差别,例如生产季节不同、始穗期不同、父母本播种时间和错期不同等。这里以晚稻组合'永优 6258'为例,介绍水稻高产制种技术方案的格式与内容。

(1)亲本特征特性

①母本'永 6A'　母本'永 6A'株高 68 cm 左右,株型紧散适中,主茎叶片数 11～12.5。叶片直立,叶色绿,叶鞘、叶缘、柱头无色。分蘖力中等,成穗率高,幼穗发育后三期进度快。穗长 21 cm 左右,每穗颖花数 100～140 粒。包颈轻,苞内粒率 11.5%。籽粒着粒较密,谷粒长 9.3 mm,宽 2.7 mm 左右,稃尖无色,千粒重 22～23 g。对"九二〇"敏感,授粉态势好,午前花

居多,异交能力中等,异交结实率40%。不育性稳定,以典败为主,不育株率100%,不育度99.92%。抗性:叶瘟7级,穗瘟7级。

在江西省中部4月27日播种,6月23日左右始穗,播始历期57 d;5月31日播种,7月25日左右始穗,播始历期55 d;6月30日播种,8月23日左右始穗,播始历期54 d。海南三亚1月15日播种,3月23日左右始穗,播始历期67 d。同一地域播始历期相对稳定。

②父本'R6258' 'R6258'株型紧凑,株高90 cm左右,叶色浓绿,剑叶直立,微"瓦状"形,叶鞘无色。分蘖力强,花期集中、偏短。每穗总粒数160粒左右,谷粒较细小,抗性较强。

在江西中部4月3日播种,7月11日左右始穗,播始历期100 d;5月31日播种,8月3日左右始穗,播始历期64 d;6月30日播种,9月1日左右始穗,播始历期63 d。海南三亚12月15日播种,4月2日左右始穗,播始历期106 d左右。

(2)制种技术要点

①基地的选择　制种基地最好选在耕作水平较高,当地农户有制种经验的地区;制种田应该是自然隔离条件好,地形较平整,阳光充足,排灌方便,机耕道通达,上空无密布电线的田块,适宜农机展开作业。

②合理安排播差期　根据双亲特点,该组合适宜在江西、湖南春制和秋制,母本比父本早2 d始穗为宜。春制花期宜安排在7月10日前后,即父本4月5日前后播种,母本5月16日前后播种,时差41 d,叶差7~7.5叶。秋制花期宜安排在8月25日前后,即父本6月23日前后播种,母本6月31日前后播种,时差8 d。海南三亚制种,花期宜安排在4月1日以后,即父本12月20日后播种,母本1月29日后播种,时差40 d,叶差7.5叶左右,播种推后则差期相应缩短。

母本直播制种播始历期一般缩短2~3 d,因此父母本播差期比移栽制种需增加时差2~3 d、叶差0.5~1叶,而且母本播种需气温稳定超过水稻的生物学下限温度12℃,以防止烂种,保证足苗。母本机插扎根较深,播始历期会延长5 d左右,所以父母本播差期应该相应缩短。

③培育壮秧　秧壮是高产的基础,稀播是育多蘖壮秧的关键。每667 m^2 制种田用种量父本0.5 kg左右,母本2 kg左右,需要备足秧田以利于稀播。

秧田需加强肥水管理和苗瘟、稻蓟马等病虫害防治,保证秧壮蘖多。秧苗2叶内,保持厢面湿润不积水;2叶后浅水上秧厢或间歇灌溉,保持基部第1片叶露出水面。秧苗1叶1心时每667 m^2 施入尿素4 kg作断奶肥,以后视秧苗情况追施速效肥,以促低位分蘖。移栽前5 d喷或施一次送嫁药、肥。

母本直播田面要求泥烂田平,以利于芽期、苗期管水,提高母本成苗率,为了避免滋生杂草,需要在播种15 d以前耕整沤田,减少杂草基数和消灭落地谷。播种后3 d用"直播好"等芽前除草剂或在秧苗长至3~4叶时用"稻杰"等直播田专用除草剂除草。

④插足基本苗　父母本行比以2∶(10~12)为宜,行向与盛行风向垂直。

父本秧龄25 d左右移栽,插小双行,行距20 cm,株距23 cm,一边留工作道,距离母本33 cm,每667 m^2 插基本苗2万~3万株。母本秧龄20 d以内移栽,密植,一般为13.3 cm×(13.3~17)cm,每穴插三本或双本,成穗靠插不靠发,每667 m^2 插基本苗10万~12万株。

⑤肥水管理　施肥采取施足底肥、早追肥技术,即总用肥量的70%肥料作底肥,30%作追肥,返青即追肥。父本、母本分别于栽插前在行间下足底肥,父本插后3~4 d在行间追肥,作春制时播始历期长需15 d以后再追肥一次;母本插后返青前全田加除草剂追肥;以后看苗

补肥。

水浆管理采取有水插秧，寸水返青，浅水勤灌，够苗晒田，深水扬花，后期干湿壮籽措施。

母本直播田有效穗多，但根层分布较浅，田间荫蔽，倒伏概率较高。施肥注意重施底肥、后期控氮；中期重晒田；在幼穗分化Ⅲ期左右每667 m^2 喷施多效唑80 g。

⑥病虫害防治　全期重点防治二化螟、三化螟、稻纵卷叶螟，始穗期喷施"九二〇"前特别需要施药防治稻飞虱、纹枯病、穗颈瘟、稻粒黑粉病等，后期还需防治稻苞虫、稻飞虱。母本直播田特别注重纹枯病、稻飞虱的防治。

⑦"九二〇"喷施与人工辅助授粉　母本'永6A'对"九二〇"反应敏感，每667 m^2 用"九二〇"15～20 g分2次喷施。第1次在母本抽穗20%～30%时喷施总量的30%～40%，次日或隔日再喷余下的，均为父、母本同喷，且第2次父母本同喷后父本再加喷1次。母本直播田喷施"九二〇"的母本见穗指标以30%为佳，隔日喷施。

无人机利用旋翼的下向风，将农药原药(包括高浓度"九二〇")细雾滴喷施到稻株上，速度快，效率高，可以大大缩短喷药时间，减轻劳动强度。但对于"九二〇"，在父、母本需要单独喷施时，或田块抽穗不均匀时，不宜使用无人机。

赶粉提倡采用双人拉绳方式，既可以提高工作效率，又可以减轻劳动强度，有条件的基地可以使用无人机赶粉。

⑧除杂保纯，确保质量　要严把纯度关，而有效的隔离措施是保证纯度的基础，一般以空间隔离为好，隔离距离应在100 m以上；万不得已才使用时间隔离方式，要求20 d以上。

除杂工作应贯穿种子生产的整个过程，重要时期包括秧田期、始穗期、盛花期和成熟期，其中始穗期至盛花期去杂是最关键时期。除杂是否合格需要通过田间检验来判断，制种父、母本田间杂株(穗)率应该不高于0.1%，杂株的散粉株率任何1次花期检查应不超过0.2%，或两次花期检查累计不超过0.4%。

⑨及时收割　制种田种子成熟后遇雨天极易在田间发芽，甚至有露水也会引起发芽。因此应该在种子八成熟时趁晴天及时收割，收割后要及时摊晒，同时注意防止机械混杂。

四、步骤和方法

(1)分组　学生每3～4人为1小组。

(2)接受任务　教师给每小组下达生产任务，明确制种组合的名称、生产种子数量、生产基地(到县或乡镇)、质量要求、交种时间和种子价格等。

(3)查阅资料和实地考察　学生以小组为单位根据生产任务查阅资料，了解制种组合相关父本、母本特性、高产技术要求和保质要求，了解生产基地自然条件、耕作习惯和栽培水平，有条件的建议到实地考察。

(4)制定制种技术方案。

五、作业

各小组按照教师下达的杂交水稻种子生产任务，制订较为详尽的技术方案。

六、考核标准

本技能满分100分，合格要求达到80分以上。

考核项目	分值
技术方案格式完整正确	20分,每缺一项扣2分
父本、母本特性的描述准确	20分,每缺一项扣2分
内容全面,符合实际,操作性强	40分,每出现一处错误技术措施扣10分
字迹工整,语言流畅,用词确切	20分,每出现一个错字或别字扣1分
总分	100分

实验实训二　作物制种田的选择与播种

一、实验目的

综合学习相关单元知识,能够做好粮油和主要蔬菜作物杂交种子制种田的播前各项准备工作;能正确确定主要作物种子制种田的父母本行比、播量、播期;掌握作物杂交种制种田的播种方法。

二、实验场所、用具及材料

(1)实验场所　为校内外实训基地。

(2)用具及材料　结合生产实际选用粮油和主要蔬菜作物的亲本自交系种子、不育系与恢复系种子,播种机械、拌种及播种的基本工具等;定行用具:测量尺、标杆、线绳等。本实训以玉米、萝卜杂交制种为例学习作物制种田选择与播种。

三、实验内容

(1)玉米杂交制种田的播种技术　生产玉米种子必须满足以下三点要求:一是父、母本必须达到理想的花期相遇,实现充分授粉;二是防止混杂,保证种子纯度,提高种子质量;三是提高杂交制种质量,多收种子。为此,必须采取以下技术措施。

①选地隔离　配制杂交种的地块称为杂交制种隔离区。隔离区除了保证隔离防杂保纯安全条件外,还应考虑种子生产基地所需的地块及其土壤、排灌水、交通、电力、生态条件,宜选用土质肥沃、地力均匀、地势平坦、排灌方便、旱涝保收的地块,保证植株生长整齐,抽雄一致,便于田间去杂和母本去雄在短期内完成,并保证种子质量。

常用的隔离方法有:

空间隔离　就是在隔离区的四周一定距离内不种植其他品种的玉米,以防外来花粉的串杂。自交系繁殖隔离区空间隔离应不少于500 m,单交制种区不少于400 m,双交制种区不少于300 m,南北向150～200 m,在多风地区,特别是隔离区设在其他玉米的下风处或地势低洼处,应适当加大隔离距离。

时间隔离　就是把隔离区制种玉米的播种期与邻近周围其他玉米的播期错开,一般春播玉米错开期为35～40 d,夏播玉米25～30 d,但还要依据当地的自然条件灵活掌握。

自然屏障隔离　就是利用山岭、房屋、林带等自然障碍物作隔离，达到防止外来花粉串粉混杂的目的。

高秆作物隔离　就是在隔离区周围种植高粱、麻类等高秆作物隔离，但高秆作物的行数不宜太少，自交系繁殖区种植高粱等高秆作物行数不少于 100 行，制种区在 50 m 以上。高秆作物应适当早播，并加强田间种植管理，以便玉米抽穗时高秆作物的株高超过玉米的高度。

隔离区的数目因繁殖类别而不同。配制单交种，需设置三个隔离区，即两个自交系繁殖区和一个杂交种制种区；配制三交种需设置三个亲本自交系繁殖区，但是在配制单交种及三交种时，若隔离安全，母本去雄及时、彻底，制种区的父本自交系也可以继续使用，则只需三个隔离区即可，配制双交种需设置四个隔离区。

②调节父母本播种期。

③花期预测及其调节。

④制种区播种技术

由于玉米自交系种子萌发力弱，顶土力差，出苗慢，苗期长势弱。因此制种区播种必须提高播种质量，力争一次获得全苗。制种区播种必须严格分清父、母本行，不得重播、漏播，行向要直，不交叉，父、母本同期播种要固定专人分别负责播父、母本行，以防种错。父、母本分期播种的要将晚播亲本的行距和行数在田间预做标记，以免再次播种时出现重播、漏播、交叉等现象。为了分清父、母本行，避免在去杂、去雄、收获时发生差错，可在父、母本行头或行内一定间距点种豆类等标记作物，如有缺苗断垄现象，均不能用其他玉米补种。父本行可移栽或补种原父本的苗或种子，母本行不要移栽或补种，以免拉长去雄时间，但可以补种其他作物(要和标记作物区分开)。

(2)萝卜杂交制种田的播种技术　萝卜杂交制种采用自交不亲和系的杂交制种方法，具体参照本教材第九章第三节萝卜种子生产技术。

四、实验步骤方法

(1)根据制种作物隔离要求选择相应基地。

(2)根据制种作物特点确定父母本的行比、行距、划线定行。

(3)根据制种作物父母本的开花期确定父母本的播期。

(4)父母本分别播种。

(5)父母本行头或行内一定距离点播豆类等标记作物。

(6)检查播种质量。

五、作业

(1)结合基地玉米或萝卜杂交种制种实际情况进行播种实践。

(2)调查播种后的出苗情况，撰写玉米或萝卜杂交种制种田的播种实验报告。

六、考核标准及配分

本技能满分 100 分，合格要求达到 80 分及以上。

考核项目	分值
选地隔离规范	20 分
父、母本行比、行距适宜	20 分
父、母本播期准确，标记明显	20 分
播量准确、播深适宜、播行直	20 分
苗齐、苗全、苗匀、苗壮	20 分
总分	100 分

实验实训三　“三圃制”繁殖小麦/常规水稻原种生产调查

一、实验目的

通过调查，熟悉株行圃、株系圃和原种圃。了解“三圃制”生产小麦/常规水稻原种的基本程序，即单株选择、株行比较、分系比较和混系繁殖，并掌握基本方法。

二、实验场所、用具及材料

(1)实验场所　校内外实训基地。

(2)实验材料　小麦/水稻种子生产基地，《种子生产技术》教材，常规小麦/水稻的原种种子生产技术操作规程。

三、实验内容

(1)小麦/常规水稻原种生产基地选择的要求。

(2)“三圃制”小麦/常规水稻原种生产的基本程序。

①单株(穗)选择　单株(穗)选择在原种圃、入选的株(穗)行圃、株(穗)系圃及纯度较高的种子繁殖田中进行。

初选　在小麦/常规水稻抽穗期至灌浆期根据植株的株高、株型、抽穗期、叶形、叶色、叶相、抗病性等进行初选，用红色布条、尼龙绳或油漆做好标记，初选数量应比决选数量多 1 倍。

复选　在成熟期根据成熟期、穗部性状、抗病性、抗逆性等对初选的植株进行复选，将要淘汰的植株做标记去掉。而单穗选择不需在抽穗期至灌浆期进行初选，仅需在成熟期根据上述综合性状进行一次选择即可。单株(穗)选择的数量应根据下年株(穗)行圃的种植面积而定。

决选　收获中选单株(穗)，在室内对其穗形、芒形、护颖(颖尖)颜色和性状、穗粒数、粒形、粒色(透明度)、籽粒饱满度和粒质 9 项指标进行考种，如有 1 项与原品种不同即淘汰，决选植株进行单独脱粒、装袋、编号。

②株(穗)行圃调查

田间布局与设计　根据绘制的田间种植图,各单株按编号顺序排列,每个单株各播一个小区,每隔 9 个株行设 1 个对照。小区长方形,长宽比为 3∶1 左右,区间留走道,单粒播/单本插;每个单穗播 1 行,每隔 49 或 99 个穗行设一对照,周围种 8～10 行保护行和 25 m 以上的隔离区。

苗期调查　苗期调查叶鞘颜色、幼苗生产习性、叶色、叶形、生长势、耐寒性、抗病性等性状。

抽穗期调查　抽穗扬花期调查株型、叶形、抽穗期、开花习性、穗形、整齐度等性状。

成熟期调查　黄熟期调查株高、株型、穗部性状、抗病、抗倒性、成熟期、落黄等性状。

收获决选调查　淘汰植株性状与原品种不同的株行,最后对中选株行单独收获、脱粒、编号,并于室内对其粒形、粒色(透明度)、籽粒饱满度和粒质 4 项指标进行考种以供决选。

③株(穗)系圃调查

田间布局设计　将上季当选的各株(穗)行区种子分区种植,建立株(穗)系圃。各株(穗)系区的面积、密度均应一致,每隔 9 个株行设 1 个对照,其他要求与株行圃相同。

记载决选调查　株(穗)系圃观察、记载与株(穗)行圃基本相同,同时要求其杂株率不能超过 0.1%,并需对其进行测产,产量不能低于邻近对照。

④原种圃调查　原种圃主要调查杂株率,并彻底去除杂株。

四、实验步骤方法

(1)学习小麦(或常规水稻)原种生产技术操作规程(GB/T 17317 或 GB/T 17316)。

(2)小麦(或常规水稻)原种生产基地的概况调查。

(3)单株选择、株行圃、株系圃和原种圃的调查和室内考种。

五、作业

撰写“三圃制”小麦(或常规水稻)原种生产的调查报告。

六、考核标准及配分

本技能满分 100 分,合格要求达到 80 分及以上。

考核项目	分值
技术操作规程格式完整、正确	20 分
单株(穗)选择准确	30 分
株(穗)行圃、系圃调查数据翔实	30 分
原种圃杂株率控制到位	20 分
总分	100 分

实验实训四　杂交水稻制种花期预测及调节

一、实验目的

(1)通过实验,掌握杂交水稻种子生产过程中父、母本花期预测原理和技术。

(2)初步掌握杂交制种过程中父、母本花期人工调节原理及方法。

二、实验场所、材料及用具

(1)实验场所　校内外杂交稻制种基地(面积宜 2 hm^2 以上)。

(2)实验材料　三系或两系杂交稻亲本(父本和母本)。

(3)实验器材　药剂及用具赤霉素(俗称"九二〇")、多效唑、小型喷雾器。

三、实验内容

杂交稻制种父本和母本花期预测及调节。

四、实验步骤方法

(1)花期预测　本实验选用水稻幼穗分化观察法来预测。根据制种田面积大小决定取样区个数,一般每 2 hm^2 样地选取 2 个点。在抽穗前 1 个月左右幼穗开始分化,在每个取样区选取父本和母本各 10 株,直接剥检它们的幼穗,然后比较父母本花期差异,并预测其各自抽穗开花时间,具体自抽穗至开花时间预测依据见实验实训表 4.1。

实验实训表 4.1　不同幼穗发育期的形态特征表现

幼穗发育期	主要形态特征	距抽穗大约天数/d	叶龄余数(约)
Ⅰ	肉眼未见,小放大镜也难于分辨,在高倍放大镜下,可见生长锥稍大	30	3.0
Ⅱ	肉眼仅见,用小放大镜观察,可见穗轴上有几个指头状突起的枝梗原基,稍后出现一些白苞毛,但未覆盖整个小穗	28	2.5
Ⅲ	肉眼可见,幼穗被白色苞毛覆盖,幼穗长达 1/4 谷粒长(1～2 mm)	25	2.0
Ⅳ	幼穗仍被苞毛覆盖,幼穗长达一粒谷左右,穗轴、枝梗和小枝梗开始显著伸长,幼穗长度是成熟穗长的 1/4,颖花长度达 1～3 mm	21	1.2
Ⅴ	内外颖闭合,用高倍放大镜可见稃毛突起,是花粉母细胞形成的重要标志	11	0.6
Ⅵ	幼穗长度及颖花均达成熟时长度的一半,顶叶未伸长	7	0.5～0
Ⅶ	幼穗接近成熟穗长,枝梗和颖花白色,末端硬化。此期顶叶已全出,叶鞘膨大成"水蛇肚"	3	—
Ⅷ	幼穗长达成熟穗长,枝梗和颖花绿色,已硬	—	—

(2)花期调节　选用激素调节法，在同一田块中作不同激素(赤霉素和多效唑)不同浓度($4\ g/667\ m^2$、$6\ g/667\ m^2$、$8\ g/667\ m^2$ 和 $10\ g/667\ m^2$)效果对比实验。赤霉素("九二〇")起到促进植株生长作用，而多效唑起到抑制赤霉素在植物体内的生物合成，延缓植株生长发育的作用。在预测出父母本花期差异之后，利用小型喷雾器，对父本或者母本进行喷施，2 d后每天观察幼穗分化进程，将处理后的抽穗开花期与对照(清水)的抽穗开花期作比较，验证处理效果。并选择使父母本花期相遇的处理办法。

五、注意事项

(1)花期预测开始需要每天或者每两天观察一次，不间断跟踪幼穗分化进程，才能更准确地判断花期。

(2)喷施激素时需对水稻植株喷施全面，让植株叶面和幼穗均能"吃到吃透"。

(3)如制种材料母本为籼稻类型，那么父、母本最佳花期为母本比父本早 2 d；如母本为粳稻类型，那么最佳花期为父本比母本早 2 d。

六、作业

撰写杂交制种花期预测和调节实验报告。

七、考核标准及配分

本技能满分 100 分，合格要求达到 80 分以上。

考核项目	分值
田间花期预测准确性	30 分
花期调节后结果记录真实性和准确性	30 分
激素喷施的剂量与时间	25 分
字迹工整，语言流畅，用词准确，报告完整	15 分
总分	100 分

实验实训五　作物制种田隔离区调查

一、实验实训目的

了解当地主要作物制种田的隔离方法、存在的主要问题和采取的对策措施。

二、实验实训场所、用具及材料

(1)试验实训场所　校内外实训基地的作物制种田。

(2)用具及材料　卷尺、记录本、风向风速仪等。

三、实验实训内容

种子生产时，对于容易发生天然杂交的异花、常异花授粉作物，如玉米、高粱、向日葵、油菜、白菜、棉花等，必须采取严格的隔离措施。自花授粉作物，如大豆、小麦、水稻等，也要进行隔离。安全的隔离条件是抓好作物制种质量的基础。因此，作物制种都必须要在隔离区内进行。所谓隔离区，即在制种地块周围，在一定的时间和空间内，没有其他同属种(或属科)作物的花粉，以避免因风力或昆虫传粉造成生物学混杂。解决隔离的方法很多，除了人工套袋、人工设置网纱、温室等机械隔离生产少量原种种子外，大量的种子生产可采用空间隔离、时间隔离、自然屏障隔离和高秆作物隔离等。

(1)空间隔离　在种子田四周一定范围内，通过空间距离将制种区与其他品种隔开，防止其他花粉飞入制种区。空间隔离距离应考虑以下几个因素：

①作物类型　根据有性繁殖植物的授粉方式，在种子生产时采取不同的隔离条件，异花授粉植物要求最高，常异花授粉植物次之，自交授粉植物要求隔离条件最低。

②制种类型　亲本繁殖田比配制杂交种要求隔离距离要大(实验实训表 5.1)。

③传粉时期的风向　在多风地区，特别是隔离区设在下风处或地势低洼处的，应适当加大空间隔离距离。

(2)自然屏障隔离　利用山体、树林、村庄、果园、沟壑、水库等自然屏障进行隔离。自然隔离要根据屏障的宽度及风向确定隔离距离。许多地方利用自然屏障隔离来生产原原种和原种，效果很好。

(3)时间隔离　在空间隔离有困难，生育期又可满足要求的条件下，可通过调节播期使制种田作物的花期与周围同类作物生产田的花期错开，避免外来花粉污染。一般春播玉米播期错开 40 d 以上，夏播玉米错开 30 d 以上，水稻不育系播期错开 25 d 以上，水稻杂交制种播期错开 20 d 以上，高粱播期错开 30 d 以上。时间隔离具体要依据当地的温度、光照等自然条件灵活掌握。

实验实训表 5.1　几种作物制种区空间隔离距离　m

作物及制种类型	空间隔离距离≥	作物及制种类型	空间隔离距离离≥
玉米自交系	500	水稻不育系原种生产	700
玉米杂交种	300	常规稻、恢复系、保持系	20
高粱亲本种子	500	水稻杂交制种田	100(籼)，500(粳)
高粱杂交种	300	小麦原种生产	100
大豆常规种	25	小麦常规种	25

(4)高秆作物隔离　在采用上述隔离方法有困难时，可考虑在需要隔离的田块周围一定范围内种植其他高秆作物。选用高秆作物作屏障隔离时，高秆作物要适当早播，种植密度要大，且行数不宜太少，种植距离要达要求，并注意加强管理，使其株高能超过需要隔离的作物的高度。在玉米制种田周围种植高粱、黄麻、向日葵等，自交系繁殖区需种植高秆作物宽度≥150 m，杂交制种区要在 80 m 以上，并且要求高秆作物高度在 2 m 以上；高粱制种田利用高秆作物隔离宽度要在 200 m 以上；杂交水稻制种利用高秆作物进行隔离，高秆作物的宽度不应小于 15 m。

四、实验实训步骤方法

(1)调查当地作物制种类型、品种及隔离方法。组织学生到制种区实地参观,尤其到大型种子公司的制种基地参观,增强学生感性认识。

(2)测定并判断隔离区设置的合理性。调查隔离方法是否达到制种的要求,如空间隔离的水平距离,时间隔离播种错期天数,自然屏障隔离屏障的宽度,高秆作物隔离时高秆作物种植宽度等。

(3)撰写制种隔离区调查报告。以个人为单位对所调查的制种情况进行汇总,写出调查报告。

(4)分析存在的问题及提出改进措施。总结分析当地制种存在的主要问题并提出改进措施,最后由教师总结。

五、作业

制订一种当地常见作物的制种隔离方案。

六、考核标准及配分

本技能满分 100 分,合格要求达到 80 分以上。

考核项目	分值
调查方法、内容、过程完整科学	20 分
隔离区设置合理	20 分
作物隔离技术、措施到位,隔离区调查报告数据翔实	30 分
报告报告分析透彻具体、有差异性分析	20 分
字迹工整,语言流畅,用词准确	10 分
总分	100 分

实验实训六　杂交水稻制种田去杂去劣

一、实验目的

通过实验,了解杂交水稻种子生产过程中田间纯度检验办法,了解杂交水稻种子生产过程中会出现的杂株类型及除杂方法。

二、实验场所、材料及用具

(1)实验场所　校内外杂交稻制种基地(规模宜 2 hm^2 及以上)。

(2)材料　三系杂交稻亲本(父本和母本)种子。

(3)用具　皮尺、镰刀、相机、记录本、编织袋等。

三、实验内容

三系杂交稻制种田田间种子纯度检验及去杂。

四、实验步骤方法

(1)取样　同一品种、同一来源、同一繁殖世代、耕作制度和栽培管理相同而又连在一起的地块可划分为一个检验区。根据制种区面积,一般每 0.40～0.47 hm^2 田块取 1 个点,每个取样点范围母本应在 500 株以上,父本应在 100 株以上(父、母本分开统计)。取样样区的位置应覆盖整个种子田,取样样区分布应是随机和广泛的,不宜特意选择比一般水平高或低的样区。

(2)调查统计　对每个取样点的父、母本分别进行逐株检查,记录所有杂株类型和株数,进行统计计算,填写农作物杂交种田间检验结果单,应计算父母本杂株散粉株及母本散粉株(指三系杂交稻中的保持系)。其中:

$$\text{杂株率}=\frac{\text{样区内的杂株数}}{\text{样区内供检本作物株数}}\times 100\%$$

$$\text{异作物}=\frac{\text{异作物株(穗)数}}{\text{供检本作物总株(穗)数}+\text{异作物株(穗)数}}\times 100\%$$

$$\text{杂草}=\frac{\text{杂草株(穗)数}}{\text{供检本作物总株(穗)数}+\text{杂草株(穗)数}}\times 100\%$$

$$\text{病(虫)感染}=\frac{\text{感染病(虫)株(穗)数}}{\text{供检本作物总株(穗)数}}\times 100\%$$

$$\text{母本散粉株}=\frac{\text{母本散粉株数}}{\text{供检母本总株数}}\times 100\%$$

$$\text{父(母)本散粉杂株}=\frac{\text{父(母)本散粉杂株数}}{\text{供检父(母)本总株数}}\times 100\%$$

实验实训表 6.1　农作物杂交种田间检验结果单

制种单位		作物名称		制种面积	
隔离情况		取样点数		取样总株(穗)数	

田间检验结果

父本杂株率/%	母本杂株率/%	母本散粉株率/%	异作物/%	病虫感染/%	杂草/%

田间检验结果建议或意见:

检验员:　　　　　　　　　　　　　　检验日期:　　年　　月　　日

(3)去杂,去劣　学生分组,对各点进行去杂去劣,将割获杂株放入编织袋带回实验室进一步观察类型。

五、注意事项

(1)计田间检查表　本实验只针对三系杂交稻制种田间去杂内容,如涉及两系杂交稻、常规稻或其他作物,将会在取样数量和频率、杂株类型等方面都有变化,请指导教师根据实际情况设计田间检查表。

(2)去杂方法　去杂时应使用镰刀,将杂株从底部整株割除,不能只割单穗,或者只割穗头,以防杂株再次生长影响种子纯度。

六、作业

撰写杂交制种田田检和去杂实验报告。

七、考核标准及配分

本技能满分 100 分,合格要求达到 80 分以上。

考核项目	分值
田间杂株率检验数据准确,杂株分类明确	35 分
去杂工作完成情况	35 分
田间检验结果单填写数据翔实、准确	20 分
字迹工整,语言流畅,用词准确,报告完整	10 分
总分	100 分

实验实训七　蔬菜制种田去雄与人工授粉

一、实验目的

了解作物花器构造,掌握作物人工去雄和授粉的操作方法。

二、实验场所、材料及用具

(1)实验场所　校内外实训基地。

(2)实验材料　番茄杂交组合的父、母本种子或两个生育期相近的番茄品种种子。

(3)实验用具　喉头喷雾器、剪刀、镊子、培养皿、玻璃纸袋(10 cm×30 cm)、回形针、塑料牌、铅笔等。

(4)实验药品　70%酒精等。

三、内容说明

1.生物学特性

番茄为雌雄同花的自花授粉作物，系两性花，天然异交率在4%以下。番茄为聚伞花序，小果型品种为总状花序，花器由雄蕊、雌蕊、花瓣、萼片和花梗组成，花冠先端分裂成5～6枚(或更多)，花瓣黄色。雄蕊聚合成圆筒锥状，包围在雌蕊周围，雄蕊包括花药和花丝，每个花药有2个花粉囊，花粉成熟后，花粉囊内侧纵裂散出花粉；雌蕊包括子房、花柱和柱头。

花序有总状花序、复总状花序和不规则花序三种，因品种不同而异。有限生长类型的品种，主茎长到6～7片真叶时着生第一花序，以后每隔1～2片叶形成一个花序，通常主茎上发生2～4层花序后，花序下面的侧芽停止发育，不再抽枝，出现封顶现象。此类型品种植株较小，开花结果早且集中，早熟栽培时通常需密植。无限生长类型的品种，主茎长到7～10片真叶或11～13片真叶时出现第一花序，以后每隔2～3片叶着生一花序。主茎在适宜条件下可不断延伸生长，并无限着生花序。

2.开花授粉习性

当花瓣展开度达90°时称为开花，达180°时称为盛开。花开放后经过1～2 d花冠变为深黄色，花药开裂，此时柱头会分泌出大量黏液。花自基部先开，顺次向上陆续开放，通常第一花序的花尚未开完，第二花序的花已开始开放。一朵花从花冠开放到谢花需3～4 d。开花多在清晨4:00—8:00，下午2:00以后很少开花。一般温度在21～32℃时开放最多，通常低于15℃停止开花，高于35℃常发生落花落蕾。雌花在花药开裂前2 d即可接受花粉授精，受精能力可保持4～5 d，但以当天开放的花授粉效果最好。

3.杂交技术

(1)父母本比例　番茄杂交制种父母本的行比因品种而异。如果父本是有限生长类型的品种，父母本比例应为1∶(4～5)；如果父本是无限生长类型的品种，则应为1∶(7～8)。总的原则是保证父本花粉够用为宜。父本一般不进行整枝打杈，任其生长，以增加花粉量。

(2)播期调节　原则上以父本比母本开花早5 d为宜，这样便于采集花粉。如果父母本花期基本一致，则可同期播种育苗，或将父本提前几天播种育苗；如果双亲始花期有明显的差异，则可通过调整育苗期、控制温度条件、肥水促进或控制等办法，促成双亲花期相遇。

(3)去雄　一般选用第二、三花序基部的4～5朵花进行去雄。去雄时间以花冠稍超出萼片，颜色由绿变黄而花瓣尚未展开之前，选择花药呈黄绿色尚未开始散粉，即将于次日开花的花蕾进行去雄。具体方法是，先将花序上已开的花和先端发育不好的小花蕾从基部剪掉，然后用左手的拇指和食指轻轻夹住花的基部，右手持镊子拨开花瓣，露出花药筒，把镊子从花药筒基部的浅沟插入，把花药筒撑开，镊尖夹住花药将其雄蕊全部摘除，或连同花瓣一起剥掉。要注意千万不能碰伤子房或折断柱头，同时还要把花药全部摘净。如果不小心将花药夹破，则此朵花必须全部摘除。在一个隔离区内只有一个杂交组合时，不必套袋；如果同一隔离区内亲本较多或试配较多组合时，则去雄后必须套袋隔离。

(4)花粉采集　去雄的花蕾经过1～2 d即可成熟，此时授粉结实率最高。采集花粉时，应从父本行中生长正常的植株上采集花粉，采集时父本应处在盛花期，而且以当天开放的花朵为最好。可于上午露水干后进行采摘或采集，把父本的花朵整个摘下带回室内，置于通风干燥处晾干，几小时后花药即可散粉，此时用镊子夹住花朵轻轻振动，使花粉落入培养皿内。每次采集的花粉可以使用1～2 d，最好尽量使用当天的新鲜花粉。在大量杂交制种时，可于前一天傍晚或当日清晨将欲开的花和初开的花摘下，放入洁净的容器内，再放入底部有干燥剂(如硅胶、氯化钙)或生石灰的较大容器内(如木箱等)。几小时后，将花药开裂的花朵拿出振动使花粉散出，将花粉集中起来过300目筛子，装入棕色磨口瓶内备用。也可以用电动采粉器采粉，将采粉器的震动针向上插入父本的花药筒中振动花朵，花粉会自动落入容器内。所采集到的花粉最好当天用完。

(5)授粉　以左手拇指和食指持花，右手持授粉器(如橡皮头、玻璃授粉器等)将花粉授于柱头上。大量杂交制种时，可将花粉装入带有胶囊的玻璃滴管内，滴管的尖端对准柱头，手压胶囊使花粉喷落在柱头上。授粉后应做好标记，即去掉1个萼片就行。授粉工作全部结束后，应对制种株进行2～3次检查，及时摘除多余的或新萌发的侧枝及未去雄的花朵或幼果。

(6)采收　人工去雄授粉杂交后的西红柿果实由黄变红时，就须逐行逐株检查摘除杂异果、畸形果和自交果(根据人工去雄授粉时作的标记辨认)。当果实已完全成熟后，进行采收。

采收时对杂异果、畸形果和自交果进行彻底的清除，然后妥善保管，让果实再后熟1～2 d，然后对果肉与种子进行分离处理。

4.注意事项

(1)去雄做法　去雄时要轻缓，防止其自身花粉脱落，粘在柱头上，影响实验结果。

(2)授粉天气　低温及干热风等不良天气直接影响人工授粉的效果，所以应该选在晴天上午授粉，若气温低于15℃授粉效果不理想。

(3)授粉措施　授粉时，花粉要具有一定数量，需要在柱头上轻轻涂抹数次，保证有足够的花粉，有时甚至需要连续几天授粉，从而保证结果率。

四、步骤和方法

(1)分组　学生每3～4人为1小组。

(2)接受任务　教师给每小组下达生产任务，明确制种组合的名称、生产种子数量、生产基地情况、质量要求、交种时间等。

(3)查阅资料和实地考察　学生以组为单位根据生产任务查阅资料，了解制种组合相关父母本特性、技术要求和保质要求，了解生产基地自然条件、栽培水平，有条件的可以到实地考察。

(4)制订制种技术方案。

五、作业

各小组按照教师下达的种子生产任务，制定较为详尽的制种技术方案。

六、考核标准

本技能满分100分，80分及以上算合格。

考核项目	分值
技术操作方案格式正确	20分，每缺一项扣2分
内容全面，操作步骤完整，方法正确	60分，每出现一处技术措施错误扣10分
字迹工整，语言流畅，用词准确	20分，每出现一个错字、别字扣1分
总分	100分

实验实训八　马铃薯快速繁殖技术

一、实验实训目的

熟悉无菌操作技术、马铃薯快繁培养基及试管薯诱导培养基的配置方法；掌握配制培养基的步骤，能熟练准确配制培养基，并能根据实验目的设计适合的培养基配方；了解马铃薯脱毒种薯生产的过程，为马铃薯脱毒种薯的生产提供必要的基础苗；熟练准确配制MS培养基母液和组培室常用的化学试剂，巩固相关理论基础知识。

二、实验实训场所、设备及材料

(1)实验实训场所　校内、校外实训基地。

(2)实验设备　果酱瓶、500 mL 搪瓷杯、三角瓶、烧杯、容量瓶、玻璃棒、25 mL 量筒、1 mL 和 5 mL 移液管、洗耳球、pH 试纸、封口膜、扎口用棉线、药勺、称量纸、普通电子天平、酒精棉球、小块纱布、灭菌滤纸、枪状镊子、手术剪、解剖刀、培养皿、酒精灯、超净工作台、冰箱、高压蒸汽灭菌锅、电磁炉、记号笔。

(3)实验材料

①母液配制　硝酸铵、硝酸钾、氯化钙、硫酸镁、磷酸二氢钾、碘化钾、硫酸锰、硫酸锌、钼酸钠、硫酸铜、氯化钴、乙二胺四乙酸二钠、硫酸亚铁、甘氨酸、盐酸硫胺素、盐酸吡哆素、烟酸、肌醇、2,4-D(2,4-二氯苯氧乙酸)、NAA(α-萘乙酸)、6-BA(6-苄基腺嘌呤)、浓盐酸、氢氧化钠、95%酒精、蒸馏水等。

②培养基的配制　马铃薯快速繁殖培养基及诱导培养基的配制。

事先配好的MS基本培养基母液、琼脂、蔗糖、生长调节物质、蒸馏水、1 mol/L HCl、1 mol/L NaOH 等。

③其他　马铃薯脱毒苗、75%酒精等。

三、实验实训内容

(一)依据标准

《马铃薯脱毒试管薯繁育技术规程(GB/T 29375)》。

(二)MS培养基母液和常用试剂的配制

MS培养基母液和常用试剂的配方参照《马铃薯脱毒试管薯繁育技术规程(GB/T 29375)》附录B茎尖营养基配方和附录C中的相关标准。

(1)大量元素母液的配制　MS培养基中的9种大量元素除C、H、O外,剩下的6种可由KNO_3、NH_4NO_3、$CaCl_2 \cdot 2H_2O$、$MgSO_4 \cdot 7H_2O$、KH_2PO_4几种无机盐来配制,它们可配在同一母液中。配制的步骤为:确定母液的浓度和体积→计算各种化合物用量→称量→分别溶解→混合→定容→装瓶→贴标签→放入冰箱保存。

注意:$CaCl_2 \cdot 2H_2O$最后加入。

(2)微量元素母液的配制　MS培养基中的微量元素可由$MnSO_4 \cdot 4H_2O$、$ZnSO_4 \cdot 7H_2O$、H_3BO_3、KI、$Na_2MoO_4 \cdot 2H_2O$、$CuSO_4 \cdot 5H_2O$、$CoCl_2 \cdot 6H_2O$几种无机盐来供应,它们也可配在同一母液中。

(3)有机成分母液的配制　MS培养基中所需的维生素和氨基酸等有机成分母液应分别单独配制。配制的步骤为:确定母液的浓度和体积→计算各种化合物用量→称量→溶解→定容→装瓶→贴标签→放入冰箱保存。

(4)铁盐母液的配制　铁盐母液宜单独配制,其配制步骤为:确定母液的浓度和体积→计算各种化合物用量→称量→分别溶解→混合→煮沸数分钟→调节pH至5.8→定容→装瓶(棕色)→贴标签→放入冰箱保存。

用时每配1 L培养基取该溶液5 mL。

(5)植物生长调节物质母液的配制　对于植物生长调节物质,在配制成母液时,通常用mg/mL较为方便,一般配制成0.1 mg/mL的母液,这样的浓度便于计算,也可避免冷藏时形成结晶。

2,4-D/NAA用少量95%酒精溶解,再加水定容;6-BA应先溶于少量1 mol/L的HCl中,再加水定容。

(6)其他常用试剂的配制

①盐酸(1 mol/L)用浓度36.5%、密度1.19 g/mL的浓盐酸配制。本次试验用8.4 mL配制。

②氢氧化钠(1 mol/L)用固体氢氧化钠配制。本次试验用4 g配制。

③75%酒精(v/v)用95%的酒精来配制。

(7)张贴标签　配制好的各种母液应分别贴上标签,写明母液名称、配制倍数、配制者、配制日期。

(8)母液保存　母液最好在2～4℃的冰箱中保存。尤其对生长调节物质与有机类物质要求较严格。贮存时间不宜过长,如发现有霉菌和沉淀结晶产生,就不能再次使用。

(三)马铃薯试管苗快速繁殖培养基的配制

基本配方:MS基本培养基+0.7%琼脂+3%蔗糖,每小组配制0.5 L培养基,具体配制步骤如下:

(1)药品及用具的准备

①配制培养基时先将事先配制贮存的母液按顺序放好,并检查这些母液是否已变色或产

生沉淀或产生结晶，已失效的就不宜取用。MS培养基母液包括大量元素母液、微量元素母液、铁盐母液、有机物母液。

②将洁净的各种用具如三角瓶、果酱瓶、量筒、烧杯、吸管、玻璃棒、精密pH试纸、封口膜、橡皮筋、电炉等准备好放在指定的位置。再将蒸馏水、琼脂、蔗糖、生长调节物质、1 mol/L NaOH、1 mol/L HCl准备好。

(2)琼脂溶解　根据需要配制的培养基的量称好所需的琼脂0.7%～0.8%，撕碎后放入搪瓷杯中，加入适量的蒸馏水(估计加入母液后不超过配制总量)置于电磁炉上加热溶解，边加热边用玻棒搅动。

(3)加母液和蔗糖及定容　待琼脂完全溶解后，加入规定用量的母液(可事先取好放于烧杯中)，再加入规定用量的蔗糖，继续加温并不断搅拌，待琼脂煮透后端离火源，根据培养基配方及培养基体积加入所需要的生长调节物质，最后加蒸馏水至所需体积。

(4)调pH　由于培养基的pH直接影响到培养物对离子的吸收，因而过酸或过碱都对植物材料的生长有很大影响。此外，琼脂培养基的pH还影响到凝固情况。所以，当培养基配制好后应立即进行pH的调整。最好用酸度计测试，既快又准，如无条件也可用精密pH试纸。培养基若偏酸时用1 mol/LNaOH来调节，偏碱则可用1 mol/LHCl来调节。一般来说，当pH高于6.0时，培养基将会变硬；pH低于5.0时，琼脂不能很好地凝固。

(5)培养基的分装　配制好的培养基要趁热分装，本实验用果酱瓶直接加注。每瓶20～30 mL，太多既浪费培养基，又减少了培养材料的生长空间；太少又会使植株营养不良影响生长。培养基分装完后，用封口膜封严瓶口，并用细棉线扎紧。

(6)培养基的灭菌　培养基分装后应立即置于高压蒸汽灭菌锅内进行灭菌。消毒灭菌时，压力表读数约为1.06 kgF/cm^2或0.105 MPa(可在0.105～0.12 MPa，但不得超过0.14 MPa)，温度121℃时保持15～30 min即可。

(四)马铃薯试管苗的接种和快速繁殖

(1)接种工具的灭菌　分别取枪状镊子2把、眼科手术剪和手术刀各1把，用牛皮纸和橡皮圈包扎成一套；每套培养皿内放入合适滤纸2～3张，用牛皮纸和橡皮圈包扎成一套；然后和培养基一起统一灭菌。

(2)接种

①在无菌条件下，将由茎尖培养得到的脱毒马铃薯从试管中取出来，放在无菌培养皿中。

②将植株切成单节茎段，每段只带1～2个叶片和腋芽。将茎段植入装有繁殖培养基的果酱瓶中。每瓶接种5个茎段。接种时注意倾斜瓶口45℃左右，最后封好瓶口。

(3)培养　将果酱瓶置于培养室中培养，培养条件是室温25～27℃。每天光照16 h。光强2 000～3 000 lx。

(4)观察　2～3周之后每个茎段上都已生根长芽，随后薯苗逐渐长高，叶片数目增加。为下一步微型薯诱导提供足够材料。与此同时，培养基也越来越少。

(五)马铃薯试管薯诱导培养基的配制及试管薯的诱导

(1)诱导培养基的配制　诱导培养基配方如下：MS培养基+5 mg/L 6-BA+8%蔗糖。

按以上配方配好后，用正确的步骤依次进行pH调节、培养基分装、灭菌等步骤，最后做好标记，保存。

(2)微型薯的诱导

①在无菌条件下，在超净工作台内严格按无菌操作步骤要求，打开马铃薯培养基，将液体微型薯诱导培养基倒入果酱瓶中，封口。

②更换培养基后，将果酱瓶放在25～27℃完全黑暗条件下静止培养，不需摇动或摆动。

(六)记录实验结果

根据本实验实际操作情况，分别填写马铃薯试管苗的接种和快速繁殖实验结果表、微型薯的诱导情况记录表(实验实训表8.1、8.2)。

实验实训表8.1　马铃薯试管苗的接种和快速繁殖实验结果记录表

项目	品种名称	日期	时间/d	实验条件	株数（茎尖数）	备注
接种工具灭菌						是否达到无菌
第一次接种						
培养						
成活情况						
叶片数						
株高						
第二次接种						
培养						
叶片数						
株高						
……						

注：①接种工具灭菌情况在备注栏填写是否达到无菌。
②株数填写健康株或健康茎尖数。
③进一步快繁(第三、四次)结果依照第二次接种要求记录结果。

实验实训表8.2　微型薯的诱导情况记录表

项目	诱导开始日期	天数	室内温度	光照	是否结薯	单株结薯/粒
品种名称						

四、作业

(1)制定营养基配置操作规程,熟练掌握马铃薯脱毒苗和试管薯营养基配置操作技术。

(2)制定马铃薯脱毒苗和试管薯诱导技术规程,掌握马铃薯脱毒种薯(原原种)试管薯生产技术。

(3)完成马铃薯脱毒种薯快繁实验报告。

五、考核标准及配分

本技能满分 100 分,合格要求达到 80 分及以上。

考核项目	分值
器材、环境的消毒与准备	25 分
培养基的选择与调配	25 分
接种的熟练程度	25 分
环境因子的选择与调控、报告完整性	25 分
总分	100 分

实验实训九　花卉扦插繁殖

一、实验实训目的

通过实验,掌握花卉扦插繁殖的原理和主要技术要点。

二、实验实训原理

利用花卉植物营养器官具有再生能力,能发生不定芽或不定根的习性,切取其茎、叶、根的一部分,插入沙或其他基质中,使其生根或发芽成为新植株的繁殖方法。

三、实验实训场所、用具及材料

(1)实验实训场所　校内实训基地。

(2)实验用具　全光喷雾设施、繁殖床、沙、剪刀或小刀等。

(3)实验材料　菊花、虎尾兰、豆瓣绿、景天类等。

四、实验实训内容

(1)茎插方法。

(2)叶插方法。

五、实验实训步骤方法

依选材不同，扦插的种类及方法不同。

(一)茎插方法

以菊花为例：

(1)选合适的菊花母株，用小刀或剪刀截取长 5～10 cm 的枝梢部分做为插穗；切口平剪且光滑，位置靠近节下方。

(2)去掉插穗部分叶片，保留枝顶 2～4 片叶子。

(3)整理繁殖床，要求平整、无杂质、土壤含水量 50%～60%。

(4)将插穗插入沙床中 2～3 cm。

(5)打开喷雾龙头，以保证其空气及土壤湿度。

(6)给予合适的生根环境。

(二)叶插方法

(1)全叶插以豆瓣绿为材料。以完整叶片为插穗。将叶柄插入沙中，叶片立于沙面上，叶柄基部就发生不定芽(直插法)。

以秋海棠为材料。切去叶柄，按主脉分布，分切为数块，将叶片平铺沙面上，以铁针或竹针固定于沙面上，下面与沙面紧接。而自叶片基部或叶脉处产生植株(平置法)。

(2)片叶插以虎尾兰为材料。将一个叶片分切为数块，分别扦插，使每块叶片上形成不定芽。将叶片横切成 5 cm 左右小段，将下端插入沙中。注意上下不可颠倒。

五、注意事项

(1)选取的插穗以老嫩适中为宜，过于柔嫩易腐烂，过老则生根缓慢。

(2)母本应生长强健、苗龄较小，生根率较高。

(3)扦插最适时期在春、夏之交。

(4)适宜的生根环境为：温度 20～25℃；基质温度稍高于气温 3～6℃，土壤含水量 50%～60%；空气湿度 80%～90%；扦插初期，忌光照太强，适当遮阴。

六、作业

(1)软材扦插如何保留叶片？为什么？

(2)其他扦插方法还有哪些？举例说明。

(3)按以下表格记录实验结果。

实验实训表 9.1 扦插记录表

种类名称	扦插日期	扦插株数	应用激素浓度及处理时间	插条生根情况			生长株数	成活率/%	未成活原因
				生根部位	生根数	平均根长/mm			

七、考核标准及配分

本技能满分 100 分，合格要求达到 80 分及以上。

考核项目	分值
扦穗的选择、长度、芽数的确定	30 分
扦穗方法的选择	20 分
扦插时间、时期的把握	25 分
基质的选择与处理	25 分
总分	100 分

实验实训十　种子收获

一、实验实训目的

了解种子收获对保证种子质量(纯度、净度、含水量、发芽率)的重要性;掌握杂交水稻/杂交玉米种子生产过程中的收获技术及其注意事项。

二、实验实训场所、用具及材料

(1)试验实训场所　水稻/玉米杂交制种生产基地。

(2)用具及材料　收割农机具(收割机、镰刀、脱粒机等)、晾晒场地及配套工具(扫把、箩筐、风车等)、编织袋、标牌等。

三、实验实训内容

种子收获是种子生产过程中的重要一环,包括收获前的除杂、农机具的准备、收获时间的确定、收割、脱粒、干燥、包装、储藏等环节,每个环节都会对种子的质量产生影响。因此,每个环节都需严格把关,以确保种子质量。

(1)收获前除杂　对于水稻杂交制种而言,通常在授粉结束后割除父本。然而,父本稻桩幼小分蘖仍没被割除,有时会在制种收获前成穗。因此,很有必要在收获前再次去除父本稻穗。同时,对母本中生育期过早、过晚、抗病性较差等杂株也要彻底清除。

对于玉米杂交种而言，一般需在授粉结束后割除父本。如作为亲本收获应收一亲本果穗，再收另一亲本果穗，要特别注意不要错行收获，落在地上的果穗如不能分清父、母本，应单独收作粮食处理。同时，对母本中生育期过早、过晚、抗病性较差，表型不一等杂株也要彻底清除。

(2)农机具的准备　种子收获前应准备好收割机、脱粒机、烘干机、风选机、箩筐、晒垫、编织袋等农机具，并认真清理干净，以免混入其他品种种子，造成种子机械混杂。

(3)收获时间的确定　收获过早，种子未完成灌浆而降低千粒重，饱满度不够。收获过晚，又容易出现落粒、穗发芽等问题。通常，水稻制种的适宜收获期为黄熟期，即 90%～95%的稻穗基部谷粒收浆变硬、稻穗上下 90%谷粒变黄、枝梗 1/2～2/3 干枯，于晴天露水干后收打。杂交玉米种子适宜收获期应在蜡熟期，其外苞叶变黄，种子外表皱缩。如在收获期遇到连续阴雨天气，则应根据天气预报，宁可提前，不可延后。

(4)收割和脱粒　收割和脱粒应由专人操作，收割和脱粒工具也应随时进行清理，以免机械混杂。随着机械化程度的提高，杂交水稻、普通玉米制种已普遍用联合收割机进行收获。

(5)干燥(晾晒或烘干)　晒前将晒场打扫干净。种子脱粒后及时摊开，以免闷种发热，影响发芽率。翻晒时要由专人看管，摊薄、勤翻。同时避免杂质混入，将水分晒至 12.0%以下才可入库。值得注意的是，不要在水泥地上晒种，以免因温度超过 40℃而影响种子生活力。

如遇连续阴雨天气，则应使用烘干机进行烘干，切不可抱侥幸心理等到天晴时翻晒。雨天收割回来的种子含水量很高，应尽快将种子水分降至 16%～17%，然后进行缓慢干燥，直至水分降至 12.0%以下。

(6)包装　种子干燥好后，用风选机除去草籽、空壳的种子，同时去除沙子、小石子、泥块等杂质，按规格分袋包装，如用塑料编织袋，最好放有内衬，并在袋内外放好标牌。

(7)储藏　种子储藏仓库必须打扫干净，并做好清扫、杀虫工作。注意防鼠、防虫、防雀，做好明显标记，以免品种混淆。如有条件，最好在低温库中进行储藏。

四、实验实训步骤方法

(1)学习种子收获的各个环节技术要点。

(2)熟悉并清扫相关农机具及仓库、清洁包装袋。

(3)熟悉种子收获步骤及其相关要求。

五、作业

撰写水稻杂交制种收获实训报告。

六、考核标准及配分

本技能满分 100 分，合格要求达到 80 分以上。

考核项目	分值
收获时间的确定掌控，报告完整性	25 分
种子除杂，纯度和净度的控制	30 分
种子含水率的控制	25 分
种子储藏方式、技术要点把握	20 分
总分	100 分

参考文献

[1] Chen Z J. Genomic and epigenetic insights into the molecular bases of heterosis[J]. Nature Reviews Genetics,2013,14(7): 471-482.

[2] Christians N. Fundamentals of turfgrass management[M]. Ann Arbor Press, Michigan, USA, 1998.

[3] Fang Z Y, Sun PT, Liu YM, Yang LM, Wang XW, Hou AF, Bian CS. A male sterile line with dominant gene (Ms) in cabbage (Brassica oleracea var. capitata) and its utilization for hybrid seed production[J]. Euphytica, 1997, 97(3): 265-268.

[4] Jams A. Duke,Hand Book of Legumes of World Economic Importance[M]. Plenum Press,New York,1981.

[5] Liu H. B. , B. Z. Mao, P. Cui, T. Tian, C. R. Huang, X Xu, W. J. Zhou. Genetic-Modificationsfor PestResistance[J]. In: Biotechnology of Crucifers. S. K. Gupta (ed.), Springer, New York, USA, 2013, 221-234.

[6] Naeem M. S. , D. Liu, R. Raziuddin, G. L. Wan, G. X. Tang, W. J. Zhou. Seed dormancy and viability[J]. In: Biology and Breeding of Crucifers, S. K. Gupta (ed.), Taylor & Francis Group (CRC Press), London, UK, 2009, 151-176.

[7] Rieseberg L H, Sinervo B, Linder C R, et al. Role of gene interactions in hybrid speciation: evidence from ancient and experimental hybrids[J]. Science, 1996, 272(3): 741-745.

[8] Royo J, Kunz C, Kowyama Y, Anderson M, Clarke AE, Newbigin E. Loss of a histidine residue at the active site of S-locus ribonuclease is associated with self-compatibility in Lycopersicon peruvianum[J]. Proceedings of the National Academy of Sciences of the United States of America, 1994, 91(14): 6511-6514.

[9] S. K. Arora, Chemistry and Biochemistry of Legumes[M]. Oxonina Press, New Delhi, 1982.

[10] Takayama S, Isogai A. Self-incompatibility in plants[J]. Annual Review of Plant Biology, 2005, 56(2): 467-489.

[11] Wassmann R, Jagadish SVK, Heuer S, et al. Climate change affecting rice production: The physiological and agronomic basis for possible adaptation stategies[J]. Advances in Agronomy, 2009, 101: 59-122.

[12] Xu L. , U. Najeeb, G. X. Tang, H. H. Gu, G. Q. Zhang, Y. He, W. J. Zhou. Hap-

loid and doubled haploid technology[J]. In: Advances in Botanical Research — Volume 45: Rapeseed Breeding, S. K. Gupta (ed.), Academic Press/Elsevier Ltd., San Diego, California, USA, 2007, 181-216.
[13] 白艳菊,卞春松,李学湛,等. 中华人民共和国国家质量监督检验检疫总局、中国国家标准化管理委员会. 马铃薯种薯标准(GB 18133—2012)[S]. 北京:中国标准出版社, 2012.
[14] 包满珠. 花卉学[M]. 北京:中国农业出版社, 2003.
[15] 包满珠. 园林植物育种学[M]. 北京:中国农业出版社, 2004.
[16] 曹雯梅,刘松涛. 作物种子生产[M]. 北京:中国农业大学出版社,2010.
[17] 曹致中. 牧草种子生产技术[M]. 北京:金盾出版社, 2003.
[18] 曹孜义,刘国民. 实用植物组织培养技术教程[M]. 兰州:甘肃科学技术出版社, 2001.
[19] 常宏,第红君,蒲育林,等. 甘肃省地方标准. 马铃薯种薯茎尖脱毒和组培繁育技术规程(DB62/T 1703—2009)[S]. 兰州:甘肃省质量技术监督局,2009.
[20] 常宏,李城德,师祎. 农作物种子生产技术(第一版)[M]. 兰州:甘肃科技出版社, 2008.
[21] 陈宝书. 牧草饲料作物栽培学[M]. 北京:中国农业出版社,2001.
[22] 陈斌,耿三省,张晓芬. 辣椒雄性不育杂交种规模化制种技术探讨[J]. 辣椒杂志,2010,(3).
[23] 陈建灿,叶建昌. 三系杂交棉制种及栽培技术的实践与研究. 江西棉花,2004,26(1):19-22.
[24] 陈君,王霞,徐荣,等. 肉苁蓉花粉原位萌发与自交不亲和性初步研究[J]. 中国药学杂志,2011,46(14):1066-1069.
[25] 陈立云. 两系法杂交水稻的理论与技术[M]. 上海:上海科学技术出版社,2001.
[26] 陈默君,贾慎修. 中国饲用植物[M]. 北京:中国农业出版社, 2001.
[27] 陈晓伟,等. 棉花不同自交方法的比较[J]. 中国棉花,2013,40(9):39.
[28] 陈幼源,陈绯翔. 影响网纹甜瓜制种效率因素的研究[J]. 上海农业学报, 2003, 19(4):51-53.
[29] 程金水. 园林植物遗传育种学[M]. 北京:中国林业出版社, 2000.
[30] 崔绍玉,张桂兰. 西瓜制种与生产授粉的关键环节[J]. 现代农业科技,2008(10):52-53.
[31] 戴铮,蒲育林,等. 甘肃省地方标准. 马铃薯种薯原原种繁育技术规程(DB62/T 1704—2009)[S]. 兰州:甘肃省质量技术监督局,2009.
[32] 第红君,蒲虎,等. 甘肃省地方标准. 马铃薯种薯原种和大田用种繁育技术规程(DB62/T 1790—2009)[S]. 兰州:甘肃省质量技术监督局,2009.
[33] 董钻. 大豆栽培生理[M]. 北京:中国农业出版社,1997.
[34] 范桃会,杜崇武,马正武,等. 瓠瓜种子的制种技术[J]. 北方园艺,2011(19):51-52.
[35] 方嘉禾,常汝镇. 中国作物及其野生近缘植物(经济作物卷)[M]. 北京:中国农业出版社, 2007.
[36] 冯海侠,王淑君,杨长宏. 黄瓜制种关键技术[J]. 中国种业,2008,(3):43.
[37] 冯象秦,冯峻之,张法治,等. 浅谈洞 A 核不育系及制种[J]. 中国棉花,2001,28(8):35-44.
[38] 盖钧镒. 作物育种学总论[M]. 北京:中国农业出版社, 1997.

[39] 高超，袁德义，杨亚，等. 油茶自交不亲和性的解剖特征[J]. 林业科学，2015，51(2)：60-68.
[40] 巩振辉. 园艺植物种子学[M]. 北京：中国农业出版社，2010.
[41] 苟文龙，何光武，张新跃，等. 苇状羊茅种子生产技术研究[J]. 草原与草坪，2006，(2)：13-18.
[42] 顾洪如. 优质牧草生产大全[M]. 南京：江苏科学技术出版社，2002.
[43] 郭建芳. 种子生产中如何正确理解对纯系的评说[J]. 种子科技，2013(11)：45-46.
[44] 郭香墨，张永山，刘金海，等. 中国棉花良种繁育技术的沿革[J]. 农学学报，2013.
[45] 韩建国. 实用牧草种子学[M]. 北京：中国农业大学出版社，1997.
[46] 韩烈保，董君，孙永凡，等. 草坪草种子生产技术规程[OL]. 中华园林网，2007.
[47] 韩烈保，孙吉雄. 关于草坪产品等级国家标准的说明[J]. 中国花卉园艺，2001，(16)：9-11.
[48] 郝建平，时侠清. 种子生产与经营管理[M]. 北京：中国农业出版社，2004.
[49] 郝水. 评"纯系学说"[J]. 遗传学报，1975，2(3)：255-262.
[50] 何桂兰. 中国大白菜育种学[M]. 北京：中国农业出版社，2010.
[51] 何增明，周宗岳. 论杂交水稻制种中的天气影响[J]. 杂交水稻，2004，19(2)：43-44.
[52] 洪德林. 种子生产学实验技术[M]. 北京：科学出版社，2014.
[53] 呼天明，刘崇林. 21 世纪中国草业应用研究展望(上)[J]. 家畜生态，2003，24(4)：1-5.
[54] 胡晋. 种子生产学[M]. 北京：中国农业出版社，2009.
[55] 胡晋. 种子学. 2 版[M]. 北京：中国农业出版社，2014.
[56] 黄慧明，张敬之，任颐，等. 棉花核雄性不育两系法制种技术[J]. 种子科技，1995(1)：39.
[57] 霍志军，尹春. 种子生产与管理[M]. 北京：中国农业出版社，2012.
[58] 吉林省农业科学院. 中国大豆育种与栽培[M]. 北京：农业出版社，1987.
[59] 贾文华，刘桂珍，霍晓妮. 棉花的生育特性与种子生产[J]. 种子，2009，28(7)：120-122.
[60] 江苏省农业科学院，山东省农业科学院. 中国甘薯栽培学[M]. 上海：上海科学技术出版社，1984.
[61] 蒋德书. 多花黑麦草种子生产试验[J]. 广西农学报，1997，(4)：21-23.
[62] 蒋永清，周卫东，黄新. 实用高效种草养畜技术[M]. 北京：金盾出版社，2001.
[63] 焦彬. 中国绿肥[M]. 北京：农业出版社，1986：291-303.
[64] 金文林. 种业产业化教程[M]. 北京：中国农业出版社，2003.
[65] 兰廷明，张德英，伍自刚. 杂交水稻集约化制种配套技术[J]. 杂交水稻，2017，32(2)：21-24.
[66] 李浚明，朱登云. 植物组织营养教程[M]. 3 版. 北京：中国农业大学出版社，2005.
[67] 李可夫. 主要蔬菜制种技术[M]. 西安：陕西科学技术出版社，2007.
[68] 李稳香，田全国. 种子生产原理与技术[M]. 北京：中国农业出版社，2005.
[69] 李雪峰，梁成亮. 杂交辣椒制种技术研究及应用现状[J]. 科技与产业，2012，(22)：018.
[70] 李彦伟，盛国成，刘国春，等. 玉米种子生产机械的研制及推广应用[J]. 粮食加工，2015，40(5)：57-59.
[71] 李有威. 番茄杂交制种技术[J]. 内蒙古农业科技，2015，43(1)：80.

[72] 廖春勇.杂交水稻机械化制种技术及实施要点[J]. 南方农业，2017，11(36)：11-12.
[73] 林多胡，顾荣申. 中国紫云英[M]. 福州：福建科学技术出版社，2000.
[74] 刘爱民，肖层林，等.杂交水稻全程机械化制种技术研究初步进展[J].杂交水稻，2014，29(2)：6-8.
[75] 刘付仁，刘爱民，贺长青，等. 杂交水稻全程机械化制种关键技术示范[J]. 杂交水稻，2017，32(1)：34-36.
[76] 刘思瑶，王丛聪，杨月红. 仙客来优质种苗生产技术[J]. 河北林业科技，2014，4：97-98.
[77] 刘燕. 园林花卉学[M]. 北京：中国林业出版社，2002.
[78] 刘洋. 番茄杂交制种授粉期管理关键技术[J]. 上海蔬菜，2012(2)：15-16.
[79] 刘玉梅，方智远，孙培田，等. 十字花科作物雄性不育性获得的主要途径及其利用[J]. 中国蔬菜，2002(2)：52-55.
[80] 龙静宜，林黎奋，侯修身，等，食用豆类作物[M]. 北京：科学出版社，1989.
[81] 卢庆善，孙毅，华泽田. 农作物杂种优势[M]. 北京：中国农业科技出版社，2001.
[82] 鲁涤非. 花卉学[M]. 北京：中国农业出版社，1998.
[83] 陆漱韵，刘庆昌，李惟基，等. 甘薯育种学[M]. 北京：中国农业出版社，1998.
[84] 罗筱平. 不育系和保持系空瘪粒花药残迹的差异及在鉴别中的应用[J]. 杂交水稻，1990，(6)：24-25.
[85] 罗筱平. 三系不育系“复选三圃法”提纯复壮技术及其应用[J]. 杂交水稻，2012，27(4)：23-25.
[86] 吕庆雪，高嵩，何欢，等. 新型玉米种子生产技术表达载体的构建及遗传转化[J]. 基因组学与应用生物学，2017，36(6)：2497-2501.
[87] 吕庆雪，于彩虹，李毅丹，等. 浅析玉米杂交制种技术[J]. 分子植物育种，2018，16(12)：4037-4042.
[88] 麻继仙，木万福，杨长楷，等. 不同播期对萝卜杂交种种子质量和产量的影响[J]. 黑龙江农业科学，2013，(11)：65-66.
[89] 马春晖，韩建国. 结缕草繁殖特性及其种子生产技术的研究[J]. 草地学报，2005，13(2)：170-171.
[90] 马代夫，李洪民，李秀英，等. 中国甘薯育种与产业化[M]. 北京：中国农业大学出版社，2005.
[91] 马国斌，严秀琴，倪秀红，等. 哈密瓜型甜瓜新品种“东方蜜 1 号”和“东方蜜 2 号”[J]. 园艺学报，2005，32(3)：566.
[92] 马玉胜. 紫花苜蓿种子的生产技术[J]. 畜牧与饲料科学，2004，(1)：30-31.
[93] 梅正鼎，贺云新，张志刚，等. 浅析国内棉花不育系的研究与应用[J]. 江西棉花，2011，33(4)：3-5.
[94] 南京农学院，江苏农学院. 作物栽培学(南方本)[M]. 上海：上海科学技术出版社，1980.
[95] 农业部全国农业技术推广服务中心. 2010 年全国农作物主要品种推广情况统计表[R]. 2011.
[96] 农业部全国农业技术推广服务中心. 2011 年全国农作物主要品种推广情况统计表[R]. 2012.

[97] 农业部全国农业技术推广服务中心. 2012 年全国农作物主要品种推广情况统计表[R]. 2013.
[98] 农业部全国农作物种子质量监督检验测试中心. 农作物种子检验员考核学习读本[M]. 北京:中国工商出版社,2006.
[99] 农业部种子管理局等. 2015 年中国种业发展报告[R]. 北京:中国农业出版社,2015.
[100] 农业科技示范成果推广丛书编写委员会. 草坪草新品种及其选育、建植与管理技术[M]. 北京:中国劳动社会保障出版社,2001.
[101] 山东省农业科学院作物研究所. 山东省地方标准. 鲜食甘薯生产技术规程(DB37/T 2157—2012)[S]. 济南:山东省质量技术监督局,2012.
[102] 施俊生,王仁杯. 浙江省小麦品种结构演变的比较分析[J]. 种子世界,2016,(5):19-21.
[103] 四川省种子协会. 作物良种繁育学[M]. 成都:四川科学技术出版社,1989.
[104] 宋承中. 黄瓜的杂交制种技术[J]. 浙江农业科学,2007(3):358-359.
[105] 苏加楷,张文淑,李敏. 优良牧草及栽培技术[M]. 北京:金盾出版社,2002.
[106] 孙吉雄. 草坪学[M]. 3 版. 北京:中国农业出版社,2009.
[107] 孙其信. 农作物杂种优势机理研究及展望[J]. 作物杂志,1998,4:31.
[108] 孙瑞建,查军民,潘付红. 双低杂交油菜宁杂 3 号高产优质制种技术[J]. 种子,2004,23(02):63-64.
[109] 孙辛勤,孙盛桂. 棉花胞质母本杂交制种生产技术规程[J]. 中国种业,2013,(10):68-69.
[110] 孙新政. 园艺制种种子生产:中国西瓜甜瓜[M]. 北京:中国农业出版社, 2006.
[111] 孙彦. 草坪管理学[M]. 北京:中国林业出版社,2017.
[112] 汤国华,谢红军,余应弘. 杂交水稻机械化制种研究的现状、问题与对策[J]. 湖南农业科学,2012,(03):133-136.
[113] 汪炳良. 蔬菜制种百问百答[M]. 2 版. 北京:中国农业出版社,2009.
[114] 汪隆植,何启伟. 中国萝卜[M]. 北京:科学技术文献出版社, 2005.
[115] 汪社宽,姚小凤,王志好. 杂交西瓜制种技术规范[J]. 安徽农学通报,2007,14:125-126.
[116] 王蒂, 李友勇. 应用生物技术[M]. 北京:中国农业科学技术出版社,1997.
[117] 王汉中. 我国油菜产业发展的历史回顾与展望[J]. 中国油料作物学报,2010,32(2):300-302.
[118] 王建华,张春庆. 种子生产学[M]. 北京:高等教育出版社,2006.
[119] 王建玉,刘洋,宋晓辉. 无籽西瓜杂交制种技术[J]. 新疆农垦科技,2006,(2) :52- 53.
[120] 王巍. 茄子杂交种子生产技术[J]. 菜篮工程,2013,(2).
[121] 王鑫. 十字花科蔬菜育种与种子生产[M]. 北京:化学工业出版社,2012.
[122] 王学荣. 浅谈制种玉米全程机械化技术要点[J]. 新疆农机化,2013,(2):24-25.
[123] 王彦荣. 我国牧草种子业的现状与发展[J]. 草业科学,1998,15(5):35-38.
[124] 王洋,李岩龙. 酒泉辣椒制种关键技术[J]. 蔬菜,2011(8).
[125] 吴华清,张绍铃,李晓,等. 植物自交不亲和性的分子生物学进展[J]. 南京农业大学学报,2006,29(4):119-126.

[126] 吴少华,张钢,吕英民. 花卉种苗学[M]. 北京:中国林业出版社,2009.
[127] 西南农业大学. 蔬菜育种学[M]. 北京:农业出版社,1980.
[128] 肖占文,王爱文,赵致禧,等. 北方种子生产技术与实践[M]. 兰州:兰州大学出版社,2005.
[129] 徐海霞,张霞,孔庆军.群体遗传平衡定律的应用[J].生物学通报,2004,39(4):26-27.
[130] 徐鹤林. 李景富. 中国番茄[M]. 北京:中国农业出版社,2007.
[131] 徐荣,韩建国,毛培胜,等. 施肥对草坪型高羊茅种子产量及其组成的影响[J]. 草地学报,2001,9(2):137-142.
[132] 许可,袁定阳,谭炎宁,等. 适于混播制种的水稻隐性红颖资源 RG-1 的发现及其特征特性研究[J]. 杂交水稻,2018,33(4):17-21.
[133] 许玲,刘旦,何水平,等."双高双低"油菜抗病新品种'浙大 619'的选育与高产栽培技术研究[J]. 核农学报,2013,27(12):1839-1844.
[134] 许忠仁,张贤泽.大豆生理和生理育种[M]. 哈尔滨:黑龙江科学技术出版社,1989.
[135] 闫浩亮,潘幸福,陈建珍,等.田间高温严重降低杂交水稻制种的异交结实[J].中国水稻科学,2015,29(1):106-110.
[136] 杨成明,董绍斌,童朝俊,等. 水稻制种种子收获技术与质量管理[J]. 四川农业科技,2007,(6):25.
[137] 杨春燕,钟理,张文,吴佳海. 水城高羊茅种子生产技术[J]. 农技服务,2015,32(8):54.
[138] 杨芳荃,李育强,张志刚.棉花杂种优势利用研究的理论与实践[J].湖南农业科学,2004,(4):6-8.
[139] 杨弘远.水稻生殖生物学[M].杭州:浙江大学出版社,2005.
[140] 杨青川,王堃. 牧草的生产与利用[M]. 北京:化学工业出版社,2002.
[141] 杨文钰,屠乃美.作物栽培学各论(南方本)[M].北京:中国农业出版社,2003.
[142] 杨秀珍,王兆龙. 园林草坪与地被[M].2 版. 北京:中国林业出版社,2015.
[143] 伊君亮,张云生,孟季蒙,等. 紫花苜蓿种子生产关键技术[J]. 新疆农垦科技,2003,(2):30-32.
[144] 余诞年,吴定华,陈竹君. 番茄遗传学[M]. 长沙:湖南科学技术出版社,1999.
[145] 余四斌,李建雄,徐才国,等. 上位性效应是水稻杂种优势的重要遗传基础[J]. 中国科学(C 辑),1998,28(4): 333-342.
[146] 虞慧芳,王建升,赵振卿,等. NaCl 溶液克服青花菜自交不亲和性研究[J].长江蔬菜,2012(20):15-17.
[147] 袁隆平. 杂交水稻学[M].北京:中国农业出版社,2002.
[148] 张富仙. 浙西地区杂交水稻制种技术研究与推广[D]. 杭州:浙江大学,2004.
[149] 张国平,周伟军. 植物生理生态学[M]. 杭州:浙江大学出版社,2005.
[150] 张国平,周伟军. 作物栽培学[M]. 杭州:浙江大学出版社,2001.
[151] 张立明,马代夫.中国甘薯主要栽培模式[M]. 北京:中国农业科学技术出版社,2012.
[152] 张立明,汪宝卿. 甘薯高产高效栽培十大关键技术[M]. 北京:中国农业科学技术出版社,2015.
[153] 张彭达,周亚娣,何国平, 等. 紫云英奉化大桥的特征特性及留种技术[J]. 浙江农业科

学,2006,(2):162-163.
[154] 张启堂. 中国西部甘薯[M]. 重庆:西南师范大学出版社,2014.
[155] 张绍铃,吴巨友,吴俊,等. 蔷薇科果树自交不亲和性分子机制研究进展[J]. 南京农业大学学报,2012,35(5):53-63.
[156] 张天真. 作物育种学总论[M]. 3版. 北京:中国农业出版社,2011.
[157] 张伟光,兰忠明,林新坚,等. 磷钾肥配施对紫云英留种产量的影响[J]. 安徽农学通报,2012,18(01):92-93.
[158] 张献龙,唐克轩. 植物生物技术[M]. 北京:科学出版社,2004.
[159] 张小全,朱伟,吕有军. 棉花杂种优势利用途径研究进展[J]. 种子,2008,27(6):39-42,46.
[160] 张允刚,房伯平. 甘薯种质资源描述规范和数据标准[M]. 北京:中国农业出版社,2006.
[161] 张自和,柴琦. 草坪学通论[M]. 北京:科学出版社,2009.
[162] 赵光武,钟泰林,应叶青. 现代种子种苗实验指南[M]. 北京:中国农业出版社,2015.
[163] 赵香梅,申爱民. 茄子常规采种及杂交制种技术[J]. 农业科技通讯,2011,(12).
[164] 赵雁. 草坪学(南方本)[M]. 北京:中国农业大学出版社,2017.
[165] 浙江农业大学作物栽培教研室. 作物栽培学[M]. 上海:上海科学技术出版社,1994.
[166] 郑冬仙,郑正修,郑良明,等. 杂交黄瓜制种关键技术[J]. 江西农业学报,2006,(4):117.
[167] 郑建华,孙永建,唐清. 上位性效应等水稻杂种优势理论的探讨与展望[J]. 中国农学通报,2010,26(23):30-36.
[168] 中国国家标准化管理委员会. 经济作物种子——纤维类(GB 4407.1—2008)[S]. 北京:中国标准出版社,2008.
[169] 中国国家标准化管理委员会. 粮食作物种子——禾谷类(GB 4404.1—2008)[S]. 北京:中国标准出版社,2008.
[170] 中国国家标准化管理委员会. 棉花原种生产技术操作规程(GB/T 3242—2012)[S]. 北京:中国标准出版社,2012.
[171] 中国国家标准化管理委员会. 农作物种子检验规程(GB/T 3543.1~3543.7—1995)[S]. 北京:中国标准出版社,1995.
[172] 中国国家标准化管理委员会. 水稻原种生产技术操作规程(GB/T 17316—2011)[S]. 北京:中国标准出版社,2011.
[173] 中国国家标准化管理委员会. 籼型杂交水稻水稻三系原种生产技术操作规程(GB/T 17314—2011)[S]. 北京:中国标准出版社,2011.
[174] 中国科学技术协会. 作物学学科发展报告[M]. 北京:中国科学技术出版社,2016.
[175] 中国科学技术协会. 新科技知识干部读本(全三册)[M]. 北京:科学普及出版社,2016.
[176] 中国农业百科全书总编辑委员会. 中国农业百科全书,农作物卷(上)[M]. 北京:农业出版社,1991.
[177] 中国农业科学院郑州果树研究所. 中国西瓜甜瓜[M]. 北京:农业出版社,2000.
[178] 中华人民共和国国家标准. 玉米种子生产技术操作规程(GB/T 17315—2011)[S]. 北

京：中华人民共和国国家质量监督检验检疫总局，2011.
[179] 中华人民共和国农业行业标准. 黄河流域棉花生产技术规程(NY/T 1387—2007)[S]. 北京：中华人民共和国农业部，2007.
[180] 中华人民共和国农业行业标准. 农作物品种区域试验技术规范——水稻(NY/T 1300—2007)[S]. 北京：中华人民共和国农业部，2007.
[181] 中华人民共和国农业行业标准. 脱毒甘薯种薯(苗)病毒检测技术规程(NY/T 402—2016)[S]. 北京：中华人民共和国农业部，2016.
[182] 中华人民共和国农业行业标准. 杂交棉人工去雄制种技术操作规程(NY/T 1734—2009)[S]. 北京：中华人民共和国农业部，2009.
[183] 中华人民共和国农业行业标准. 长江流域棉花生产技术规程(NY/T 1292—2007)[S]. 北京：中华人民共和国农业部，2007.
[184] 中华人民共和国种子法[M]. 北京：中国法制出版社，2015.
[185] 周康韵，楼庆庆，洪小龙，等. 浙江省油菜全程机械化生产规范及实践[J]. 浙江大学学报(农业与生命科学版)，2011，37(3)：295-299.
[186] 周伟军，张吕望. 农作物种子生产与质量控制技术(油菜章)[M]. 杭州：浙江大学出版社，2001：78-95.
[187] 周武岐，陈占廷. 玉米杂交种子生产与营销[M]. 北京：中国农业出版社，1998.
[188] 周显忠，梅四卫. 种子生产技术综合实训指导[M]. 北京：化学工业出版社，2011.
[189] 周阳，张爱民，郭进考，等. 中华人民共和国国家质量监督检验检疫总局，中国国家标准化管理委员会. 小麦原种生产技术操作规程(GB/T 17317—2011)[S]. 北京：中国标准出版社，2012.
[190] 朱荣. 当代中国的农作物业[M]. 北京：中国社会科学出版社，1988.
[191] 朱伟然. 紫花苜蓿种子生产技术[J]. 河南畜牧兽医，2005，26(4)：33.